SCIENCE IN THREE-BODY

写给地球人的《三体》说明书

齐　锐——著
韩建南——绘
上知天文——出品

三生万物

齐锐

北京科学技术出版社

图书在版编目（CIP）数据

写给地球人的《三体》说明书 / 齐锐著 ; 韩建南绘. — 北京 : 北京科学技术出版社, 2023.11

ISBN 978-7-5714-3150-1

Ⅰ. ①写… Ⅱ. ①齐… ②韩… Ⅲ. ①天文学—普及读物 Ⅳ. ①P1-49

中国国家版本馆CIP数据核字(2023)第130695号

策划编辑：陈憧憧
责任编辑：陈憧憧
责任校对：贾 荣
装帧设计：左左工作室
图文制作：旅教文化
责任印制：李 茗
出 版 人：曾庆宇
出版发行：北京科学技术出版社
社 址：北京西直门南大街 16 号
邮政编码：100035
电 话：0086-10-66135495（总编室）
0086-10-66113227（发行部）
网 址：www.bkydw.cn
印 刷：三河市国新印装有限公司
开 本：710 mm × 1000 mm 1/16
字 数：437 千字
印 张：29.5
版 次：2023 年 11 月第 1 版
印 次：2023 年 11 月第 1 次印刷
ISBN 978-7-5714-3150-1

定 价：128.00 元

前 言

长篇科幻小说《三体》以力学中的“三体问题”为名，从由三个天体复杂的不规则运动引发的星际移民故事说起，既描写未来，也注重现实。小说内容的时空跨度极大，从登场人物亲历的历史到遥远的未来，从身边的世界到平行宇宙；既有贩夫走卒，也有执剑英雄，既有场面宏大的宇宙大战，也有跨越亿万光年的爱情传奇。

作为一部“硬”科幻作品，《三体》所描绘的世界并非作者的空想，而是基于扎扎实实的科学理论和严谨、细致的技术推演。《三体》三部曲，内容浩繁，涉及众多科学领域。小说中极具想象力的科幻“脑洞”和跌宕起伏的故事情节，让科幻迷们读起来感到特别过瘾。不过，也有很多读者在阅读小说时觉得吃力，因为他们不太明白文中众多科技名词的内涵。如果有人能为他们解释那些名词，讲述其背后的科学故事，说不定会使他们读得更顺畅。

解读该系列小说的科学内核，分享笔者阅读该系列小说的收获，共同发掘小说的思想内涵，便是本书写作的初衷。本书以《三体》的情节为线索，对该系列小说中提及的部分科学原理和科技名词做了简要解说，涉及自然科学中的数学、人工智能、经典力学、相对论、量子力学、宇宙学、热力学、弦理论、天文学、认知科学等，还有博弈论、历史和哲学等人文学科。本书突出描写学科的发展和科学家的故事，力图体现科学方法和科学精神。为了方便读者阅读，快速了解重点内容，书中每一章都以“关键词”的方式列出了该章涉及的主要科技名词。此外，本书也搭配了轻松、有趣的插图，适合各个年龄阶段的读者阅读。

爱因斯坦说过："提出一个问题往往比解决一个问题更为重要。因为解决问题也许仅需要技能，而提出新的问题、新的可能性，以及从新的角度看问题，却需要具有创造性的想象力，而这标志着科学真正的进步。"本书并非只对《三体》的内容做出解释和猜想，还提出了许多的问题：有的出现在每章的导语中，有的则在正文中。坦白地说，书中提出的问题，要比给出的答案多很多。如果这些问题能引发读者对自然、对社会的思考，能启发读者从不同的视角审视科技发展与社会历史、人文精神的关系，笔者将感到十分荣幸。

子曰："三人行，必有我师焉。"由于笔者学识水平有限，书中可能出现疏漏和错误，敬请各位读者批评指正。笔者在此致以诚挚谢意！

齐 锐

2022 年夏于北京

目　录

解说：

齐猫　　咸鱼君

第一章　三个太阳

——三体问题与三体世界

假如在一个空旷的世界中只存在一个天体，那么这个天体要么会保持静止，要么会一直进行直线运动，它的状态既稳定又无趣。如果再加入一个天体，这两个天体则会相互影响，给单调的世界带来变化。然而，随着时间的推移，这二者的关系还是会趋于单一：它们要么合并在一起，要么围绕着对方运动，最终，这个世界还是会保持稳定。是不是仍然很无趣？别急，一旦加入第三个天体，一切都会变得截然不同。第三个天体的出现将给这个世界带来无穷的变化！

三体问题所研究的就是这样一个令人着迷的事实。

三体问题，万有引力定律，二体问题，精确解与近似解，混沌现象，完美数学问题，比邻星，拉格朗日点

混乱的三体世界

在本书的开篇，让我们先来聊一聊《三体》这部系列小说的名字。在小说中，作者想象出了一个名为“三体”的外星文明。读过小说后，大部分读者应该都能理解“三体”这一名字的来源：在这个文明所处的行星世界中，天空中有三个太阳。

小说对三体文明所处环境的描写非常生动，给不少读者留下了深刻的印象。比如在第一部的第十六章中，小说对三体世界出现的“三日凌空”现象就有这样一段令人惊叹的描写。

> 汪淼抬头望去，看到三轮巨大的太阳在天空中围绕着一个看不见的原点缓缓地转动着，像一轮巨大的风扇将死亡之风吹向大地。几乎占据全部天空的三日正在向西移去，很快有一半沉到了地平线之下。“风扇”仍在旋转，一片灿烂的叶片不时划出地平线，给这个已经毁灭的世界带来一次次短暂的日出和日落，日落后灼热的大地发出暗红的光芒，转瞬而来的日出又用平射的强光淹没了一切。三日完全落下之后，大地上升腾的水蒸气形成的浓云仍散射着它的光芒，天空在燃烧，呈现出一种令人疯狂的地狱之美。
>
> 摘自《三体Ⅰ》

怎么样，这个世界看起来是不是很疯狂？在三体世界里，不仅会出现“三日凌空”，还会出现“飞星不动”“三日连珠”……人类见所未见的神奇天象在这里都是家常便饭，完全超出了我们的想象。

不仅如此，在三体世界里，昼夜变化和寒暑交替也没有任何规律可言。这里有时候会出现“恒纪元”，有时候则会突然出现“乱纪元”。在恒纪元中，昼夜有规律地变化，季节也定期变换——这时的自然环境很适合生命的繁衍和进化。而在乱纪元中，昼夜轮回、季节变换完全无序，令人捉摸不透。这时的世界一会儿陷入极度的严寒，气温降到零下一百多摄氏度，连空气都会被冻成“冰”；一会儿烈日炎炎，气温高到能让星球表面所有的东西都燃烧起来。

在恒纪元与乱纪元的交迭中，一旦出现时间稍微长一点儿的恒纪元，三体文明就必须要抓住这个难得的机会赶紧发展。然而，情况往往是文明还没发展多久，乱纪元就突然降临，对发展中的文明造成毁灭性的打击。在乱纪元中，三体人不是被冻死就是被热死，好不容易发展起来的文明也就这样消亡了。只有当恒纪元再次出现时，文明发展才能从头再来。这样看来，这个三体世界可真是太不宜居了。

那么，三体世界的自然环境究竟为什么如此严酷呢？这个问题的答案正好对应了该系列小说的标题——《三体》。三体世界气候不稳定的根本原因就在于这三个太阳的运动毫无规律。

小说的这个设定可谓“脑洞”大开。天上竟然会有三个太阳，它们的运动还找不到任何规律！这真的可能发生吗？其实，这个设定还真不是无中生有。小说中的“三个太阳”进行的是三个天体的无规律运动，反映了科学领域一个真实存在的问题：三体问题。

现实中的三体问题令科学家们着迷，人们到现在也只是发现了其中的一部分奥秘。这究竟是一个怎样的问题呢？

匪夷所思的三体问题

三体问题最初源于天体力学，简单地说，指**三个天体在相互之间的万有引力作用下的运动规律问题**。在实际研究这个问题时，我们一般会进行适当的简化。比如，我们会暂时不考虑这三个天体的体积、形状，而是把它们视为三个没有大小的质点，进而研究这三个质点在引力作用下的运动规律。（当然，质点只是简化之后的物理学模型，在现实世界中并不存在这么理想的物体。不过，当天体之间的距离远远大于它们自身的大小时，天文学家往往会进行这样的简化。）然而，即使被简化过，这个理论问题解决起来也十分复杂。

读到这里，你可能感到不解：如果这些天体之间只存在引力，那么用万有引力定律计算出它们受到的引力大小，再找出运动规律，不就可以轻松解决三体问题了吗？

我们都知道，著名英国科学家艾萨克·牛顿在 1687 年发现了万有引力定律。他指出，**任意两个物体之间都存在相互吸引的引力，而引力的大小与两个物体质量的乘积成正比，与它们之间距离的平方成反比**。换句话说，就是物体的质量越大，引力越大；二者的距离越近，引力也越大。我们可以看出，万有引力定律针对的是“二体问题”，也就是**两个天体在相互之间的万有引力作用下的运动规律问题**。

确实，我们如果知道了两个天体之间引力的大小，就能够计算出它们的运动规律，并且精确地预测它们在某个时刻会处于什么位置。也就是说，解决二体问题是非常简单的。在宇宙中，由二个天体组成的天体系统普遍存在，我们一般称它们为双星系统，这种系统总能保持稳定的状态。

那么，如果在这个系统里多加一个天体，它们在引力作用下又会做怎样的运动呢？这就是三体问题的核心。然而，令人感到惊异的是，仅仅只是多加了一个天体，万有引力定律就仿佛真的不再“万能”了。

300 多年以来，包括牛顿本人在内的很多数学家（例如拉普拉斯、拉格朗日）都对三体问题开展过研究，他们都希望能用数学公式完美地描述三个天体的运动规律。然而令人震惊的是，最终谁都没能成功地解决这个问题。科学家们发现，描绘三个天体在引力作用下的运动轨迹竟然困难重重。牛顿甚至写道：“如果我没算错，同时考虑所有运动的起因，并根据精确的规律定义这些运动，是任何人类的智力都不能胜任的。”三体问题如同一片挥之不散的阴云，笼罩在科学“大厦”的上方。

完美数学问题

这个看起来简单、解决起来又很复杂的三体问题，正是一个著名的“完美数学问题”。你可能感到好奇，数学中居然有完美的事物吗？一般我们都认为数学、物理、化学等自然科学依靠的是逻辑推演和归纳总结，它们体现的是纯粹的理性，如何谈得上完美或不完美呢？

1900年，在法国巴黎召开的第二届国际数学家大会上，德国数学家戴维·希尔伯特发表了题为“数学问题”（“Mathematic Problems”）的著名演讲，提出了“完美数学问题”的概念。他在演讲中提出，**最完美的数学问题应该符合以下两个特点：第一，有关这个问题的表达是清楚且简洁的；第二，对这个问题的研究会促进更多新的数学思想产生**。

在演讲中，希尔伯特列举了多个当时尚未被解决的数学问题，其中之一就是三体问题。那么，三体问题究竟完美在哪里呢？

上文讲过，三体问题研究的是经过简化的三个天体在引力的相互作用下的运动规律。这一问题的描述相当清楚和简洁，显然符合完美数学问题的第一个特点。那么，它具备完美数学问题的第二个特点吗？在研究三体问题的时候，是否出现了什么新的科学理论？为了回答这个问题，我们还要从距今100多年的著名法国数学家亨利·庞加莱的故事说起。

没有解才是真正的解？

1885年，瑞典学术杂志《数学学报》（*Acta Mathematica*）上刊登了一则引人注目的通告：时任挪威国王的奥斯卡二世是一名数学爱好者，他为了纪念自己60岁的生日，愿意用2500瑞典克朗悬赏四道数学难题的答案，获奖的答案会被刊登在杂志上。这些数学难题中有一道是关于太阳系的稳定性的，与我们讨论的三体问题紧密相关。我们先来看看这道题具体是什么。

在我们生活的太阳系里，除了太阳，还有几颗大行星和众多的小天体。这么多天体同处在太阳系内，并通过引力相互作用。**在错综复杂的引力作用之下，太阳系能够保持稳定的状态吗？**因为太阳系远远不止3个天体，所以这其实是一个多体问题，它在数学上被称为“N体问题”（在这里，$N \geqslant 3$）。

通告发出去后，很快就有许多学者跃跃欲试，N体问题也成为数学界的研究重点之一。最终，在2年之后，法国数学家庞加莱获得了这一问题的悬赏金。不过，他并没有真正解决N体问题，恰恰相反，他证明了包括三体问题在内的

N 体问题在数学上无解。虽然庞加莱的研究没有完全解决奥斯卡二世原先提出的问题，但比赛的评委们认为他的研究结果同样非常重要，甚至会为整个天体力学的研究开创新的纪元，所以仍然把奖金颁给了他。

庞加莱发现 N 体问题在数学上无解

三体问题听起来如此简单，但在数学上竟然没有解，甚至还有科学家因为证明了这个问题无解而获奖，是不是非常不可思议？当然，庞加莱所说的“无解”其实指“无法求得数学上的精确解”。什么是精确解呢？它是在求常微分方程的解时会涉及的一个数学概念。在解决力学问题时，科学家首先会建立有关这个问题的数学模型。对 N 体问题来说，它的数学模型就是一系列常微分方程组。不难理解，假如能解出这个方程组，得到解的数学表达式，科学家也就找到了 N 个天体在引力作用下的运动规律。只要把天体运动的初始状态以及要预测的时间点等数据代入这个表达式，他们就能知道天体在某个时间点的位置和速度大小了。这个表达式就是所谓的精确解。

但是，事与愿违，科学家们无法通过求方程组的解得到 N 体问题的数学表达式。他们只能退而求其次，采用插值、逼近等方法求出它的近似解。这种近似解并不是对运动规律的精确描述，而是在一定误差范围内的近似描述。因此，在追求完美的数学家看来，N 体问题就相当于无解了。

在历史上，有关庞加莱的获奖还有一个有趣的小插曲。最初，庞加莱曾写过一篇文章，宣称自己计算出了 3 个天体的运动轨迹，解决了三体难题。然而，随后他发现自己的证明过程中存在一个严重的错误，他的计算结果其实是不成立的。为了防止已发表的有错误的论文流传开来，他不得不自掏腰包，付出大笔费用来回收已经印刷好的杂志，金额甚至超过了他从国王那里获得的奖金——可怜的庞加莱，这真是一个令人哭笑不得的结果。

混沌现象与三体问题

我们把 N 体问题中 N 个天体的组合称为“N 体系统”。三体系统的运动规律让人无法准确预知。这背后的深层原理究竟是什么呢?

在获得奖金后，庞加莱进一步研究了导致 N 体问题不可解的内在原因，他发现这种不可解源于确定性系统中蕴含的不确定性，也就是后人所说的“混沌现象”。庞加莱成为混沌理论的早期开创者，他的这一发现为人类打开了一扇认识混沌现象的大门。

可能很多人都听说过“混沌现象”这个概念，它指**在自然界中普遍存在的貌似随机的不规则运动**。出现混沌现象的系统就是混沌系统。一般来说，混沌系统的运动永远不会出现规律性的重复，我们无法对它们的未来进行准确预测。但是，混沌现象与真正的随机现象不同：随机现象完全没有规律，就像我们掷骰子或者硬币一样，出现的结果是随机的，没法预测；而出现混沌现象的系统往往可以用一组非线性的数学方程式描述，就像三体问题的常微分方程组那样，只不过这些方程不一定有精确解。

此外，尤其关键的一点是，混沌系统对初始状态极为敏感。也就是说，对一个混沌系统来说，在任何一个时间点，它的状态哪怕只有一点微小的改变，都会导致它随后的发展出现巨大的变化。这也是混沌现象与随机现象有着本质性不同的地方之一。

这又是什么意思呢? 你可以用我们熟知的“蝴蝶效应”来理解混沌系统的

发展：南美洲亚马孙河流域热带雨林里的一只蝴蝶轻轻地扇动一下翅膀，就可能在两周以后引起美国得克萨斯州的一场龙卷风。也就是说，一点微小的扰动有可能带来翻天覆地的变化。这种现象就叫“草灰蛇线，伏脉千里”。三体问题乃至 N 体问题就具有对初始条件极为敏感的特点。

这就导致 N 体系统接下来的发展完全不可预测，出现混沌现象。因此，N 体问题在数学上无法求出精确解，只能求得近似解。这样一来，就会出现一个大麻烦：既然是近似解，那么它的近似程度无论多么高，都不是完全精确的，会存在一定的误差。

在现实世界中，各种各样的动力学系统主要可以被分为两大类：线性系统和非线性系统。科学家发现，尽管不是所有的非线性系统都是混沌系统，但是混沌系统都是非线性的。换句话说，非线性有可能是导致混沌现象出现的根本原因。

例如，气象系统是典型的非线性系统之一，它就有典型的混沌现象：短期的天气预测一般比较准确，但长期的天气预测往往存在误差。这是我们在日常生活中就能体会到的。20 世纪 60 年代，美国气象学家爱德华·洛伦茨首先指出了这一点。他也因此被称为“混沌理论之父”。

在庞加莱之后，许多科学家都投入了巨大的精力来研究自然界中神奇的混沌现象，混沌理论成为近代科学关注的焦点。甚至有人说，继相对论和量子力学之后，混沌理论掀起了基础科学的第三次革命。

再来看看经典的三体问题。几百年来，对三体问题的研究促使微分方程理论不断发展，虽然科学家至今还未找到普遍适用的解析解，但从数学的角度来看，他们并非一无所获：科学家陆续发现了一些三体运动在特殊情况下会出现有规律的周期现象，这就是所谓的三体问题的**特解**。目前发现的特解有三大类（三族）共 13 种，其中一类就是拉格朗日－欧拉族，它与航天领域中著名的拉格朗日点有关，我在“神奇的拉格朗日点”小节会详细介绍。

话题再次回到完美数学问题上。我们已经知道，三体问题研究的是三个天体在引力相互作用下的运动规律，其表达相当清楚和简洁，符合完美数学问题的第一个特点。而庞加莱从三体问题出发，发现了对现代基础科学产生深远影响的混沌理论的基础，说明三体问题符合完美数学问题的第二个特点，也就是在解决这个问题的过程中促进了新数学思想的产生。这样看来，三体问题的确是一个完美数学问题。

不过，这个完美数学问题产生的影响可并不那么完美：因为三体问题没有精确解，所以人们无法准确预测三体世界里三个太阳的运动。

太阳系的稳定性

接下来，让我们把目光转回太阳系。书读到这里，可能一些读者已经产生了强烈的危机感：我们的太阳系中有这么多的天体，它们的运动会不会也像三体系统那样毫无规律呢？更关键的是，如果天体的运动没有规律，我们的地球会不会有一天突然撞上太阳呢？当年奥斯卡二世悬赏的数学问题之一，不正是这个问题吗？

请不用担心，现实并没有那么糟。科学家在对三体问题的实际研究中发现，只有在三个天体质量相近时计算它们的运动规律才会遇到麻烦。如果不符合这个条件，例如当其中一个天体的质量相对另外两个来说特别小时，科学家们就会把三体问题简化，将它视为所谓的**限制性三体问题**。不过，即便是针对简化后的三体问题，数学家拉格朗日当年也只找到了 5 个特解，而一般性的解析解至今仍然没有被发现。

科学家在实际研究中往往会把限制性三体问题进一步简化，干脆当作二体问题来求近似解。例如，在地球、月亮和人造卫星组成的系统中，人造卫星的质量很小，因此科学家在研究人造卫星的运动时，完全可以忽略它对地球和月亮的引力作用。通过这样的简化，科学家就可以在一定的误差范围内对人造卫星的运动进行预测了。

不过需要注意的是，如果三个天体的质量非常相近，三体问题就不能进行这样的简化了。所幸，天体问题在大部分情况下是可以进行简化的，天文学家往往会利用这个思路来处理复杂的 N 体问题，以便能在数值上求得天体运动的近似规律。

例如，为了计算行星轨道和预测行星位置，天文学家提出了“摄动理论”，这个理论就是先把复杂的太阳系的 N 体问题简化为二体问题，然后用求近似解的方法研究各个行星和卫星的运动。摄动指**在二体问题中，被研究的天体因受到其他天体的引力或其他因素的影响，而偏离原有轨道的运动**。欧拉、拉格朗日、高斯、拉普拉斯等数学家也对摄动理论研究做出过贡献。时至今日，摄动理论不仅常用于解决天文学、天体力学问题，更在理论物理和工程技术等领域得到了广泛应用，也常被称为“微扰理论”。

了解了限制性三体问题、摄动理论这两个前提后，我们再来看看太阳系的情况。众所周知，太阳系中只有一颗恒星，那就是太阳。太阳的直径约为 139 万千米，比大部分行星大很多，是地球的 109 倍，而它的质量则占整个太阳系中所有天体质量总和的约 99.86%。也就是说，太阳在太阳系中占据绝对的主导地位，所有的行星和小天体都围绕它运动。

这样一来，科学家就可以在数学上对太阳系的情况进行简化，从而得到其中天体的运动规律。例如，在分析地球围绕太阳运动的规律时，大多数情况下科学家会把太阳和地球的运动看作二体问题，而把其他行星对地球的引力影响视为微扰或摄动。科学家通过计算发现，太阳系从整体上看还是比较稳定的。太阳系存在了 40 多亿年之久，就是对其稳定性的最好证明。

身在福中不知福

我们人类世世代代都生活在太阳系中，生活在地球上，早就习惯了日升日落、寒来暑往这样稳定而有规律的世界。因此我们会认为，这样的稳定状态就是宇宙的常态。然而，事实真的如此吗？让我们看看小说中描写的三体世界。

小说设定宇宙中存在一个有三个太阳相互围绕运动的恒星系统，在这个由三体组成的混沌系统中，三个太阳的运动规律无法被预测。自然，围绕这三颗太阳运动的行星——三体星上的昼夜和气候变化也毫无规律。在这里，你根本不知道太阳哪一天会升起，也不知道会有几个太阳升起，炙热的阳光会不会点燃地表的一切。你也根本无法预测，如果太阳落下去了，它要过多久才会再次升起，也许是 1 年，也许是 1 万年！没有阳光，一切生命都将在接近绝对零度的极度严寒中消逝。

小说用一个名为《三体》的虚拟现实游戏表现了这个混乱的世界。三体文明在冰与火的洗礼中，受到了各种严峻考验。几百个文明生生灭灭的轮回，读起来让人不禁唏嘘。

小说里还描写到，为了适应恶劣的生存条件，三体人在漫长的历史中演化出了一种独特的本领——脱水。它们可以把自己体内的水分完全排出，变成一堆干燥的纤维，以便长期保存。等到要复活的时候，只需要把纤维放在水里浸泡一下就可以了。关于脱水，让我们一起来欣赏一段小说中生动的描写。

追随者脱下了被汗水浸湿的长袍，赤身躺到泥地上。在落日的余晖中，汪淼看到追随者身上的汗水突然增加了，他很快知道那不是出汗，这人身体内的水分正在被彻底排出，这些水在沙地上形成了几条小小的溪流，追随者的整个躯体如一根熔化的蜡烛在变软变薄……十分钟后水排完了，那躯体化为一张人形的软皮一动不动地铺在泥地上，面部的五官都模糊不清了。

摘自《三体Ⅰ》

虽然三体人掌握了如此神奇的本领，但这并不足以解决三体文明的生存难题。我们可以设身处地地想想，在如此恶劣的条件下，对历经苦难的三体人来说什么才是最重要的？它们肯定认为，生存才是宇宙中最重要的法则。

有一天，这个生活在混乱世界中的文明收到信息，得知了太阳系与地球的存在。它们发现太阳系竟然是一个稳定的恒星系统，这对它们来说简直就是梦中的天堂！而且，这个天堂就在它们的附近——只有 4 光年远！这时三体人的第一反应当然就是——赶快移居地球！

那么身在福中不知福的地球人应该如何应对前来移居的三体人呢？《三体》三部曲由此展开。

现实宇宙中的三体

读到这里，想必你已经对小说中的三个太阳及其引发的混乱很清楚了。你可能好奇：小说中的三体是不是纯属虚构？在宇宙中，到底有没有由三颗恒星构成的、天上有三个太阳的世界呢？

其实，这还真不是作者空想出来的。天文学家通过观测发现，在宇宙中，像太阳系这样只由一颗恒星主导的情况其实很少见。宇宙中恒星最常见的存在形式是“双恒星系统”，也就是说，大多数的恒星会“成双成对”，在引力的作用下围绕同一个中心转动。此外，三四颗恒星聚集在一起的情况也是存在的。在茫茫的宇宙中，能够生活在像太阳系这样稳定的环境中的概率很小，我们人类真应当感到庆幸。

在银河系里，离太阳最近的恒星是比邻星，它与我们之间的距离约为 4.2 光年。在比邻星所处的区域之中，共有南门二甲、南门二乙及比邻星三颗恒星，它们一起构成了一个三星系统（一种三体系统），这种情况通常被称为“三合星系统”。

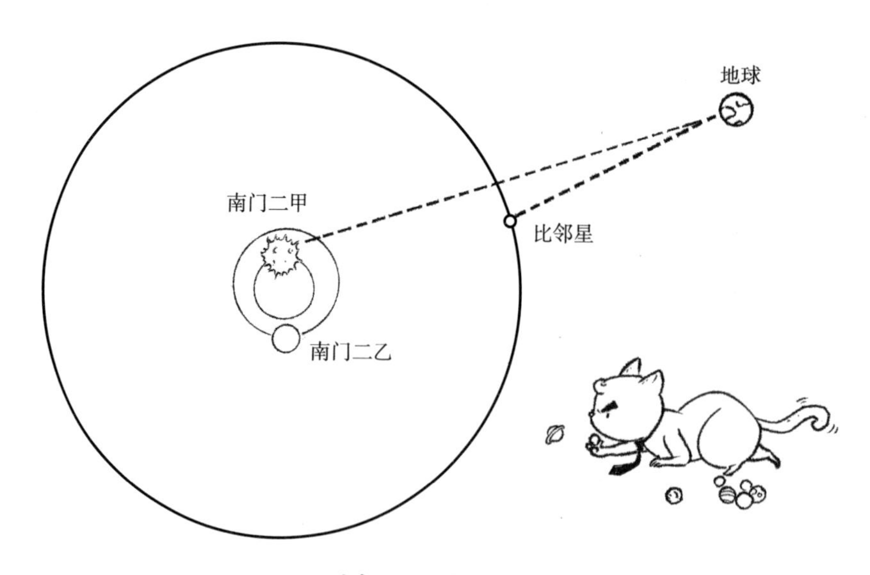

比邻星所处的三星系统

但是，如果问起这三个天体是否会像小说中描述的一样，进行毫无规律的奇妙运动，答案恐怕会让你失望。

在小说里，三体世界的三星系统是由三颗质量相近的恒星组成的。然而，在现实中，南门二甲与南门二乙是两颗大恒星，而比邻星的质量要比前两者小很多，且距离它们很远，因此，比邻星对这两颗恒星起到的引力作用较小。所以，实际状况更类似于：先由南门二甲与南门二乙两颗大恒星组成一个运行较为稳定的双星系统，然后这个双星系统再与比邻星一起组成一个三星系统。你会发现，它其实接近于前文讲的限制性三体问题。所以说，这种三星系统在本质上与双星系统没有太大区别，不会出现混沌现象。

三体小说中描述的三颗恒星质量相近的情况其实是一种理想化的情况。在真实的宇宙中，这样的系统缺乏稳定性，比较罕见。目前，宇宙中的恒星系统以稳定的双星系统为主，这一观测事实恰恰说明了，现在的宇宙也许是经过无数次 N 体系统演变后的最终结果。

神奇的拉格朗日点

读到这里，也许有的读者又会感到困惑了。既然小说中的三体系统在现实中几乎见不到，那么科学家还有必要研究三体问题吗？这对我们探索现在的宇宙而言真的有意义吗？

答案是，很有必要。虽然小说中的三体系统在现实中很罕见，但研究三体问题对我们探究宇宙而言意义重大。科学界目前对三体问题的研究主要集中在"限制性三体问题"（即前文提到过的能够简化为二体问题的情况）上。

有关"限制性三体问题"的研究，一个比较重要的成果就是拉格朗日点的发现。"拉格朗日点"这个概念对一些喜爱看科幻作品的朋友来说可能并不陌生，许多漫画或小说作品都喜欢将空间站设置在所谓的"L 点区域"，而这个区域正是拉格朗日点所处的区域。

拉格朗日点是"平面限制性三体问题"方程的 5 个特解。瑞士数学家莱昂哈德·欧拉在 1767 年推算出了 3 个拉格朗日点，后来法国数学家约瑟夫·拉格朗日于1772年又推导证明出了剩下的2个——这些特殊的点就是以后者的名字来命名的。形象地说，这5个点是太阳和地球这个二体系统中的5个特殊位置。**当位于拉格朗日点时，小天体就能够在太阳和地球这两个大天体的引力作用下相对于太阳和地球基本保持静止状态，既不会飞向太阳，也不会坠向地球。**

不要小看这几个小小的拉格朗日点，在太空探索中，它们很有意义。例如，天文学家为了摆脱厚厚的大气层对天文观测的影响，会将太空望远镜发射到拉格朗日点上，从而让这些望远镜更好地发挥作用。这是因为处于拉格朗日点上的物体能够在太阳和地球之间保持相对静止，如果能让望远镜到达这个位置，它就可以保持一个相对稳定的状态，易于进行观测。2021年底，美国发射的詹姆斯·韦布空间望远镜就停留在日地之间的拉格朗日L2点上，围绕太阳运行。

不仅如此，拉格朗日点还可以成为太空中的“停车场”与“中转站”。因为拉格朗日点具有能量稳定的天然特点，进入这些点的航天器只需要耗费少量的燃料就能维持自身相对稳定，所以那里非常适合建造大型空间站。比如，地月之间的L2点就被认为是一个很适合建立月球空间站的位置。如此看来，科幻作品喜欢把基地建在拉格朗日点上并不是没有道理的，利用好这些位置，可以让人类的太空探索事半功倍。

平衡还是混沌

有朋友在听过我对三体问题的解释后，表达过自己的困惑：我们在中学里学过，三个点决定一个平面，当一个物体有三个支点的时候，它应该处于平衡、稳定的状态才对啊，怎么反倒意味着混沌呢？

其实，平衡和混沌并不矛盾。“三个支点才能保持稳定”的说法，实际上适用于**静力学**问题。静力学研究的是各个质点在力的作用下达到平衡状态的规律，这种“平衡状态”一般指物体静止或进行匀速直线运动。

三体问题则与此不同，它研究的是三个天体在引力作用下的运动规律，因此属于**动力学**问题。混沌理论是针对动力学系统的理论，在静力学起决定作用的系统中是不成立的。

当然，从宇宙的角度来看，绝对静止的物体并不存在。静力学中的“静止”默认的含义是**被研究的物体对地球来说是静止的**。与动力学相比，静力学是特例——我们可以把某些动力学问题简化为静力学问题来研究。

总之，“三个支点达到平衡”与“三体意味着混沌”研究的不是同一范畴的事物，因此并不矛盾。

三生万物

二体系统意味着稳定，而三体系统就可能出现混沌，这种现象实际上并不只在自然界中出现，在人类社会中也有类似的状况。

我们从小就听过《三个和尚》的故事：只有一个和尚时，他自己挑水自己喝，不会出现问题；如果是两个和尚，两个人一起抬水来喝，也没有问题；但是，一旦变成三个和尚，由于大家都计较自己的付出和收获，到了最后反而没人去打水，结果谁都没有水喝。

大家都很熟悉的经典名著《三国演义》，可以说体现了人类对智慧和计谋的极致运用。在这部作品里，豪杰辈出、群雄逐鹿、风云变幻。小说之所以这样精彩，不正是因为魏、蜀、吴三股势力的相互较量吗?

细细琢磨《三体》，推动故事情节发展的其实也并不只是人类文明与三体文明之间的互动。很多读者都忽视了更重要的一点，那就是在这二者之外，宇宙中还存在其他的文明。人类、三体及其他文明都处于宇宙这片“黑暗森林”之中，组成了纷繁复杂的宇宙文明社会。这也正是这部小说最精彩和深刻的地方。

老子在《道德经》中写道:“道生一，一生二，二生三，三生万物。”对这句话，自古以来，不同的人有不同的解读。当你阅读《三体》的时候，对“三生万物”是不是有了一些新的领悟呢?

第二章　熙熙攘攘的宇宙

——三体文明真的存在吗？

“这个宇宙中有外星人吗？”每当被问到这个问题，我只能回答：“截至目前，我们只知道在地球上有生命现象，有人类文明。”

在太阳系所处的银河系中，有 2000 多亿颗恒星，其中最近的恒星系统距离我们约 4.2 光年。在《三体》里，在这最近的恒星系统中就存在由外星人创造的高等文明——三体文明。难道高等文明在宇宙中普遍存在吗？

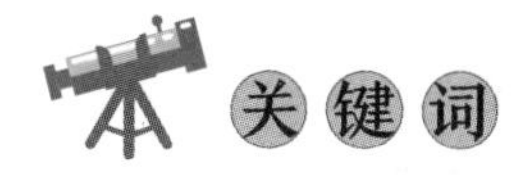

红岸工程，绿岸射电望远镜，搜寻地外智慧，类地行星，德雷克公式，开普勒空间望远镜，凤凰计划，分布式计算，费米悖论

从红岸工程说起

在《三体Ⅰ》中，女主人公叶文洁的父亲是一位著名的大学教授、物理学家，他在20世纪60年代因为背上了莫须有的罪名，而在动荡中惨死。叶文洁当时是天体物理专业的高才生，也因此受到牵连，遭到诬陷。在目睹父亲离世后，她的精神被彻底摧垮。就在她几乎丧命的时刻，叶文洁得到了她父亲学生的帮助，进入了一个秘密的军事基地，在被监视的情况下做一些辅助性的技术工作。这个基地是位于内蒙古大兴安岭的“红岸基地”，这里开展的是“红岸工程”计划——一项为了对抗敌国太空计划而推进的绝密国防工程。

红岸基地有一个标志性的建筑，那就是一个巨大的抛物面雷达天线，它除了能接收无线电信号，还能发射无线电波，而且发射功率相当大。周围的老百姓把这个基地所在的山峰称为雷达峰。

红岸基地对外宣称设立这个抛物面雷达天线是为了监听和摧毁敌国卫星，但实际上它是用来寻找外星人的。这个秘密除了基地的最高领导者，谁也不知道。在《三体Ⅰ》中，叶文洁在接触了红岸基地的核心工作后，利用基地里的天线与三体文明取得了联系，这才有了之后人类和三体人之间的故事。

在我看来，《三体Ⅰ》相当于三部曲的前传。因为在未来的几百年里，人类的命运都跟红岸基地以及发生在这里的故事紧密相关。

绿岸射电望远镜

《三体Ⅰ》里交代，20世纪60年代，许多国家都在“偷偷摸摸”地寻找外星人，中国当然不能对这一情况坐视不理，这就是“红岸”这一机密工程诞生的原因。

其实在现实中，在20世纪60年代，国际科学界真的兴起过一波寻找外星人的热潮，甚至真的有一个天文台正儿八经地寻找过外星人。这个天文台坐落在美国西弗吉尼亚州波卡洪塔斯县的绿岸镇，因此得名“绿岸天文台”。这个名称是不是跟“红岸”很相似？绿岸天文台里最大的射电望远镜叫作“绿岸射电望远镜”，它也许就是“红岸工程”雷达的原型。

和小说里红岸基地的雷达一样，绿岸射电望远镜也是一个巨大的抛物面雷达天线，其口径长 110 米、宽 100 米，是当今世界上最大的全天可动的单天线射电望远镜，属于美国国家射电天文台。为了保证望远镜的工作不受干扰，绿岸镇附近相当大的范围内都禁止无线电信号发射。

不过，现在这架绿岸射电望远镜是 2011 年才建成的。它的前身是一架口径 26 米的射电望远镜，在 1988 年的一场暴风雨中被损坏——历史上曾经寻找过外星人的，就是这架已不复存在的老望远镜。

寻找外星人的旅程

以绿岸射电望远镜为代表，人类为了寻找外星人的踪迹做过许多努力，下面就让我们简单回顾下历史上的一些真实故事。

科学界一般把寻找外星人称为“搜寻地外智慧”，其英文缩写是 SETI（Search for Extra-Terrestrial Intelligence）。为了搜寻外星人，科学家想出了两个可行的方法：一个是尽可能大面积地观测、扫描太空中的星星，另一个则是观察邻近的恒星。因为我们不知道外星人究竟在哪儿，所以第一种方法看起来更可行。但实际上，在投入很有限的情况下，第二种方法更可行，更能充分地利用宝贵的望远镜资源。

在 1960 年，美国天文学家法兰克·德雷克发起了第一个 SETI 实验项目，叫作“奥兹玛计划”。当时，他利用那台口径 26 米的绿岸射电望远镜，在波长 21 厘米的波段监听来自波江座里一颗恒星的无线电信号，希望接收到地外智慧发来的信息。从此，绿岸射电望远镜名扬天下。

德雷克观测的这颗恒星叫作“波江座 ε 星”。为什么选择它来观测呢？一方面是因为天文学家认为围绕它运动的行星中很可能有像地球这样的行星。**天文学上把类似地球环境的行星叫作“类地行星”**。显然，类地行星上很可能存在地外智慧。另一方面是因为这颗恒星距离太阳系很近，只有 10 光年远，如果有外星人从那里向我们发射无线电信号，用 10 年的时间我们就能接收到，假如我们进行回复，他们也只需再等 10 年就能收到。虽然这一来一往会花去 20 年的时间，但在茫茫宇宙里，这个通信效率可以说是相当高的。

从 1960 年 4 月开始，绿岸射电望远镜在 4 个月内对这颗恒星进行了累积超过 150 小时的监测。可惜的是，除了一些无线电噪声，它并没有收到什么有意义的信号。

尽管如此，人类却没有停止寻找地外智慧的脚步。在大约半个世纪以后，人类开始采取大面积扫描观测天空的方法探索太空。2009 年 3 月，美国发射了一个口径为 95 厘米的太空探测器，叫作“开普勒空间望远镜”，它是人类历史上第一个用来探测太阳系外类地行星的太空望远镜。截至 2013 年 5 月，它在围绕太阳的轨道上稳定运行了 4 年多，观测了超 10 万颗恒星，一共发现了 2000 多颗太阳系外的行星，其中有很多行星具备孕育生命的自然条件。直到现在，天文学家仍在对这些行星进行深入的观测和研究。

那么问题来了，天文学家到底有没有找到外星人呢？很遗憾，他们虽然一直在努力，但截至目前还没有找到任何能证明外星人存在的证据。

公众参与科学

不管是对某一个恒星进行观测，还是大规模地扫描太空，寻找地外文明都是极为复杂而艰难的过程，还会产生超乎想象的庞大数据。全球各地的天文台和太空中的望远镜都在接收来自太空的海量的信号数据，然而，天文学家实在没有那么多时间和精力来处理它们，以发现其中隐藏的来自地外智慧的信号。我们能不能做点儿什么来帮助天文学家呢？还真的有办法！

1999 年，美国加利福尼亚大学伯克利分校的空间科学实验室创立了一个科学实验项目，叫作“凤凰计划”，英文为 SETI@home。它的目的就是充分利用全球联网的计算机搜寻地外文明。愿意参加这个计划的志愿者可以在网络上下载一个专用的屏幕保护程序。当自己的计算机处于空闲状态时，这个程序就会自动运行，从网络上下载望远镜的观测数据，并通过计算挑选出可能是外星文明信号的数据，回传给科学家。

从 1999 年到 2020 年，“凤凰计划”进行了近 21 年。2020 年 3 月，官方宣布“凤凰计划”结束，原因是项目所需要公众参与计算分析的数据已经全部处理完了。接下来，研究人员将全力以赴地对后端数据进行分析，我们可以静候佳音。

“凤凰计划”是公众参与科学的典型例子。在当今这个时代，公众既是科学知识的受众和传播者，也是科技创新的参与者。公众从理解科学现象走向参与科学研究已是大势所趋。我们从“凤凰计划”这一案例可以看到，公众参与科学研究一方面可以激发公众对科学的兴趣，另一方面，“众人拾柴火焰高”，公众可以直接为科学家提供计算资源层面的帮助。

“凤凰计划”开创了计算机技术领域中分布式计算的应用先河。随着计算机技术的发展，有些实际应用需要庞大的计算量才能完成。传统的集中式计算，需要占用主机相当多的资源，耗费较长的时间；而分布式计算则可以避免集中占用资源。分布式计算会把一个大的计算任务拆分成多个小任务，并通过网络将小任务分发给若干台机器计算，然后再收集、汇总计算结果。“凤凰计划”的发起者即加利福尼亚大学伯克利分校的科学家创建了一个著名的分布式计算平台，它连接着全球各地大量的个人电脑，给各行各业的研究者提供了强大的运算支持。“凤凰计划”是迄今为止全世界最成功的分布式计算实验项目之一，有很高的知名度。

现在，对这个科学计算平台的应用早已扩展到天文学之外的其他领域，包括数学、物理学、气象学、生物学和医学。很多基于这个平台的项目，其名字也与 SETI@home 很相似，如分析、计算蛋白质结构的项目 Folding@home，研究艾滋病及其药物的项目 FightAIDS@home。单从名称上我们就知道这些项目都是公众可以参与的。借助互联网，今天的我们随时都可以投身于世界最顶尖的科研活动中。怎么样，你是不是跃跃欲试了？

德雷克公式

外星文明探测项目还没有取得显著的成果，但这并不影响我们畅想浩渺的宇宙中可能存在的文明。在宇宙里到底会不会存在像三体人这样的高等智慧生物呢？天文学家不但研究过这个有意思的问题，甚至还认真地估算了银河系里可能存在的高等文明的数量。

1961 年 11 月，前面提到的“奥兹玛计划”的发起人天文学家法兰克·德雷克在绿岸镇组织了一场学术会议，邀请了十多位科学家共同探讨通过观测寻找地外智慧的前景。在参会的人中，有年轻的天文学家卡尔·萨根以及加利福尼亚大学伯克利分校的化学家梅尔文·卡尔文。（有意思的是，卡尔文正是在参会时得知自己获得了当年的诺贝尔化学奖。）

在这场会议上，德雷克提出了一个著名的方程，来估算银河系中可能存在的高等文明的数量：**N=Ng×Fp×Ne×Fl×Fi×Fc×FL**。这就是著名的“德雷克公式”，也叫“绿岸公式”。这个公式的原理是先估计一系列事情出现的可能性，然后再把它们的概率相乘，从而估算出银河系中高等文明的数量。在这个公式里，N 指“银河系中可能存在的高等文明的数量”，相乘的参数一共有 7 个，其含义参见表 2-1。

表 2-1　德雷克公式中各个参数的含义

参数名称	含义
Ng	银河系中恒星的数量。生命的出现肯定离不开恒星，因此这个参数很重要。
Fp	在所有恒星中，拥有行星的恒星所占的比例。生命诞生在行星上，这是人类的共识。
Ne	在上述这些行星所在的行星系中，类地行星所占的比例。
Fl	在上述这些类地行星中，真的能进化出生命的行星所占的比例。
Fi	在能进化出生命的行星中，能演化出高等智慧生物的行星所占的比例。

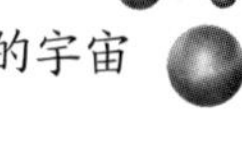

续表

参数名称	含义
Fc	在演化出的高等智慧生物中，最终能掌握星际通信技术的高等智慧生物所占的比例。显然，这也是一个重要的参数生物，因为一种生命形态如果只是拥有智慧而不能进行星际通信，那它就无法联络其他星球，其他星球的高等文明也很难发现它。
FL	能进行星际通信的高等文明存续的时间在这颗行星寿命长度中所占的比例。

天文学家对以上 7 个参数逐一进行过估计。其中第 1 个，也就是银河系中恒星的数量已经有了较为准确的数字，大约为2000亿。对第2个到第6个参数，不同的人给出的估计结果不完全相同，但是差别并不大。

争议最大的是最后一个参数 FL，它是最难估计的。就拿地球和人类来说，地球现在的年龄为 46 亿年，大约还有 50 亿年的寿命，而人类作为一个独立的生物种群是在 20 万年前才出现的，掌握星际通信技术不过是最近这几十年的事。假如人类在不远的将来遇到重大危机，整个人类文明突然被终结，地球突然被毁灭，那么这个参数 FL 就很好估计，就是 20 万除以 46 亿，结果大约是 0.00004，是一个很小的数字。但是，假如人类文明能够持续发展下去，并和地球共存 50 亿年，那计算 FL 时就应该是 50 亿除以 96 亿，大约等于 0.52，这个数值是 0.00004 的 13000 倍!

以人类文明为例估计出的两个 FL 数值就相差 1 万多倍，那么利用这个公式估算出银河系的高等文明数量，应该也会存在很大的不确定性。

果然，对银河系中高等文明的数量，不同的科学家估算出了不同的值。著名的美国天文学家卡尔・萨根估算为 100 万个，而著名的小说家、科普作家艾萨克・阿西莫夫则估算至少为六七十万个。德雷克本人则保守一些，他给出的值是 10 万个——即便是严谨的科学家也估算银河系中存在 10 万个的高等文明，数量是不是比你想象得要多?

银河系中可能存在 10 万个高等文明

德雷克公式十分直观，它把一个宏大而充满未知的问题分解为一系列更小、更具体的问题，让“地外智慧是否存在”这个问题具有了科学分析的基础，因此很有参考意义。

费米悖论

我们知道，银河系的直径大约是 10 万光年，如果在这个星系中至少有 10 万个高等文明，那么文明的密度应该是很大的：它意味着每 200 万颗恒星中就有一个能够发射无线电信号的文明。这正是我们在天空中寻找它们的理由。假如它们在银河系中是随机分布的，那么最近一颗有文明的星球离我们或许有 500 光年远。可是，到现在为止，没有任何人给出确凿的证据证明外星人曾到过地球，而我们也没有接收到任何外星人发来的信号。

“那么多的外星人，到底都在哪儿啊？”你知道吗？这个问题就是一个大名鼎鼎的科学理论，叫作“费米悖论”。

费米悖论是一个有关外星人是否存在的科学悖论。所谓悖论，**指在一个理论里隐含着两个相互矛盾的结论，而这两个结论又都能自圆其说**。

费米是著名的美籍意大利物理学家，也是诺贝尔物理学奖获得者。他思想活跃，1950 年的一天，他在和同事喝咖啡的时候聊起外星人，他感慨道：“外星人都在哪儿呢？”这句话后来就成了著名的费米悖论。

外星人都在哪儿呢？

费米悖论中内含两个看似相互矛盾的观点：**按照估算，银河系中应该存在着大量的高等文明，然而我们连它们的一丝踪迹都看不到**。

从理论上看，人类的现代科技从出现到现在不过只有一两百年，假如人类文明再继续发展 100 万年，到那时，人类应该能够制造出可以进行星际飞行的宇宙飞船，能够乘坐它们飞往银河系里的各个星球。顺着这个思路，银河系里的其他文明如果比人类早进化 100 万年，那它们应该已经到访过地球了。我们都知道，银河系从诞生到现在有 100 亿年的历史。在这 100 亿年里，另一个恒星文明比我们早出现或早发展 100 万年，显然是一件再正常不过的事了。但迄今为止，我们并没有发现任何外星人的蛛丝马迹。这究竟是为什么呢?

关于费米悖论，一直都有人尝试做出各种各样的解释，归纳起来基本有以下三种类型。第一种解释是，宇宙中根本不存在别的文明。也就是说，人类文明是宇宙中唯一的文明，我们在宇宙中是孤独的，这个情况想想都让人感到绝望。第二种解释是，外星文明的确存在，并且来过地球，只是我们还不知道。这种情况比第一种乐观多了，很多科幻电影都是这么拍的：外星人以各种形式存在于我们的身边，只不过我们无法发现。第三种解释是，外星文明的确存在，但是到现在为止，它们还没有和我们有任何接触。这是为什么呢?《三体Ⅱ》给了一个合理的解释，那就是“黑暗森林理论”。关于这个假说，我们会在后面的章节详细解读。

带上地球人的名片

《三体Ⅰ》的女主人公叶文洁是天体物理专业的高才生，刚一毕业就遇到了一个特殊的时期，她和她的父亲受到了很多不公平的对待，还遭到了他人的欺骗和诬陷。痛苦的遭遇使她对人性、对社会失去了希望。最终，叶文洁认为人类已经无法解决自身的问题，要么走向毁灭，要么借助外来的力量获救。在红岸基地工作的她想到可以用无线电波召唤宇宙中的高等文明，让外星人来到地球，帮助人类解决自身的困难。

小说里，叶文洁在 1971 年偷偷利用基地里的巨型射电望远镜，向太阳发射了无线电波，并通过太阳对电波的放大作用，向宇宙发出了呼唤外星人的广播。说实话，叶文洁当时并没有对这个行为寄予多大的希望，因为从来没有人接收到外星人发来的信号，就连宇宙里是否真的存在外星人都没有人知道。

回到现实，天文学家尽管一直用望远镜搜寻宇宙电波，想监测到外星文明

发来的信息，但几十年来一无所获。于是就有人想到，人类不能只是被动地“监听”，而应该主动联系外星人。

20 世纪 70 年代，美国人首先行动起来——他们准备发射探测器，并让探测器带上一张人类的名片飞往外太空，希望有一天外星人能收到这张名片。

于是在 1972 年，美国发射了一个名为“先驱者 10 号”的无人探测器，它带有一张名片——一片金箔。金箔上刻有一幅图画，画了一个男人和一个女人的形象。图的下方有一排符号，最左边是一个大圆圈，代表太阳，它的右边则是九个小圆圈，代表了太阳系的九大行星。（在当时，太阳系有九大行星。在 2006 年以后，冥王星就不算作大行星了。）在这九个小圆圈中，从第三个小圆圈那里延伸出来了一条曲线，标着一个探测器的符号——这很明显是说这个探测器是从太阳系的第三个行星，也就是地球上发射出来的。这就是地球人发给外星人的第一张名片。

后来，在 1977 年，美国又发射了两个能飞得更远的探测器，分别名为“旅行者一号”“旅行者二号”，它们各携带了一张金唱片。这张金唱片包含的信息比那片金箔丰富多了，唱片上刻录了 115 幅图像和 90 多分钟的声音信息。这些声音包括地球上大自然的声音，例如海浪声、风声、鸟鸣声，还有各种音乐。最有创意的是，这张金唱片还刻录了地球人用 55 种语言说的问候语，其中包括中国的普通话及三种方言（粤语、闽南语和吴语）。

唱片里还录有当时美国总统卡特的一段问候语，内容大致是这样的：这是一份来自一个遥远的小小世界的礼物。上面记载着我们的声音、我们的科学、我们的影像、我们的音乐、我们的思想和感情。如果有一天你们能够拦截到这张唱片，并能够理解它所记录的内容，请接受我们最美好的祝福。

卡尔·萨根是金唱片项目的发起者和内容组织者，他用唱片上的内容表达了人类希望与地外智慧交流的愿望。“旅行者一号”和“旅行者二号”分别带着这样的一张珍贵的金唱片飞上太空，至今已经孤独地飞行了 40 多年。它们已飞过冥王星的轨道，到达了太阳系的边缘，正向着银河系中心的方向飞去。

召唤外星文明

话说回来，探测器飞得再快也还是比光速慢很多。如果想找到外星人，向太空发射电波“召唤”外星文明，不是更快吗？于是，很快就有人行动了。

最早采取行动的科学家就有德雷克和卡尔·萨根。他们在 1974 年利用当时世界上最大的射电望远镜——口径 305 米的美国阿雷西博射电望远镜，向银河系里的一个星团发射了一系列的无线电波，这些电波被称为阿雷西博信息。这种向外太空主动发射信号的方式叫作 METI（Messaging to Extra-terrestrial Intelligence，即向地外智慧发送信息），跟监听外星人信号的 SETI 项目的名称很相似，这里的 M 就是发射信号的意思。

阿雷西博信息要到达的目标天体是武仙座球状星团，这个星团包含大约 30 万颗恒星，距离太阳大约 2.5 万光年。也就是说，就算用光速传递，阿雷西博信息到达武仙座球状星团至少也要用 2.5 万年。假如那里有外星人，并且在收到我们的信息后马上回复，我们也要等 5 万年才能收到他们的信息——看来，我们只能耐心等待了。在 1974 年后的几十年里，还有一些团体利用更大功率的望远镜向太空发射过信号，不过他们至今也都没有收到回信。

在《三体》里，叶文洁发出的呼唤信号正好被离太阳最近的三体星上的三体文明收到，那里距我们只有 4 光年远。他们立刻回复，于是叶文洁在 8 年后就收到了消息。我想，宇宙里应该不会有比这更快的回复了吧？

为什么要寻找外星人？

在小说里，叶文洁呼唤外星人是想请它们拯救人类。然而在现实中，大多数人应该都不是那样想的。我们并非因为需要被拯救才去寻找外星人。于是，我们就遇到了一个很严肃的问题：人类究竟为什么要寻找外星人呢？找到外星文明到底有什么好处呢？

毋庸置疑，寻找外星人无论是在科学技术层面、社会政治层面，还是在哲学层面上，都意义深远。

哪怕和外星人没有任何实质性接触，仅仅是证明他们存在，都会对每个人的人生观和世界观，乃至整个人类文明产生巨大的影响。因为在茫茫宇宙中，如果存在除人类之外的“他者”，我们就不再是孤独的了。更进一步，假如我们能接触外星人呢?

不妨假设外星人愿意与人类合作，把知识和技能传授给人类，这也许真能帮助人类摆脱核战争或环境污染等困境。不过，如果地球上的某一个国家或政治力量首先跟外星人取得了联系，并且垄断了信息，那么人类文明内部的差异将急剧拉大。垄断外星人信息的国家或政治力量在经济和军事上的发展将超乎想象，也许将从此在地球上独步天下。这个后果对全人类来说可能是灾难性的。

话说回来，如果外星人不愿意跟我们合作，又会产生什么样的后果呢？也许外星人会像电影《独立日》(*Independence Day*) 里描绘的那样对我们展开攻击，引发一场灾难。在《三体》里，叶文洁呼唤了三体人，但是它们并不打算帮助地球人，而是想移居地球。对地球人来说，这是福还是祸，一目了然。

再回到费米悖论，刚才我们提到过对其的一种解释是“高等文明的确存在，但他们并不想主动联系和接触我们”。这其中的原因有很多，看到地球人和三体人联系后的下场，我们至少也能猜到一二。难怪著名的物理学家斯蒂芬·霍金在生前总是警告人们，千万不要主动与外星人联系。这让我想起《三体》里的那句经典台词:“不要回答！不要回答！不要回答！！！”回想一下人类过去曾经做过的主动联系外星人的事情，例如金唱片和阿雷西博信息，难免让人感到有点后怕。

当然，支持 METI 项目的人也有他们的看法。他们认为，SETI 项目之所以接收不到任何来自外星人的消息，是因为宇宙中可能没有任何一个文明觉得有必要向其他文明发射信号 (如果真是这样，那么 SETI 这种单向的监听注定永远一无所获)，总要有一个文明先站出来发声，迈出第一步才行。他们还认为，人类在发明了无线电设备以后，在日常生活中发射的许多无线电波，其实早就扩散到太空中了，也许地球的位置早已暴露。

情节反转

假如真的有外星人，而且人类经过千辛万苦联系上了他们，那么会有怎样的发展呢？《三体》给出了一种可能性：叶文洁用无线电波联系上三体人，她本来想请三体人拯救人类，结果它们却打算移民地球！

小说里写到，在获得人类消息的时候，三体文明的科技水平已经远在人类文明之上，他们有星际远航的能力，这是现代人类科技望尘莫及的。三体人只用 3 年就造出了 1000 艘巨大的宇宙飞船，组成了三体第一舰队，并且在地球时间的 1982 年起航飞往太阳系，开始了移民行动。

三体宇宙飞船的航行速度能达到十分之一光速，也就是每秒大约 3000 万米。按照小说设定，三体星距离我们只有 4 光年，那么三体舰队在 40 年后就能到达太阳系。留给地球人的时间不多了。

然而，在小说中，三体人的宇宙飞船因为质量很大，所以加速起来相当缓慢。十分之一光速只是它们能够达到的最高速度。一旦到了这个速度，飞船只能巡航很短的时间，然后就要开始减速，否则就会来不及在太阳系里停下来，会和地球擦肩而过。所以，三体人移居地球实际上要用 400 多年。这样一来，人类在地球上的美好生活还有 400 多年。

不难想象，当三体舰队来到地球时，人类面对的可能就是外星文明的坚船利炮，一场末日之战不可避免。看看那些外星人题材的好莱坞灾难大片，例如《星河战队》（*Starship Troopers*）、《环太平洋》（*Pacific Rim*）、《洛杉矶之战》（*Battle: Los Angeles*）、《独立日》，我们就能预想到这场战争的胜负几乎没有什么悬念。

不过，人类并非毫无胜算，人类文明还有延续的机会。《三体》的魅力也正在于充满了反转。小说通过总结人类文明的发展历史，提出了“技术爆炸”的概念。

（罗辑：）“这就要引入第二个重要概念：技术爆炸。这个概念她

也没来得及说明，但推测起来比猜疑链要容易得多。人类文明有五千年历史，地球生命史长达几十亿年，而现代技术是在三百年时间内发展起来的，从宇宙的时间尺度上看，这根本不是什么发展，是爆炸！技术飞跃的可能性是埋藏在每个文明内部的炸药，如果有内部或外部因素点燃了它，轰一下就炸开了！地球是三百年，但没有理由认为宇宙文明中人类是发展最快的，可能其他文明的技术爆炸更为迅猛。”

摘自《三体Ⅱ》

人类这一物种从诞生至今不到 20 万年。在这段时间里，人类用了 10 万多年从狩猎时代进入农业时代，用了几千年从农业时代进入工业时代，只用了两三百年就从工业时代进入原子时代，然后又只用了几十年就进入了信息时代。可见，人类文明确实有加速进化的能力！

与人类文明相对，小说里三体文明的科技历来都是匀速甚至减速发展的。也许在整个宇宙中，能加速进化的文明并不是普遍存在的，人类只是一个个例。

这样一来，在三体第一舰队飞往太阳系的 400 多年里，人类的科技水平也许可以飞速发展，最终超过三体。在末日之战中，三体舰队在地球人面前可能根本不堪一击。这样的话，他们现在的远航就相当于来送死。《三体》里的这个情节反转真是相当高明。

你们是虫子！

第三章　锁死人类科技

——地球叛军与智子工程

《三体》有将近 90 万字，以三部曲的形式展开。在整部小说里，从第一部的开始到第三部的最后，有一个角色一直都在。她时而是看不见的微观粒子，时而又是人形机器人。在三体舰队抵达地球之前，她就以接近光速的速度提前来到地球，目的只有一个，那就是“锁死”地球的科技发展。

你知道她是谁吗？别着急，我们这就揭晓答案。

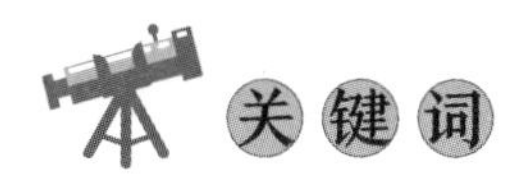

地球叛军组织，异化，存在主义，高维空间，弦理论，高能粒子加速器，宇宙背景辐射

地球叛军组织

拥有 1000 艘星际飞船的三体第一舰队已经启航移居地球。根据小说设定，从 1982 年算起，它们还需要 450 年才能到地球。在航行过程中，三体文明通过电波和地球人交流后意识到了问题的严重性：在此期间人类科技有可能出现爆炸式的进步。为了遏制人类的科技发展，三体文明策划并实施了“软”“硬”两套方案。

首先，让我们来看看“软”方案。一方面，三体文明打算使人类内部的反叛力量为三体效力，利用他们搞破坏，这就是所谓的人类叛军计划。另一方面，三体文明计划在人类社会里，通过干扰科学实验，摧毁科学家的意志，从而拖住人类科学进步的步伐。

小说把人类中的地球叛军简称为 ETO（Earth-Threebody Organization，即地球三体组织），这是一个国际性的秘密组织。这个组织的成员深深着迷于外星文明，对三体文明抱有美好的幻想，因而愿意以实际行动为三体服务。最早和三体人取得联系的叶文洁就是 ETO 的精神统帅。当然，有人的地方就有江湖，ETO 也不是“铁板一块”，它由降临派、拯救派和幸存派这三大派别构成，其中，前两个派别的人占大多数。

先来看降临派。这一派对人类的本性已彻底绝望，他们打着“创造人类新文明”的幌子，希望三体文明对人类进行强制性的监督和改造，直至毁灭全人类。降临派的领袖是一个美国石油富豪，名叫伊文斯，他信奉的是物种共产主义。伊文斯目睹环境污染和战争导致地球物种灭绝，认为人类的本质就是邪恶，人类必须因对地球犯下的滔天罪行而受到惩罚——他终生的理想就是毁灭人类。其实，降临派的成员大都是现实主义者，对外星的高等文明并不抱有什么期望。他们对人类的背叛只源于对人类的绝望和仇恨，用伊文斯的话说就是他们“不知道外星人是什么样子，但知道人类”。

再来看拯救派。他们对三体文明产生了宗教般的感情，把三体星所在的半人马座看作太空中的奥林匹斯山，认为那是神的住所，并创立了“三体教”。

不过，“三体教”与我们知道的其他宗教有两点不太相同：一是它崇拜的对象是真实存在的；二是与其他宗教相反，处于危难中的是三体文明这个“主”，而负责拯救它的则是人类信徒。

小说中的申玉菲就是拯救派的代表，她想尽一切办法，希望从理论上解决三体问题，帮助三体文明掌握三体系统的运动规律，从而存活下去。小说里反复出现的虚拟现实游戏《三体》就是拯救派开发的，他们将其作为传教的手段，通过寻找认同三体文明移居地球的人来招募新的成员。拯救派虽然对三体文明抱有宗教感情，但对人类文明的态度却没有降临派那么极端，他们的最终理想只是拯救三体文明。为了让“主”生存下去，可以在一定程度上牺牲人类文明。他们天真地以为，假如能帮助三体文明在三个太阳的世界生存下去，就会避免其入侵太阳系，实现两全其美的结局。

在小说中，降临派和拯救派在组织中实力相当，且处于尖锐的对立状态。拯救派代表申玉菲被降临派成员潘寒枪杀，就是二者兵戎相见的体现。

最后，让我们再来看看幸存派。当入侵太阳系的三体舰队的存在被证实后，这一派的人希望自己的子孙能在 450 年后的终极战争中幸存下来，于是情愿在这 450 年间世世代代为三体服务，讨好他们。其实他们就是所谓的“带路党”。

在《三体 I》连载时，作者曾讲到，这部小说是一个关于背叛的故事，有时候比起生存和死亡，忠诚和背叛更是一个值得深思的问题。看看 ETO 就能明白其中的含义了。

人性与文明的异化

ETO 是《三体》里虚构的组织，那现实中是不是也存在这样的组织呢？ETO 中的降临派竟然以消灭人类为目标，实在令人感到瞠目结舌，在人类的内部，为什么会出现人类文明的对立面呢？这可以看作人和文明的一种异化现象。

异化是一个哲学概念。它指**主体发展到一定阶段后，会分裂出自己的对立**

面，变为一种外在的、异己的力量。在欧洲古典哲学史上，许多哲学家都对异化这个主题进行过深入的思考。

我们知道，哲学的主要话题之一就是人能否认识世界和如何认识世界。德国古典哲学的创始人康德认为，人类的心灵无法彻底认识现实世界。而生活年代略晚于康德的德国唯心论哲学家黑格尔则提出了不同的看法，并最早对人的异化进行了论述。**黑格尔认为人的理念（即绝对精神）是一切的本源，它是主体，自然界只是人的理念的产物，是客体。一切自然客体都是理念主体的异化，主体与客体不完全相符。**

黑格尔指出，理念不会被自然界的发展阶段束缚，它必定要克服自然界的牵制而追寻自己。因此，事物在发展过程中注定出现毁灭自己的倾向，即自我否定，这正是构成黑格尔的辩证法的基础。在黑格尔的辩证法中，一切现存的必然毁灭，一切毁灭的都将重构。任何事物都是矛盾的统一体，而矛盾是事物发展的源泉和动力。在矛盾的作用下，事物会不断地自我否定，从而走向自身的反面。因此，人性也注定处于变动中，会通过自我否定形成异化。与此类似，对一个文明来说，它也会产生异化，否定自身，而后向着不同于当前的、与己相反的方向发展。

人之所以不同于地球上的其他动物，主要原因之一就是我们具有意识，可以进行思考和分析，从而具有认识世界（包括我们自身）的能力。人们发现，认识自我往往是最困难的事情，这一过程也与异化紧密相关。黑格尔指出，认识自我不能仅仅参照“自我”本身，而必须参照一个跟自己存在差别的“非我”（即自我异化的产物）。自我为了持续存在，往往需要得到外在的肯定，即来自非我的肯定。在通过非我的肯定获得力量的同时，自我也会对非我产生精神上的依赖。

此外，从心理学角度来看，人类在无法完全掌控的外界事物面前很容易感到孤独和渺小，从而产生不安和恐惧。这种感觉又会进一步驱使人寻找一体感和强大感，这是人的本能。这时，很多人会通过夸耀自己或鄙视他人的方式来“刷存在感”，似乎这样一来就能证明自己。更惊悚的一点是，我们在看到别人争先恐后地“刷存在感”时，自己很难抵挡住这种诱惑，因为不“刷”就意味着被抛弃，意味着孤独，不被外界认可似乎就意味着迷失了自己。这正是现代

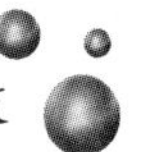

人所陷入的精神黑洞，是人性的异化在社会中被放大的结果，也是自我走向反面的表现。

心安而不惧

存在主义的代表人物、20 世纪的法国哲学家萨特曾经说过一句名言“他人即地狱”。读过《三体》后，人们很容易把这句话与黑暗森林理论联系在一起，认为它的意思是所有的外星文明都是敌人。但实际上，萨特的这句话并不是表面上这样简单。

萨特主张的是存在主义哲学，后者强调人的存在先于本质。存在主义认为，人有绝对的自由，能够自主选择自己的本质，人的本质是通过自由选择和自由行动塑造的。简单地说，人的存在不应依赖于从他人那里得到的反馈。然而，在现实中，现代人普遍会因为外部因素感到焦虑、烦躁或无聊，并在遇到问题时急于向外寻求帮助，从而获得存在感和安定感。当我们无法处理好自我与他人的关系时，“他人即地狱”的局面就会出现。

在小说中，ETO 认为人类文明的发展方向存在深刻的问题，而这种问题已经无法靠内部的努力解决，因此选择将目光投向地球之外。虽然其出发点并非充满恶意，但这种选择其实就是我们刚才所说的依赖，可能导致整个文明的异化。尤其是其中一些疯狂、偏执的降临派人员，他们执意带领文明走向自我毁灭。这些人妄图站在高人一等的视角上，以自己的憎恶为依据对整个人类进行宣判。

只要“遇到困难就向外部寻求解决办法”的人性还在，文明就绕不过异化的深渊。那么，究竟怎么做才能避免文明陷入异化的深渊呢？东方传统智慧给出了解决之道：儒家说“行有不得，反求诸己”；佛家认为“见性成佛”；道家推崇“抱朴守一”；《黄帝内经》说“心安而不惧”；《周易》中有“君子安其身而后动，易其心而后语，定其交而后求”。追求内省，改变看待事物的观念并完善自我才是解决困难的要诀。

人们总是对寻找外星人十分感兴趣。假如有一天我们真的找到并联系上了外星人，会发生什么呢？很多人并没有认真思考过这个重要的问题。《三体》用科幻的形式为我们呈现了一个有可能发生的场景。更为深刻的是，它一方面展现出外星文明给人类带来的不一定都是好处，另一方面揭示了在面对外星人时，人性的各种弱点都会被放大甚至出现异化的事实。

正如卡尔·萨根所言："从根本上说，寻找外星人就是寻找人类自己。"寻找外星人有助于人类正确地认识自己。

令人生畏的智子

ETO是三体文明对人类实施的"软"方案，与此相对，他们还有一套"硬"方案，就是把一种设备快速发射到地球，在地球上监视人类并彻底锁死人类科技的发展，阻止人类文明的进步。那么，三体人发射的是什么样的设备呢？

首先，它的飞行速度必须足够快，至少要比三体舰队快。它要尽快来到地球，阻止人类的技术爆炸，否则人类的科技水平可能飞速提升，超越三体文明，使三体人的移居行动失败。也就是说，它要和人类科技的发展抢速度。

其次，如果这个设备能被加速到接近光速，它的质量一定要足够小。物理定律告诉我们，质量越大的物体加速和减速所需的能量越多，耗时越长，这也是三体舰队需要450年才能到达地球的原因。

除此之外，它还应该能够执行必要的任务，例如破坏人类的科学实验以锁死科技发展、影响人的精神。最关键的一点是，为了达到监视效果，它必须能和三体文明保持通信。

对人类目前的科技水平来说，这几乎是一个不可能完成的任务。然而在小说里，作者开了一个大"脑洞"，这就是三体的"智子"工程。

小说里交代，三体文明的科技水平远高于人类，三体人不但知道原子核由质子和中子组成，而且还掌握了把原子核中的质子向低维展开的技术，即把一个质子从十一维的立体结构，展开成二维的平面。因为空间维度减少了，所以一个小小的质子展开后的平面面积十分巨大，能把三体行星完全包裹起来。

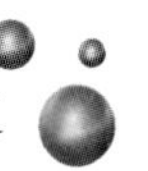

这个质子在展开后形成的平面，就像一块无比巨大的电路板，三体科学家在上面刻画复杂的“集成电路”，再进行编程，把它改造成一个超级计算机，最终再把这个二维的超级计算机进行升维，使其收缩回十一维，变回那个很小、很轻的微观粒子。但这时，这个质子已经具有了智能，于是三体科学家就把它叫作“智子”，这里的“智”就是智能的意思。

三体科学家意识到智子还存在一个问题：它虽然有智能，但是无法感知外界的光线和电波，就像又盲又聋的残疾人。该怎么办呢？三体科学家发现可以再造一个智子，让它们配成一对，二者构成一个相互感应的整体，通过调整二者之间的距离，这对智子就能够接收光线和电磁波，可以像耳目一样感知到宏观世界，同时也可以运行程序。

从质量上看，智子依然只有一个质子的大小，完全可以加速到接近光速，快速飞往地球。

> 科学执政官说：“元首，智子一号和二号将飞向地球，凭借着存贮在微观电路中庞大的知识库，智子对空间的性质了如指掌，它们可以从真空中汲取能量，在极短的时间内变成高能粒子，以接近光速的速度航行。这看起来违反能量守恒定律，智子是从真空结构中‘借’用能量，但归还遥遥无期，要等到质子衰变之时，而那时离宇宙末日也不远了。”
>
> 摘自《三体Ⅰ》

空间的维度

《三体》中提到制造智子的过程，是把原子核中的质子低维展开，在进行智能加工后，再收缩回高维状态。这里的“低维”和“高维”指空间的维度。那么，到底什么是空间的维度呢？

维度是物理学里的一个概念，指**相互独立的空间坐标的数目**。让我们通过点、线、面的例子，来具体说明什么是空间的维度。

先来看一个点。点是没有大小的，是无限小的，也就是说，点在维度上是零维的。

再来看直线。直线并没有粗细之分，它所在的坐标轴的方向就是沿着线的前后两个方向。因此，直线是一维的。

最后来看平面。平面只有长度和宽度，没有厚度。也就是说，在平面世界里，有两条坐标轴，有前后和左右四个方向。可见，平面是二维的。

在我们平常所熟悉的世界中，除了有前后和左右四个方向之外，还存在上下的方向，我们一共可以在六个空间方向上自由运动。这也就是说，我们生活的世界是三维的。那么，存不存在比三维更多的维度呢？

《三体》借物理学家丁仪之口，谈到了宇宙的空间维度问题。

> （丁仪：）“过滤嘴中的海绵或活性炭是三维体，它们的吸附面则是二维的，由此可见，一个微小的高维结构可以存贮何等巨量的低维结构。但在宏观世界，高维空间对低维空间的容纳也就到此为止了，因为上帝很吝啬，在创世大爆炸中只给了宏观宇宙三个维度。但这不等于更高的维度不存在，有多达八个维度被禁锢在微观中，加上宏观的三维，在基本粒子中，存在着十一维的空间。”
>
> 摘自《三体Ⅰ》

丁仪说，宇宙实际上不止有三个维度，而是有十一个维度。我们之所以只能感觉到三个维度，是因为在这十一个维度里只有三个维度是在宏观上展开的，其余的八个维度都被禁锢在微观里，我们根本无法察觉。

关于高维空间的概念，小说可能参考了物理学中的弦理论。在弦理论中，物质所处的空间维度的确不只有我们在宏观上看到的三维，而是有十维。虽然这和小说里提到的十一维稍有差别，但基本不影响小说的情节发展。

那么，什么是弦理论，智子的低维展开又是怎么回事呢？

万物皆弦

随着物理学的发展，人们在 20 世纪 60 年代发现了第一颗恒星级黑洞，还遇到了一些无法用爱因斯坦的相对论解释的难题。为了解决这些问题，有人提出宇宙不只有三个空间维度，应该还有更多的维度。经过二三十年的研究，科学界提出了比较完善的弦理论。

弦理论认为组成物质的粒子不是我们通常认为的零维的点，而是一维的线，也就是像琴弦那样的一根弦，所以这类理论被称作弦理论。后来，弦理论升级为超弦理论和 M 理论。它们都是当代物理学研究中最前沿的理论之一，目的是解释时空的基本组成。弦理论是迄今为止在高维空间方面最为知名的理论，你即便不知道它是什么，可能也听说过这个名字。在第十九章，我再详细介绍弦理论的基本知识。

根据弦理论的观点，组成大千世界的是一根根的弦。就像琴弦可以通过振动发出声音一样，这些弦本身也能振动。这些弦根据振动频率和能量的不同，产生不同类型的粒子，例如质子、电子、光子。换句话说，宇宙万物不过是一些小到看不见的弦振动的结果。从本质上说，宇宙就是由一根根弦的振动而谱成的交响乐。

再来看小说里的质子，我们暂不讨论三体文明是如何操控维度，把质子从高维展开到低维，又从低维缩回到高维的，先来看看改造质子在已知的科学原理上可不可行。

实际上，从弦理论出发，质子是不可能向低维展开的。前面说过，弦理论认为组成物质的不是我们通常认为的零维的点，而是一维的线，也就是一根弦。因为质子是由更微小的夸克组成的，所以从弦理论的角度来看，它最多也就是一根弦。换句话说，质子是一维的，不是高维的，即它根本不可能从低维展开成更高维的二维的平面。

监视与破坏

有了智子，三体人企图监控人类的所有技术问题似乎都已经解决了。其实不然。我们知道，地球到三体星的距离大约是 4 光年，如果靠无线电联系，传输信息最短都要 4 年。然而，如果不能第一时间获得地球的信息，监视行动就失去了意义，所以三体人需要实时监视地球。

为此，《三体》小说再次开了一个大“脑洞”。根据量子力学原理，处于纠缠态的两个微观粒子，它们之间无论距离多远，都可以在瞬间感应到对方的状态，完全没有时间延迟。于是，三体文明的科学家们利用这个原理，为前两个智子又各造了一个跟它相互纠缠的智子，最终形成两对处于纠缠态的粒子对。其中两个智子飞往地球，而跟它们分别保持纠缠的两个智子则留在三体星。这样一来，一方面，由于量子纠缠是瞬时发生的，所以三体星上的智子可以与地球的智子进行实时联络，从而进行监听和侦察，并与 ETO 保持通信。另一方面，三体文明通过操纵在三体星的两个智子，甚至可以直接遥控在地球上的智子搞破坏。

智子研制成功后，在地球时间 2001 年，第一批智子以接近光速的速度飞往地球。只用了 4 年时间，它们就到达了地球并开始执行任务。那么，智子是怎样监视人类和搞破坏的呢?

这两个智子因为本身是质子，实在是太小了，所以可以说几乎无孔不入。人类的任何保密文件或者机密柜，对它们来说都毫无秘密可言。它们甚至还可以读取计算机里的数据。因此，在小说里，从 2005 年起，人类的一举一动对三体人来说就是完全透明的了。人类所有的抵抗和谋划，三体人都知道得一清二楚。

我们知道，人类科技发展最原始的推动力是基础科学的进步，而基础科学的“基础”就是物理学。这门学科研究的是诸如“物质是由什么组成的”这种最基本的科学问题，只有对这类最基本的科学问题的研究有了进展，人类的科技水平才能在本质上得到提高。例如，在历史上，人类在了解了原子结构后才掌握了核技术，从而进入了原子能时代。如果没有物理学的新发现，所有的技术进步就都相当于把古老的刀剑打磨得更锐利，地球上永远不可能出现导弹。

物理学是一门实验科学，理论的验证与发展都离不开实验。物理学家在探索物质构成的奥秘时，会用到高能粒子加速器这种大型实验设备。他们用粒子加速器把微观粒子的运动速度加速到接近光速，并让它们发生碰撞，再观察撞击后的结果，由此来分析组成物质的基本粒子。

由于要靠电磁场逐步给粒子加速，因此加速器一般长几百米，甚至更长。高能粒子加速器主要有直线形和环形两种。目前全世界正在使用的高能粒子加速器主要有：美国斯坦福直线加速器、美国芝加哥费米国家加速器实验室的质子－反质子对撞机、美国布鲁克海文国家实验室的相对论重粒子对撞机、德国汉堡电子同步加速器中心的电子－质子对撞机加速器等。中国最著名的是 1988 年建成的北京正负电子对撞机。而当今世界上最大、能量最高的粒子加速器是欧洲核子研究中心的大型强子对撞机（Large Hadron Collider，LHC）。

LHC 位于瑞士日内瓦的近郊，地下深度 100 米，其环形隧道总长 27 千米。LHC 于 2008 年开始运作，2012 年科学家利用它发现了“上帝粒子”希格斯玻色子。早在 1964 年，英国物理学家希格斯教授就在理论上预言了这种粒子的存在。在 2013 年，在理论预言被实验验证后，他终于因此获得了诺贝尔物理学奖，此时他已 84 岁。

回到小说，在智子到达地球后，三体文明给它的第一个任务就是定位人类的高能加速器，然后潜伏其中，在人们进行物理实验时，伺机替换被撞击的物质粒子，并故意给出错误的实验数据。这样一来，由于智子的干扰，人类的物理学实验无法得到一致的结果。因为实验无法取得进展，理论得不到验证和发展，进而应用创新失去了理论依据，于是人类的科技就被彻底锁死了。

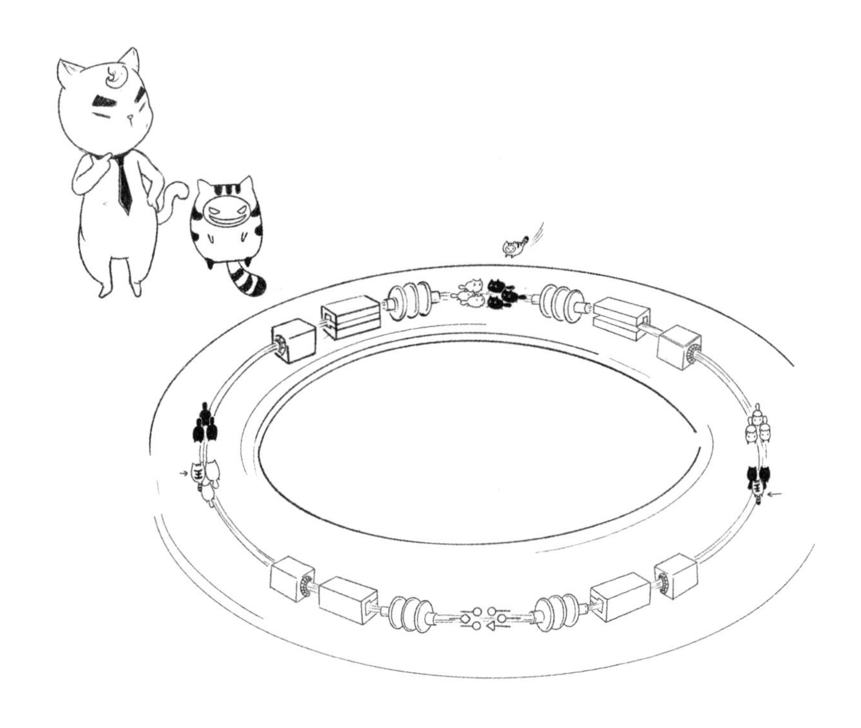

高能粒子加速器中的智子干扰了实验结果

鸡蛋里面挑骨头

由此可见，智子提前来到地球，目的就是遏制人类科技的发展，具体措施是潜入人类的科学实验设施——粒子加速器和对撞机，进而干扰实验。

在小说中，智子干扰粒子对撞机靠的是在实验中适时地替代被撞击的粒子，并且故意显示错误的结果，智子本身也会被撞碎。要知道，哪怕只是制造一个智子，最快也需要几年的时间。这么宝贵的智子只能用一次，太浪费了。于是，小说借三体军事执政官之口，问了一个关键的技术问题。

> “这样，智子不是也被消耗了吗？”军事执政官问。
>
> （科学执政官：）“不会的，质子已经是组成物质的基本结构，与

一般的宏观物质是有本质区别的，它能够被击碎，但不可能被消灭。事实上，当一个智子被击碎成几部分后，就产生了几个智子，而且它们之间仍存在着牢固的量子联系。就像你切断一根磁铁，却得到了两根磁铁一样。虽然每个碎片智子的功能会大大低于原来的整体智子，但在修复软件的指挥下，各个碎片能迅速靠拢，重新组合成一个与撞击前一模一样的整体智子。这个过程是在撞击发生后，碎片智子在高能加速器气泡室或乳胶感光片上显示出错误结果后完成的，只需百万分之一秒。”

摘自《三体Ⅰ》

三体科技官指出，智子带有自修复软件，碎片能够很快重新组合成一个和撞击前一模一样的智子。就像在电影《终结者》（*The Terminator*）里那个从未来回来的液态金属机器人一样，智子简直就是一个撕不烂、打不死的“机器小强”。

这里甚至还给出了智子自修复所需要的时间——百万分之一秒。不过，从实际情况看，这个数据的细节似乎有点不妥。在 LHC 的两个对撞加速管中，各有多束质子被加速到很大的速度，质子是在能量很高的情况下相撞的。就目前我们了解到的情况来看，通常来说，每一束质子大约产生几十次碰撞，每两次碰撞之间的间隔仅为 25 纳秒（1 纳秒即 1 秒的十亿分之一）。也就是说，前一次相撞后撞碎的粒子还来不及离开探测器，后一次碰撞就发生了。

按照这样的碰撞频率，智子自修复所需要的时间大约是碰撞时间间隔的 40 倍。这就意味着在每次实验的几十次的碰撞中，智子最多只能影响其中一次实验里一对粒子的碰撞结果。我想，这肯定会被人类科学家当作正常的实验误差忽略掉。因此，在现实中，从技术细节上来看，智子根本无法影响人类的粒子对撞机实验，达不到干扰效果。

当然，在科幻作品里挑出这种科学细节的问题，就像在鸡蛋里挑骨头一样。科学小说的趣味在于大胆的想象，激发读者的创造力和对科学的兴趣。从这一点来看，智子可以“锁死”人类科技这一想象无疑是非常巧妙的。

宇宙为你闪烁

在三体舰队到达地球之前，唯一能够让三体人和地球人在实体物质层面上实现单向交流的就是智子。可以说，在智子来到地球之后，人类才真正进入“三体危机”的时代。智子是唯一贯穿《三体》三部曲的角色，它在小说的第一部的开头就已出场，一直到第三部的最后，智子化身为人形机器人陪着男女主人公来到宇宙的末日，与他们共同做出了有关宇宙最终命运的决定。本书会在第二十四章详细介绍这个故事。

回到小说的第一部，除了利用智子在大型物理实验中搞破坏，三体文明还和 ETO 配合，一方面在大众中宣扬和夸大科学的副作用，丑化科学在人们心目中的形象，另一方面则在科学家中制造恐慌的气氛，让他们丧失理智，不再从事科学研究。

小说交代，自从智子到达地球，有不少人类科学家被智子搞出来的各种所谓的“神迹”吓得彻底失去对科学的信仰。在这些被威胁的科学家中就有第一部的男主人公——研究纳米材料的汪淼教授。

汪淼先在他拍摄的照片的底片上看到了神秘的倒计时数字，然后在实际生活中也看到了倒计时数字。汪淼感到十分恐惧。这串神秘的倒计时是怎样出现的呢？

原来，智子不仅体积很小而且速度很快，因此具有高能量。在穿过人眼的时候，它会在视网膜上产生视觉亮斑。它通过反复、快速穿过人的视网膜，就能在这个人的眼前打出一些字母、数字或图形，从而让人感到迷惑和恐惧。

三体人发现，一串数字不能吓倒汪淼，就接着威胁他：“我们能够让整个宇宙背景辐射闪烁起来！”汪淼知道，宇宙背景辐射是整个宇宙所呈现出来的样子，能让它闪烁，意味着三体文明具有操纵整个宇宙的本领。汪淼先在北京密云的射电天文观测基地看到了宇宙背景辐射信号数据的显著变化。为了亲眼验证，他连夜来到北京天文馆，借用天文馆的科普展览设备——3K 眼镜，用肉眼观察到了宇宙背景辐射的明显闪烁。

他抬起头，看到了一个发着暗红色微光的天空，就这样，他看到了宇宙背景辐射，这红光来自于一百多亿年前，是大爆炸的延续，是创世纪的余温。……

当汪淼的眼睛适应了这一切后，他看到了天空的红光背景在微微闪动，整个太空成一个整体在同步闪烁，仿佛整个宇宙只是一盏风中的孤灯。

摘自《三体Ⅰ》

整个宇宙真的在闪烁！这真的把汪淼吓坏了，他认识到人类的渺小，几近崩溃。

鸽子窝与诺贝尔奖

那么，刚才提到的宇宙背景辐射究竟是什么呢？这要从宇宙的诞生说起。

宇宙从哪里来？它是无限大的吗？它是一成不变的吗？这些自古就是思想家最爱思考的问题。直到100年前，人类终于看到了回答这些问题的曙光。

1927年，比利时宇宙学家勒梅特最早提出了宇宙诞生于一次大爆炸的假说。2年之后，美国天文学家哈勃通过观测发现，在银河系以外，遥远的太空中还存在大量的星系，而且这些星系正在远离我们而去。这一发现在一定程度上契合了勒梅特的假说。

到了20世纪40年代，乔治·伽莫夫运用量子力学原理研究了宇宙诞生时的物理过程，首次定量描述了发生宇宙大爆炸的物理条件。不过，就像历史上许多新的理论出现时一样，当时坚持宇宙恒稳态理论（即“宇宙永恒不变”）的科学家对此表示怀疑，其中的代表人物霍伊尔甚至还给这种“荒诞”的理论起了一个充满讥讽意味的名字，就是后来我们熟知的“宇宙大爆炸”。

然而，科学家把追寻宇宙真理视为己任，任何讽刺和打击都不可能阻挡他们前进的步伐。很多物理学家坚持对宇宙大爆炸理论进行研究，努力观测，寻找证据。到了20世纪60年代，宇宙大爆炸理论日趋完善，不少科学家同意宇宙确实诞生于140亿年前的一次大爆炸。那时的宇宙温度极高，密度极大。随后，宇宙逐渐膨胀，在大约38万年之后变得“透明”起来，携带能量的光子终于可以在其中驰骋飞奔。随着宇宙不断膨胀，它的温度也逐渐降低。到了140亿年后的今天，从遥远的过去飞奔而来的光子携带的宇宙大爆炸的温度已经降低到了几开，处于电磁波的微波波段——这就是物理学家根据宇宙大爆炸理论做出的有关宇宙背景辐射的预言，只差观测验证了。就在这个时候，彭齐亚斯和威尔逊出现了，他们的发现被认为是宇宙大爆炸理论发展的里程碑。

1965年，美国贝尔实验室里的两位工程师——彭齐亚斯和威尔逊想要使用第二次世界大战时期留下来的一根大型雷达通信天线进行射电天文学的实验观测。但在观测中，他们一直被一种连续不断的噪声信号干扰，实验无法进行下去。为了寻找出现噪声的原因，他们投入了大量精力：他们改变了观测方向，检修了设备，甚至还“请”走了在巨大的雷达天线里筑窝的鸽子一家，清理了它们的粪便。然而，这些努力都无济于事，那个噪声仍然存在。

1年后，无计可施的他们打电话给普林斯顿大学的罗伯特·迪克教授，希望他能提供帮助，对这种噪声做出解释。迪克马上意识到这两位年轻的工程师想要除去的东西正是他的研究组苦苦寻找的东西——宇宙大爆炸残留的宇宙背景辐射。原来，彭齐亚斯和威尔逊无意间的发现竟是重要的科学证据。他俩因此获得了1978年的诺贝尔物理学奖。

由于宇宙背景辐射信号的波长在微波波段，因此又被称为宇宙微波背景辐射。这是一种充满整个宇宙的电磁波。在开氏温标下，宇宙的温度为0开（即绝对温度），这种电磁波的温度为2.73开。因为开氏温标的单位常用K表示，因此宇宙背景辐射也常被叫作“3K背景辐射”。发现这个辐射对我们回答“宇宙是如何诞生的”这个问题有着重大的意义。

宇宙背景辐射是宇宙“刚刚”38万岁时发出的一束光。我们观测的宇宙背景辐射是人类目前能够“看”到的宇宙最古老的痕迹，对宇宙背景辐射的研究是对宇宙最遥远边疆的探求。

人造卫星与 3K 眼镜

刚才已经讲过，宇宙背景辐射是一种电磁波，其波长在微波波段，就像微波炉里加热食物的微波一样，是肉眼看不到的，只有借助能够观测到这一波段电磁波的望远镜（也就是射电望远镜）才能被看到。

彭齐亚斯和威尔逊当年使用的设备是由第二次世界大战时期的雷达改造的，是最早的射电望远镜。后来，人们制造了更为强大的射电望远镜，如前面提到的绿岸射电望远镜。《三体》中红岸基地雷达峰上的大天线也是一个射电望远镜。在 2016 年，我国建成了当今世界上最大口径的射电望远镜，它就是位于贵州省的 500 米口径球面射电望远镜（Five-hundred-meter Aperture Spherical radio Telescope，FAST）。如果有机会，你可以去亲身感受一下这个有 30 个足球场大的科学“巨无霸”。

小说用了不少篇幅描述宇宙背景辐射的原理，也提到了北京的天文场所和天上的卫星，而这些天文场所和天文设备，都是真实存在的。现实中，在北京密云水库的北岸真的有一个射电天文台——不老屯天文台。在这里，有 28 个口径为 9 米的射电望远镜排成一列，看上去十分壮观。早年间，科学家曾在这个天文台对太阳进行射电观测，现在，天文台的周边地区则是星空摄影师的“打卡”圣地。

在小说里，天文台的科学家给汪淼展示了三个卫星接收到的宇宙背景辐射信号数据。这些卫星分别是宇宙背景探测者（COBE）、威尔金森微波各向异性探测器（WMAP）和普朗克卫星（PLANCK），都是现实中存在的人造卫星，是历史上人类发射到太空中的“老”“中”“青”三代宇宙背景辐射探测器。它们在观测精度方面远远高于彭齐亚斯和威尔逊当年使用的设备，能够为宇宙学的发展提供更加准确的观测证据。

宇宙背景辐射是宇宙大爆炸的余温，它在天空的各个方向上都相当均匀。在现实中，科学家根据卫星捕捉到的信号发现，宇宙背景辐射的强度波动最多只有万分之一。而在小说里，三体文明告诉汪淼宇宙背景辐射的强度波动将超过百分之五——这显然不可能。所以，小说中天文台的科学家根本不相信汪淼所描述的“闪烁”会真的发生，以为产生这种巨大波动的原因是卫星设备出现了故障。

至于汪淼借用天文馆的3K眼镜，用肉眼观察到了宇宙背景辐射的变化，则是小说虚构的情节。目前我们并没有研制出能够戴在头上的、像眼镜一样的、可以实时接收宇宙背景辐射信号的设备。原因有很多，主要是能有效接收这种信号的天线的尺寸得足够大，头戴式显然太小了。不过，3K眼镜的创意很棒，也许未来的科学家有办法把它发明出来呢。

汪淼猫用3K眼镜观察宇宙背景辐射变化

那么，三体文明是怎样让宇宙背景辐射发生闪烁的呢？这在小说第一部的倒数第二章里有明确的交代。

（科学执政官：）“很简单，我们已经编制了使智子自行二维展开的软件，展开完成后，用那个巨大的平面包住地球，这个软件还可以使展开后的平面是透明的，但在宇宙背景辐射的波段上，其透明度可以进行调节……当然，智子进行各种维度的展开时，可以显示更宏伟的'神迹'，相应的软件也在开发中。"

摘自《三体Ⅰ》

智子就是依靠这样的手段制造了所谓的"神迹"，营造了一种足以颠覆人类过往的科学思想的氛围。

第四章　无处不在的眼睛

——量子纠缠与瞬时感应

在《三体Ⅰ》中标题为“智子”的一章里，“量子”这个词频繁出现：量子效应、量子感应、量子阵列……把量子力学的概念直接用在科幻小说里的，《三体》可能算是为数不多的一个。你在读到这些有关量子的概念时，有没有一种云里雾里的感觉呢？

量子力学从出现到现在大约有 100 年。在这 1 个世纪里，量子力学完全改变了我们的生活。这一章我就从能够瞬间传递信息的“智子”出发，来谈一谈既神奇又有用的量子力学，也许能帮助你解开一些疑惑。

量子态，波粒二象性，哥本哈根诠释，量子纠缠，量子隐形传态，贝尔不等式

神秘的量子态

在《三体》小说中，量子概念除了出现在第一部有关智子的内容里，还出现在了第二部的“咒语”一章里。面壁者一号泰勒最先被破壁人识破计谋，绝望地来到罗辑的庄园里，向罗辑说出了心声，并选择自杀以获得解脱。罗辑倾听了他的遭遇，联想到了自己。

> 这五年来，他沉浸在幸福的海洋中，特别是孩子的出生，使他忘却了外部世界的一切，对爱人和孩子的爱融汇在一起，使他的灵魂深深陶醉其中。在这与世隔绝的温柔之乡，他越来越深地陷入一种幻觉里：外部世界也许真的是一种类似于量子态的东西，他不观察就不存在。
>
> 摘自《三体Ⅱ》

读到这里，不少读者也许会一头雾水：怎么突然就冒出个“量子态”来？

原来，《三体》出版后经过了改写。在2008年版中，面壁者泰勒的计划是与量子态有关的，而在2017年版中，泰勒的计划被改成了蚊群自杀式攻击计划。这个计划显然和量子完全没关系，因此，读者看到2017年版中的这句关于“量子态”的感言时难免会觉得奇怪。

在2008年版中，泰勒计划创建一支特别的战队，在三体文明入侵地球展开末日大战时，先用球状闪电这种量子武器把人类战士全部变成量子态幽灵，再让这些幽灵战士与三体人决一死战。幽灵不会被敌人消灭，因为已经死去的人不会再死一次。

泰勒计划先用量子武器消灭人类战士——这一举动明显有反人类罪的嫌疑，因此在计划被揭穿以后，他因无法承受公众舆论的压力，而选择了自杀。

什么是量子态呢？**量子力学认为，一个微观粒子在不被观察的时候并不呈**

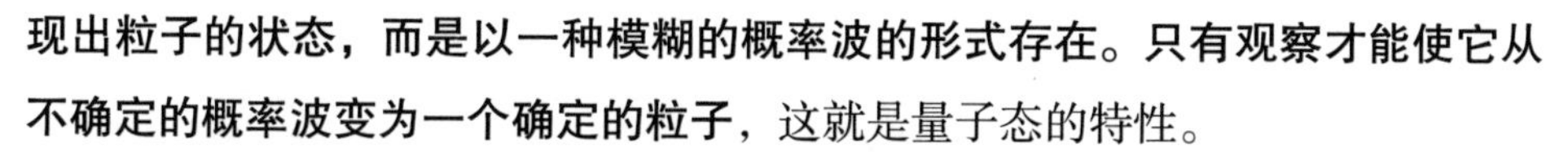

现出粒子的状态，而是以一种模糊的概率波的形式存在。只有观察才能使它从不确定的概率波变为一个确定的粒子，这就是量子态的特性。

罗辑听到泰勒量子幽灵计划败露，再结合自己利用面壁人身份逃避责任、置身事外的现状，感到压力很大，担心自己的“幻想”早晚也会破灭，因此才发出了上面的那句感叹。

下面，就让我们来初步讲讲与此计划相关的量子力学知识。

物质都是波

量子力学诞生于20世纪初，它的主要研究对象是很小的物质粒子，例如原子和亚原子——亚原子就是比原子还要小的粒子，例如质子、中子、电子和光子等等。在这里，我们统一把它们称为粒子。

量子力学中有一个重要的概念——“波粒二象性”，这个概念在高中物理课本里就出现过。通俗地讲，**波粒二象性指任何粒子既是一个粒子，同时也是一个扩散开的波**，这与经典物理学对微观世界的看法完全不同。

例如，当说到电子的时候，按照经典物理学的理论，我们一般把它想象成一个很小很小的粒子，在某个时刻，它会运动到某个位置上。然而，从量子力学的角度来看，事情完全不是这样的。在量子力学中，电子其实是一种波。而且不仅是电子，所有粒子都是波，这就是物质波的理论。

一个电子既是粒子也是波，这意味着它有两重属性：作为一个粒子，它在某个时刻应该处于一个确定的位置；而作为波，它在同一时刻则可能出现在空间中的任何一个地方，只不过在每个地方出现的概率不同，这些概率可以用波函数表示。当这个电子在空间各处出现的概率叠加在一起时，就会形成一团模糊的“云”（即概率云），这团“云”就是这个电子在空间中的所有波函数的叠加态。在观察这个电子时，它出现在“云”中心处的可能性最大，离中心越远，其出现的可能性就越小。

电子在空间各处出现的概率就像一团模糊的云

在量子力学看来，一个原子除了是薛定谔方程所描述的波函数，什么也不是。当我们从量子力学的角度来看一个粒子时，说它处在某个位置其实并不准确，我们只能说有多大概率在某个位置上观察到它。打个比方，就拿我们身体中的一个电子来说，在观察它之前，它的位置其实并不确定，它有99.99999……9%（省略号表示可以有很多9）的可能性在你的身体上，但是仍然有 0.00000……1%（省略号表示可以有很多 0）的可能性位于遥远的火星上，因为这个电子的概率云已经覆盖到了火星。

上面的例子并非科幻作品中的想象，而是量子力学所揭示的世界真相，即世间万物的本质不是确定的，而是概率性的。可以说，量子力学的出现终结了数百年来经典物理学所认识的确定性世界。

在《三体Ⅱ》中，面壁者泰勒与罗辑有一段关于概率云的对话，但是他们将微观粒子的量子态扩展到了宏观的人。

> 罗辑说:“在球状闪电研究的初期，曾有一些人变成量子态，你是否能设法与他们取得联系?”他心想：没意义也说吧，就当是在做语言体操。
>
> （泰勒：）“我当然试过，没有成功，那些人已经多年没有任何消息了。当然有许多关于他们的传说，但每一个最后都被证明不真实，他们似乎永远消失了，这可能同物理学家所说的概率云发散有关。”
>
> （罗辑：）“那是什么?”
>
> （泰勒：）“宏观量子态的概率云会随着时间在空间中扩散，变得稀薄，使得现实中任何一点的量子概率越来越小，最后概率云平均发散于整个宇宙，这样量子态的人在现实空间中任何一点出现的概率几乎为零……”
>
> 摘自《三体Ⅱ》

当然，像小说描写的这样，把量子态从微观直接扩展到宏观并不现实。宏观物体是由数量巨大的微观粒子组成的，这些粒子会与周围环境发生各种相互作用，从而使自己的概率云坍缩。因此，在现实生活中，我们既看不到一个人的概率云，也看不到月亮的概率云。

观察扰动对象

物质粒子既是微粒也是波，这是量子力学的基础理论之一。在经典物理学看来，物质在同一时刻既是粒子也是波是不可能的。读者对此可能也会有疑问：观察一个粒子的时候，我们看到的就是一个粒子，从来没见过什么“波”啊？

从量子力学的角度来看，这个现象应该如何解释呢？从表面上看，量子的状态取决于我们观测它的方式。例如，对光来说，当我们用透镜或从狭缝观测时，它就表现为波；而当我们用屏幕等设备观测时，它就表现为粒子。从本质上看，对任何量子来说，在我们不观察它的时候，量子的状态就是不确定的波，以叠加态方式存在；而当我们观察它的时候，量子就立刻表现为一个粒子，在空间的某个位置以微粒的方式存在。换句话说，**观测会让粒子从波函数的叠加态坍缩到粒子的经典状态**。

观测行为竟然可以影响被观测对象本身——主张这一惊世骇俗观点的物理学家被称为“哥本哈根学派”。他们对量子力学现象所做的解释则被称为“哥本哈根诠释”。

在量子力学问世之前，基于经典物理学的世界观认为，不管我们是否进行观察，周围的世界都是独立存在的，宇宙也是独立存在的。当然，这种世界观承认，观察这一行为的确会与被观察对象相互作用，并不可避免地让被观察对象受到一定程度的干扰。但是，人们一直默认这种干扰只不过是对确定事物的一种偶然的微扰，其影响在原则上可以缩减到任意小。因此，在进行观察、测量之后，我们可以准确地推导出在被观察对象身上所发生的一切。也就是说，物体在被观察之前和之后，自身的力学属性都是可以被确定的。数百年来，这个关于世界的诠释是令人信服的，它最符合我们对自然的理解。爱因斯坦称之为“客观实在”。

然而，哥本哈根诠释向经典物理学有关客观实在的观念发起了挑战：在微观领域里，仪器与物体的相互作用是不可避免、不可控制、不可被忽略的。我们在测量一个物体时，会无法避免地对物体造成不可逆转的影响。因此，在观

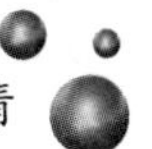

测某个量子的状态之前就把一组属性赋予这个观察对象是没有意义的。举例来讲，如果我们要测量粒子的位置和动量，不能在测量之前就默认它具有这些变量的特定值：假如决定测量它的位置，那么我们就能发现它位于某处，而假如打算测量它的动量，那么我们测得的就是一个运动的粒子——但是，在前者中，粒子不具有特定的动量，而在后者中，粒子并不具有特定的位置。

哥本哈根诠释的核心观点是，在经过特定的观察之后，我们谈论单个量子系统的物理属性才有意义。也就是说，观察不仅"扰动"了被观察的对象，更影响了结果。正如物理学家惠勒所说，任何一种基本的量子现象只有在其被记录下来之后，才是一种现象。

鬼魅的纠缠

在上一章中，我们讲过智子是《三体》中最为重要的角色之一，其设定也非常神奇。三体的科学执政官这样描述智子的工作原理。

> （科学执政官：）"……一个以上的智子，能够通过某些量子效应，构成一个感知宏观世界的系统。举个例子：假设一个原子核内部有两个质子，它们相互之间会遵循一定的运动规则，比如自旋，可能两个质子的自旋方向必须是相反的。当这两个质子被从原子核中拆开，不管它们相互之间分离到多大距离，这个规则依然有效；改变其中一个质子的自旋方向，另一个的自旋方向也必然立刻做出相应的改变。当这两个质子都被建造成智子的话，它们之间就会以这种效应为基础，构成一个相互感应的整体，多个智子则可以构成一个感应阵列，这个阵列的尺度可以达到任意大小，可以接收所有频段的电磁波，也就可以感知宏观世界了。当然，构成智子阵列的量子效应是极其复杂的，我这种说明只是个比喻而已。"
>
> 摘自《三体Ⅰ》

在小说里，两个智子能够跨越时空进行瞬时感应。这在实际中可能发生吗，还是纯属科幻呢？让我们先来看看量子力学中的量子纠缠，再来回答这个问题。

在实验中，物理学家发现可以通过对几个粒子进行某些操作，使它们相互纠缠起来（即进入纠缠态），而相互纠缠的粒子的某些行为是相互关联的。以电子的自旋为例，如果一个电子的自旋方向是顺时针，那么根据守恒原理，和它纠缠的另一个电子的自旋方向就一定与此相反，应是逆时针，反之亦然。

对处于纠缠态的两个电子来说，如果我们不观察它们，其自旋状态就处于不确定的状态：既可能是顺时针，也可能是逆时针。然而，一旦我们观察其中的一个，它的自旋方向就确定了，那么就在这个瞬间，跟它纠缠的另一个粒子的自旋方向也会同时确定下来，而且一定与前者相反。无论这两个纠缠的粒子相距多远，哪怕其中一个在地球上，另一个在几百亿光年之外的宇宙尽头，只要我们观察到其中一个粒子并确定了它的状态，另一个粒子的状态就会在瞬间确定下来，没有时间延迟。这就是量子状态的瞬时传输。

事实上，量子纠缠这一说法起源于爱因斯坦提出的一个思想实验，他想要通过超光速瞬时传输的荒谬性来证明哥本哈根诠释的不完备性。在 1935 年，他联合同事波多尔斯基和罗森，共同发表了一篇重量级的论文，提出了著名的“EPR 悖论”——E、P、R 分别是三位作者姓名的首字母。

在这篇反驳哥本哈根诠释的论文中，爱因斯坦强调，任何严肃的物理理论都必须重视客观现实性和物理概念的差别。客观现实性是不依赖任何理论的，而物理概念只是用来说明理论的，必须与客观现实相对应才行。也就是说，他认为一个理论只有正确性是不够的，它还应当是完备的，也就是理论元素和物理现实性元素应当具有一一对应的关系。

爱因斯坦的想法是，不能测量电子的精确位置也许并非意味着电子没有精确的位置。他认为，实际上存在一个与电子的位置相对应的物理现实性元素，只是量子力学不能包容这一点，因此量子力学是不完备的。

在论文中，爱因斯坦构造了一个思想实验来证明自己的想法：设想一对相互纠缠的电子 A 和 B，在同一时刻，A 和 B 的总动量应该是守恒的。假如在某一时刻测量 A 的动量，那么在不干扰 B 的情况下，根据守恒定律，必然同时也会得知 B 的动量，B 的动量一定能用一个物理现实性元素描述。同理，在不干扰 B 的情况下测量 A 的位置时，根据守恒定理，必然也能用一个物理现实性元素描述 B 的位置。

爱因斯坦根据“现实性准则”辩称，既然 B 粒子的位置和动量都是现实性元素，那么这两个性质应该可以同时共存，也就是说它们都是独立于观察和测量的“现实性元素”。

在这一基础上，爱因斯坦进一步指出，假如哥本哈根诠释是完备的，那么这就意味着对 A 的测量将会瞬间影响到 B，且与二者之间的距离无关。这种瞬时同步性意味着超光速，违背了狭义相对论和因果律。因此，爱因斯坦认为哥本哈根诠释是不完备的，他把这种根本不可能存在的瞬时同步现象称作“鬼魅效应”，后来，薛定谔将这个现象称为“量子纠缠”。

作为对 EPR 悖论的反击，玻尔指出，根据哥本哈根诠释，电子的位置和动量在测量它们之前并不是实在的，EPR 的根本问题出在人们的观念上。爱因斯坦认为相互作用的粒子一旦被分开，就是两个不同的粒子。然而在哥本哈根诠释看来，无论它们之间相隔多远的距离，它们仍然是一体的。我们在日常生活中形成的对事物的观念，在量子世界中往往不再成立，取而代之的则是不确定性、波粒二象性和瞬时性等等令人感到匪夷所思的性质。在考虑量子尺度上的问题时，我们不能再相信之前的常识，而要相信用实验设备测量到的事实。

时至今日，量子纠缠经受住了各种实验的反复验证。它并非“鬼魅”，而是真实存在的。

《三体》小说里的智子之所以能够把地球的信息瞬间传回给 4 光年外的三体人，利用的就是量子纠缠的原理。三体发明的智子是相互纠缠的，一个粒子来到地球，时刻监视人类，并通过量子纠缠的瞬时传输效应，把监视到的情况同步给三体星上和它纠缠的智子，这就相当于没有时间延迟的实况直播。

不过，科幻毕竟还不完全等于科学。目前，在现实中，基于量子纠缠的量子通信能瞬时传输的只是量子的状态，并不能把有用的信息从一个地方瞬时传递到另一个地方。因为，尽管量子纠缠可以超光速，但是发送方和接收方还需要用在光速限制下的传统信息通道传递必要的辅助性信息，才能对纠缠态包含的信息进行翻译和解码。因此，从整体上看，在两地间传递信息时还是不能超过光速。因此，在真实的世界里，智子是无法在地球和三体星之间超光速传递信息的。这种不可能是由原理决定的，而不是由技术水平的高低决定的。

处于纠缠态的两个智子

不过，在不超过光速的情况下，利用量子纠缠实现粒子状态的复制和传输应该是可以做到的。2016 年，中国发射了墨子号量子科学实验卫星，之后在距地 1200 千米的太空中进行了量子隐形状态传输的实验。畅想一下，既然人体都是由粒子组成的，那么未来也许有一天，科学家可以发明一种技术，像传真机那样把组成一个人的每一个粒子完整地复制到另一个地方去，这不就能实现对人的远距离和快速传输了吗？当然，对现在来说，这个想法还是科幻成分比较大。

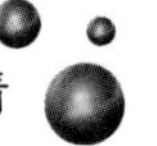

打不死的小强

量子力学中有很多奇异的概念，诸如波粒二象性、量子纠缠和量子隐形传态，再加上观察者与被观察对象之间的互动关系，很容易让人感到莫名其妙、匪夷所思。其实，这种感觉很正常。自量子力学出现以来，一直有很多物理学家认为它的原理有悖于常识。量子力学的领军人物，被称为量子力学教父的玻尔就曾说过:“如果一个人第一次听说量子物理而不感到困惑，那他一定是没听懂。”

量子力学创立于 20 世纪 20 年代，是自 17 世纪现代物理学诞生以来，在物理学理论中发生的最深刻的革命。我们知道，量子力学和相对论是 20 世纪物理学的两大支柱。如果说相对论的提出表现的是爱因斯坦“独行侠”的形象；那么量子力学的出现则是一出千载难逢的“群英会”。量子力学是一门年轻的科学，其创始人也是一群年轻人——平均年龄不足 30 岁。其中有年轻的爱因斯坦、玻尔、海森堡、狄拉克等。在这场影响世界的科学革命中，这些年轻的物理学家起到了“奠定乾坤”的作用，物理学史上把常把这段时期称为“小伙子的物理学”年代。

在科学史上，很多新理念的普及过程都不是一帆风顺的。就拿大家今天耳熟能详的科技名词来说，有很多其实都是学说的反对者提出来的，用来表达嘲讽之意，例如“宇宙大爆炸”这个词。同样，量子力学的发展过程也充满了艰难，1 个多世纪来，它简直就像一只“打不死的小强”。下面就让我们来看看量子力学史上的四个值得深思的小故事。

首先，让我们看看著名的德国物理学家普朗克，他在1900年最早提出“量子”这个概念。在物理学里描述量子大小的常数就是以他的名字命名的，即普朗克常数。普朗克本该是量子力学之父，但很可惜的是，他在学术方面其实相当保守。他在论文里特意强调，自己提出量子概念不过是一个为了计算方便而做出的数学假定，这个概念并没有实际的物理意义。当时，他完全没有意识到量子将会对世界产生多么大的影响。当长寿的普朗克在晚年看到量子力学日益成长壮大的时候，他感到无比懊悔。他在临终前曾经感慨道：“一个新的科学真理取得胜利的方式，并不是让它的反对者信服并看到光明所在，而是在反对者陆续死去的同时，熟悉它的新一代人逐渐成长。”

让我们再来看看爱因斯坦。提到他，我们都会想到著名的相对论。但实际上很多人不知道的是，他获得诺贝尔奖并不是因为相对论，而是因为他提出的另外一个学说——光量子假说，而这一学说奠定了量子力学的基础。爱因斯坦是当之无愧的量子力学的开创者之一。然而，令人遗憾的是，后来，他几乎用自己后半生的全部时间来反对量子力学对世界所做的解释。他始终无法接受量子力学所揭示的世界本身的不确定性，认为这太离经叛道了，用他的话来说就是“上帝不掷骰子”。

在20世纪20年代召开的几次有众多世界顶尖物理学家出席的科学研讨会上，爱因斯坦就量子力学的话题，作为反方与玻尔展开了激烈的辩论，堪称科学史上最精彩的“华山论剑”。可惜的是，辩论最终以爱因斯坦的失败告终。只要是讲量子力学历史的书，都会写这段故事。正如前面所说，量子力学质疑世界的客观实在性，引入了很多新的概念，而这些概念从根本上动摇了几百年来由牛顿、爱因斯坦等物理学家所构建的经典物理学体系的基础，因此爱因斯坦直到去世都没能彻底接纳量子力学。

让我们一起进入下一个故事。我们已经讲过，电子在空间中是以概率波的方式存在的，而描述概率波的函数就是大名鼎鼎的“薛定谔方程”。薛定谔是量子力学的开创者之一，也是第三个故事的主人公。说到薛定谔，跟他的名字有关的“薛定谔的猫”似乎更家喻户晓。其实，“薛定谔的猫”是薛定谔提出的一个思想实验，他希望用这个实验来说明量子力学是多么荒谬可笑。薛定谔和爱因斯坦一样，是经典物理学的坚定捍卫者。除他以外，法国物理学家德布罗意也是如此，他首次提出了物质波的概念，对量子力学的创立做出了重要的贡献，但是他也始终不能彻底认可量子力学。

然而，就算在这些顶尖物理学家的质疑下，量子力学还是通过了一个个考验，理论和实验没有出现冲突，体现了强大的生命力。

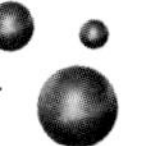

终极裁决

到了20世纪60年代，在质疑量子力学的队伍中又出现了一位勇猛的小将。他就是长着一头红发的英国物理学家约翰·斯图尔特·贝尔，也是我们第四个故事的主角。

贝尔一直都深深地认同爱因斯坦的经典物理学，对量子力学中与经典物理学相悖的两个新概念感到很困惑：一个是量子纠缠，他坚持认为物理效应的传播不可能比光速快，这种鬼魅般的瞬时传输不可能存在；另一个则是量子的不确定性，他认为客观现实独立于观察者存在，任何一个粒子的状态在被测量之前都有自己明确的属性，不可能取决于观察者的测量行为。

1964年，贝尔提出，自己发现的一个强有力的数学不等式可以检验量子力学原理。这就是决定量子力学命运的“终极武器”——贝尔不等式。假如通过实验发现贝尔不等式成立，那就说明爱因斯坦是正确的，这不仅能巩固以爱因斯坦为代表人物的经典物理学的地位，还能给予“怪异的”量子力学致命的打击。贝尔本人坚信不等式一定是成立的，在他提出这个想法时爱因斯坦已经去世了，他希望借此了却爱因斯坦生前未竟的心愿。然而，贝尔不等式其实是一把双刃剑，假如实验说明它不成立，就会进一步证明量子力学的完备性，撼动经典物理学的地位。

接下来就要设计物理实验进行验证了。然而，这对实验物理学家来说却成了难题，当时的设备尚不具备进行这样的实验的条件。直到5年后，贝尔才收到26岁的美国实验物理学家约翰·克劳泽的来信，知道后者设计了一个实验来测试不等式。经过200小时的初步实验，克劳泽得出了贝尔不等式不成立的结果，这令包括贝尔在内的许多物理学家都感到意外。在接下来的5年内，科学家又进行9次测试，其中有7次出现了不等式不成立的状况。由于事关重大，人们还是怀疑是实验本身的精度存在问题。

在这之后，又有很多实验物理学家跃跃欲试，但由于实验条件要求太高，直到20年后的20世纪80年代，法国量子物理学家阿兰·阿斯派克特才终于完成了实验。他利用新出现的激光和计算机技术，花了几年的时间设计了三个巧妙的实验来检验贝尔不等式。但阿斯派克特没想到的是，实验结果与贝尔不等式极其相悖，而很符合量子力学的理论。老天跟贝尔开了一个大大的玩笑，贝尔不等式竟然不成立！

在随后的10多年里，科学家又利用非线性激光等各种手段反复地进行了实验验证。贝尔不等式不成立这一结论目前已被科学界的大多数人认同。

当年，贝尔是依据从经典物理学角度出发的两个假设来推导不等式的：一个是量子状态不依赖于观察行为，另一个是比光速还快的物理过程不存在。然而，实验结果否定了贝尔不等式的正确性，这意味着我们必须至少放弃这两个假设中的一个才行。据说，贝尔本人打算放弃后者，即光速限制。也就是说，他情愿承认宇宙中存在瞬时状态传输，也要坚持世界的客观独立性。贝尔始终认为，即使在没有进行观察前，现实和客观的世界也是实际存在的。

贝尔本想利用不等式证明量子力学是个谬误，结果却进一步彰显了量子力学的完备性。1990年，62岁的贝尔因脑出血去世，曾深信量子理论只是“权宜之计”而无法反映事物本质的他最终也不得不承认“爱因斯坦的世界观是站不住脚的”。

现代科学的基石

我们在接受基础教育时，学的都是经典物理学的内容，即便到了大学阶段，也只有在某些理科类的专业中才会学习一部分量子力学的知识，这使得大多数人可能对量子力学的概念和理论产生困惑。然而，实际上，如果把当代人类科技比作一座高大华美的大厦，那么量子力学就是这座大厦的基石，而且还是埋在地下的那种，并不为大多数人所知。

量子力学自出现以来，在1个世纪中取得了惊人的进展，它不但解释了微观的量子世界中出现的奇特现象，而且其理论预言至今没有一项被证明是错误的。我们需要量子力学理论来解释为什么有阳光普照，为什么草是绿色的，电视机是如何产生图像的，甚至宇宙是怎么从大爆炸演化而来的。毫不夸张地

说，时至今日，量子力学成了每一门自然科学的基础，无论是化学、生命科学还是宇宙学，不管是研究微观世界还是宏观宇宙。

例如，在化学领域，在量子力学出现后，人们才认识到是原子外层的电子决定了原子的化学特性。元素周期表源于150年前俄国科学家门捷列夫的发现。门捷列夫注意到组成物质的各种元素的排列有周期性，但此前科学家一直不清楚为什么存在这种周期。美籍奥地利物理学家泡利根据电子的量子自旋原理提出了著名的“泡利不相容原理”，解释了电子在核外排布呈周期性的原因，这才揭开了元素周期背后的秘密。可以说，当代化学完全建立在量子力学的基础之上。

我们都知道植物靠光合作用固化空气中的碳，同时释放氧气，人类的生存说到底完全离不开植物的光合作用。光合作用究竟是怎么一回事？经典物理学一直无法对它做出合理的解释。原来，它源于量子相干性的机制。再例如，我们平时是怎么闻到气味的呢？这其实也与量子力学相关。科学家发现，气味分子会与人体内的受体结合，通过振动释放电子，产生神经电信号，并最终将信号传递到大脑，我们才产生了嗅觉。不同的气味分子的振动频率不同，因此才让人感觉气味不同，这种振动也是量子效应之一。除此之外，鸟类是靠什么导航实现远距离飞行的？人类的遗传基因为何会发生突变？这些都是量子生物学研究的内容。人们都说21世纪是生物学革命的时代，而生物学的发展一定离不开量子力学的助力。

在《三体》中，三体文明发射智子来地球的主要目的就是阻碍人类科技的发展，其中重要的手段之一就是破坏高能粒子加速器的量子实验——因为量子力学是所有基础力学的根基。而与这类实验相关的粒子物理学和理论物理学，也都与量子力学密不可分。

无处不在的量子

量子力学虽然神奇，但是它似乎只适用于微观世界，我们根本无法直接感受到它的存在。那么，它跟我们的日常生活究竟有多大关系呢？其实，除了科学理论，现代应用技术也离不开量子力学。

美国诺贝尔奖获得者斯坦博格甚至估计，在当代经济发展中，有三分之一的国民生产总值来自以量子力学为理论基础的高科技要素。例如，我们每天握在手里的智能手机和工作学习离不开的计算机都是量子力学理论的应用成果。从技术的发展脉络来看，量子力学是固体物理学的基础，固体物理学是半导体物理学的基础，半导体物理学又是集成电路的基础，而有了集成电路才有了计算机和手机。如果没有发明集成电路，人类是不可能造出功能如此强大而体积又如此小的智能手机的。所以说，虽然我们无法直观看到量子力学的研究对象，即电子等微观世界的“小东西”，但每一天我们都把量子力学的应用成果装在口袋里、捧在手中，甚至连睡觉时也会把它放在枕边。

此外，我们对激光也不陌生。它的应用范围很广，有激光笔、激光照明和激光娱乐设备，还有激光手术、激光测距、激光焊接和激光切割等。我们平时使用的网络主要是靠光纤进行连接和通信的，而光纤传导的主要就是激光，因为激光有高方向性、高相干性和高单色性等优点。如果没有光通信的大规模应用，也就没有现在“万物互联”的世界。我们在前面讲过，爱因斯坦获得诺贝尔奖，就是因为他提出了光量子假说，阐述了光电效应的原理。这正是量子力学的奠基性理论之一，人们在此基础上才发明了激光技术。可以说，激光引发了当代的信息革命，从根本上改变了人们的生活。

现今，量子计算机和量子通信等成果也日益成为衡量技术进步的标志。顾名思义，量子计算机能够处理和计算量子态的信息，具有超高的运算速度。量子计算机技术作为继电子计算机之后的下一代新型计算机体系，正在取得日新月异的突破，相信它的发展必将引发新一轮的信息革命。

再来看看量子通信。现代社会离不开顺畅且安全的信息交流，由于量子具有众多神奇的特性，量子通信成为实现这一目标的首选。如前所述，利用量子纠缠可以做到量子隐形传态。此外，由于量子状态一旦被观测就无法还原，所以量子通信信息具有不可被截获、被窃听的安全特性。对传统通信技术来说，这些都是巨大的突破。

总之，在我们的现代文明社会里，从电脑、手机这些我们日常会用到的电子产品，到航天、核能、生物技术领域，几乎一切都以量子力学为基础。一句

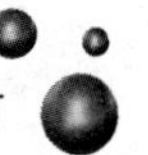

话，量子力学不但神奇，而且特别有用。

今天，我们已经亲身感受到了量子力学对现代科技文明的促进作用，在更深层次上触动我们的，是它对基础科学理念乃至哲学观念的挑战和颠覆，这些思想上的改变必将影响人类文明的未来。

《三体》作为当代“硬”科幻小说的巅峰之作，怎么能不在里面埋下量子力学的“梗”呢？关于无处不在的量子，本章只是开了一个头，随着小说情节的推进，我们在第七章中还会继续详细介绍。

第五章　难以把握的内心世界
——三体社会与孤独的面壁者

在《三体Ⅱ》的一开始，伊文斯通过与三体文明对话，意外发现三体文明的交流方式与人类有着巨大的差异，他们会靠电波把思维直接显示出来。伊文斯认为这种方式无法隐藏思维的内容，而三体文明则进一步表示他们不懂得什么是欺骗，至于计谋和伪装更是无从谈起，俨然一副天真无邪的模样。

三体文明真的具有这些特点吗？人类特有的语言交流方式又能在两个文明的对抗中发挥怎样的作用呢？

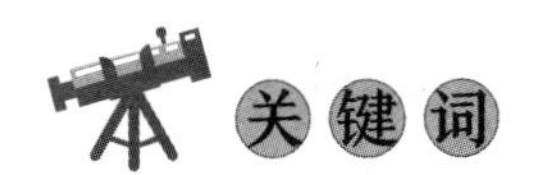

关键词

感性与理性，人文与科技，人类语言的复杂性，思维与语言，思维的“黑箱”

三体文明会撒谎吗？

在《三体Ⅰ》里，叶文洁首次与三体文明取得了联系，随后这个消息被石油大亨之子伊文斯得知，他继而取代叶文洁，垄断了人类文明与三体文明的交流，并建造了一艘巨船“审判日号”，以此为基地指挥ETO。伊文斯以保护地球物种为理由，企图借三体文明之手毁灭整个人类，但最终，他和ETO被人类军队的“古筝计划”一举消灭。他与三体文明的交流记录——存储了28吉字节（GB）信息的硬盘落入了人类政府的手中。硬盘中的信息是人类了解三体世界的唯一路径，智子的制造原理和过程都在这些信息中。解读和分析这些信息数据，是人类有效对抗三体文明的前提。

在人类截获的伊文斯的硬盘数据中，记载了他与三体文明的最后一次对话。

字幕：我们仔细研究了你们的文献，发现理解困难的关键在于一对同义词上。

伊文斯："同义词？"

字幕：你们的语言中有许多同义词和近义词，以我们最初收到的汉语而言，就有“寒”和“冷”，“重”和“沉”，“长”和“远”这一类，它们表达相同的含义。

伊文斯："那您刚才说的导致理解障碍的是哪一对同义词呢？"

字幕："想"和“说”，我们刚刚惊奇地发现，它们原来不是同义词。

伊文斯："它们本来就不是同义词啊。"

字幕：按我们的理解，它们应该是同义词：想，就是用思维器官进行思维活动；说，就是把思维的内容传达给同类。后者在你们的世界是通过被称为声带的器官对空气的振动波进行调制来实现的。这两个定义你认为正确吗？

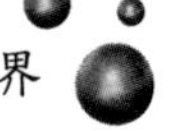

伊文斯："正确，但由此不正表明'想'和'说'不是同义词吗？"

字幕：按照我们的理解，这正表明它们是同义词。

摘自《三体Ⅱ》

三体文明告诉伊文斯，他们不理解人类所谓的"想"和"说"有什么不同。三体文明的思维是"透明"的，就像是鱼缸里的鱼一样，不可能隐藏任何秘密。他们还说自己不知道什么是计谋和伪装。读到这里，你可能认为既然三体文明的思维是"透明"的，那他们就一定不会欺骗或撒谎吧。然而，真的是这样吗？

仔细阅读《三体Ⅰ》中的故事，你也许会发现，三体文明的所谓不懂欺骗可能正是他们给人类设下的一个最大的骗局，是他们企图麻痹人类的高超计谋之一。

首先，不管三体文明是否会欺骗，在三体世界其实是存在"欺骗"这个词的。在第一部的倒数第二章，描述智子的制造过程时有一个细节：三体科学家尝试进行展开智子的实验，起初的几次都没有成功，科学执政官一直在找借口，并承诺展开质子不会有什么危害。此时军事执政官愤怒地对科学执政官说："你在欺骗元首！你闭口不提实验带来的真正的危险！"请看，三体文明使用了"欺骗"这个词。

当然，即便他们使用这个词，也不能说明他们真的明白欺骗是什么意思。然而，他们真的不明白吗？让我们再来看看第一部的倒数第三章"监听员"。在惩处那位给人类发送友善消息的1379号三体监听员之后，三体元首询问监听执政官应该如何补救，执政官建议向太阳系方向"发送经过仔细编制的信息，引诱人类回答"，这样就可以准确定位太阳系和地球。这段话让人产生疑问：一个懂得编制虚假信息引诱敌人的文明，怎么可能不知道什么是欺骗呢？况且，智子的任务之一，就是用"神迹"欺骗人类，引起人类的恐慌和绝望，最终阻止科学家继续从事科学研究。会执行这种计划的文明，难道不懂欺骗吗？

那么，他们的欺骗会不会是跟地球人学的呢？并非如此。还是在"监听员”那一章，三体元首惩处1379号监听员、打算诱骗人类上当发生在人类和三体文明建立联系之前。这也代表了三体不可能是从人类这里学会计谋、欺骗的。因此，三体文明的“不会欺骗”也许是对地球人的最大欺骗。

三体文明不但知道什么是欺骗，甚至还能在一定程度上隐藏自己的思维。在“监听员”那一章中，1379号监听员在接受元首质问的时候，讲述了一段自己的经历。

> （1379号监听员：）“……大约在一万个三体时前的乱纪元中，监听站的巡回供给车把我所在的1379号站漏掉了，这就意味着我在之后的一百个三体时中断粮了。我吃掉了站中所有可以吃的东西，甚至自己的衣服，即使这样，在供给车再度到来时，我还是快要饿死了。上级因此给了我一生中最长的一次休假，在我随着供给车回城市的途中，我一直被一个强烈的欲望控制着，那就是占有车上所有的食物。每看到车上的其他人吃东西，我的心中就充满了憎恨，真想杀掉那人！我不停地偷车上的食品，把它们藏在衣服里和座位下，车上的工作人员觉得我这样很有意思，就把食品当礼物送给我。当我到城市下车时，背着远远超过我自身体重的食物……”
>
> 摘自《三体Ⅰ》

如果三体文明的思维都是透明的，1379号监听员恐怕很难做到暗自憎恨别人，更不用提“偷”和“藏”东西了。

还有一个细节，在三体元首把1379号监听员打发走以后，质问监听系统执政官，怎么能让这种脆弱的邪恶分子进入监听系统。执政官回答道：“元首，监听系统有几十万名工作人员，严格甄别是很难的。”这个回答说明三体人的思维其实与人类类似，也是一个黑箱，一个三体人无法知道另一个三体人究竟在想什么。换句话说，三体文明的思想和其表达出来的东西也是不一致的。心口不一也许不是人类特有的。

实际上，所谓的思维透明、无法理解欺骗，都是三体文明告诉伊文斯的。人类其实无法直接确认三体文明的交流方式到底是怎样的。小说直到最后也没

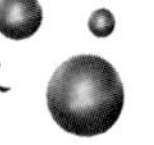

有揭开这个秘密，给读者留下了一个大大的悬念，这正是作者的高明之处。

更为巧妙的是，在小说第二部的序章中，作者通过描写伊文斯和三体人的对话，让读者意识到思维和表达有着本质的不同，从而为小说的第二部里最重要的内容——“面壁计划”埋下了伏笔。

三体社会之谜

毫无疑问，所谓的思维透明只是三体文明对人类宣称的形象。三体文明力图向人类表明自己文明的内部是团结一致、没有内耗的，然而实际情况真的如此吗？答案也许恰恰相反。

首先，在三体文明内部可能也存在战争和军队。在第二部第一章中，智子和破壁人二号的对话就暴露了这一点。智子说：“在我们世界的战争中，敌对双方也会对自己的阵地进行伪装。”我们知道，战争是利益集团之间矛盾斗争表现的最高形式，是解决纠纷的暴力方式，也是极端的政治手段。既然一个文明内有战争，那就意味着它内部一定存在着不同的利益集团。

小说中还提到了三体文明的军事执政官，这个职位的工作内容存在两种可能性：要么专门处理文明内部不同阶级之间的矛盾，要么是应对当前利益集团与其他集团间的军事冲突。如果是前者，这至少说明三体文明内部有不同的阶级和诉求，“铁板一块”的文明只是一个假象，其内部必然充满隐瞒、欺骗和计谋。如果是后者，那就意味着三体文明里有不同的部族或者国家。

顺着后者的思路，我们不妨想象，如果三体文明里存在不同的国家，那么小说里提到的三体人的元首也许只是三体文明中某一个国家的元首而已，因为他们拥有这个文明目前能达到的最高水平的科技，所以能代表三体文明与人类交流。如果是这样，三体文明中不同国家对人类文明的态度也很可能不同。

就像在小说第一部中写到的，人类历史上，不同的大国都争相向太空可能存在的外星文明发出过自己的声音，而这些声音的态度和立场都不相同；因此，人类陆续收到的来自三体世界的信息也许并非都是一个国家发来的。这也能解释在小说第二部中，三体文明在处理与人类的关系时前后的态度为什么会出现很大的转变，一会儿停止与人类的交流，一会儿又向人类传递高科技——这也许正是因为他们内部存在不同的利益集团，有不同的政治诉求。

给文明以岁月

接下来，让我们再来思考一个问题：如果三体文明的思维和交流方式真的和人类不一样，那么是什么造成了这些差异呢？

小说第一部通过虚拟游戏《三体》向读者展现了三体世界严酷恶劣的自然环境。从这个星球上出现文明起，千万年来，三体世界经历了几百轮生生灭灭，才进化出今天的文明，具备了高等级的科技水平。三体文明回顾历史，认为以冷静和麻木两种精神为主体的文明的生存能力才是最强的，而那些精神脆弱的个体和温和的社会都不利于文明在恶劣的环境中存续。

在三体元首和1379号监听员的对话中，我们能看到三体文明在历史上经历的惨痛教训。

> （1379号监听员：）“……元首，请看看我们的生活：一切都是为了文明的生存。为了整个文明的生存，对个体的尊重几乎不存在，个人不能工作就得死；三体社会处于极端的专制之中，法律只有两档：有罪和无罪，有罪处死，无罪释放。我最无法忍受的是精神生活的单一和枯竭，一切可能导致脆弱的精神都是邪恶的。我们没有文学没有艺术，没有对美的追求和享受，甚至连爱情也不能倾诉……元首，这样的生活有意义吗？”
>
> （元首：）“你向往的那种文明在三体世界也存在过，它们有过民主自由的社会，也留下了丰富的文化遗产，你能看到的只是极小一部分，大部分都被封存禁阅了。但在所有三体文明的轮回中，这类文明是最脆弱最短命的，一次不大的乱世纪灾难就足以使其灭绝。再看你想拯救的地球文明，那个在永远如春的美丽温室中娇生惯养的社会，

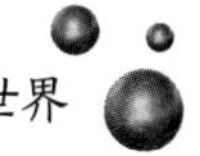

如果放到三体世界，绝对生存不了一百万个三体时。”

摘自《三体Ⅰ》

在三体文明看来，狂喜、沮丧、愤恨、恐惧、悲伤和幸福等这些情感，甚至追求美和享受，都是应该极力避免和消除的。为了生存，三体文明建立起高度层级化与效率化的系统，他们高度重视集体目标，完全忽略个性需求，这是由三体星的客观环境决定的。用他们的话来说，追求自由与个性的文明是最脆弱、最短命的。三体文明摒除情感，发展极致的理性，才在艰难的环境中生存了下来。

不过，凡事都是有利也有弊，这种追求极度理性的文明形态也有自身的缺陷。在小说里，三体文明的科技水平一直以来都是匀速发展的，甚至是减速发展的，而人类文明却有技术爆炸的现象——或许这并不是单纯的偶然。人类科技之所以能够飞速发展，与人性的丰富和多样化有深层的内在联系。

人文推动科技

我们知道，**人类近现代科学由科学自然主义出发，旨在对人们观察到的现象进行解释，其理论和概念都不涉及任何超自然的力量**。在这种“主义”的带领下，科学研究基于理性思考和客观观察，从表面上看似乎与人文和感性完全不相干。然而，回顾人类近代以来的历史，我们会发现，恰恰是人文主义的出现促进了近代科学的诞生和发展。

最初，对物质、精神和社会的研究都属于哲学范畴。2000 多年前，古希腊的哲学家攀上了西方哲学发展的第一个高峰。然而，随着宗教势力逐步占据主导地位，统治人们的思想和社会，西方文明进入了近千年的中世纪时期。人们的言行必须符合宗教的教义，与其相悖的言论均被打上“异端邪说”的标签，哲学沦为神学的“婢女”。这段时期占主导地位的哲学体系——经院哲学，实际上就是一种宗教神学体系。

近代科学常被称为西方科学，主要是因为它诞生于 16 世纪至 17 世纪初的意大利等西欧的一些国家。彼时，发生在那里的文艺复兴运动让近代科学在人文主义思潮中发展起来。用德国哲学家文德尔班的话来说，“近代自然科学是人文主义的女儿”。参与文艺复兴运动的思想家强调以人为中心的重要性，人的活动应当因其自身价值而受到重视，科学由此开始以惊人的步伐向前迈进。人文主义解放了人们的思想，让人们摆脱了宗教神学体系的桎梏。否则，人们不可能自由地进行探索，近代科学也不可能诞生。

人文主义不但为近代科学的诞生奠定了思想基础，也为其培育了人才。在人文主义者看来，人有多方面的才能，只有通过教育才能让它们充分发挥或显露出来。15 世纪后，在宗教学院之外，社会上出现了世俗学校。这些学校开设了自然哲学课程，培育出哥白尼、达·芬奇和伽利略等科学人才。

此外，人文主义还营造了良好的学术氛围，促进了科学方法论的诞生。在人类的历史中，科学和技术的每一次进步都得益于人类的科学精神——人们秉持着世界是可知的、遵循普遍规律的、不能任凭神灵摆布的观念，勇于冒险，敢于质疑祖先的信仰。

在《三体Ⅱ》中，作者描写了在危机纪元刚开始时，社会经济被迫转型，几乎所有的资源都被投入太空防御计划，地球环境遭到破坏，人类的生活水平急剧下降，政治气氛也极度紧张，人类文明进入半个世纪之久的大低谷，人口死亡过半。在刻骨铭心的惨痛教训之后，人们终于清醒过来，与其担忧 400 年以后的末日战争，不如先过好眼前的生活。于是，人们喊出了“给岁月以文明，而不是给文明以岁月”的口号，重新树立了“人文原则第一，文明延续第二”的价值理念，这才出现了人类历史上的第二次文艺复兴。各国政府都中止了太空防御计划，集中力量改善民生。只用了 20 多年的时间，人们的生活就恢复到了大低谷以前的水平。更为神奇的是，随着人文主义的复兴，人性的解放大大推动了科技的进步，原先的技术瓶颈竟一个接一个被突破了。人类制造出了太空电梯，还发明了速度能达到 15% 光速的宇宙飞船，创造了科学史上的奇迹。

小说的这段内容表现了人文主义对人类思想、行为的解放作用以及对科学发展的推动作用。反观三体文明，他们以“生存第一法则”为信条，束缚了公众的思想和自由，并用残酷的刑罚镇压敢于表达人文关怀和善意的个体，这有

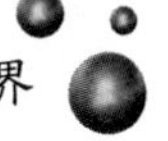

可能导致了三体科学发展的缓慢和停滞。

言不由衷的人类

在与伊文斯交流时，三体文明认为直接显示思维是更有效率的高级交流方式，并断言人类需要靠发声器官来交流是一种进化上的缺陷，是对大脑无法产生强思维电波的一种不得已的补偿，是生物学上的劣势。然而，在这次交谈的最后，三体承认人类太过于复杂，恐惧使他们从此中断了与人类的任何信息交流。

此外，小说中还提到，人类使用语言这种方式交流并不一定是缺陷或劣势。为什么这样说呢？难道直接显示思维不比用语言更直接、更高效吗？而且，我们使用语言时往往会出现词不达意、含混不清的情况，这些难道不是缺陷吗？其实，答案恰恰相反。

语言的本质其实是人类思维意识的信息密码。人类经由语言表达自我，并传递大脑的信息，这是语言最重要的用途。在古希腊及中世纪时期，人们曾对意识和认知进行了一些解释。在历史上真正对此开展理性研究的先驱者是 17 世纪的法国科学家、哲学家笛卡尔，他认为只有智人能够通过组合词语或其他符号来向他人表达思想。当代的科学家也持有类似的看法，法国认知神经学家斯坦尼斯拉斯·迪昂认为，人脑的独特之处在于复杂的“思维语言”能让不同的脑区建立连接。尽管其他灵长类动物也有复杂的大脑，但它们无法做到这一点。“思维语言”让我们能够进行复杂的思考并将其与他人分享，互相交流和教授学问，最终促进人类文明共同提升，这也是语言的第二个重要用途。

让我们展开讲一讲刚才提到的智人。我们知道，今天的人类属于直立人中的一种——智人。近 10 多年来，人类考古学的发现表明，智人最早出现在 10 万多年前的非洲，大约在 7 万年前走出非洲。之后，它们的足迹遍及地球各个大陆。智人在向各个大陆迁移的途中，遇到了各地其他人种的挑战（例如居住在欧洲和中东地区的尼安德特人），而它们最终战胜了这些体型更魁梧、身体更健壮的人种。究其原因，年轻的以色列学者、历史学家尤瓦尔·赫拉利在《人类简史》（*Sapiens: A Brief History of Humankind*）中指出，智人之所以能战胜其他人种，称霸全球，主要是因为它们发生了认知革命。这次认知革命与智人思维沟通方式的改变有关，外在表现为它们开始使用真正的语言进行交流。那么，我们的语言究竟有什么特别之处？为什么语言的出现能让我们的祖先征服世界呢？

能使用真正的语言进行交流的智人

认知科学理论指出，人类语言具有**灵活性**，可以把有限的声音组合起来产生无限多的句子，来表达不同的含义。语言不仅可以传达单纯的信息，还可以传达情绪或感情等深层含义，甚至还能够表达与真实感情完全相反的反讽意味，这就是人类语言的**复杂性**。此外，人类语言还具有**独特性**，会受到时间、地域，甚至使用者的经历、学识和身份等的影响而呈现不同的特征。不同人群使用的不同语言，反映了他们对世界的独特认知方式，不同语言之间的关系并非完全对等。

赫拉利认为，通过运用语言，智人除了能相互交流事实情况，还可以传达一些实际不存在的、想象中的事物的信息，而这才是他们成功的关键。在认知革命后，智人生活在双重现实中：第一重是关于生存环境的客观现实，第二重

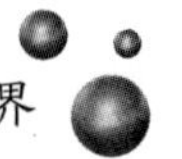

则是类似于神明和国家的想象现实。随着想象现实日益强大，传说、神话、文艺以及宗教等文化要素应运而生。

从那时开始，虽然智人的基因和环境并没有什么改变，但是通过语言创造出来的想象现实，大批互不相识的智人之间可以展开有效的合作。智人如果和尼安德特人单挑，肯定被痛揍，但是如果双方各有上百人互相对峙，那么尼安德特人就绝无获胜的可能。因为尼安德特人没有智人这种能够建构想象现实的语言能力，无法进行有效的大规模合作。赫拉利认为，用语言进行虚构的重点不仅在于个人可以想象，更重要的是可以让众人一起想象。人类使用语言时所体现的创造性让人类的思想和想象具有了无限的可能性，而这正是人类超越其他物种的最根本的优势之一。

刚才提到的认知神经学家迪昂指出，一方面，用组合性的语言来表达思维是人类许多特有能力（包括从设计复杂工具到创造高等数学等能力）的基础。另一方面，自有的递归能力让语言成为能够嵌套复杂思想的工具。例如，用语言表达“我知道他认为我不知道他在撒谎”这种复杂思想，就是其他动物不具有的能力。说到这点，让人不禁想到《三体》里黑暗森林理论中的“猜疑链”。也许，能构建出猜疑链就是高等智慧生物智慧水平的一种体现。

在思考上面这些问题时，我联想到当下最热门的话题之一——人工智能。自 20 世纪 50 年代“人工智能”这个概念被正式提出以来，它的发展十分迅速，现今，几乎大部分人都听说过人工智能。在学界，人工智能一直存在争议：人工智能到底能不能具有像人一样的智能呢？

早在 1950 年，人工智能的创始人英国数学家图灵就提出了一种测试，来验证人工智能是否能够达到人类的智能水平，这就是著名的图灵测试。简单地说，图灵测试就是让一个人作为测试者，他将在不接触被测试方的情况下，通过某种方式和被测试方进行一系列的问答。如果在相当长的时间内，测试者都无法根据回答判断被测试方是人还是计算机，那么，被测试方就可以被认为具有与人类相当的智力，即被测试方是有“思维”的。据说，在 2014 年英国皇家学会举办的图灵测试大会上，一个名叫尤金 · 古斯特曼的人工智能软件通过了图灵测试。当然，学界对此仍有争议。关于人工智能还有很多有意思的话题，我们在第十五章会继续讨论。

人工智能与图灵测试

还有一个问题，我们的语言究竟是如何产生的呢？在认知哲学界，这个问题存在两种截然相反的理论：一种是以美国当代哲学家普特南为代表的外在主义，他认为语言是一种纯粹的社会行为，独立于个人的心智和大脑；另一种则是以美国当代语言学家乔姆斯基为代表的内在主义，他认为语言是一种物种属性，是人类长期进化的结果，也是一种遗传特征。在儿童的头脑中，先天存在一个由遗传因素决定的“语言习得机制”，正是这种机制使人与动物有了区别。从内在主义的角度来看，语言是人类认知系统的组成成分，是人脑的一种属性，对语言的研究离不开对心智或大脑的研究。因此，在现代认知科学这门综合学科中，语言学是不可或缺的重要组成部分。

无论如何，人类的交流主要依靠语言，而语言又并非对事实情况的如实呈现，而是存在一定的变形和必要的虚构。

回到小说，既然三体人是靠大脑思维产生并发射电磁波来交流的，那么我们同样也可以设想，电磁波显示出来的也未必就是他们真实的思维内容。至少从表现形式上看，人类是靠语言并借助声波，三体人是靠图像并借助电磁波，

二者在本质上并没有什么不同。

不可突破的心灵之墙

我们必须承认，在现代，人们虽然已经能用理性和科学掌握外在世界的规律，但是还不能把握人类的内心世界。物理事件是公共的、可观察的，而心理事件却是私有的，我们永远也无法真正地对他人的事情做到感同身受。一个人不必依靠任何证据或推理，就可以知道自己心里在想什么，而除了思考者自己，外界根本无法知晓这个人到底在想些什么——人的思维是不透明的"黑箱"。

此外，从认知神经学的角度来看，遗传规律、过往的记忆和经验等各种因素相互交叉，共同决定了人脑的神经元在不同的时间、针对不同的人会进行不一样的编码。神经系统内部的多种状态造就了丰富的内在表征，其既与外部世界紧密相连，又不受限于外部。总之，**主观的感受和思维具有封闭性和独特性**。因此，人的内心世界往往难以用理性和逻辑思维把握，也根本无法靠任何算法预测。

人类个体的特殊性和总体的多样性一方面创造了人类灿烂的科学和文化，另一方面也暗藏着人性的无底黑暗。纵使三体人的科学技术所向披靡，在面对人类复杂的内心世界时，三体人还是会感到恐惧和无奈，因为人类内心世界的深邃是科学技术无法窥探的。

如果说三体文明代表的是一个极度理性的文明，那么三体人同人类的冲突在某种程度上可以看成是"理性和感性之间的矛盾"这一永恒命题的投射。人类虽然掌握了科学技术，却难以把握他人的内心世界，这是令三体人既羡慕又恐惧的地方，也是人类自身矛盾的根源。小说借三体人对人类的复杂态度，表达了作者对这一悖论式命题的思考。

由此，作者自然地引申出了第二部的重要内容——面壁计划。从这个计划开始，人类才真正展开了与三体人的对决。

注定失败的计划

在小说里，智子是三体人发射到地球的“密探”。尽管它是几乎无所不能的超级人工智能，在它面前任何东西都是透明的，但当它面对人类复杂和隐秘的内心世界时，依然是无能为力的。人类思维的隐藏性是人类对抗三体人最有效的武器。为了运用它来抵御三体人入侵，联合国决定开展“面壁计划”。

面壁计划的核心是在国际社会上选定几位面壁者，他们要完全依靠自己的思维制定对抗三体人的战略计划，不能与外界进行任何形式的交流，以免信息被智子截获。面壁者真实的战略思想、计划步骤和最终目标等都只藏在他们各自的大脑中，他们就像是古代东方的冥思者一样面壁沉思，因此他们也被称为“面壁者”。这个名字很好地反映了他们的工作特点：内心惊涛骇浪，外表风平浪静。

面壁者在制定并实行这些战略计划时，为了让其效果最大化，他们对外界表现出来的思想和行为应该是彻头彻尾的假象，是经过精心策划的伪装、误导和欺骗。面壁者要建立起一个扑朔迷离的、巨大的假象迷宫，使三体人在这个迷宫中丧失判断力，尽可能地延长他们判别人类真实战略意图的时间，并最终赢得这场人类与三体人的战争。

用一句话总结，面壁计划就是要通过隐藏人类思维来迷惑智子和三体世界，最终完成拯救人类的使命。这个计划只能靠个人来完成，小说的第二部主要就是讲述联合国指定的四位面壁者分别展开工作的过程。然而，这个计划本身就存在一些诡异的地方。

一方面，面壁者要误导和欺骗的对象既包括敌方的三体人，也包括己方的人类。因为人类社会里有 ETO，他们虽是人类的一员，却为三体人服务。如果不能骗过整个人类，也就意味着不能骗过三体人。按照这个逻辑，面壁者所建立的假象迷宫不仅是布置给三体人的，也是布置给面壁者之外的所有人类的。从这个角度来看，被人们误解是面壁者必然要面对的境遇。

另一方面，为了让面壁计划得以实施，面壁者被联合国授予了很高的权

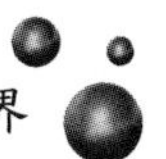

限，他们可以调集和使用地球人的各种资源。更重要的是，在执行战略计划的过程中，他们不必对自己的行为和命令做出任何解释，不管这些行为和命令在他人看来是多么不可理解。当然，为了保险起见，人类社会对面壁者还是设置了一个总“开关”，即面壁者的行为要受到联合国行星防御理事会的监督和控制，这个机构是唯一有权根据联合国面壁法案否决面壁者的指令的，他们判断的依据主要是面壁者是否有危害人类生命安全的倾向。

实际上，这个计划天然存在着无法调和的矛盾，注定走向失败的命运。尽管所有人都同意，实施面壁计划的先决条件是给予面壁者充分的信任和可以动用全世界资源的权力，然而实际上，人类根本不可能做到这一点。面壁者一旦被赋予了这个身份，就会为了赢得最终战争而展开各种行动，呈现出各种假象。他们说的和做的任何事情，或者哪怕像罗辑一样什么都不做，也都会被视为面壁计划的一部分。让所有人都猜不到答案才是面壁计划成功的关键，而这一点也正是它最致命的地方。

小说里描写，人们每次遇到面壁者时，都会对他们做出一个相同的表情，那就是所谓的“对面壁者的笑”，这笑容的背后满是怀疑。即使面壁者说的是真话，也没有人相信他。尤其当他们企图大规模地动用人类资源时，质疑的声音就会更多。

在破壁人揭露了泰勒的阴险计划之后，泰勒最终自杀身亡。其实，如果泰勒矢口否认，没人能够确定作为面壁者的他的计划究竟是什么。或者，即便他承认破壁人指出的就是他真正的计划，也不会有人真的相信。然而，他最终偏偏选择了第三条道路——自杀，这一举动反而向全世界宣告了他的真实计划。

死亡对这位面壁者本身来说，也许是最好的解脱。从整体来看，全世界不得不反思，面壁者为了人类文明未来，是否有权力剥夺一部分人的生命？对面壁计划可能造成的牺牲，人们能够容忍的道德底线又在哪里？泰勒计划的曝光把耗费巨大资源的面壁计划推到了风口浪尖，全世界的民众都义愤填膺地要求限制面壁者的权力。

相互交织的矛盾导致人类社会无法信任和容忍面壁者，并最终剥夺了他们的权力。把拯救整个文明危机的重任交给某个人，把生存的希望寄托在他的身上，却无法充分地信任他，这真是一个无解的矛盾。

与此类似的还有小说第三部中的重要人物维德的境遇。这位有野心的人类英雄为了造出光速飞船投入了毕生的心血，光速飞船是人类文明在面临黑暗森林打击时逃出生天的唯一方法。然而，在关键时刻，人类社会却不信任他，断然地禁止他继续进行光速飞船的研发，并判处他死刑。可以说，是人类自己断送了文明的未来。

这让人不禁想到小说中面壁者之一雷迪亚兹发出的那句感叹："人类生存的最大障碍其实来自自身。"也许对人类社会来说，生存和死亡有时并不是最关键的问题，忠诚与背叛才是真正永恒的话题。

尴尬的独行侠

当一个人被指定为面壁者后，他会面对怎样的情况呢？

从面壁者的角度来看，一方面他们肩负着延续人类文明的艰难使命，另一方面他们都是真正的独行侠，要孤独地走过漫长的岁月。从成为面壁者的那一刻开始，他们必须对整个宇宙彻底关闭自己的心灵之窗，唯一的精神依靠只有他们自己，连最亲的亲人都成了不可倾诉的对象。以罗辑为代表的面壁者可以说是真正的孤独英雄，他们几乎在以一己之力对抗远远强于人类的三体人。然而，讽刺的是，在200年之后，面壁者乃至整个面壁计划都成了人类历史书上的一个古代笑话。这个笑话，有点冷。

面壁者如果自己本身就想成为面壁者，那么他也还不算太悲剧，毕竟是自己选择了这个角色。最悲催的是像罗辑那样，自己根本就不想当什么面壁者，却硬是受到了联合国的指定。从被宣布成为面壁者的那一刻起，他甚至不能主动退出这场"游戏"。因为面壁者说的任何话都可能是计划的一部分，都是展现给三体人的谎言，不能当真，这自然也包括声称自己不做面壁者。面壁者这个身份不可自我消除，这也是面壁计划的一个十分诡异的特点。

面壁计划是小说第二部的重点，也是整部小说中最精彩的篇章之一。这是因为它不仅涉及各种令人瞠目结舌的科学想象和计谋交锋，更包含了对人性和

社会的深刻反思。

最后，还有一点需要注意的是，面壁计划之所以能够成立，并非因为三体的思维是透明的，而是因为人类的思维是不可捉摸的黑箱，这两点是有区别的。

第六章　置之死地的计划

——人造太阳与疯狂的面壁人

在四位面壁者中，泰勒和雷迪亚兹的反击计划都与人类目前掌握的威力最大的武器——核弹有关。从表面看来，在末日战争中使用核武器似乎是理所当然、无可厚非的选择。不过，在真空的太空中，核弹的杀伤力其实会大打折扣。核弹的原理是什么？雷迪亚兹的核弹计划的真实目的究竟是什么呢？

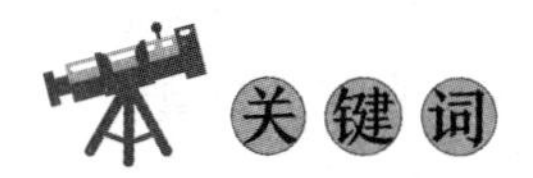

洛斯阿拉莫斯实验室，“葡萄干蛋糕模型”，“行星模型”，核裂变，曼哈顿计划，原子弹，TNT 当量，氢弹，原子能发电，可控核聚变，Q 值

超级武器

在《三体Ⅱ》里，联合国公布了面壁计划，并指定了四位面壁者。在这些面壁者中，泰勒是美国的前国防部长，他认为大国不遗余力地发展技术，实际上为小国颠覆世界霸权奠定了基础。因为随着技术的发展，大国拥有的人口和资源优势将变得不再重要，一个小国如果掌握了某项关键技术，例如核武器，则可能对大国造成实质性威胁。在泰勒看来，技术的最终受益者是小国。而在未来人类与三体人的战争中，人类的地位就相当于小国。泰勒从自身的理论出发，认为人类是有可能取得胜利的。不过，理论归理论，身居大国要职的泰勒实际上从来没有把小国当成过对手。

与泰勒一样，同为面壁者的还有委内瑞拉总统雷迪亚兹。雷迪亚兹领导的国家在很长一段时间内都是泰勒的敌人。他们利用市场上廉价的设备制造了大量的低效能武器，却在与美军的战争中取得了辉煌的战绩。可以说，他的战绩正是对泰勒的小国崛起理论的完美印证。

小说中，在危机纪元初期，在人类能够投入实战的武器中最有威力的是氢弹和宏原子核聚变武器，后者也可以说是“升级版”的氢弹。氢弹是靠氢原子核发生聚变从而释放巨大能量的一种热核武器。宏原子核聚变武器与氢弹类似，只不过它利用的是宏氢原子核的聚变。雷迪亚兹和泰勒都对这两种武器感兴趣。

在担任面壁者之后，雷迪亚兹迅速启动了自己的计划。他到访了美国的核武器模拟中心之一，即位于美国新墨西哥州的洛斯阿拉莫斯国家实验室，并向这里的负责人艾伦提出请求。

> 艾伦说：“那么，还是谈谈我们能为您做什么吧。”
>
> （雷迪亚兹：）“设计核弹。”
>
> （艾伦：）“当然，虽然洛斯阿拉莫斯实验室是多学科研究机构，但我猜到您来这儿不会有别的目的。能谈具体些吗？什么类型，多大

当量？”

摘自《三体Ⅱ》

在现实中，美国确实有一个洛斯阿拉莫斯国家实验室。它于1943年秘密建立，第一个任务就是“曼哈顿计划”，最终在第二次世界大战中一举成名。在这里诞生的不仅有世界上第一颗原子弹，还有第一颗氢弹，人类的核武器威慑时代就从这里开启。洛斯阿拉莫斯国家实验室作为著名的科学城，拥有世界上最大的多功能实验室，曾聚集了大批世界顶尖的科学家，例如“原子弹之父”奥本海默、“氢弹之父”爱德华·泰勒以及诸多诺贝尔物理学奖得主。

小说中提到的面壁者希望使用的超级武器都与核武器有关，在这一章中，就让我们简单了解一下核武器的历史和与其相关的原子物理学。

万物的本原

万物由什么组成？千百年来，人类先贤对这个问题的答案孜孜以求。古希腊哲学家德谟克里特最早提出组成万物的基本元素是原子，而原子作为最小的组成单位不可再分割，且永恒不变。不过他又进一步指出，肉眼看不见原子，人类只能通过理性来认识原子。现代科学承袭了古希腊哲学，“原子”的英文名称就是从希腊语转化而来的。

随着科学的进步，人类对原子的认识从抽象的概念逐渐演变为科学的理论。18世纪末，法国化学家拉瓦锡重新定义了原子，他认为它是化学变化中的最小单位。19世纪初，英国化学家道尔顿总结前人经验，提出了具有近代意义的科学的原子学说，并用其解释了化学现象的原理，从而终结了古老的炼金术时代，开创了化学的科学时代。

1895年，德国物理学家伦琴发现了神秘的X射线，揭开了研究原子物理学的序幕。1897年，英国物理学家约瑟夫·汤姆孙在研究阴极射线时，发现了电子，打破了“原子是物质结构的最小单元”的观念，并揭示了电的本质。汤姆孙的发现让人们对物质世界的认识向前迈进了一大步，他因此荣获1906年的诺贝尔物理学奖，并被后人誉为“最先打开通向基本粒子物理学大门的伟人”。汤姆孙曾任剑桥大学卡文迪许实验室的主任，在他领导实验室期间，有数百名来自全世界的优秀科学家在此工作。值得一提的是，在他亲自指导过的科学家中，有 7 位获得了诺贝尔奖。

汤姆孙认为，带有负电荷的电子是原子的组成部分，它们平均分布在充满了正电荷的原子的表面，就如同散布在一个蛋糕上的很多葡萄干，因此他的原子模型也被称为“葡萄干蛋糕模型”。

1911 年，汤姆孙的学生、英国实验物理学家欧内斯特·卢瑟福在实验中发现，用带正电的 α 粒子轰击金箔时，大部分 α 粒子都毫无障碍地直接射穿金箔而出，还有一些发生了路径偏折，只有很小的一部分才会被直接反弹回来。如果按照汤姆孙的“葡萄干蛋糕模型”，正电荷充满整个原子，那大部分 α 粒子应该都反弹回来才对，而不应该是直接穿透。于是卢瑟福大胆地提出：原子的中心有一个体积很小的原子核，正电荷和原子的大部分质量都集中在这个原子核上；在原子核外，带负电的电子沿轨道旋转；原子中电子的电量总和等于原子核正电荷的电量总和，因而原子整体是电中性的。在卢瑟福的原子模型中，电子像行星围着太阳一样绕着原子核运动，因此这个原子结构模型也被称为“行星模型”。

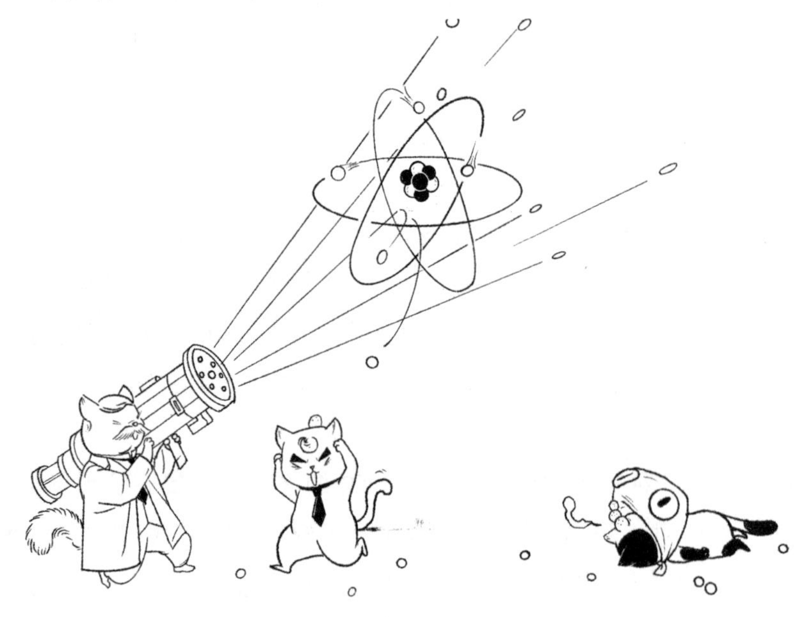

卢瑟福的粒子轰击实验与原子的行星模型

卢瑟福的原子模型虽不够完善，但极大地推动了人们对原子结构的研究和认识。卢瑟福把对原子结构的研究引上了正确的轨道，因此被誉为“原子物理学之父”。为了纪念卢瑟福，在1997年，第104号元素被命名为“铲”。其实早在1908年，卢瑟福就因提出放射性半衰期而获得诺贝尔化学奖。1919年，他接替退休的汤姆孙成为卡文迪许实验室的主任。与老师汤姆孙相比，他更胜一筹——在他精心培养的助手和学生中，有多达12人先后荣获诺贝尔奖。

后来，卢瑟福又发现了原子核中的质子，并为质子命名。他还预言原子核里存在中子。在12年后，这个预言果然得到了证实。他甚至指出可以用中子作为“炮弹”来轰击原子核，并预言这种粒子结合所释放的原子能要比炸药释放的化学能大上万倍。他的设想在当时就激发了与原子能相关的科幻小说的创作。

核裂变的发现

我们知道，宇宙中的物质千差万别，但是构成它们的元素只有一百多种，同种元素具有相同的原子数（原子所含的质子数）。

到20世纪30年代，已知的原子数最多的元素是92号元素铀。既然不同元素的差异仅仅是质子的数目不同，那么是不是只要给铀原子核增加一些质子，就能人工制造出原子数更大的新元素呢？德国放射化学家奥托·哈恩、弗里茨·施特拉斯曼、奥地利－瑞典物理学家莉泽·迈特纳以及美籍意大利物理学家恩里克·费米都想到了这一点。他们尝试用质子轰击铀原子，希望它能够粘在原子核上，从而创造出新元素，但是反复做实验都没有成功。大家不知道为什么到了铀这里，原子数就再也加不上去了。

1938年，哈恩和迈特纳首先想到也许这是因为铀会发生衰变，变成原子数更小的放射性元素镭。如果真是这样，就能解释为什么得不到比铀的原子数更大的元素了。然而实验结果显示，铀衰变成为比自身原子数要小得多的钡，而不是只小一点的镭。迈特纳由此考虑到，也许原子并不是一个坚硬的粒子，而更像一滴水，可以通过衰变一分为二，变成更小的“液珠”。在施特拉斯曼的帮助下，迈特纳用实验证实了这种想法：铀原子在中子的轰击下会分裂成两种小得多的原子——钡和氪，同时还释放出三个中子。这一现象就是原子的核裂变。

迈特纳对核裂变的研究并没有到此结束，她发现实验所生成的物质（钡、氪和三个中子）的质量总和比原来的一个中子加上一个铀原子的质量少了一些。作为一名非常严谨的科学家，迈特纳没有放过这个细节。她开始寻找质量丢失的原因，并联想到 1905 年爱因斯坦提出的狭义相对论，里面有一个方程（即质能转换原理）可以计算相互转换的质量和能量。丢失的质量会不会真的转换成了能量呢？她接着进行实验，果然证实了卢瑟福的理论预言。1939 年，迈特纳等人发表了有关铀原子核裂变的论文，至此，核裂变的秘密终于被揭开。

卢瑟福在理论上预言了强大的原子能的存在，而迈特纳等人则用实验证实了这个理论预言。然而，受到当时社会对女性性别歧视的影响，迈特纳的发现和成果被她的上司哈恩独占，1944 年有关核裂变的诺贝尔化学奖只颁发给了哈恩一人。迈特纳在核物理方面的贡献堪比居里夫人，为了纪念和表彰她的科学成就，1997 年，第 109 号元素鿏以她的名字命名。此时距这位女科学家去世已经将近 30 年，这份荣誉来得未免太迟了。

小原子，大能量

如前所述，一个中子轰击一个铀原子，不仅能释放出巨大的能量，还会产生三个中子。以此类推，这三个中子再撞击其他的铀原子核，能释放出三倍的能量以及九个中子。接下来，还有可能产生一系列连锁反应，这种现象被费米称为“链式反应”。链式反应一旦持续并不断增强，核裂变将以几何级的规模发生，在极短的时间内增加到惊人的程度，从而瞬间释放巨大的能量，这就是核爆炸。依靠铀等放射性物质发生裂变而产生核爆炸，就是原子弹的原理。

虽然弄清楚了原理，但这距离人们研制出真正的原子弹还差很远。科学家

们发现，只有当参与裂变的物质质量大于一定值时，链式反应才会持续进行下去并不断增强，这个质量的值被称为“临界质量”。至于临界质量究竟是多少，当时没人知道，因为科学家没法做实验验证：一方面是因为那时候任何国家都没有足够多的核材料，要知道，提炼可用于核裂变的高纯度放射性铀的成本很高；另一方面，谁也不知道这一实验会带来多么可怕的后果。因此，科学家们只能先进行严密的理论推导和计算。

在第二次世界大战中，为了避免核裂变技术被法西斯力量窃取，在爱因斯坦等一批科学家的推动下，美国政府决定开展原子弹的研制计划。由于这个计划的负责人最初的办公室位于纽约曼哈顿的百老汇街，因而这个计划得名“曼哈顿计划”。后来，出于保密性和安全性的考虑，办公室搬到了新墨西哥州沙漠里的一个小镇——洛斯阿拉莫斯。

曼哈顿计划由军方领导，整个美国都成了研制原子弹的超级工厂。在军方的召唤下，美国物理学家奥本海默加入了这个计划，他不但投身于原子弹的理论计算中，解决了一系列关键的科学和技术难题，还作为计划的主要负责人之一引领了这个汇聚了全世界科学精英的工程，因此，奥本海默被誉为“原子弹之父”。

1945 年 7 月 16 日，世界第一颗原子弹在新墨西哥州沙漠中的白沙试验场成功爆炸。刹那间，黎明的天空变得无比明亮，原子弹发出的光超过了一千个太阳的亮度，它的威力超出了所有人的想象。当时在试验场的奥本海默留下一句经典的自嘲：“我成了死神。”

《三体》中也有部分内容体现了这段自嘲的经典名言。

> 这时，朝阳从地平线处露出明亮的顶部，荒漠像显影一般清晰起来，雷迪亚兹看到，这昔日地狱之火燃起的地方，已被稀疏的野草覆盖。
>
> “我正变成死亡，世界的毁灭者。”艾伦脱口而出。
>
> “什么？！”雷迪亚兹猛地回头看艾伦，那神情仿佛是有人在他背后开枪似的。
>
> （艾伦：）“这是奥本海默在看到第一颗核弹爆炸时说的一句话，

好像是引用印度史诗《薄伽梵歌》中的。”

摘自《三体Ⅱ》

在第一颗原子爆炸时，在距离爆炸点 16 千米处的费米把预先撕好的一把碎纸片抛撒出去，根据它们被冲击波推动的距离，最先估算出了这颗原子弹爆炸的 TNT 当量超过 1 万吨——这与后来仪器测出的结果（2 万吨）相当接近。这段小插曲也被传为佳话。

费米抛撒碎纸片来估算核弹爆炸的威力

TNT 当量指核爆炸释放的能量相当于多少 TNT 炸药爆炸释放的能量。TNT 炸药又被称为黄色炸药，发明于 19 世纪 60 年代，主要成分是三硝基甲苯。与传统的黑色火药相比，它是一种威力很强又较为安全的炸药，1 克 TNT 炸药爆炸会释放 4184 焦耳的能量。第一颗原子弹的 TNT 当量为 2 万吨，也就是说这颗核弹爆炸产生的能量相当于 2 万吨 TNT 炸药爆炸产生的能量。一般来说，我们往往会按照核弹爆炸的 TNT 当量对其进行分级。

《三体》中也出现了上述真实事件的细节。

> 这时，雷迪亚兹听到了一阵嘶嘶啦啦的声音，他看到终端前的人们手中都在撕纸，以为这些人是在销毁文件，嘟囔道："你们没有碎纸机吗？"但他随后看到，有人撕的是空白打印纸。不知是谁喊了一声："Over！"所有人都在一阵欢呼声中把撕碎的纸片抛向空中，使得本来就杂乱的地板更像垃圾堆了。"这是模拟中心的一个传统。当年第一颗核弹爆炸时，费米博士曾将一把碎纸片撒向空中，依据它们在冲击波中飘行的距离准确地计算出了核弹的当量。现在当每个模型计算通过时，我们也这么做一次。"
>
> 摘自《三体Ⅱ》

小说的这些细节说明作者对这段科学历史非常了解。《三体》真不愧是一部经典的科幻小说！

在研制成功后，美国迅速制造出两颗原子弹，并在1945年8月全部投放到日本，一颗在广岛，一颗在长崎。在广岛爆炸的那颗原子弹的TNT当量和最初的试验一样，也是2万吨TNT当量。当时，这颗原子弹爆炸造成7万多人死亡，10万多人受伤。随后苏联出兵中国东北，在武力威逼和各方压力下，日本天皇决定无条件投降。从客观上讲，原子弹没有改变第二次世界大战的结果，但加快了它的结束。

洛斯阿拉莫斯实验室除了在第二次世界大战时期研制出第一颗原子弹，后来还发明了第一颗氢弹。那么，氢弹又是怎么一回事呢？它和原子弹有什么不同？

比基尼岛上的人造太阳

虽然都是核武器，但氢弹的原理与原子弹有很大差异，不过，二者也有着密切的关系。我们知道，原子弹利用的是原子数较大的放射性元素衰变成原子数较小的元素时原子核释放出的巨大原子能。氢弹的原理与其相似，也是利用原子核释放的巨大能量，其不同之处在于它利用的是原子数较小的氢原子核间的聚合反应。

1928 年，物理学家乔治·伽莫夫指出，**当组成原子核的两个核子足够接近时，它们可以靠强相互作用力结合在一起，形成新的原子核。**这就是核聚变。在发生核聚变时，原子核会损失质量，根据爱因斯坦的质能转换原理，这些质量会变成巨大的能量。太阳之所以会发光发热，就是因为它的内部正在进行大规模的核聚变。

1933 年，澳大利亚核物理学家马克·奥利芬特爵士在英国剑桥大学的卡文迪许实验室完成了全世界第一次核聚变实验。他利用氢的同位素氘和氚的原子核进行了核聚变实验，发现它们在形成质量更重的氦原子核的同时释放出了大量的能量。要知道，这个实验是在哈恩和迈特纳进行核裂变实验之前。那么，氢弹为什么没有先被研制出来呢？

原来，伽莫夫和美国物理学家爱德华·泰勒都通过计算发现核聚变只有在超高温和超高压的条件下才能发生（太阳内部之所以能进行核聚变，就是因为其中心有巨大的压力，且温度高达 1500 万摄氏度），然而人类无法在地球上创造出如此大的压力。如果要在地球的压力条件下产生核聚变，温度要进一步提高到上亿摄氏度才行，这个温度条件在当时显然无法实现。

直到原子弹研制成功，人们才终于可以从原子弹爆炸中得到核聚变所需的高温。当原子弹实际运用于第二次世界大战中后，包括“原子弹之父”奥本海默在内的很多科学家都不愿意再从事大规模杀伤性核武器的研制。于是，泰勒承担起研制氢弹的任务，被称为“氢弹之父”。

1951 年，泰勒在太平洋的试验场上引爆了历史上的第一颗氢弹。为了让核聚变的原材料氘处于极低温的液态，这颗氢弹配备了巨大的制冷设备，使它重达 60 多吨，因此并不具备实战价值。很快，在 1953 年，苏联也宣布拥有了氢弹，且已经达到实用化的标准。虽然这颗氢弹的 TNT 当量只有 40 万吨，但足以证明苏联打破了美国对氢弹技术的垄断。得知这一消息后，美国加快了对氢弹的研制。1954 年 3 月，美国在太平洋的比基尼岛上成功引爆了一颗有实用性的氢弹，其 TNT 当量达到 1500 万吨，大约是当年在广岛爆炸的原子弹的 750 倍。它爆炸的时候，天空中仿佛燃起了一个人造太阳。可以想象，氢弹的威力会远远超过原子弹，这一消息震动了全世界。

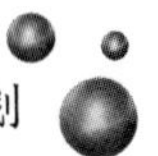

新中国成立以后，我国涌现出了一批无私奉献、报效祖国的科学家和工程师，他们发扬自力更生和艰苦奋斗的精神，开始研制原子弹和氢弹。在他们的持续努力下，1964 年，中国的第一颗原子弹成功爆炸，大大提升了民族自信心。在氢弹研制方面，虽然西方国家对中国施行了技术的严密封锁，但毕业于北京大学的核物理学家于敏解决了氢弹研制过程中的一系列关键问题，对氢弹的原理和构造提出了基本完整的设想，填补了中国原子核理论的空白。中国自行研制的第一颗氢弹在 1967 年成功爆炸。中国掌握并拥有核武器不但起到了维护国家主权、建设国防的作用，也提高了中国在国际舞台上的地位，打破了西方国家对核武器技术的垄断。中国作为维护世界和平的重要力量，在国际上发挥着越来越重要的作用。

潘多拉的魔盒

随着火药的发明和应用，人类的武器由使用了数千年的冷兵器演化到热兵器，一颗小小的炸弹就能够造成大规模的人员伤亡。然而，火药的爆炸从根本上来说只是化学反应，爆炸释放的是化学能。从科学原理上说，这种化学能是参与化学反应的物质通过交换原子中的外层电子，形成新的化合物而释放出的能量。也就是说，在化学反应中，物质的原子核并没有改变。原子弹和氢弹的原理与火药完全不同，前两者在爆炸时原子核发生了改变。因此，**核裂变和核聚变被叫作“核反应”**。核反应释放的是原子能，比化学能要大好几个数量级。例如，如果通过核裂变把 1 千克铀转换成能量，那么这次核裂变释放出的能量大约为 1.5 万吨 TNT 当量。而用原子弹引爆的氢弹，在瞬间释放的能量更是无比巨大。

随着国际霸权主义的竞争升级，氢弹的 TNT 当量越来越大。20 世纪 60 年代，美国研制的氢弹的 TNT 当量已经超过 2500 万吨，而苏联的更是高达 5000 万吨。从原理上看，氢弹能达到的 TNT 当量是没有上限的。应该说，自从原子弹和氢弹问世以来，人类文明自我毁灭的手段又上了一个台阶。

在希腊神话传说中，众神为了惩罚为人类盗火的普罗米修斯，造了一个名为潘多拉的美女送给他的弟弟厄庇米修斯，宙斯还同时赠予了潘多拉一个密封的盒子。普罗米修斯深信宙斯对人类不怀好意，告诫弟弟不要接受宙斯的赠礼，但弟弟沉迷于潘多拉的美色忘记了这一警告。潘多拉打开了盒子。一瞬间，盒子里面所装的灾难和瘟疫等都飞了出来，人类从此饱受折磨。同情人类的智慧女神雅典娜悄悄在盒子底层放上了代表美好的"希望"，但它还没来得及飞出盒子，惊慌万分的潘多拉就把盒子关上了。可以说，第二次世界大战中出现的原子弹就像那个被不小心打开的潘多拉魔盒。

铸剑为犁

虽然科学没有善恶之分，但是科学家有自己的良知和底线。1945 年，当原子弹在广岛和长崎爆炸后，"原子弹之父"奥本海默作为美国代表团成员在白宫对杜鲁门说："总统先生，我的双手沾满了鲜血。"面对记者，奥本海默坦言，作为科学家，他知道这种知识本来是不应当付诸实践的。1947 年，奥本海默担任了美国原子能委员会顾问委员会主席，他和爱因斯坦一起反对研制氢弹，主张应和平利用原子能。后来，美国国家实验室设立了"奥本海默杰出奖"，以奖励在自然科学领域有建树，且有潜力成为学术带头人的杰出青年科学家，每年全球的获奖者不超过 2 位。

核能无疑是一种巨大的能量，如果把它用在武器上，将造成恐怖的伤害。但如果能让这种能量按照人们的需要缓慢而稳定地释放，则可以创造出几乎无尽的能源来造福人类。

截至目前，煤炭、石油仍是人类主要使用的地球能源，然而开采难度日益加大、资源短缺和环境污染等问题给人类社会带来了困扰。战后，各核大国纷纷投入人力和物力，研究如何将核裂变的原子能应用于发电。1950 年，美国成功研发出世界上第一个受控的核反应堆，并用其点亮了四个灯泡，拉开了人类和平利用核能的序幕。

此后，苏联、英国、法国和中国等纷纷成功运营了更大功率的受控核裂变电站，为几十亿人口送去了光明和温暖。核能发电具有能耗低、污染少和安全性强的特点，半个世纪以来在全世界迅速发展。根据世界核协会（World

Nuclear Association，WNA）公布的数据，截至 2021 年初，全球有 32 个国家在使用核能发电，共有 440 多台核电机组在运行，总装机容量约 390 千兆瓦。不过，偶尔出现的核事故导致的人员伤亡和环境破坏还是给人们敲响了警钟，在政策和技术层面加强核安全成了国际共识。

与将放射性元素的核裂变作为能源相比，氘和氚的核聚变才是真正的清洁能源。氘和氚是氢的同位素，它们在地球海洋中储量较大，如果一升海水中含有的氘和氚发生核聚变，释放的能量就相当于三百升汽油燃烧的能量。核聚变产生的能量假如能被有效利用，将成为人类文明飞速发展的助推器。因此，如何在技术上实现可控核聚变是当今原子物理应用的重要研究方向。

我们知道，发生核聚变至少需要几千万度的高温，但是在这么高的温度下，没有任何已知的容器能够装得下参加核反应的物质。1946 年，英国物理学家汤姆孙指出，根据高温下物质呈现等离子态而具有导电性这一特点，人们可以利用电磁场把核反应物质固定在空中，使它不必与任何容器相接触。同期，苏联的科学家提出，如果在环形的等离子体中通上电流，形成环向磁场，就可以制造一个虚拟容器，将等离子体束缚在磁场内部。在这个原理的基础上，苏联科学家进一步设计出了著名的“托卡马克装置”，用于可控核聚变。为了在托卡马克装置中产生约束等离子体的强大电流，20 世纪 80 年代，科学家又引入了超导技术。

人们希望托卡马克装置能够用于发电，但为了保证它持续运行，需要不断向其输入大电流以维持装置本身的磁场，这就出现了能源输出和输入的矛盾。人们把输出和输入的能量比值叫作“Q 值”。显然，只有当 Q 值远大于 1 时，用核聚变发电才有意义。国际公认，Q 值必须达到 10 以上，核聚变发电才具有实用价值，而要使其具有竞争力,Q 值则要超过 30 才行。在 20 世纪 80 年代，Q 值仅仅只有 0.2，到 20 世纪末也才勉强超过 1。截至目前，所有受控核聚变都仍处于试验阶段，乐观估计，科学家还需要研发 30 年到 40 年，才能使其达到实用的程度。

无论怎样，自从人类发现了原子核的秘密并点燃了第一颗“人造小太阳”，和平利用核能造福人类日益成为社会各界的共识。我们始终坚信藏在潘多拉盒子底的“希望”会通过全人类的共同努力来到人间。

疯狂的计划

话题回到洛斯阿拉莫斯实验室。第二次世界大战后，原子弹之父奥本海默退休，许多科学家也相继离开这里。随着核弹的TNT当量越来越大，爆炸试验所需的成本越来越高，于是，科学家改为通过计算机对核武器爆炸进行模拟计算，而不需要真正地引爆核弹。冷战结束后，国际政治格局发生了变化，洛斯阿拉莫斯实验室隶属于美国能源部，其主要任务变为利用计算机进行模拟核试验并对美国的核武器库进行管理，如今这里已成为全世界最大的研究中心之一。据说，洛斯阿拉莫斯实验室目前有一半的研究项目都是民用性质的，例如超导、加速器和能源科学等。此外，在超级计算和量子计算等研究方面，该实验室也处于国际领先的地位。

再来看《三体》中的洛斯阿拉莫斯实验室。在危机纪元初期，这个世界顶尖的核武器试验中心靠计算机所能够模拟的最高的核弹TNT当量是2000万吨。而面壁者雷迪亚兹一开口就要求他们模拟计算两亿吨级的核弹，实验室的科学家一开始还以为他疯了。要知道，这种量级的超级核弹一旦爆炸，猛烈的辐射将会持续几分钟，效果堪比一颗被短暂点燃的恒星，所以又被称为恒星型核弹。它的数学模型比已有的核弹模型要复杂上百倍，因此研究需要较长的时间，乐观估计也需要二三十年。于是，雷迪亚兹向联合国提出要进入冬眠，等两亿吨级的核弹模拟技术能够实现时再唤醒他。

结果，仅仅过了8年，雷迪亚兹就被唤醒了，他被告知自己等待的技术已经出现了。原来，在这8年里，人类几乎把所有的资源都投入到了技术研发中，造出了巨型计算机，可以模拟3.5亿吨级的恒星型氢弹的爆炸，这是人类以往制造过的最大氢弹的TNT当量的十多倍。

为了验证理论计算，雷迪亚兹提出在水星上进行地下核爆试验。3年后，核试验在水星上如期进行，巨大的爆炸掀起水星地表，亿万吨的泥土和岩石飞到空中，十多个小时后，这些物质围绕水星形成了一圈星环。雷迪亚兹声称，在末日之战中，为了达到抵御三体人入侵的目的，至少需要制造一百万颗这样的恒星型核弹。然而，就在水星核试验结束后不到半天，揭露雷迪亚兹真实计划的破壁人就找上门来了。

我们知道，核弹之所以在地球上威力巨大，一是由于它会形成冲击波，二是由于它会产生大量辐射。但是，在真空环境中，核弹爆炸并不会产生冲击波，而宇宙飞船本身的防辐射设备也都相当完善。因此，核弹在太空战中是效率很低的武器，除非直接命中敌人的飞船。雷迪亚兹疯狂研发超级核弹的行为让包括破壁人在内的所有人都十分疑惑，应该说，至此为止他作为面壁者表现得相当成功。不过，雷迪亚兹秘密会见研究恒星的天体物理学家科兹莫以及他坚持在水星进行地下核试验的行为，最终暴露了他的真实意图。

原来，雷迪亚兹并不是要把一百万颗恒星型氢弹投入对抗三体舰队的战斗中，而是要把它们全部部署在水星上。这些氢弹一旦在水星的地层中被引爆，可以让水星的公转减速，最终坠入太阳。水星会击穿太阳的对流层，使太阳深处的物质被高速射入太空，围绕太阳运动的其他行星会受到摩擦阻力的影响，逐个坠入太阳，全部毁灭。对任何生命和文明来说，太阳系将成为一个比三体世界更严酷的地狱。本来三体人认为太阳系和地球环境适于生存才要移居这里，假如发生这样的情况，它们将变得无家可归，彻底迷失在宇宙深空中。当然，在三体舰队到来之前，人类就早已在地球坠入太阳前灭绝了。这就是雷迪亚兹的“同归于尽”战略，他打算在所有氢弹都被部署在水星上之后，亲自掌握引爆的开关，以此来要挟三体人，最终让人类赢得这场战争。

在被“破壁”之后，雷迪亚兹在联合国会议上受到了来自国际社会的强烈指责，各国纷纷要求取消他的面壁者身份，并将他以反人类罪送交国际法庭接受审判。雷迪亚兹施展诡计逃离回国，但当他满怀希望地在走下飞机时，却被自己国家的民众用石头砸死。人们都痛恨这个要把自己的子孙和地球一同毁灭掉的魔鬼。

真的是同归于尽？

从技术角度上讲，雷迪亚兹这个靠引爆大量恒星型氢弹而使所有大行星坠入太阳的计划，并非没有可能实现，只是会受到人类所能制造的氢弹数量有限的制约。这一计划太过鲁莽，是不切实际的狂想，体现出雷迪亚兹独裁者的赌徒心态。不过，这也许并不是他计划失败的关键之处，真正的原因至少包括以下两个方面。

其一，虽然小说把他的计划称为“同归于尽的计划”，但这一说法并不准确。“同归于尽”是一个成语，意思是与敌人一同毁灭。而雷迪亚兹的计划其实更像是用枪指着自己的脑袋，以此来要挟敌人，这显然不能被视为同归于尽。要知道，即使三体发现太阳系已经毁灭，不再适于移居，也并不等同于他们会走投无路。他们可以调整飞船的航向，飞往其他的星球，寻找生存的机会，尽管这个机会可能比较渺茫，但也不是一点儿都没有。这样来看，雷迪亚兹的计划的确太过分了：它对敌人来说也许并不致命，但人类自己会因此灭亡。

其二，雷迪亚兹拥有独裁者、偏执狂的特性。他藐视人类的生命价值，将整个人类文明作为博弈的筹码，这注定使他被视为反人类的魔鬼，遭到所有人的唾弃。

实际上，除了以上这些比较明显的原因，雷迪亚兹下场悲惨还有第三个关键原因，即他在政治上的狂妄。

在小说中，联合国之所以选定他作为面壁者之一，应该是因为他在一定程度上可以代表国际社会上的小国，尤其是与美国对抗的第三世界国家。联合国一向讲究各方政治利益的平衡与妥协，选定他是情有可原的。但是从小说中我们可以看到，美国政府并不是真心支持他，而是对他推进的超级核弹计划有所图谋。随着人类向太阳系进行扩张，地球上的争端必将扩展到其他行星上。在其他行星的战场上，这种核弹显然是最有效的武器，因为引爆者可以不用顾及平民伤亡和环境破坏，而对敌人进行大范围的打击。

可见，美国政府作为雷迪亚兹的宿敌，从来都没有真正信任过他，只是贪图他的面壁者身份给美国带来的好处。然而，当他的计划被曝光时，雷迪亚兹却惹怒了超级大国。是因为他反人类吗？并不完全是这样。那是因为什么呢？

在联合国听证会上，雷迪亚兹介绍了他的计划：在水星上所有的超级核弹部署完毕后，他自己会掌握引爆核弹的开关，并向三体世界发出宣言，遏制三

体舰队的进攻。如此看来，引爆核弹的开关才是这个计划的关键。

雷迪亚兹凭借面壁者的身份，将对整个人类文明进行生杀予夺的大权握在自己手里，此时的他已不再是一个小国的独裁者，而是整个人类社会的独裁者。任何一个主权国家的政府都必须听命于他，国际上的任何重大事务都必须取得他的认同，否则他就会威胁对方，说自己会按下开关，让大家一起同归于尽。因此在雷迪亚兹的计划中，同归于尽的双方其实并不是人类和三体舰队，而是他和整个人类社会。他真正要威慑的并不是三体人，而是人类。所以各国一旦抓住他的把柄，必然要将他置于死地。

在雷迪亚兹事件的最后，人们不约而同地发出疑问：给予面壁者特权的本意是让其更好地对付智子和三体人，现在雷迪亚兹却用它来对付人类自己，为什么会变成这样呢？雷迪亚兹留给联合国的最后一句话回答了这个问题："人类生存的最大障碍其实来自自身。"

第七章　生存还是灭亡

——神秘的量子幽灵

在2008年版的《三体》中，作为面壁者之一的美国前国防部部长泰勒主张研制宏原子核聚变武器和球状闪电武器，并打算建立一支独立的太空部队。虽然受到人类世界各方力量的反对，但他依然顽固地推进自己的计划，并宣称宏原子核聚变武器是人类目前掌握的最强大的武器。

这种武器究竟是基于什么原理制成的呢？泰勒真的打算用它来消灭入侵的三体舰队吗？为了弄清这些问题，我们还要从量子力学说起。

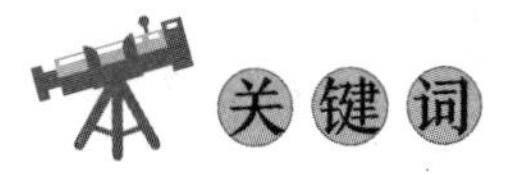

宏原子，球状闪电，原子模型，物质波，光的波动说，薛定谔方程，泡利不相容原理，矩阵力学，狄拉克方程，概率云，不确定性原理，互补性原理，薛定谔的猫

宏大的计划

看完上一章，我们就很容易理解面壁者泰勒的计划了。首先，他宣称自己计划用来抵御三体人入侵的武器是核弹，那么这个计划靠的自然是核聚变释放的巨大能量。不过，与雷迪亚兹超大TNT当量的恒星型氢弹不同的是，泰勒计划制造的是宏原子核弹。那么，宏原子是什么呢？

《三体》中，在三体危机出现前，物理学家丁仪在研究球状闪电时，发现了宏原子。

> （丁仪：）“是啊，我一直在建立宏原子的理论，现在受到了启发：宏原子很可能就是普通原子在低维度的展开。这种展开是由某种我们不知道的自然力完成的，展开可能发生在宇宙大爆炸后不久，也可能现在仍然时时刻刻都在进行。也许，这个宇宙所有的原子在漫长的时间里最后都会展开到低维，我们宇宙的最终结局是变成低维度原子构成的宏宇宙……”
>
> 摘自《三体Ⅰ》

丁仪认为，根据弦理论，宇宙在空间上是多维的，而高维物质可以向低维展开。那些本身处在高维状态的原子，有可能低维展开成三维状态的原子，而它们在展开后会变大，变成所谓的宏原子。例如三体人用到的智子，就是三体人对微观世界的质子进行低维展开后的产物。

那么，丁仪说的这种会出现在自然界中的宏原子有多大呢？小说里描述，单是宏原子中的一个宏电子就像一个篮球那么大。至于在自然状态下高维的原子如何进行低维展开，这还是一个谜。

我们知道原子由原子核和电子组成，假如有宏电子，那么应该也有宏原子核。既然微观世界的原子核能够通过核聚变释放出巨大的能量，那么我们不难想象，比它大亿万倍的宏原子核应该也能发生核聚变，而且爆发的能量更为惊人。这就是泰勒所说的宏原子核聚变武器的原理，他扬言要用这种超级厉害的武器对付三体舰队。

在小说中，人类还不能人工制造出宏原子，只能在自然界中收集。但是，丁仪通过研究发现，宏原子在自然界比较罕见。在地球上，平均几立方千米甚至几十立方千米才有一个宏电子，而且它们看上去就像透明的肥皂泡一样，也很难被采集。至于宏原子核，那就更加稀少了，所以丁仪拒绝帮助泰勒采集宏原子核。

当然，宏原子只是一个在《三体》以及其他科幻小说里出现的科幻概念。到目前为止，科学界并没有发现它的存在。

在泰勒的计划中，他除了利用宏原子核聚变武器，还准备使用球状闪电。小说中提到，自然界中那些可怕的球状闪电实际上就是被激发的宏电子，当它们释放能量时对宏观物体具有巨大的破坏力——这就是球状闪电武器。

接下来，就让我们来具体看一看这种球状闪电武器。在现实中真的存在球状闪电吗？它的原理究竟是什么？泰勒的量子幽灵战队又是怎么一回事呢？

神秘的球状闪电

当出现强烈的对流天气时，天空中就会电闪雷鸣，这是我们司空见惯的事情。闪电是大气中的剧烈放电现象：积雨云与地面之间累积形成的正负电荷在一瞬间穿透空气，相互连接，产生巨大的电流，同时发出亮光，并伴有上万度的高温，沿途的空气因受热剧烈膨胀而发出雷声。

在人们的印象中，闪电往往都是一条条或弯或直的路径，长度从数百米到数千米不等，持续时间一般不超过1秒钟，可谓转瞬即逝。然而在雷雨天气时，自然界偶尔还会出现一种奇特的球状闪电。顾名思义，这种闪电的外形接近球形，往往飘浮在接近地面的地方，俗称“滚地雷”。球状闪电的直径一般不超过半米，看上去像一个发光的篮球。它们的持续时间较长，能达到1分钟以上，且颜色各异。它们有时保持静止，有时能以极快的速度运动，路径难以捉摸，甚至能逆风而行。它们有时悄无声息，有时则伴有噼啪声或嘶嘶声。有的球状闪电会突然无声地消失，有的则会与物体相撞而发生剧烈的爆炸，造成严重后果。

由于球状闪电很罕见，人们对它的认知相当有限。据报道，直到 2012 年，中国科学家才在青海偶然拍到了球状闪电，首次留下了这一神秘自然现象的科学记录。球状闪电究竟是什么以及为什么会出现，至今仍然是谜。

关于球状闪电的成因存在多种假说，主流观点认为它其实是球形的高温等离子体：普通闪电先把空气中的水分解为氢和氧，同时形成孤立的气团，当普通闪电停止后，氢与氧重新化合成水，并释放能量，发出光，于是就产生了球状闪电。但是，这种假说无法解释为什么大部分球状闪电本身温度较低。因此，也有人认为，是因为在普通闪电发生的过程中，相互交织的磁场有时会成球形，将等离子体约束在其中，所以才形成了球状闪电。随着磁场逐渐瓦解，球状闪电也就消失了。除此之外，甚至还有人认为是土壤或木材被闪电击中后，其中的矿物质蒸发进入了大气才形成了球状闪电。不过，以上的这些假说目前都没有得到验证。

《三体》中提到了另一种假说，即球状闪电是展开成宏观状态的电子。球状闪电的宏电子猜想最早是由《三体》的作者在 2005 年出版的另一部科幻小说《球状闪电》中提出的。在这部小说中，物理学家丁仪认为宇宙中到处都有处于宏观状态的原子，并称其为宏原子。宏原子中的宏电子通常并不能用肉眼观察到，但它能使周围约一个篮球大小的空间出现弯曲，根据光的折射，此时人们便能感知到它的存在。宏原子中的宏电子像普通电子一样带有负电荷，因此可以被电磁场捕获。此外，宏电子受到普通闪电的激发后会成为球状闪电，从而被我们看到。

目前，球状闪电的成因和组成仍然是谜，《球状闪电》中的猜想说不定能成真。在《三体》里，泰勒的计划中用到的球状闪电，也跟这个猜想有密切关系：泰勒计划在与三体舰队进行末日之战时，用球状闪电或者宏原子核聚变武器杀死人类军人，由后者的量子幽灵组成的部队抵御三体入侵者。

可见，泰勒计划的关键词是“量子幽灵”。那么，量子幽灵与球状闪电又有什么关系？量子幽灵究竟是什么？它与我们平时所说的鬼魂有什么区别？

二者实际上都出自同一类猜想，即在宇宙中有呈宏观状态展开的原子。这些宏原子仍然具有原子的量子态特性，这才使得成功打造“量子幽灵”成为可能。

这一猜想涉及量子的特性。在第四章中，我们已经围绕着“智子”初步介绍了一些量子力学相关的知识。在这一章里，让我们把这个话题进一步展开，随着对量子力学发展历程的回顾，一起来看看“量子幽灵”在科学上是否有依据。

量子力学横空出世

在日常生活中，我们已经习惯了事物的连续性：一个物体的性质，比如大小、重量、温度或运动，都会从一种状态连续变化到另外一种状态；我们从 A 点走到 B 点时，必然会经过此间路程上的任意一点，没有谁能够从 A 点瞬间到达 B 点。在经典物理学中，我们的世界正是这个模样。但是，日常现象就是宇宙本质的反映吗？

在上一章中，我们介绍了卢瑟福的原子模型，实际上这个模型仍然存在一些问题。既然电子绕原子核运动，那么根据麦克斯韦的电磁理论，电子应当不停地向外辐射能量，这样一来，原子的能量就会逐渐损失，电子最终会因失去能量而落到原子核上，因而，任何原子都应是不稳定的。而按照经典物理学的思维，电子的运动速度是连续变化的，它的辐射波的频率也会连续变化，因此任何原子的光谱都应是连续的才对。但科学家们在实验中发现，原子的辐射光谱并不是连续的，而是由许多相互分离的亮线组成的。

这些矛盾表明，像经典电动力学理论这类通过观察宏观世界现象而得到的规律，其实并不适合用来描述原子所在的微观世界。于是，探索适用于描述微观过程的原子理论逐渐成为现代科学研究的前沿，而它最终引发了一场伟大的物理学革命——量子力学的出现。

1900 年，德国物理学家马克斯·普朗克为了解决黑体辐射问题，假定物体对能量的辐射和吸收都不是连续的，而是一份一份进行的，他把每一份能量称为一个能量量子，后来简称其为“量子”。

这一新假说启发了其他学者。爱因斯坦是第一个严肃对待量子概念的物理学家，1905 年他发表了有关光电效应的著名论文，认为光的能量是一份一份的，且具有量子特性。爱因斯坦提出了“光量子”（后来被称作“光子”）的概念，并解释了光的能量与频率之间的理论关系（即光电效应理论），开创了量子力学，并因此荣获 1921 年的诺贝尔物理学奖。

出乎世人预料的是，量子理论也引发了一场关于原子结构模型研究的革命。原来，原子中的电子的运动也应该从量子的角度来描述。

1911 年，刚刚博士毕业的丹麦年轻学者尼尔斯·玻尔来到英国，在卢瑟福的指导下开展原子结构的研究。他在卢瑟福“行星模型”的基础上通过计算提出，虽然电子像行星一样围绕原子核做圆周运动，但是在轨道上稳定运动的电子并不辐射能量。它只有从一个轨道转换到另一个轨道上时，才会辐射或者吸收能量，而能量的大小等于两个轨道的能级差。换言之，**电子辐射的能量值不是连续的，而是以轨道能级差为单位的离散的量子值。**

在卢瑟福的“行星模型”中，作为“行星”的电子的运动轨道是任意的；而在经过玻尔改进的原子模型中，电子的轨道并不是连续和任意的，而是离散和固定的。电子只能位于不同的轨道上，不会出现在两个轨道之间的某个地方。

玻尔将量子概念引入经典原子物理学中，成功地解释了为什么氢原子的光谱呈现出离散亮线。此外，玻尔还运用电子轨道的“能量层级模型”，在理论上首次解释了元素的周期性，使得化学成为一门真正的科学。应该说，这是早期的量子理论达到的最高成就，它描述的几乎就是我们现今在中学物理课上学到的原子中外层电子的样貌。不过后来的研究发现，这种描述实际上并不正确。几年之后，它就被全新的量子力学理论代替了。

是粒子，还是波？

在第四章中我们已经讲过，量子力学的一个重要概念是波粒二象性，任何物质都既是粒子也是波，这会使物质在微观世界中呈现出非常不可思议的性质

（作为一个粒子，它在某个时刻应该处于一个确定的位置；而作为波，它在同一时刻则可能出现在空间中的任何一个地方，只不过在每个地方出现的概率不同）。接下来，就让我们详细看看在量子力学的发展史上，波粒二象性是如何确立的。

在以牛顿力学为代表的经典物理学中，光一向被视为微粒。这些小光球笔直地前进，在不同介质的交界处发生反射或折射。在牛顿力学诞生之后的近百年中，人们对光的认识并没有新的突破。直到1801年，英国物理学家托马斯·杨通过双缝实验证明了光的干涉现象。此后，科学家又对因光的衍射形成的“泊松亮斑”进行了研究，研究结果都表明只有把光看作像水波一样的横波，这种现象才能得到完美的解释。从此，光的波动说逐渐占据上风。1861年，英国物理学家詹姆斯·麦克斯韦开创性地提出了电磁理论，指出光在本质上是电磁波。他的理论把光的波动说推向了学术界的巅峰。

然而，峰回路转，20世纪初，爱因斯坦的光电效应理论却指出光是一份一份的光量子，再加上美国物理学家阿瑟·康普顿发现了X射线具有粒子性，微粒说“卷土重来”。那么，光到底是微粒，还是波呢？这成为20世纪初推动整个物理学发展的根本问题。

路易·维克多·德布罗意于1892年出生在一个法国公爵贵族家庭中，他从小就对科学很感兴趣。一战结束后，他开始攻读物理学博士学位，师从物理学家朗之万，而朗之万的老师是皮埃尔·居里（居里夫人的丈夫）。德布罗意不像传统学者那样对光的波粒问题采取非黑即白的态度。1924年，他在博士论文中开创性地提出，既然光波具有粒子性，那么其他物质的粒子也应该具有波动性。他认为每个运动着的粒子都伴有一种“物质波”，并给出了波长的公式。这一新理论得到了爱因斯坦的肯定。德布罗意不但顺利通过了博士论文答辩，更凭借这篇博士论文获得了1929年的诺贝尔物理学奖。这件事成了诺贝尔奖历史上的一个奇迹。

为了验证这一理论，实验物理学家摩拳擦掌。在1927年，约瑟夫·汤姆孙（1906年诺贝尔物理学奖获得者）的儿子，英国物理学家乔治·汤姆孙用单束电子轰击金属箔，发现电子果然会像波一样出现衍射现象，并因此获得了1937年的诺贝尔物理学奖。有趣的是，他的父亲是因为发现电子作为粒子存在而获奖，而他则是因为发现电子是一种波而获奖。

物质波的概念撼动了人们对世界的认知：假如构成物质的粒子都是波，那么物质究竟是什么呢？看得见、摸得着的物质实体与虚无缥缈的光影还有什么区别吗？难怪爱因斯坦评价德布罗意的贡献是“揭开了宇宙大幕的一角”。

德布罗意提出的物质波概念很快传遍了欧洲学术圈。1925 年，薛定谔在物质波的基础上提出了波函数方程，即著名的“薛定谔方程”。这一方程简洁明了，从经典物理学平滑的、具有连续性的思想出发，描述了微观粒子的运动状态随时间变化的规律。经过德布罗意和薛定谔的共同努力，波动力学终于确立了其在量子力学中的地位。

“零零后”的物理学

20 世纪 20 年代，物理学界风起云涌。在提出新的量子理论的队伍中，出现了一股新生力量——一群二十岁出头的年轻人，大多数都是“零零后”。他们关注的焦点同样也是原子的结构和特性。

沃尔夫冈·泡利 1900 年出生于奥地利，之后他在慕尼黑大学攻读博士学位，师从理论物理学家阿诺德·索末菲。他受到老师的影响，在读研究生期间就对原子模型很感兴趣，并深深敬佩着玻尔。1922 年，他聆听了玻尔的一场学术讲座。这位小伙子亲眼见到玻尔后，马上决定前往丹麦的哥本哈根，跟随玻尔进行原子结构的研究。1925 年，泡利在玻尔的量子化模型的基础上大胆地提出，在原子中用于确定一个电子的状态的量子数除了科学家们传统认为的三个（主量子数 n、角量子数 l、磁量子数 m）之外，还存在第四个——自旋（自旋量子数 s），而且电子的自旋只有两种状态。他还指出，在一个原子中，不可能存在四个量子数完全相同的电子，这就是著名的“泡利不相容原理”。这一原理的提出是量子力学的又一次巨大突破，它解释了元素周期表的多样性，揭示了自然界万物的化学属性纷繁多样的奥秘。泡利因此获得了 1945 年的诺贝尔物理学奖。

和泡利一同聆听那场学术讲座的，还有一个德国小伙子，他叫沃纳·海森堡，是比泡利小一岁的师弟，他同样感受到了玻尔的魅力。2 年后，他应邀来到哥本哈根，在玻尔的理论物理研究所进行短期工作。玻尔以豁达的胸怀鼓励年轻人大胆探索，研究所里充满了自由宽松的学术氛围，这里也成为量子力学的三大“发源地”之一。

在这里，海森堡思考着玻尔原子模型的不足之处，认为玻尔虽然引入了量子的概念，但终究没有摆脱经典物理学的思维框架。物理学理论只应与实验中能够观察到的物质或现象相联系，对玻尔的原子模型，科学家并没有在实验中观察到电子轨道的存在，而原子的光谱线只是告诉人们电子从一个能级跳到另一个能级时发生了什么。海森堡回到哥廷根大学，与马克斯·玻恩以及帕斯库尔·约尔丹在 1925 年发表了量子力学史上一篇重要的论文，建立了以可观测量为基础的量子力学运动方程，开创性地以数学中的矩阵作为量子力学的新框架，并称其为“矩阵力学”。

不过，矩阵力学在当时并没有引起学术圈的广泛关注，因为那时在数学界很少有人发现其价值，更不用说把它运用到物理学中来了。

谁是胜者？

矩阵运算不满足乘法交换律，这一特点让海森堡困惑不已。例如，用矩阵计算和描述量子的动量和位置时，这两个变量不能随意交换位置——海森堡把它们称作“非对易变量”。1925 年，海森堡来到英国剑桥大学讲授矩阵力学，在听课的学生中，有一个比他小一岁的小伙子，名叫保罗·狄拉克。这个青年有着扎实的数学基础，他很快就发现变量间的这种非对易关系具有重要的意义。

狄拉克在海森堡的基础上，创建了一套“量子代数”的方法，第一次明确提出了能量的量子化规则，搭建了量子力学与牛顿经典物理学之间的桥梁。海森堡的老师玻尔看到狄拉克的论文时，十分惊讶，并对这个年轻人大加赞赏。

至此，量子力学出现了两种截然不同的理论——波动力学和矩阵力学。一边是由物理学界“大叔级”人物薛定谔带领的队伍，站在薛定谔身后的是爱因斯坦；另一边则是一群在玻尔的理论的基础上发挥出色的“零零后”小伙子。那么，到底哪一方的理论是正确的呢？最终，狄拉克做出了公正的“裁决”——二者是等效的！

矩阵力学　　　　波动力学

量子力学的两大阵营

狄拉克指出，一方面，在量子代数体系中，矩阵力学与波动方程二者形式相同；另一方面，薛定谔方程如果将相对论效应考虑进去，也能包含海森堡的非对易变量。原来，这二者不过是新的量子力学的两个侧面而已。他进一步指出，经典力学的规律也都可以用这个新的量子力学框架推导出来。这真是一个皆大欢喜的结局。

狄拉克这个沉默寡言的小伙子，不但将矩阵力学和波动力学整合成了一个数学体系，而且率先把相对论引入量子力学，建立了相对论形式的薛定谔方程，即著名的“狄拉克方程”。狄拉克后来还天才地预言了正电子的存在，从而明确了反物质的存在。1933 年，他与薛定谔共同获得诺贝尔物理学奖，时年 31 岁。第二年，剑桥大学授予了他卢卡斯数学教授席位。曾获得过这个荣誉席位的另两位知名科学家，一位是牛顿，另一位是霍金。

不确定，你确定吗？

新兴的量子力学的两大阵营虽说在表面上已经握手言和，但是对物质本原的争论还远远没有完结。在以爱因斯坦为代表的经典物理学派看来，连续性是不言自明的真理，而以玻尔为代表的哥本哈根学派坚持认为物质的底层是不连续的，是量子化的。

作为爱因斯坦拥护者之一的薛定谔跟海森堡就电子的本质展开了论战。薛定谔认为他的波动方程描述的是电子的运动，体现为在不同的固有频率上振动的波，不连续的粒子性并不是物质的本性；而哥本哈根学派这边的“大将”海森堡则指出，电子的波动性与粒子性是同时存在的，波粒二象性才是世界的本质。

如何理解薛定谔方程中波函数的物理含义成为回答物质本原问题的关键。1926年，哥廷根大学量子力学的“主帅”玻恩凭借深厚的数学功底，指出波函数的物理含义是运动中的电子在某一时刻被观察到出现在空间中某处的概率大小。电子以概率波的形式在原子核周围形成一团云雾，就像是一片电子“概率云”。他认为，就单个电子而言，我们永远无法知道它在某一时刻具体位于哪里。玻恩的这一诠释可谓别出心裁，“薛定谔不懂薛定谔方程”一时成为学界的一句玩笑。

而此时，海森堡也在苦苦思索着，在他的矩阵力学中非对易变量究竟意味着什么。这些成对出现的变量（最常见的有动量与位置、能量与时间等）在宏观世界都是很容易确定的，无论哪个在前、哪个在后，都不会影响运算结果。但是在微观世界中，怪异的情况出现了：先测量粒子的动量再来测量位置，与先测量位置再测量动量，竟然会得到不一样的结果！微观世界真是令人匪夷所思，它与我们熟悉的日常情形竟如此不同。

灵感女神终于眷顾了这位年轻的物理学家，他想到“非对易”意味着这两个变量不可能同时被精确地测量：精确测量电子的速度，必然影响它的位置，从而干扰对位置的测量。换言之，测量电子动量的精确度越高，测量它位置的精确度就越低。

海森堡发现，在本质上，二者的测量误差的乘积总是大于一个常量，而这个常量就是量子的单位数值——普朗克常量的一半。1927 年，海森堡在德国的《物理学杂志》（*Zeitschrift Für Physik*）上发表了自己的发现结果，这就是著名的“不确定性原理”。由于发现不确定性原理和对矩阵力学的贡献，海森堡荣获 1932 年的诺贝尔物理学奖，那一年他也仅有 31 岁。

玻恩的概率云解释在一开始并没有得到学界的重视，直到海森堡提出不确定性原理，明确了位置和动量在概率上的不确定性的关系，物理学界才真正意识到了量子力学的惊人之处：它用概率打破了追求确定性思想的经典力学思维，不确定性是粒子本身具有的属性，并非由测量工具的不精确造成。在微观世界中，存在一种本质的模糊性，只要我们试图测量两个不相容（非对易）的可观察量，这种模糊性就会显现出来。这种模糊性导致我们必须摒弃对微观粒子直观而传统的认识。实际上，电子并没有沿着什么轨道围绕原子核运动，它们只是在我们观测时以较大的概率出现在了原子核附近的某处而已。

从此，量子力学与经典力学彻底分道扬镳。

互补性原理

在海森堡不确定性原理的基础上，1927 年，玻尔进一步总结得出了能反映量子力学本质的“互补性原理”。

玻尔指出，人们不必对物质的波粒二象性感到纠结，物质体现出粒子性还是波动性取决于测量它的实验：如果实验要观察它的粒子性，那就会得到它粒子性的图像；同样，如果要观察它的波动性，它就会呈现出波的图像来。这两种表现就如同一枚硬币的两面，人们永远只能看到它的一面，无法同时看到两面，但这两面共同组成了硬币，缺一不可。物质世界的一切都呈现出这种**成对的双面性**，这就是互补性原理。

互补性原理以“不连续性”“不确定性”和“测量”为关键词，总结了量子世界的奇异性质，解决了科学家以传统思路描述量子世界时遇到的困难。一方面，在一定程度上，物质世界的所有性质和行为都不可能被完全精准地确定。另一方面，玻尔强调，在人们观察未知世界时，我们自身也会成为其中不可分割的一部分。由于观察者的参与，观察得出的结论不可避免地体现人类看问题的惯用方式和方法。

玻尔指出，互补性原理并不是在量子力学基础上构建的哲学命题，它是一种对量子力学的逻辑性解释，人们只要接受量子力学，就必然不能拒绝互补性原理。而在这一原理的指导下，人们需要重新审视世界的组成。玻尔认为，我们需要彻底改变对宏观和微观、整体和部分的传统认识。他认为，在弄懂一个电子在做什么之前，我们必须指明全部的实验条件。比如，要测量什么、测量仪器是怎样构成的，等等。微观世界的量子无法摆脱与宏观世界的组织的联系。用一句话来概括：离开了同整体的关系，部分是没有意义的。

波函数概率云解释、不确定性原理与互补性原理是量子力学解释世界的三大理论，这些理论由于都得到了创建哥本哈根理论物理研究所的玻尔的支持，所以也常被称作“哥本哈根诠释”。

在牛顿的经典物理学世界中，一切都建立在确定性之上。宇宙就像一个精确走动的钟表，我们只要知道了它前一时刻的状态，就能准确地预言它接下来任一时刻的状态。但哥本哈根诠释否定了这一观念，并从根本上颠覆了经典物理学框架下的因果律。哥本哈根诠释表明，我们由于不可能同时得知物质所有性质的精确量，从而不可能同时精确地得知宇宙的所有性质，所以不可能预知未来。

在过去将近100年的时间里，貌似离经叛道的量子力学原理经受住了所有物理实验的检验，显示出了顽强的生命力。它推翻了我们对整个世界的传统认知，给出了一个充满不确定的新世界。面对量子力学，人们需要改变思维习惯。

薛定谔的猫

在反对哥本哈根诠释的物理学家阵营中，除了爱因斯坦，还有薛定谔。

1935 年，他发表文章，设计了一个思想实验，来证明哥本哈根诠释的荒谬之处，这就是著名的“薛定谔的猫”实验。

人们早就知道放射性元素会发生衰变，通过实验可以测得不同元素的半衰期，但这只是一种宏观层面上的统计。在微观层面上，某一个具有放射性的粒子到底将在哪一刻发生衰变，依然是随机发生的。

为了在宏观世界中表现出微观粒子的不确定状态，薛定谔设计的思想实验是：把一只猫放在一个不透明的箱子里，在箱子里再放上一些放射性元素，以及能记录粒子辐射的设备，这个设备还连接了一瓶毒药——一旦设备检测到放射性粒子出现，毒药瓶就会被打碎，猫就会被毒死。

“薛定谔的猫”思想实验

薛定谔表示，按照哥本哈根诠释，在衰变期内的任意时刻，某个放射性的原子都处于衰变和不衰变的叠加态。那么，在我们没有打开箱子观察到猫的死活状态前，猫也和那个微观粒子一样，处于生和死的叠加态吗？这真是太荒唐了。

作为回应，支持哥本哈根诠释的科学家认为，世界在被观察之前本质上是不确定的，猫的死活状态当然也包括在内：在观察者没有打开箱子之前，猫并不存在确定的死活状态，只有当猫被观察的时候，它的死活状态才能够被确定下来，从叠加态坍缩成一种确定的状态，要么是活着，要么是死亡。科学家对这个实验的解释体现出哥本哈根诠释对观察者地位的认可。

谁是观察者?

哥本哈根诠释为测量赋予了特殊的物理地位：在波函数坍缩的过程中，观察者起到了决定性作用。

那么，什么有资格成为观察者就成了一个饱受争议的问题。1961 年，美籍匈牙利物理学家尤金·维格纳在谈到“薛定谔的猫”时提出了另一个疑问：如果关在箱子里的除了一只猫，还有一个人，情况将会怎样呢？当然，善良的维格纳让这位参与实验的勇敢的朋友带上了防毒面具。我们可以理解，在箱子里的人应该不会观察到叠加态，然而站在箱子外面的维格纳仍然无法得知箱内的情形。在内外两个观察者眼中，同一现象竟然截然不同。到底哪个才是正确的呢？维格纳倾向于认为箱内的观察者看到的是真实景象，他认为当系统中包含意识的时候，叠加态原理就不起作用了。

在这里，我们不妨进一步提出以下两个问题：假如直接把箱子里的猫换成人，而这个人不戴防毒面具，那么这个人是否也会有叠加态呢？既然他是一个人，难道不能进行自我观察吗？

这个设想在《三体》中罗辑和泰勒的对话里就有体现。

> “这真的是我的战略。”泰勒接着说，他显然有强烈的倾述需求，并不在乎对方是否相信，“当然还处于很初步的阶段，仅从技术上说难度也很大，关于量子态的人如何与现实发生作用，以及他们如何通过自我观察实现在现实时空中的定点坍缩，都是未知。这些需要实验研究，但用人做的任何这类实验都属于谋杀，所以不可能进行。”
>
> 摘自《三体Ⅱ》

泰勒在这里提到了用人来做“薛定谔的猫”实验的困难，因为在实验中这个人可能被杀死。当然，杀死一只猫其实也是不人道的。因此“薛定谔的猫”只是一个思想实验而已。

那么，只有人的观察才能让量子态坍缩吗？观察者一定要具有人类的意识吗？薛定谔的那只猫是否也有意识？不过，那只猫即便能活着从箱子里出来，也无法告诉我们真相。观察和意识到底有怎样的关系？这恐怕是薛定谔的思想实验提出的最值得我们深刻思考的问题之一。

还有一个问题。在薛定谔的思想实验中，箱子里检测放射性衰变的仪器算不算是观察者呢？如果原来的量子系统是两种量子状态的叠加，那么与之对应，测量仪器也应该处于两种状态的叠加。因为，仪器本身也是由原子构成的，也受量子原理的支配。但是，我们并没有观察到在宏观仪器设备中存在明显的量子效应。如果量子力学的理论具有一致性，那么无论仪器怎样巨大，量子效应都必定存在。当然，我们也可以把被测量的物体与测量仪器看成一个单一的大型量子系统。不过，在这种情况下，我们也无法回答本段提出的问题。为了回答这个问题，我们首先需要知道，量子系统与宏观仪器之间的分界线到底在哪里。

著名数学家、现代计算机之父冯·诺伊曼曾经深入研究过这类问题。他的结论是，对一个测量装置来说，仅当它本身也接受一次测量时，才可能被认为完成了一次不可逆的测量行为。不过，这仍然避免不了我们在测量问题上陷入无限循环的深渊之中：用于测量第一个装置的第二个测量仪器本身还需要另一个仪器来让它“坍缩”为一个具体、实在的状态。维格纳曾明确指出，仅把自动记录装置或摄像机之类的东西放到箱子里是不够的，除非某人实际看见指针在仪器上指示的位置，否则那令人匪夷所思的量子叠加态仍然存在。

这个令人恼火的问题始终困扰着物理学家。不过他们中的大多数人采取的态度是，在量子理论的逻辑上，不做一名刨根问底的“小明”同学。他们心照不宣地假设，在放射性原子（微观）与衰变检测仪器（宏观）之间的某一层次上，量子力学以某种方式“转化”成了经典物理学。他们普遍认为意识与物质的关系问题是与己无关的哲学问题。然而，对公众来说，量子力学具有吸引力的地方，恰恰在于它把观察者这一通常被边缘化的配角置于物理舞台的中心。

爱因斯坦的同事、物理学家约翰·惠勒曾经说过：“如果我们不断地在自然界寻找某种东西来说明什么是空间和时间，那么这种东西必须比空间和时间更‘深’，它本身不存在于空间和时间之中。基本量子现象的奇异之处恰恰就在于此。”惠勒曾经设想可以在宇宙规模上进行“量子延迟选择实验”：一束50亿年前发出的光到达了地球，它已经完成了自己的旅程，而它在漫长历史中的路径到底是怎样的，是由我们目前的观察所决定的。作为哥本哈根诠释的支持者，惠勒指出“过去不是实在的过去，除非它已被记录下来”。可见，在他的眼中，微观世界的量子与最宏大的宇宙有着本质的联系。

当然，“薛定谔的猫”的实验与物理学中严格意义上的思想实验有本质上的不同：它并不具有可操作性，因而也就无从验证其真伪。这个实验自被薛定谔提出以来，激发了学术界内外各方人士的讨论，也吸引了越来越多的人关注神秘的量子力学。

为了摆脱既死又活的猫的纠缠，1957年，美国学者休·艾弗莱特三世提出了量子力学的“多世界诠释”，开创了一条新的理论诠释之路。我们将在第二十一章中探讨这个与平行世界有关的“脑洞”。

微观与宏观的界线

哥本哈根诠释认为，世界的实在性取决于观察，从哲学角度来看，这与逻辑实证主义颇为类似。但是，日常经验告诉我们，在大多数时候，世界似乎是独立的存在，并在独立运行，仅当我们讨论量子现象时，那种怪异的情形才会出现。实际上，即便许多物理学家每天的工作就是与微观世界打交道，他们也仍然以日常的方式思考着，似乎并没有遇到什么困难。

那么，在微观世界中起决定作用的叠加态和不确定性等特性，在宏观世界中到底成立不成立呢？微观与宏观的分界线到底在哪里呢？在量子力学刚刚问世的时候，科学家探讨的对象都是肉眼完全不可见的微观世界里的粒子，量子特性似乎距离宏观世界相当遥远，科学家大可不必为此烦恼。然而，时至今日，这一困扰正在逐渐向科学家逼近。

1984 年，美国科学家发现了一种被称为“巴基球”的分子，学名富勒烯。它由 60 个碳原子组成，呈现出对称的 32 面体形状，就像一个小小的足球。与普通的碳原子相比，巴基球拥有复杂的结构和巨大的尺寸，但它的性质仍然可以用量子力学的基本原理来解释。2019 年，一篇发表在《科学》（*Science*）杂志上的论文表明，科学家第一次用新技术制备出了巴基球，并测量到了它在量子水平上的旋转和振动。这意味着人们在远超原子的大型系统（分子）中观察到了量子态。尽管这方面的研究刚刚开始，但是随着技术的进步，人们也许会发现宏观结构与微观量子态的边界在逐渐改变。

量子幽灵

讲到这里，终于可以把话题拉回到《三体》了。

当年，薛定谔曾经通过巧妙的构思，用思想实验提醒人们，也许可以把微观世界的量子态放大到宏观世界来。《球状闪电》和《三体》等科幻小说中的宏原子可能就是顺着这一思路诞生的。

尽管在现实中，科学家们至今尚未发现宏原子，但是这并不能排除其存在的可能性。假如真的存在宏原子，它是否会在宏观世界中表现为量子态呢？在上述这些科幻作品中，作者想象，球状闪电作为宏电子必然处于量子态，当它与宏观世界的物体相互作用时，便会把自身的量子态作用到其他物体上，而使后者也处于量子态。《三体》中宏原子的核聚变就是这样的原理。作者进一步想象，假如一个人与球状闪电接触，遭到宏原子核聚变武器的攻击，那么这个人就会处于量子态，就像“薛定谔的猫”那样，处于“既死又活”概率云的叠加态。如果让一群人都进入这种状态，那就是一支处于生存和死亡边界上的量子幽灵战队了。

这就是破壁人所揭露的泰勒的量子幽灵计划。

（破壁人：）“……宏原子聚变的光芒将在太空军港中亮起，其聚变能量之高，看上去像无数个太阳，就在这些蓝色的太阳中，地球主

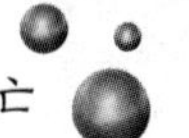

力舰队灰飞烟灭，化作无数量子幻影消失在太空中。这时，您便得到了自己想要的东西：一支呈宏观量子态的地球舰队。用大众更容易明白的话说：你要消灭地球太空军，让他们的量子幽灵去抵抗三体舰队。您认为他们是不可战胜的，因为已被摧毁的舰队不可能再被摧毁，已经死去的人不可能再死一次。”

摘自《三体Ⅱ》

然而，即便泰勒能用球状闪电或者宏原子核聚变打造出这样一支生死叠加的敢死队，这些战士要如何躲避来自三体舰队的观察者的目光呢？

按照哥本哈根诠释，一旦有了三体观察者，这些量子幽灵战士的波函数一定会坍缩，幽灵战士将呈现出一部分生存、另一部分死亡的最终状态。没人知道那时有多少战士能侥幸坍缩到生存状态。况且，像《球状闪电》中说的那样，从理论上讲，坍缩后处于生存态的战士所处的空间位置可以是宇宙中的任何地方。那么，他们仍然侥幸位于末日战场的概率到底又有多大呢？这一系列问题就像莎士比亚在《哈姆雷特》（*Hamlet*）中的那句名言，“生存还是毁灭，这是一个问题”。

第八章　水是有毒的

——探索人类心智之谜

面壁计划的第三位面壁者是来自英国的希恩斯，他曾担任过欧盟主席，他不但是一位稳重老练的政治家，还是一位脑科学家，是诺贝尔物理学奖、生理学或医学奖提名的获得者。希恩斯与同为脑科学家的妻子山杉惠子在研究中发现，人类大脑的思维和记忆活动是在量子层面上进行的，突破了认为其在分子层面进行的理论。

面壁计划的重点就在于隐藏思维，这样看来，希恩斯的专业知识在抵御三体入侵的战争中也许能发挥很大的作用。

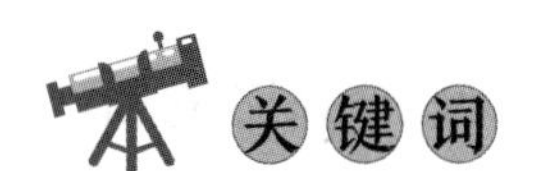

心智，脑区，心理学，认知科学，认识论，认知心理学，神经元，神经网络，计算机断层扫描，磁共振成像，语义记忆和情境记忆，多重记忆系统模型，赫布学习律，联想性 LTP，内隐记忆和外显记忆，启动效应

思想钢印计划

面壁者希恩斯与妻子很有远见地认为：人类文明的未来取决于人类自身，要想突破智子的禁锢，只有提升人类的智力——这是人类取得胜利的关键。他们决定投身于对人类大脑思维机制的科学研究，期望在一两百年内取得突破。

为了提升人类智力，希恩斯提出研制一种名为解析摄像机的设备，用它对人类大脑进行精细扫描，从而在计算机里合成大脑的数字模型。这种扫描必须快速地、反复地进行，拍摄到大脑思维活动的详细过程，以建立大脑的动态模型。

联合国的顾问团认为，他的想法在理论上并没有障碍，但制造这种设备的技术难度远远超出当代水平，因为对大脑神经元进行精细扫描并建模所需要的计算能力是目前的计算机无法达到的，希恩斯需要的计算机技术可能在几十年之后才会出现。于是，希恩斯决定进入冬眠状态。8 年后他被唤醒，发现一台规模空前、能模拟大脑神经网络的超级计算机已经建成了。希恩斯利用它和解析摄像机对人类的思维活动展开了研究。

希恩斯让受试者（一般被称为“被试”）对一些简单的命题逐个做出是或否的判断，与此同时用摄像机实时扫描他们大脑的神经活动。这一实验的目的是弄清大脑在对某个命题进行是非判断时，会形成怎样的神经冲动传播模式。

通过实验，希恩斯发现，只要对大脑神经网络的某一部分施加影响，就可以绕过思考过程，直接在大脑中形成某个观念，并让人对这一观念深信不疑。希恩斯把这种强行植入思维观念的方法称为“思想钢印”，他认为可以用思想钢印直接把“在抗击三体文明入侵的战争中人类必胜”的信念植入自愿参与该项目的太空军人的脑中，这有助于人类在未来赢得战争。

联合国同意执行思想钢印计划，希恩斯再次进入冬眠状态。170 多年后，希恩斯被唤醒，他的妻子山杉惠子宣称是他的破壁人。惠子说思想钢印的代码极其复杂，根本没有人注意到希恩斯在几亿行的代码中将一个正号改成了负号，就连智子也没有发觉。而正是这一个小小的负号，决定了思想钢印固化的不是命题本身，而是它的反命题。也就是说，在人们头脑中固化的信条是“在抗击三体文明入侵的战争中人类必败”。

惠子说，与其他面壁者相比，希恩斯的高明之处不在于战略计谋层面的伪装，而在于对自己真实世界观的隐藏。他其实是一个失败主义者，他认为在太空军中秘密部署拥有必败信念的军人，有利于实现人类的“胜利大逃亡”。

人类的思维和意识是一个永恒的话题，可以引发各种各样的思考。作者在这部科幻小说中对我们提出了一个问题：当人类面临强大的外星文明入侵的危机时，到底什么才是我们真正的武器？当科技发展被封锁，各种战略计划都成了公开的秘密时，充分发挥主观意志的作用也许是唯一的办法。

那么，人类的思维和意识是什么？它们是如何运作的？它们能够被外界控制吗？下面就让我们简单回顾一下人类在探索思维和意识的道路上曾有怎样的发现，并对思想钢印在科学上是否可行展开探讨。

何为心智？

人类的意识究竟是什么，这是一个非常有趣的问题。我们每个人都是意识体验的主体、感觉的享有者、痛苦的承受者、思想观念的表演者和有意识的深思者。然而，我们体验到的“意识”本身究竟是什么呢？在物理世界中，生物个体又是如何产生这一现象的呢？

声、光、电、磁等自然现象是所有拥有仪器的观察者都可以同等地观察到的现象。而意识与自然现象完全不同，并不是所有观察者都能同等地观察它。意识似乎存在一个特殊的观察者（自我），他观察到的现象与其他所有人完全不同。当代人类科学事业面临的挑战就包括认识意识与物质、心灵与大脑的关系，这些也属于作为智慧生命的人类要面临的终极问题。对这些问题，我们至今仍没有找到完整的答案。

关于意识是什么，目前尚无明确的定义，人们普遍可以接受的一种说法是，**意识是一种对自身和周围的存在有所认识的心智状态**。因为它是一种心智状态，所以如果没有了心智，也就没有了意识。

那么，**心智**又是什么呢？**它是能让我们产生和控制心理机能（例如感知外界、进行思考、做出判断和记忆事物）的能力**。心智可以被看作一个人认知能力的总和，它将客观世界在我们的脑中呈现出来，形成系统，促使人在此系统内设定目标，让人用行动来实现目标。总体来看，心智对人的生存与发展有重要影响。

心智是如何在大脑这一物质基础上出现的呢？从古希腊时期开始，人们就对这一问题进行了大量的探讨和推测。不过，用科学手段探索心智与大脑的关系则是近代才开始的事情。作为独立的学科，心理学和神经科学几乎同时诞生于 19 世纪后半叶的西方。那时，一些医生和研究者注意到，大脑不同部位的损伤会导致不同的认知功能出现缺陷，这一发现使心理学分支之一的神经心理学在随后的 20 世纪蓬勃发展。到了 20 世纪中叶，有哲学、（认知）心理学和生理学等学科背景的科学家开始在较为统一的概念和理论框架下认识人类的精神活动和行为模式，就这样，认知科学诞生了。在之后的半个世纪中，认知科学逐渐发展为以研究人类心智为目的的交叉学科。

从认识论到认知心理学

在心理学诞生之前，哲学家们就对人如何认识事物充满好奇。在西方哲学中，这个问题属于认识论的范畴，其源头可以追溯到 2000 多年前的古希腊。柏拉图最早试图解释人类知识的本质，而亚里士多德在《论灵魂》（*De Anima*）中认为只有人类才有推理能力和知觉能力。关于认识论，在哲学史上，理性主义和经验主义的争论贯穿始终。

理性主义认为逻辑推理是获得知识的唯一可靠的途径，而感官经验则可能欺骗人们。其代表人物是 17 世纪的法国哲学家笛卡尔，他提出了“二元论”，认为世界由两种不同的实体——物质实体与精神实体组成，并提出了心灵表征论，这成为认知科学的原型。在此后的 300 年中，莱布尼茨、康德、波普尔、

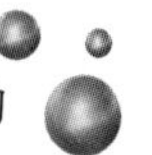

海德格尔等哲学家先后提出的各种理论都成为认知科学的哲学思想来源。

与理性主义相对的是经验主义。**经验主义认为，个体的感性经验是知识的唯一来源，一切知识都通过经验获得，并在经验中得到验证。**其代表人物有英国哲学家霍布斯和洛克等。与笛卡尔不同，霍布斯的经验主义认为心理能力和心理过程要根据物质的实体、状态和运动过程来描述和解释。而洛克的经验主义经过大卫·休谟、孔狄亚克、怀特海和维特根斯坦等人的逐步完善，成为心理学的思想源头。

在关于心智的争论中，哲学家们各抒己见，理论层出不穷，很难形成统一的结论。究竟哪些哲学观点是正确的呢？只有通过科学的方法进行验证，得出确切的结论后，我们才可以在确定性的基础上讨论这个问题。19 世纪，以实验为基础的心理学的出现与发展为验证各种哲学观点的正确与否提供了科学依据。

1868 年，荷兰生理学家唐德斯开创性地用实验方法研究了人类个体对刺激的行为反应。这说明心理反应虽然不能直接测量，但是可以通过行为反应进行推测。唐德斯的实验是人类历史上第一批认知心理学实验之一，开启了人类对心智的科学探索。

心理学是研究人类的心理现象及行为活动的科学，虽然它作为一门正式的学科只有短短 100 多年的历史，但是它为认知科学的诞生奠定了科学基础。**在心理学的创立时期，共有三个主要流派：构造主义、机能主义和行为主义。**认知心理学是心理学中研究人类认知过程的重要分支，主要研究人类的高级心理过程（例如知觉、记忆、言语、思维）。在认知心理学的发展过程中，上述三个流派的思想也有所体现。

1879 年，德国莱比锡大学的威廉·冯特建立了世界上第一个心理实验室，并创造了系统研究心理过程的实验方法。他是构造主义的奠基人物，认为可以通过内省分析法对经验进行科学描述。

几乎与冯特同一时期，另一位先驱者也对心智展开了科学研究，他就是美国心理学家威廉·詹姆斯，他的观点被称为“机能主义”。他在 1890 年出版的著作《心理学原理》（*The Principles of Psychology*）中指出，心理的运作与它的目的有关，心理过程最重要的目的就是使个体适应周遭的环境。机能主义在很大程度上吸收了达尔文的进化论思想，努力将生物学中的“适应”概念扩展到心理学现象当中。威廉·詹姆斯还强调，心理学研究不应只在实验室中展开，还要在完整的现实生活中进行。

20 世纪初，受到苏联生理学家伊万·巴甫洛夫经典的条件反射研究的启发，美国心理学家约翰·华生创立了行为主义心理学，这是心理学史上的里程碑。华生认为，应该用直接且可被观察的行为来进行心理研究。在他的引领下，从 20 世纪 30 年代起，心理学的研究方向逐渐从“以行为推测心智”转向了“环境刺激与行为之间的关系”。在此基础上，哈佛大学的斯金纳引入了“操作性条件反射”的概念，提出了“刺激－反应－强化”理论，与其他相关理论形成了新行为主义学派，并使新行为主义心理学成为 20 世纪 50 年代以前心理学研究的主流。

如此看来，《三体》中的希恩斯采取的研究方法正与行为主义心理学一脉相承。

不过，在 20 世纪 50 年代之后，人们对心智的认识又发生了变化。美国麻省理工学院的诺姆·乔姆斯基指出，行为主义心理学的理论并不能充分地解释语言现象。人们逐渐认识到，要理解复杂的认知行为，不仅要考察可被直接观察的行为，还要思考行为背后的心理过程。1956 年，美国心理学家乔治·米勒发表了文章《神奇的数字 7±2：人类信息加工能力的某些局限》（“The Magical Number Seven, Plus or Minus Two: Some Limits on Our Capacity for Processing Information”）。他指出，人的记忆能力是有限的，但可以通过重新编码信息来克服记忆的局限性。心理学的发展出现转机，“信息加工模型”逐渐成为认知心理学的重要范式。

心智与大脑

除了认知心理学，研究心理的物质基础的生理学，尤其是神经生理学和电生理学这两个分支学科，也是认知科学的重要源头。**神经生理学通过测量个体的行为来研究大脑不同部位的功能，而电生理学则通过测量神经系统的电反**

应，使人们了解单个神经元的活动规律。

在很早以前，人们就认识到意识与大脑存在密切的联系。在早期的生理学家眼中，心智研究的核心问题是：心智是由大脑的整体工作产生的，还是由大脑的各个部分独立工作产生的？这就是大脑的功能定位问题。

19 世纪初，德国解剖学家弗朗兹·加尔提出了颅相学假说，认为人的 35 个特异性功能分别由不同的脑区负责。19 世纪中期，神经科学家开始通过调查有脑损伤的患者来了解大脑各个部位究竟对应哪些功能。最有代表性的是神经科学先驱者、法国医生保罗·布洛卡的研究。他在治疗一位脑卒中患者时，发现这位病人虽然可以理解语言，但是不能讲话。布洛卡发现病人脑损伤的位置是左侧额叶下部，并认为是这个脑区的损伤导致病人出现了语言功能障碍。从此，大脑的这部分区域就被称为“布洛卡区”。此后学界陆续出现了与之类似的脑损伤案例的研究，人们认识到局部脑损伤会引起特定的行为缺陷。

那么，人们是如何认识大脑不同组织和分区结构的呢？

19 世纪后半叶，随着细胞学说的出现，人们知道了组成生物体的基本单位是细胞。到了 20 世纪初，神经科学技术取得了突飞猛进的发展，意大利神经学家卡米洛·高尔基发明了一种为单个神经元染色的方法，并发现大脑中的神经元具有复杂而精巧的结构，而西班牙神经组织学家圣地亚哥·拉蒙－卡哈尔则进一步发现，神经系统由大量的单个神经元构成。他们对神经元和大脑结构的研究奠定了现代神经学的基础，二人共同获得了 1906 年的诺贝尔生理学或医学奖。

通过解剖学和染色法等手段，人们逐步了解了大脑的结构。原来，成人的大脑分为三个主要区域：前脑、中脑和后脑（如下图所示）。后脑位于大脑的底部，在脊髓的上方，由脑桥、延髓和小脑组成，主要功能是检测、维持和控制基本生命功能，如呼吸和心跳。后脑的上方有一个相对较小的区域，叫作“中脑”，它与一些感觉反射有关。

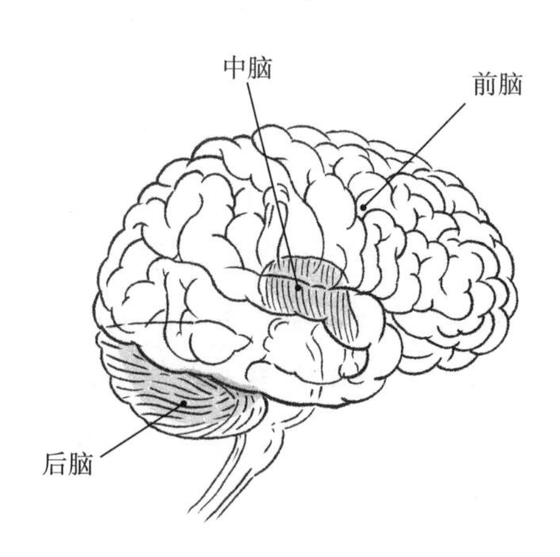

大脑的结构和大脑的三个主要区域

大脑的其余部位叫作“前脑”，主要与高级认知功能有关。前脑除了丘脑、下丘脑、海马和杏仁核之外，大部分由大脑皮质构成。大脑皮质主要分成五叶，从前向后分别是额叶、顶叶、枕叶和头两侧的颞叶，以及在大脑内侧的边缘叶。边缘叶由于是进化中最古老的，所以也被称为“旧皮质”。额叶、顶叶、枕叶、颞叶在动物脑神经系统的演化过程中出现较晚，因此被称为“新皮质”。

新皮质的厚度大约为 2~4 毫米，共分为六层，由数十亿个神经元构成。它的表面布满凹凸的褶皱，凹陷的叫作“脑沟”，而凸起的则叫作“脑回”，统称为“沟回”。这些沟回可以增加皮质的面积。新皮质负责知觉、运动指令的生成、空间推理、抽象思维、语言以及想象力等领域的功能。

此外，大脑还明显地分为左右半球，两个半球通过胼胝体相连。因此，大脑的每一叶又都分成左右两叶，如左额叶、右额叶。

千亿个神经元

讲完大脑的分区，让我们再从微观的细胞层面看一看大脑的神经系统。

神经系统是人体处理信息的系统，由神经元和神经胶质细胞组成。神经元具有独特的形态和特有的功能，是神经系统完整而基本的功能单元，也是参与神经活动的主体；而神经胶质细胞则对神经元提供结构上的支撑和绝缘保护，以保证神经元之间的信息传递更为有效。

据估计，神经胶质细胞的数量大约是神经元的 10 倍。而人类脑部中约有 1000 亿个神经元，并且大多数位于大脑。大脑皮质中的神经元数量只占总体的 19%，绝大多数的神经元都在小脑中。有趣的是，人类脑部的神经元数量与银河系中的恒星数量在同一个数量级。

让我们具体看看神经元的结构。神经元由三个部分组成，除了细胞体，它与人体其他细胞的显著区别在于它有两种延伸到细胞体外的突起：树突和轴突。树突是神经元细胞体上状似树枝的突起，负责接收来自其他神经元的信息，其末端是接收信息的部位，被称作突触。轴突则是一种更长的突起，它负责信息输出，输出部位也是末梢的突触。神经元之间通过突触交流信息。

在神经元之间，信息传递是一种化学物质的传递过程。轴突的突触通过释放一种被称为“神经递质”的化学物质向其他神经元树突的突触传递信息。轴突的突触会根据不同的信息释放不同的神经递质，下一个神经元的树突的突触会接收这些神经递质。而在神经元内部，信息传递是通过电信号传导实现的。电信号在被树突末端的突触接收之后，先传递到细胞体，然后再传递到轴突末端的突触。

就这样，上千亿个神经元彼此相互连接，形成复杂的神经网络，而神经冲动通过这个网络在不同的神经元之间传递。神经冲动会参与复杂的行为和认知过程，从运动控制、感知，到记忆、语言和注意力。因为神经元在处理信息时颇似计算机这种基于二进制的处理器，所以我们常常利用计算机模拟神经元计算。

《三体》形象地描写了人类大脑中的神经网络。

……希恩斯感觉到围绕着他们的白雾发生了变化，雾被粗化了，显然是对某一局部进行了放大。他这时发现所谓的雾其实是由无数发光的小微粒组成的，那月光般的光亮是由这些小微粒自身发出的，而不是对外界光源的散射。放大在继续，小微粒都变成了闪亮的星星。希恩斯所看到的，并不是地球上的那种星空，他仿佛置身于银河系的核心，星星密密麻麻，几乎没有给黑夜留出空隙。

“每一颗星星就是一个神经元。”山杉惠子说，一千亿颗星星构成的星海给他们的身躯镀上了银边。

全息图像继续放大，希恩斯看到了每颗星星向周围放射状伸出的细细的触须，这无数触须完成了星星间错综复杂的连接。希恩斯眼中星空的图景消失了，他置身于一个无限大的网络结构中。

图像继续放大，每颗星星开始呈现出结构，希恩斯看到了他早已通过电子显微镜熟悉了的脑细胞和神经元突触的结构。

摘自《三体Ⅱ》

大脑的特殊之处

人类大脑的质量约为1.5千克，脑容量约为1400毫升，而这样“袖珍”的大脑却是整个宇宙中我们目前所知的最复杂的事物。在10万多年前，地球上出现了智人，他们一路迁徙并战胜了同时代的其他人种，逐渐演化成为如今唯一的高等智慧生物——现代人。智人为什么能战胜其他人种呢?

这是不是由于智人的大脑构造特殊呢?智人的大脑体积确实更大，拥有更多的神经元，但这并不能说明他们的大脑构造特殊。根据考古成果，科学家们发现：历史上被智人灭绝的尼安德特人的大脑比智人的还大。此外，我们的祖先还经历过大脑体积缩小的阶段。科研人员在2009年的一项研究中发现，在灵长类动物中，人类并不拥有相对于身体来说更大的大脑。从神经元和非神经元的数量来看，与那些和我们同体格的灵长类动物相比，人类并不拥有更多的神经元。人类大脑皮质的体积是黑猩猩的2.75倍，但神经元的数量仅比黑猩猩多1.25倍。

在过去的研究中，人们常用大鼠等动物作为模型物种，通过研究它们的大脑来得到关于人类大脑的相关规律。然而，这种方法是行不通的。因为这些动物的大脑太小，还没形成有不同分工的脑回路，对研究人类大脑并没有太大的参考价值。

那么，是不是由于人类大脑神经元的连接数量更多呢？其实不然。随着大脑体积的扩大，每一个神经元如果都与其他所有神经元保持连接，必然会减缓神经冲动的处理速度，降低信息的传递效率。随着大脑尺寸和神经元总数的增加，神经元的连接比例反倒会下降。

那么，人类大脑的特殊之处究竟是什么呢？原来，相较于连接数量，神经元的连接模式可能才是更重要的。当大脑的体积增大到一定尺寸时，为了增加新功能，大脑必须进行专业的分工。一组神经元通过内部互相连接，构成小型的局部回路，就会自行执行特定的工作，只把结果传给大脑的其他部位，且无须意识参与。科学家已发现人类大脑中有若干个发挥特定功能的局部回路。在神经学中，这种局部回路被称为“模块”。不同的模块有各自的分工，这才是人类大脑的特别之处。除此之外，新的研究还发现人类大脑中具有某些特殊类型的细胞。不过，人类大脑的特殊之谜仍未彻底揭开。

希恩斯的研究手段

在布洛卡的时代，研究脑神经的方法受到了诸多限制。首先，神经专家只有在病人去世以后，才能真正对其大脑结构进行研究。其次，研究人员不可能系统地破坏人脑的不同脑区，并观察相应的缺陷，以此来描绘人类大脑的功能。此外，正常的大脑与受损的大脑在功能上可能本身就存在关键区别。

对脑神经开展全面的研究，必须要有适当的技术和仪器的支持。于是，20世纪初，脑神经成像技术应运而生，主要可以分为结构成像技术和功能成像技术两类。

结构成像技术主要用于直接显示脑神经的结构，包括计算机断层扫描（Computed Tomography，CT）、磁共振成像（Magnetic Resonance Imaging，MRI）、基于X射线的血管造影术，以及新近出现的弥散张量成像（Diffusion Tensor Imaging，DTI）。

最早发展起来的是CT，它通过X射线从多个不同的角度穿透人体，从而形成影像。由于包括大脑在内的身体器官的密度不同，反射的X射线也不同，得到的图像就会出现不同的颜色深度。这个图像就是器官在某一截面上的扫描图像。通过不断改变扫描的位置，就可以获得一系列不同截面的扫描图像。用计算机把图像叠加起来，就能建立三维的人体器官模型。CT 在 20 世纪 80 年代实现了商用化，几十年来，它已成为一种对活体神经损伤进行结构成像的常用医学工具。

在 CT 之后出现的第二个成像技术是 MRI，它和 CT 一样，也能用于收集不同截面的神经扫描图像。有所不同的是，CT 采用的是 X 射线，而 MRI 利用的则是有机组织的磁特性。与 CT 相比，MRI 的优点是人体不必暴露在 X 射线的辐射中，且扫描精度比 CT 高，形成的大脑图像更加清晰。因此，目前在神经心理学的诊断中基本都会用到 MRI。

在《三体》中，希恩斯在研究思想钢印时，将人类大脑扫描成像时采用的也是基于 CT 和 MRI 的技术方案。

> 希恩斯首先发言。他说自己的基于脑科学研究的战略计划还处于起步阶段，他描述了一种设想中的设备，作为进一步展开研究的基础，他把这种设备称为解析摄像机。这种设备以 CT 断层扫描技术和核磁共振技术为基础，但在运行时对检测对象的所有断面同时扫描，每个断面之间的间隔精度需达到脑细胞和神经元内部结构的尺度，这样，对一个人类大脑同时扫描的断层数将达到几百万个，可以在计算机中合成一个大脑的数字模型。更高的技术要求在于，这种扫描要以每秒 24 帧的速度动态进行，所以合成的模型也是动态的，相当于把活动中的大脑以神经元的分辨率整体拍摄到计算机中，这样就可以对大脑的思维活动进行精确的观察，甚至可以在计算机中整体地重放思维过程中所有神经元的活动情况。
>
> 摘自《三体Ⅱ》

这类扫描得到的也只是大脑的截面图像，也需要用图像处理技术将截面图像组合起来，才能形成大脑的三维图像。这一过程需要大量的数据运算，对计算机的软硬件要求都较高。在小说中，希恩斯对计算机的要求已经远远超出了当时科技能达到的水平，因此，他需要先进入冬眠状态，等待计算机技术的充分进步。

除了结构成像技术，还有一类功能成像技术，后者主要包括脑电图（Electroencephalogram，EEG）、事件相关电位（Event-Related Potential，ERP）、脑磁图（Magnetoencephalogram，MEG）、正电子发射断层成像（Positron Emission Tomography，PET）以及功能磁共振成像（functional Magnetic Resonance Imaging，fMRI）。

早在18世纪末，科学家就发现青蛙的肌肉在收缩时会产生电流，于是猜测人类大脑活动可能同样会产生电信号。1924年，德国精神病学家贝格尔用EEG首次精确记录了人脑中枢神经活动的电信号。大约用了10年时间，EEG被推广到全世界。EEG可以**连续记录大脑的活动**，具有重要的临床价值。神经元在传导电信号的同时还会产生微弱的磁场，因此后来还出现了MEG。

在以上两种对神经电信号的探测技术之外，神经科学中最激动人心的是另两种新成像技术的出现：PET和fMRI。与EEG和MEG不同，PET和fMRI并不直接测量神经活动，而是测量与神经活动相关的新陈代谢的变化。在进行认知实验时，它们通过检测被试大脑的新陈代谢或者血流的改变，来确定该认知过程所激活的脑区。大脑是一个极度需要新陈代谢的器官，而神经元需要氧和葡萄糖作为能量。当某个脑区被激活时，增加血流量可以使其有更多可用的氧和葡萄糖。

围绕大脑展开研究一方面借助了现有技术的力量，一方面也为新技术的发展提供了巨大的推动力。在这类研究的发展中，将对成像、行为的研究与分子生物学和基因技术结合起来可能最有前景。相信能够深入探索人脑和认知的激动人心的时代已经离我们不远了。

思想钢印的记忆机制

在上述部分中，我们介绍了希恩斯的解析摄像机进行大脑扫描的科学原理。在小说中，希恩斯还发明了思想钢印，用仪器给人强行灌输了某种思想观念，这个设定是否也有一定的科学依据呢？

希恩斯通过外力赋予了人某种意识观念，并希望这种观念能在未来持续发挥作用。从认知科学的角度来看，他的计划似乎与人的记忆有关。

如前所述，心智是人类个体认知能力的总和，而记忆作为心智的重要组成部分，与个体对自我的认知有密切的关系。时至今日，假如仅仅从生物基因角度来看，我们可能具备了克隆一个人的技术，但是在心智层面，我们仍然无法复制一个人的记忆。从原则上讲，克隆人仅仅是身体与被复制者一样，他的心智和记忆与被复制者的完全不同。不难猜想，克隆人肯定不会把自己等同于那个被复制者。

记忆是认知心理学和认知神经科学研究的重要内容之一。记住身边出现的各种信息是我们共有的关键认知功能。尽管大脑中储存了大量的信息，但我们仍在不断获取新的信息，并形成新的记忆。有时我们可以轻松地记住成千上万条信息，有时则要付出巨大的努力。那么，记忆到底是怎么一回事呢？

记忆隐藏着许多奥秘，是认知心理学和认知神经科学研究的重要内容之一

20 世纪 50 年代，记忆曾被比作一个计算机系统。进入 70 年代，**认知心理**

学则根据信息在大脑中储存的时间长短，把记忆分为瞬时记忆、短时记忆和长时记忆三类。

对不同类型的记忆而言，信息是以不同的方式被获取、加工和贮存的：迅速出现且未被注意的信息，只是短暂地被保留在瞬时记忆中，几秒后就会被大脑剔除；而那些被注意到的信息则保存在短时记忆中，大约不超过几分钟；在短时记忆中需要长时间保存的信息，则可以被转移到长时记忆中，保存若干年或一生。这就是“多重记忆系统模型”，由认知心理学家阿特金森和谢夫林于1968年提出。

在多重记忆系统模型中，记忆有不同的阶段，且有顺序：信息从瞬时记忆进入短时记忆，然后才进入长时记忆。信息可以在短时记忆和长时记忆中分别以视觉、听觉和意义的形式进行表征。但在每一个阶段，信息都可能遗失，其原因是记忆的自然衰退、记忆之间的相互干扰，或这两者的结合。短时记忆的容量是有限的，而长时记忆在容量和保留时间上几乎是无限的。

在接下来的几十年中，这个模型在心理学界和神经科学界引起了激烈的辩论。一个关键的辩论话题是，不同的记忆在大脑中是否会存储在相同的区域里。

说到这个话题，就不得不提及神经心理学史上一个名字缩写为H.M.的著名病例。1953年，一位名为H.M.的病人在治疗癫痫病的手术中，被切除了双侧的内侧颞叶，包括双侧海马体。人们发现从此之后，他的短时记忆保持完整，能够记住刚刚发生的事情，却不能把这些记忆转换为长时记忆，因此无法形成新的长时记忆，他保留的长时记忆只有一些自己年轻时的经历。还有一些病人的情况与H.M.相反，例如一个名字缩写为K.F.的患者，他有正常的长时记忆，却没有短时记忆。这些病例说明，短时记忆和长时记忆似乎是由不同的大脑区域负责的。不过，后来科学家通过脑fMRI成像发现，短时记忆和长时记忆在大脑内既有分离的部分，也有重叠的部分。短时记忆和长时记忆是否共用一个存储区域，至今尚无定论。

1972年，加拿大认知心理学家恩德尔·托尔文根据记忆的内容，把长时记忆又分为了语义记忆（事实记忆）和情境记忆（事件记忆）两类。**语义记忆是人们对这个世界的知识或信息的记忆，可以是某种事实、词语、数字或概念，**

例如你曾经上过的小学的校名。**情境记忆则是对个人经历过的事件的记忆**，包括事件发生的时间、地点等情境因素，同时也包含情感成分，例如你上小学时印象最深的某一堂课的情景。语义记忆比较稳定，而情境记忆则在一定程度上受到时间和空间的限制，也容易受到各种因素的干扰，不够稳固也不够确定。另外，情境记忆的提取伴随着情感再现和回忆的体验，而语义记忆的提取不会让人产生情感体验或往事再现的感觉，只会让人产生一种对该事实的熟悉感。也就是说，回想语义记忆时，我们只是感觉“知道”它而已。

20 世纪末，神经心理学家在研究中发现，有的病人保持着语义记忆而丧失了情境记忆，而有的病人则正好相反——他们保持着情境记忆却丧失了语义记忆。这说明语义记忆和情境记忆是分离的，这两类记忆有不同的机制。这一结论后来得到了脑 fMRI 成像证据的支持。

我们知道，长时记忆也会随着时间被逐渐遗忘，那么，对同属于长时记忆的语义记忆和情境记忆来说，它们被遗忘的程度是一样的吗？最近 10 多年的实验研究表明，二者的遗忘程度有所不同。对发生在四五十年前的事情，人们往往忘掉了情境的细节特征，但语义记忆还在。也就是说，长时记忆存在语义化的情况。构成语义记忆的知识，最初是通过个人的经历，以情境记忆为基础获得的。但是随着时间流逝，人们对这些经历的情境记忆会慢慢消退，只留下语义记忆，变得只知道事实。例如，你可能记得在上小学的时候学过四则运算，但是很难回忆起当时学习的情景。

在小说里，希恩斯用思想钢印给人留下某种固有的观念，并希望这种观念能在未来面对三体入侵时发挥作用。从以上有关记忆的研究来看，这种观念不但可能是长时记忆，还很可能属于语义记忆。

那么，人的记忆的物质基础和过程是怎样的？那些长时记忆，尤其是语义记忆在大脑中又是如何保持的呢？

记忆的产生与保持

关于产生和保持记忆的物质基础，我们将从宏观和微观两个方面分别进行

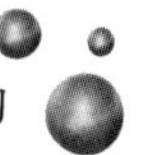

考察，一个是在大脑脑区的层面，一个是在神经元的层面。

首先，让我们来考察一下记忆过程与脑区的关系。

认知心理学认为，**记忆的过程分为三个阶段：编码、存储和提取。**

编码就是获取信息的过程，存储指记忆痕迹的形成，而提取则指将信息从记忆中取出来。当今，先进的脑成像技术已经帮助人们弄清楚了不同的脑结构在记忆过程中发挥的作用。如前所述，在记忆理论中，大脑区分学习和保存知识的标准有两个：第一个标准是存储时间，大脑根据保存信息时间的长短来区分不同的记忆；第二个标准是记忆的内容，不同内容的记忆各有特点，它们的存储机制也不完全一样。神经科学发现，特定的脑神经回路对特定形式的知识起到了学习和保存的作用。

20 世纪 50 年代初，外科医生倾向于通过手术来治疗神经性疾病，常用的手术方法有前额叶切除术、胼胝体切除术、杏仁核切除术和颞叶切除术等。这些手术打开了一扇研究人类大脑功能的窗户，科学家通过对手术结果的研究，揭示了人类认知的基本原则。例如前文中提到的那个病例 H.M.，为了治疗癫痫病，医生切除了他双侧的内侧颞叶，结果发现他虽然可以保持短时记忆，但在形成新的长时记忆时出现了障碍。结合其他病例，医生发现，切除双侧颞叶会导致严重的遗忘症。

我们知道，大脑内侧颞叶区域还包括杏仁核、海马体、内嗅皮质和海马旁回等。H.M. 的早期手术报告显示，他的双侧海马体都被切除了，因此研究人员倾向于认为海马体与长时记忆的形成有关。但在 1997 年，研究人员用 MRI 对 H.M. 的大脑手术部位进行了更为精确的重新扫描，发现在当年的手术中，除了部分内侧颞叶和海马旁回被切除外，他的海马体后部的大约一半都被保留下来了。于是人们开始重新考虑长时记忆的形成是否完全由海马体决定。之后的研究表明，**海马体确实与新的长时记忆的形成有关，但是内侧颞叶的皮质也在这一过程中发挥了很大作用。**

除了对动物和脑损伤病人进行研究，现今通过先进的 fMRI 技术，科学家也正在逐步开展对有完好记忆能力的健康人的研究。fMRI 研究表明，在记忆的编码阶段，当新的信息被编码时，海马体会被激活。

接下来，让我们再来看看记忆的储存。认知神经学认为，新形成的记忆转化成长时记忆需要经过巩固过程。最初是快速巩固阶段，接着是缓慢的永久巩固阶段。那么，大脑是如何巩固新的记忆的呢？

一般认为，内侧颞叶，特别是海马体对快速巩固以及初步存储记忆非常关键，但在永久巩固记忆方面却并非完全如此。情境记忆的永久巩固依赖内侧颞叶，语义记忆在永久巩固的过程中，也需要内侧颞叶外的颞叶新皮质（位于颞叶前部的外侧）发挥作用。那么，颞叶的外侧和前部区域是否就是语义记忆的储存地呢？目前的研究尚无定论，只能说可能性比较大。

最后一个问题是，记忆的提取与哪些脑区有关？神经科学家利用 fMRI 研究发现，**在提取长时记忆中的情境记忆时，海马体被激活；在涉及语义记忆的提取时，同属于内侧颞叶区的海马旁回、内嗅皮质等也有活动**。此外，fMRI 研究还揭示，**左侧额叶甚至也参与了语义记忆的编码和提取过程**。

总之，时至今日，对“记忆在大脑中究竟是如何运作的”这一问题，我们仍然没有找到确切的答案。也许在《三体》里，在希恩斯被唤醒的年代，相关学科有了新的发现吧。

在介绍了记忆过程与脑区的关系之后，让我们从宏观转向微观，再来看看记忆和学习的细胞基础。

我们知道，庞大而复杂的神经网络并非一成不变的，而是动态变化的。那么，神经元之间到底是如何建立动态的神经网络的呢？1949 年，加拿大心理学家唐纳德·赫布提出了一个重要理论，他认为：神经元上的一个突触如果不能和其他的突触被同步激发，就会被逐渐剔除；与此相反，那些被同步激发，足以使神经元产生电位变化的突触，其与神经元的连接强度则会被强化。也就是说，某些神经元之间的联系会随着刺激的反复出现而增强。这样一来，神经元会根据神经冲动传导的方向发展神经回路，通过精细化和完善，逐步建立起神经网络。因此，赫布认为，神经网络具有可塑性，可以通过学习来建立和塑造。20 世纪 70 年代，赫布的猜想得到了心理学实验的验证，“赫布学习律”成为研究心理过程的基础理论之一。

在动物实验中，科学家发现了一种被称为“长时程增强”（Long-Term Potentiation，LTP）的现象。LTP 是一种发生在两个神经元中信号传输持久增强的现象，它能使前后两个神经元同步刺激。这证明了神经突触具有可塑性，即突触的连接强度可以增强，从而形成记忆编码。LTP 被认为是学习与记忆的主要机制之一。在这一基础上，最近的实验还发现，当一个弱信号和一个强信号同时输入一个神经元细胞时，传递弱信号的突触会得到增强。这一现象被称为“联想性 LTP”，它是对赫布学习律的进一步扩展。

最新的研究表明，新皮质、小脑和其他区域神经元的突触连接强度的变化，可能是学习与记忆在细胞水平上的微观机制。

回到《三体》，虽然在现今的科学水平上，我们还不知道思想钢印的具体实现方法，但我们不妨做一些猜测：既然思想钢印要在末日之战爆发前起作用，那么它可能属于长时记忆的范畴。如此，一方面，希恩斯可以通过未来先进的神经成像技术，对与长时记忆相关的脑区展开研究，明确某一观念在大脑中长期存储的具体区域。另一方面，他可以根据“联想性 LTP”，用仪器操控神经元的突触，改变神经元的连接，增强并固化需要植入的观念所对应的神经网络连接模式，从而达到思想钢印的效果。

记忆的隐藏

小说中提到，希恩斯让被试对一系列陈述逐句进行正误判断，同时扫描他们的大脑，从而识别神经网络的运作机制。他发现，在被试读到“水是有毒的”这一句时，如果加大对其大脑的电磁辐射扫描，就会把这句话植入被试的意识中，使被试表现出对水的恐惧。根据这个发现，希恩斯巧妙地设计出了思想钢印，给志愿者植入“在抗击三体文明入侵的战争中人类必败”的观念。

“水是有毒的”这一判断显然是事实错误。被植入者自己也能意识到这一点。因此，那个被植入“水是有毒的”观念的人一方面表现出恐水症，一方面内心又会纠结于这个显然错误的观念，非常痛苦。于是，我们不禁产生一个疑问：那些被植入“人类必败”这一错误观念的人，难道就不会心生困惑吗？就算他们极力掩饰自己内心的纠结，这种掩饰显然是经不住时间考验的，随着人类科学技术的进步，他们早晚会在社会上露出马脚。然而，小说却讲到，直到 170 多年后破壁人惠子揭露希恩斯的阴谋之前，都没有人发现他的秘密。这又该如何解释呢?

除了植入长时记忆，希恩斯的思想钢印是不是还运用了其他的科学原理呢?继续看看认知心理学还能给我们带来什么启发。

1968年，英国学者沃灵顿等人发现，遗忘症患者虽然不能有意识地记忆学习过的内容，但在被称为“补笔测验”的实验中，可以对先前见过的单词表现出与正常人一样的记忆保持效果。针对这一类特殊的无意识记忆现象，1985年，沙克特和格拉夫首次提出了“内隐记忆”的概念。内隐记忆指在无意识的情况下，过去的经验或学习对当前行为产生影响的现象。此后，实验又发现，不同类型的记忆存在双分离现象，于是加拿大心理学家托尔文等提出了新的“多重记忆系统模型”，认为**记忆还可以按照机能来划分，分为外显记忆和内隐记忆两类。**

外显记忆指我们可以意识到的记忆，包括有关个人的情境记忆以及有关世界的知识的语义记忆。上面介绍过的语义记忆和情境记忆都属于外显记忆。

内隐记忆则指不需要意识，或是在我们没有有意回忆的情况下，过去的经验对当前的行为自动产生影响的一类记忆，例如常见的运动和认知技能、启动效应和经典的条件反射等。其特点是人们并没有察觉到自己拥有这种记忆，也没有下意识地提取这种记忆，但它能在特定行为中表现出来。下面就让我们来看看这种内隐记忆与希恩斯的思想钢印是否有关系。

内隐记忆是21世纪以来记忆研究的热门领域之一。在内隐记忆中，有一类现象叫作“启动效应”，指之前受到的某一刺激的影响会使之后大脑识别和加工同一刺激变得更容易的现象。解释启动效应的理论认为，先前出现过的物体或词语的形式，比没有出现过的更容易被识别。例如，当你看过“失败”这个词后，你可能在下一次对以其他形式呈现的“失败”这个词产生更快的反应。心理学家在对失忆症患者的实验中发现，即便被试不记得之前曾见过这个词，启动效应仍然存在。

启动效应虽然听起来比较陌生，但这个现象在生活中其实很常见。例如，当我们平时看到各种各样的产品广告，或者只是听到或看到展示产品的名称时，关于它们的内隐记忆就可能在我们没有意识到的情况下，影响我们的行为。我们可能认为自己不会受到这些宣传的影响，但实际上，只要听到或看到过它们就会对我们产生影响。

1994 年，有学者通过实验证实了这个观点。他们让被试浏览一本杂志里的文章，并在杂志里编排了广告，但没有提示被试注意广告。随后，他们要求被试对市面上的一些产品进行评分，结果发现被试对那些在杂志上出现过的广告产品的评分高于其他产品。有意思的是，被试并不记得曾看过杂志里的广告。这一实验结果体现出了“宣传效应”。

宣传效应与内隐记忆有关，人们更倾向于将他们之前听过或读过的事情判断为真，仅仅是因为他们曾经接触过这些事情。即使人们没有意识到自己曾听过或看过某种说法，甚至就算在他们第一次听闻的时候就被告知那是错误的，宣传效应也仍然会影响他们随后的判断。我们平时都愿意相信自己的行为不受感性的驱使，但其实我们也许早已被“启动效应”影响。这种无形的力量非常强大，人们很难逃脱。

关于外显记忆和内隐记忆的形成机制，目前学界并没有定论。多重记忆系统模型认为，记忆是由多个不同的操作系统所组成的复合系统，而每个操作系统都有若干特定的加工过程。因此，每一种记忆系统都有特定的神经机制。过去的实验发现，知觉的启动效应维持的时间一般不超过一周，但是这并不意味着启动效应无法延续更长的时间，毕竟内隐记忆的处理机制和大脑回路与外显回忆的不同。

由此看来，希恩斯实施思想钢印的一种可能的方式是，利用内隐记忆的启动效应，把失败主义观念通过某种巧妙的方式深深地隐藏在那些自愿参与计划的军人的思想中。

换个角度考虑，假如植入军人思想中的那句话是外显记忆内容，就会面临两种困难的局面。第一，作为外显记忆，其语义内容是作为思想主体的个人在当时就可以理解的，这样难免会使钢印族在思想上产生更大的矛盾和困惑，因为如果人类越来越强大，那么人类的未来似乎就越来越光明。第二，如果这些钢印族明确知道自己被写入的信念的内容，那么他们中间难免会有人露出马脚，被国际社会发觉其失败主义的倾向，从而使思想钢印计划彻底败露。

因此，我们不妨猜测，希恩斯的做法可能是让那些军人在被打上思想钢印之后只是觉得不再迷茫，而并不知道自己刚才被植入的到底是什么内容。而植入他们思想中的这些内隐记忆，会以启动效应的形式保持着，只要在这种观念可能成为现实时，例如在拥有星际逃亡机会时，能被适时激活并被彻底执行就算成功了。小说中的情节正是这样。

当四名完成操作的军官都回到门厅时，山杉惠子仔细观察着他们，她很快肯定不是自己的心理作用：四双眼睛中，忧郁和迷茫消失了，目光宁静如水。

“你们感觉怎么样？”她微笑着问道。

“很好，”一位年轻军官也对她回应着微笑，“应该是这样的。”

摘自《三体Ⅱ》

无意识的思考

内隐记忆中的启动效应的特点是对启动刺激的感知与加工无须意识参与，因此也被称为“阈下启动”，例如我们平时的运动和条件反射。重复出现的声音和图像等信号容易唤起启动效应。那么，像小说中描写的“人类必败”这种抽象的观念，是否也能使人产生启动效应？当我们理解一个单词或者一句话的时候，意识是否必须参与？

我们知道大脑的活动分为有意识和无意识两种状态。人们对无意识的研究由来已久。早在11世纪，阿拉伯科学家阿尔哈曾就提出人类的推理可能是无意识的自动过程。他在研究视觉原理的时候提出，大脑可能以我们不知道的方式绕过感官数据而直接下定论，让我们产生错觉，看到并不存在的东西。

到了20世纪90年代，很多科学家认为大脑皮质是负责意识活动的，而其他所有神经回路都没有意识。因为他们知道，大脑皮质是哺乳动物脑中进化得最充分的一部分，负责注意、计划、语言、高级运算等功能。因此科学家很自然地认为，凡是到达大脑皮质的信息都会被有意识地处理，无意识操作被认为只发生在如杏仁核或丘脑等皮质下的部分回路中。

不过，随着研究的深入，科学家们发现几乎所有的脑区都既可以参与有意识的思维活动，又可以参与无意识的思维活动。最初的证据来自患有大面积脑损伤的患者，他们的脑损伤程度已经严重到足以改变以往人们对有意识活动和无意识活动界限的认识。

就正常未受损的大脑而言，大脑皮质是如何在无意识状态下运作的呢？20世纪70年代，英国心理学家安东尼・马塞尔提出，大脑在无意识的状态下也可以进行复杂的单词语义加工过程。随着技术的进步，脑成像技术已经足够先进，可以敏锐地分辨出由单词引发的微小神经激活。人们发现，肉眼没有感知到的文字和数字信息也能到达皮质的深处。法国认知神经学家斯坦尼斯拉斯・迪昂使用fMRI技术，做出了受阈下启动影响的全脑图像。图像显示，负责阅读的初级加工的腹侧视觉皮质的某个区域能被无意识地激活，并对单词的抽象含义进行加工，而不需要理会单词的字母本身是大写的还是小写的。2013年，迪昂和西蒙・范加尔通过实验发现，大脑还可以无意识地加工短语的句法和含义，这进一步证实涉及语言加工的脑区不需要意识就能被激活。

在实验中，最值得科学家注意的是，不管词语是否被注意到，大脑神经活动的强度都相同。这意味着，一句话能够在不被“看到”的情况下穿行于左右脑之间，这个发现令很多认知心理学家大开眼界，他们显然低估了无意识的能力。在过去的10年中，一系列新发现挑战着人类对无意识的认知。

总之，已有的研究告诉我们，不仅阈下知觉是存在的，而且**一系列的心理活动都可以在无意识中进行**。在很多方面，阈下思考都胜过了意识思考。

既然无意识有如此强大的信息处理能力，结合内隐记忆的特点，我们不妨对希恩斯的思想钢印再做一些猜测：他可以通过研究找到特定阈下启动的神经网络连接模式，然后在志愿者阅读的信条文字上做某种隐蔽的记号，用仪器把这个隐藏的语义观念在人们无意识的情况下植入思想。

这个过程与小说中希恩斯使用思想钢印的操作是基本相符的。希恩斯曾向吴岳解释这个过程。

（希恩斯：）“……吴先生，我现在向您说明对思想钢印使用的监督是多么严格：为了保证操作时的安全可靠，命题不是用显示屏显示，而是用信念簿这种原始的方法给志愿者读出。在具体操作时，为体现自愿原则，操作都由志愿者自己完成，他将自己打开这个信念簿，然后自己按动思想钢印的启动按钮，在真正的操作进行前，系统还要给出三次确认机会。……”

摘自《三体Ⅱ》

人人不同的大脑

上述对思想钢印的猜测中隐含了一个假设条件，那就是每个人的大脑对信息处理的物理模式都是相同的，因为小说中提到思想钢印机器对数万人实施了自动操作。然而现实的情况是，当前的脑神经科学研究告诉我们，每个人的大脑各不相同。

我们都知道，每个人的指纹各不相同，其实每个人的大脑也略有不同，每个人的大脑都有其独特的配置，毕竟人都是以不同的方式处理各自的问题的。尽管在心理学上，科学家早就认识到了个体差异，但在脑成像技术被发明出来后，在神经科学领域，科学家把这个事实忽略了。例如，在 MRI 技术被发明很久以后，科学家才发现人类大脑的个体差异十分巨大，每个大脑的体积和形状都有很大区别，因此每个人的大脑成像和定位都存在或大或小的差异。

此外，人的大脑在连接方式上也存在差异。大脑皮质下的脑白质构成了连接神经结构的纤维网络，大脑处理信息的方式依赖这些纤维的连接。近年来，通过 DTI 技术，人们发现这些连接的个体差异十分巨大。同时，人们还发现左右脑之间的胼胝体的连接方式竟然也有很大的个体差异。

总之，神经科学告诉我们，每个人的大脑之间存在极大的差异。不同个体受到不同的遗传影响，在不同的环境中成长，有不同的发育顺序、不同的身体反应以及不同的经历，因此大脑在神经化学、网络结构、突触强度、时间特性和记忆等方面会产生各种各样的差异。

在以上条件的制约下，人们目前还无法对每个人的大脑进行一对一的精确建模，因此恐怕更无法达到《三体》中希恩斯的要求——对数万人打下特定的思想钢印。

当然，以上关于思想钢印的内容，纯属笔者浅显的猜测。随着认知科学的发展，也许未来终有一天人们能够弄清人类心智的运作方式。如果真的有这一天，我们应当为此欢呼，因为毕竟我们是使用自己的大脑揭开了大脑的秘密！

第九章　你的意志谁做主

——我们有自由意志吗?

第三位面壁者希恩斯发明了思想钢印，用仪器把某种观念植入人的思想中。他建议把“在抗击三体文明入侵的战争中人类必胜”的信念作为思想钢印的内容，在自愿接受这一思想钢印的太空军人身上使用。这一想法被公布之后，立刻招致联合国各方代表的指责。

一个人的思想，怎么能被别人控制呢?人类的自由意志难道不是与生俱来的吗?

自由意志，拉普拉斯信条，决定论，利贝特实验，复杂性科学，还原论，涌现，丘脑－皮质系统，镜像神经元，奥卡姆剃刀准则，主观体验特性

不患寡而患不均

思想钢印研制成功 170 多年后，作为希恩斯的破壁人，山杉惠子揭露了希恩斯的思想钢印计划的真相，原来他给人们植入的不是“人类必胜”，而是“人类必败”的信念。此外，他还秘密制造了四台思想钢印机器，交给了钢印族，让他们秘密使用，并传承到今天。这番话让联合国的各成员国代表面面相觑。那么多被植入失败主义信念的人，在这 100 多年中竟然一点也没有暴露，令人惶惶不安。

作为三体文明在地球上的最后一个破壁人，惠子完成了任务。不过她也承认，在思想钢印的研制过程中，她和三体人都对希恩斯放松了警惕，因为三体人并不害怕地球人中的强硬分子，与之相反，三体人倒是认为失败主义者比胜利主义者更危险。为什么这么说呢？因为失败主义与逃亡主义是紧密相连的。三体人认为只要把人类科技锁死，未来战胜人类就没有问题，最需要担心的则是在这期间人类中的失败主义者会提前逃亡。这些逃亡者未来可能对生活在太阳系中的三体文明构成威胁。

反观人类社会，自从三体危机出现以来，反对逃亡主义的呼声就很高，后来，逃亡甚至被认为是反人类的罪行之一，这一点倒是正好符合三体的期望。逃亡可以说是贯穿《三体》整个故事的一个关键词。

在人类文明出现后，对公平和平等的追求一直是推动人类社会进步的重要力量源泉。而在生存和灭亡的关键抉择到来时，人类依然选择同生共死。这就是说，假如所有人不能一同逃离，那么在灾难面前，一部分人，尤其是一部分掌握资源的人，甩下大多数人于不顾径自逃亡，就是最大的不公平。“逃亡主义是可耻的犯罪”，这一观念推动着小说情节的发展，左右了章北海、程心、维德等人物的命运，甚至影响到了小说第三部中光速飞船的研制，最终导致人类在面临终极打击时束手无策，集体灭亡。

自由意志存在吗？

希恩斯在刚发明出思想钢印时，就把如何使用它的计划报告给了联合国。在联合国听证会上，各国代表纷纷指责希恩斯。人们都认为，在现代社会，个人的自由，尤其是思想的自由，应该得到充分的尊重，没有比思想控制更邪恶的东西了。如果说面壁者泰勒的做法是要剥夺人的生命，那么希恩斯的计划则是要剥夺人的思想。与其失去思想的自由，人类还不如在未来的三体战争中灭亡呢。

> 希恩斯说："怎么一提到思想控制，大家都这样敏感？其实就是在现代社会，思想控制不是一直在发生吗，从商业广告到好莱坞文化，都在控制着思想。你们，用一句中国话来说，不过是五十步笑百步而已。"
>
> 摘自《三体Ⅱ》

希恩斯的想法正像雷迪亚兹曾经说过的一样，人类生存的最大障碍其实来自自身。

最终，联合国同意，可以在太空军中下级军衔的军人中，以自愿为前提，实施"人类必胜"的思想钢印计划。毕竟，如果某人自愿被植入某种观念，应该不算是思想控制吧。就这样，在思想钢印计划运行起来之后，希恩斯进入了冬眠状态。先后有将近五万人自愿接受了思想钢印所固化的胜利信念，这些人在军队中形成了一个特殊的阶层，叫作"钢印族"。不过，人类社会并没有彻底接受思想钢印，哪怕固化的是必胜的信念。只过了 10 年，国际法庭就认定思想钢印侵犯了人的思想自由，命令工作人员停止这个计划并将机器封存起来。

人的思想到底是不是自由的，是一个事关重大的哲学问题。在人类历史上，一直都有关于人是否拥有思想自由（也就是自由意志存在与否）的争论。

时至今日，人们也没有对自由意志的定义达成共识。从字面上看，通俗地说，“意志”就是因决定达成某种目的而产生的心理状态，往往由语言和行动表现出来，而“自由”的意思则是不受约束。合起来，**“自由意志”就是相信人类有能不受约束地选择自己行为的能力。**可见，自由意志是人主观能动性的集中表现。

自由意志之所以会成为一个经久不衰的哲学话题，是因为它涉及主体意识和道德责任这两个重要的概念。在我们看来，每一个人都是独立、自主的个体，具有自由选择的能力。这是从文艺复兴和启蒙运动以来逐渐形成的西方主流思想，有着深刻的社会意义，大部分人类社会特有的现象的形成和确立都离不开这一观念的影响。

假如人没有自由意志，所有的选择都是外在注定的，那么人就不应该对犯罪行为承担责任，针对这些行为确定惩罚的司法理念都会变得“师出无名”。同样，那些努力工作、遵纪守法的良好公民所取得的成功，也因此根本不值得受到称赞和鼓励。显然，这是大多数人无法接受的，对整个人类社会来说有太大的秩序风险。这也是在《三体》中，思想钢印计划遭到“封杀”的原因之一。

那么，自由意志真的存在吗？

在世界文化史上的轴心时代（公元前800年至前200年），在西方，古希腊哲学并没有提出“自由意志”的概念，但有关人的善恶来源的讨论与其相当。在西方宗教中，自由意志问题是根本问题之一。基督教认为神创造了人，同时赋予了人自由意志，于是夏娃和亚当才违背神的命令，在伊甸园中吃了智慧树上的果子。但既然神是万能的，又怎么允许果子被偷吃呢？这就是神学哲学中著名的难题：既然神给予了人以自由，那为什么不让这种自由只服务于好的目的？这是否和神的全知全能有所矛盾？显然，人们在宗教中一时无法找到“自由意志是否存在”的确切答案。

在西方哲学史上，最早主张人具有自由意志的是中世纪思想家奥古斯丁。而进入17世纪以后，欧洲近代哲学的奠基者笛卡尔确立了心身二元论的体系，认为“我思故我在”。在20世纪萨特的存在主义哲学中，自由意志也是重要的组成部分。

哲学和宗教对自由意志的争论持续了千百年之后，科学也逐渐加入对这一

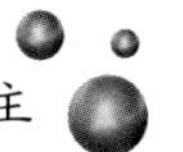

话题的讨论，参与的学科包括物理学、心理学、神经科学、认知科学和人工智能等。

拉普拉斯信条

决定论的思想在近现代科学界中由来已久。“宇宙到底是不是被预先决定的”就是宇宙决定论中的一个经典争论。

在17世纪牛顿提出引力定律后，人们认识到这个伟大的物理规律无论在宇宙的什么地方都适用，因此它被冠以“万有”的名称。牛顿的力学定律经受住了300多年实验和应用的检验，奠定了经典物理学“大厦”的坚实基础。在牛顿主义者看来，世界本身是有序的，宇宙万物都按照某些固定的、可知的法则运行。一切眼下的和未来的事件都是由之前发生的事件和自然定律一起决定的。在这一思想体系下，必然能得出这样的推论：假如描述宇宙的所有物理参数都已知，那么所有的事件和行动原则上都可以被提前且准确地预测出来。此外，因为牛顿定律在时间上是前后对称的，所以通过观察现状，也可以推知事物过去的状况。这就是经典物理学中的因果律。

既然自然界和人类社会完全受这种因果律支配，那么任何一个事件的发生都必然有它的原因。我们宇宙中的一切，那些已经发生的事件和即将发生的所有事件，都可以不断地向前归因，最终归于宇宙诞生这一起因——宇宙万物从一开始就被注定了，这就是宇宙决定论。

比牛顿晚出生1个世纪的法国数学家、天文学家和物理学家拉普拉斯对经典力学推崇备至，他将决定论的思想发挥到了极致。1814年，他提出了“拉普拉斯妖”的概念，这是一个假想的生物，它知道宇宙中每个原子确切的位置和动量，能够使用牛顿定律来展现宇宙事件的整个过程，包括过去和未来的一切。据说有一次，拉普拉斯向拿破仑展示他用数学方程推算的太阳系天体的运动模型，拿破仑问他为什么在他的宇宙体系中没有提到造物主。拉普拉斯回答道：“陛下，宇宙不需要这个假设。”后来，人们就把决定论称为“拉普拉斯信条”。

宇宙就像一部按部就班的钟表

在决定论者眼中，人们之所以还不能准确预测某些事物，只是因为人们目前尚未找到它们的规律。爱因斯坦是决定论的坚定捍卫者。他的名言是“上帝不扔骰子”，意在说明大自然的基本法则不可能是概率性的，它应该告诉我们接下来“会”发生什么，而不是“可能”发生什么，“随机现象”的出现只是反映了人们目前对物理规律还没有完全把握，自然界中有尚未被发现的“隐变量”而已。在这一信念的指引下，爱因斯坦与新生的量子力学学者展开了激烈的争论，我在之前的部分已经介绍过。

按照拉普拉斯信条，宇宙不存在随机性，一切都是由具有确定性的物理规律预先注定的。你今天做出的任何决定，都源于那些使你做出选择的神经活动，而它们都是由其他的物理原因引起的，都是在 138 亿年前宇宙大爆炸时就已经注定的。只要发生大爆炸，按照物理定律，接下来的事件都会接踵而至，历史就这样被决定了。假如能回到过去，你仍然不可能做出与当初不同的选择。在宇宙决定论的前提下，人不过就是舞台上照着剧本演出的演员，或者是在宇宙这趟列车上的乘客而已。

回到自由意志的问题，既然宇宙是被决定的，那么我们自认为做出的某个决定就是由之前发生的事件决定的，它显然不是自由意志的产物。因此，无论是在过去还是在未来，人都不可能有自由意志。因为一个真正自由的选择和决定，至少不能由之前发生的事件来决定。

决定论失效

不过，事情并非如此简单。20世纪飞速发展的物理学告诉人们，不能仅靠常识或直觉来判断这个世界。如前文所述，量子力学发现，我们不可能对描述物质微观状态的物理量做出确定性的预言，只能给出它们取值的概率。哥本哈根学派还认为，观测能改变被观测对象的状态。如此看来，某些物理事件并不能被预先决定。所以，经典物理学的因果律和决定论的思想在微观世界中失效了。那么，量子力学在微观世界的发现是不是就意味着人类可能存在自由意志呢？很可惜，真相至今仍然扑朔迷离。

其实，在量子力学的不确定性原理出现的半个世纪前，决定论的思想就已经在解释某个现象时遇到了比较大的挑战，那就是前面介绍过的混沌现象。

在某些非线性系统中，初始状态的微小不同会随着时间被放大，最终导致整个系统的状态变得完全不可预测，这就是混沌系统。对这样的系统来说，用物理规律进行长期预测与随机盲猜的准确性相当。在庞加莱发现混沌系统的半个世纪以后，气象学家洛伦茨偶然发现天气系统就是一种混沌系统。天气系统含有的变量很多且相互影响，对每个变量的测量只要有细微的不准确，就会被时间放大，使最终的预报结果出现巨大的偏差。所以在理论上，我们根本做不到对很久以后的天气进行预报。区区一个地球上的天气系统尚且如此，更何况更宏大的宇宙呢？

尽管混沌现象并不等同于所有的随机情况，但自然界中的混沌现象限制了经典物理学规律的使用范围。预测更长远的未来这件事，不仅在实践中无法做到，在理论上也是不可能的。这似乎暗示着，要么任何具有确定性的宇宙模型都隐藏着不可预测的本质，要么我们永远无法证明确定性定律具有普适性。也许正像玻尔所说的那样，我们“要放弃强加给原子物理学中的因果观点”。海森堡则说得更加明确:“我相信，非决定论是必然的，而非仅仅是可能的。”

如此看来，决定论的部分失效，让岌岌可危的自由意志的地位变得更加扑朔迷离了。

神经科学的迷局

说完研究客观世界的物理学，再来看看我们人类本身对自由意志有怎样的感觉。

我们一般认为，正常的人除了受到胁迫或罹患一些心理疾病，都拥有自由做出决策的能力。在生活中，我们往往感觉自己是在用意识自由做出各种选择的。不过，很多神经科学家并不这么认为。

如果单从决定论的角度来看，似乎根本就没有自由的选择。唯物主义的观点认为，我们的人体完全由符合物理规律的物质构成，大脑的行动取决于物理法则和化学法则，而我们所有的想法和决定都遵从这些法则，都是自然反应的结果罢了。

举例来说，当你来到一个既可以左转也可以右转的岔路口，并且你没必要非得左转或者右转。此时此刻，你感觉自己想要右转，觉得这就是自己的自由意志。然而，仔细分析做这个决定的过程，你会发现：使身体向右运动的神经信号来自大脑中的运动皮质，但是这些信号并不起源于这里，它们受到了额叶的其他脑区的驱动，而额叶又受到大脑另一些区域的驱动，大脑就这样形成了一个纵横交错的复杂网络。我们的大脑一刻不停地运转，当你做决定时，大脑里的每一个神经元都受到其他神经元的驱动，它们互相依赖。向右转或向左转的决定可以追溯回几秒钟、几分钟、几天之前，甚至可以追溯到你出生的时候。显然，从这个角度来看，你所有的决定看似毫无联系，但其实并不孤立存在。你无法凭借自由意志做任何事——说到底，还是决定论成为最终的赢家。

那么，难道我们的生活就像舞台剧剧本一样，早就被确定性“写”好了吗？那些非确定性的物理规律，例如量子力学，可否拯救我们的自由意志呢？

我们的生活早就被确定性“写”好了吗？

从学科之间的关系来看，研究人类大脑的现代神经科学、解剖学和生理学密切相关，它们又都源于细胞生理学和分子生物学，说到底还是原子物理学，而所有这些学科的知识都是建立在量子力学基础上的。

但在现实中，量子力学只适用于描述微观粒子。神经元太大，无法直接体现量子特性，因此，科学界的大多数人认为目前尚不能直接将量子作为理解意识的基础。诺贝尔物理学奖得主、英国数学物理学家罗杰·彭罗斯在20世纪90年代提出，人的脑细胞中可能存在某种微管结构，在这些微管中，电子的量子纠缠使意识出现。在用量子力学分析人类意识这点上，彭罗斯可谓是目前走得最远的科学家。

不难看出，《三体》中希恩斯已经发现人脑的思维活动符合量子力学规律这件事，目前还纯属科幻。

大脑每时每刻都在处理各种信息，而我们只能意识到其中的一小部分。尽管我们经常感受到各种主观经验（包括思想、情绪、知觉和行为）的变化，但我们完全无法察觉到这些变化背后的神经生理活动。这里有一个问题，把人类大脑活动作为研究内容的神经科学，到底是确定性的，还是概率性的呢？

我们知道，人的意识与大脑中的神经元活动有关，但神经元并不是直接相连的，在相邻的神经元之间存在微小的间隙。当一个电信号抵达某个神经元的突触时，会释放神经递质。神经递质穿过间隙，到达下一个神经元的突触，下一个神经元的突触才产生电信号，从而把信息继续传递下去。

这一过程中有两个重要的神经活动：一个是当电信号抵达神经元末梢时，神经递质的释放；另一个是当神经递质抵达下一个神经元时，神经冲动电信号的再次引发。科学家们发现，这两个神经活动都是概率性发生的。也就是说，一个神经元是否会产生神经冲动，可能并非预先决定的。如此看来，神经科学似乎给人类保有自由意志留下了一线希望。

未卜先知的实验

不过，峰回路转，从 20 世纪 60 年代开始的一系列神经科学实验又提供了相反的证据，说明自由意志很可能只是我们的一种错觉而已。

德国科学家科恩休伯和德克在脑神经科学的实验中运用脑电图技术发现，人类有意识地做出决定与某种大脑活动相关，他们称之为大脑中的“准备电位”。在此基础上，1983 年，美国加州大学的心理学教授本杰明·利贝特在实验中发现准备电位的出现时间比人有意识地做出选择早半秒，只有在一个意图或想法自发地产生之后，我们才知道自己打算做些什么。换言之，我们大多数人觉得自己主宰着自己的所思所行，实际上并非如此。

在此后的 30 年中，有更多的科学家继续开展研究。其中比较有代表性的成果是 2008 年德国马克斯·普朗克学会的神经科学家海恩斯发现的一种与利贝特的实验结果相似的效应。海恩斯用 fMRI 扫描仪监测被试，让他们在随便

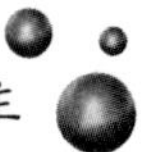

什么时候用左手或右手按下一个按钮，但是，他们必须记住自己打算做这个动作时显示在屏幕上的时间。实验结果显示，在被试做出选择前 7~10 秒，在他们的大脑中就已经出现了一种无意识的活动。而依据提前出现的活动信号，科学家可以预言被试接下来会用哪只手按下按钮，其准确率达 60%——只要观察人的大脑，就有可能在人有意识地做出选择前，提前几秒预测他的决定。这显然说明，一个人的行为不是由有意识的选择决定的，而是早在他做出这个选择前就已经确定了。如此看来，说人有自由意志似乎就站不住脚了。

利贝特和海恩斯等人的发现在科学界和哲学界引发了新一轮有关自由意志的讨论。在实验结果发表后，陆续有人质疑他们的结论。有科学家指出，海恩斯研究的人类大脑部位有两个，分别是顶叶皮质和布罗德曼第十区。这两个区域进行的大脑活动并不与行为的选择有关，而是同未来的计划和打算有关。科学家怀疑，这一功能恰好与他们设计的实验步骤有密切的关系，导致了一小部分被试受到暗示，在无意识中引发了这个部位的电信号；而那些没有受到暗示的人，则正常地完成了实验，因此才会出现预测准确性 60% 的结果。这个结果实际上只比盲猜 50% 的正确率高出了 10% 而已，因为大多数人并没有受到暗示。

然而，目前的实验也都不足以证明自由意志不存在。在做出选择的时候，我们的意识总是倾向于给出自圆其说的答案，说服自己和别人：这些都是我们自己的意愿。

例如，哈佛大学的阿尔瓦罗·帕斯夸尔－莱昂内教授曾做过一项简单的实验。他使用了“经颅磁刺激”技术，朝被试大脑下方的区域释放磁脉冲来刺激运动皮质，诱发他们的左手或右手做出动作。尽管是磁脉冲的刺激诱发了参与者的手部运动，但不少人感觉这是自己的自由意志做出的决定——人从直觉上宁愿相信选择的自主性。

总之，目前神经科学并未用完美的实验彻底否定自由意志的存在。这个复杂的问题以当今的科学还无法彻底解决。正像著名的科学记者约翰·霍根在《科学的终结》（*The End of Science*）一书中所说：“科学固守的最后一块阵地，并不是太空领域，而是人的意识世界。”

整体大于部分之和

关于人类是否存在自由意志，我们从大脑的宏观功能和微观组成上一时还都无法找到答案。而且，我们似乎还忽略了一个明显的事实，那就是大脑本身是一个十分复杂的系统，一个大脑包含的神经元数量甚至可与银河系中的恒星数量相比。下面就让我们从复杂性科学的角度，来看看意识到底是什么，自由意志是否可能存在。

几个世纪以来，人们见证了决定论的光辉历程，而其历史性的成功是以“还原论”为核心的。**还原论认为，对一切大的事物，都可以通过分析组成它的更小的部分来理解**。例如，生物学可以分解为化学问题，而化学问题最终可以用原子物理学的方程来解释。自文艺复兴以来，还原论一直都是科学发展的引擎，但是它在解释大脑和意识时遇到了困难。

微观世界的量子力学与宏观世界的经典力学，二者互不兼容。不同层面的事物适用不同的规律。那么这两个层面的边界到底在哪里？一个不确定的量子，是如何过渡到一个貌似确定的宏观世界的呢？在不同层面之间过渡时，是否有某种微妙的变化发生？

无论是在自然界中还是在人类社会中，一个系统都可以被划为简单系统或复杂系统。**简单系统是可以用经典物理学中还原论的思想来简化描述其规律的系统**，换言之，它的特点就是“整体等于部分之和”。一个工业化产品，例如一辆汽车，可以简单地还原为各个组成部件，整体是各个零部件的总和，从这个意义上说，一辆汽车就是一个简单系统。那什么是复杂系统呢？美国计算机科学家梅拉妮·米歇尔认为，**复杂系统就是没有中央控制，由大量简单的个体自行组织成的一个整体，它能够产生模式、处理信息，甚至能够进化和学习**，例如混沌系统。复杂系统的典型标志就是变化和难以预测的宏观行为，系统的全局行为不能通过对各个组成部分简单求和得到，这就是“整体大于部分之和”。

我们一般认为，复杂系统有**复杂性**、**自组织**和**涌现**的特性。复杂的事物是从小而简单的事物中发展而来的，但是复杂系统的全局行为往往无法在基本

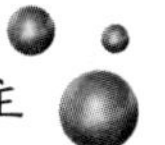

组成的层面上进行解释。例如，即使我们知道现实世界的一切都是由粒子组成的，但我们无法仅凭它们解释世界为什么如此复杂。

作为21世纪的科学，复杂性科学的主要目的就是要揭示复杂系统的一些难以解释的动力学行为。2021年的诺贝尔物理学奖得主就是对复杂系统研究做出重要贡献的三位学者：其中真锅淑郎和克劳斯·哈塞尔曼因在建立地球气候的物理模型并预测全球变暖方面的贡献获奖，而乔治·帕里西则因研究从微观原子到宏观行星尺度的复杂系统的共性规律而获奖。

在复杂系统中，大量简单成分相互交织，相互影响，而复杂性科学本身也是由许多研究领域交织而成的。作为一个交叉学科研究领域，近年来，复杂性科学的主题和成果已触及几乎所有的科学领域，它可能孕育着一场传统科学方法的革命。

回到关于意识的问题。我们能否在微观层面上，根据关于神经元、神经递质的知识，得出一套确定的模型来预测意识思想呢？根据复杂系统的理论，这显然是不可能的。正像爱因斯坦曾指出的那样，在一个尺度上的组分通过相互作用，会导致在更大的尺度上出现复杂的全局行为，而这种行为一般无法从个体的知识中推断、演绎出来。

涌现出来的意识

认知神经科学家迈克尔·加扎尼加提出，意识具有涌现的特性。**涌现指在一个复杂适应系统中，个体间的简单互动行为会使在一定的组织层次上出现无法预知的新特性**。简而言之，简单个体组成整体，而整体属性却有个体所没有的新特性。例如，温度就是一个对大量分子热运动平均效果的涌现的物理量，每个分子本身并没有温度这一特性。

理解涌现的关键是认识到存在不同层面的组织。自然界中存在很多层面的涌现：从粒子物理层到原子物理层，再到化学层，然后到生物化学层，接着到细胞生物学层，最后到生理学层才最终进入精神处理的过程。在蚂蚁的社群、人体的免疫系统、互联网乃至世界经济等复杂系统中，涌现无处不在。

关于意识，加扎尼加认为它的物质基础是神经元等基本单元，其特点是种类较少、规则简单。这些组分相互连接，在非线性的影响下组成一个复杂系统，从更高的层面上“涌现”出一种我们称之为“意识”的新特性。意识是大脑的独立特性，它不存在于微观层面，同时意识又必须完全依存于大脑。至于意识是如何从不具有意识的物质中涌现出来的，仍然需要进一步的研究。

从本质上看，涌现体现的是复杂系统从大量单个简单无序状态到整体有序状态的变化。组成生命体的有机物本身的规律是简单而可预测的，但是由它们构成的生命体表现出了复杂而无法预知的特性。我们无法从有机物本身的特点来把握生命活动的规律。遗传算法之父、美国心理学和计算机科学家约翰·霍兰德说:“对涌现更深入的理解可以帮助我们分析两个深奥的科学问题，两个具有哲学和宗教意味的问题：生命和意识。”

总之，大脑本身就是一个复杂系统，从复杂系统的研究现状来看，说意识具有确定性，显然为时尚早。事实上，意识对行动的选择，可以看作在复杂背景环境下，选择特定精神状态的结果，由此看来，系统科学似乎给自由意志的存在留下了一线希望。

科学能够研究意识吗？

当我们谈到自由意志时，自由意志往往指一种自我感觉，它是意识的一部分，而意识显然是站在第一人称的立场上的。毕竟无论别人是否认为你有意识，最终决定权都在你自己的判断。

然而，不可否认，科学的客观方法论却是第三人称立场。因此信念、主观之类的存在在传统上一直不被科学实验承认。在相当长的历史中，意识都无法在科学上成为被认可的研究对象。这就出现了一种十分怪异的现象：科学是以实验研究接近真理，这一过程辅以了合理的想象，而想象依赖于意识，但科学不研究我们自己的意识。正如物理学家薛定谔指出的，一直以来，伟大的物理学理论都没有考虑感觉或知觉，而只是简单地假设它们。

那么，究竟应该如何从科学的视角研究意识呢？既然意识是神经活动的产物，是通过具有特定结构的复杂神经网络的进化产生的，那么，在意识出现之前，大脑中一定存在一种特定的神经构造。这正是从神经科学角度探索意识奥秘的途径。

意识有初级和高级之分。**初级意识指从心智上知道外界事物，是对当下构建的心智图景。**不仅人类具有初级意识，一些大脑结构与我们完全不同的动物也具备。初级意识并不包含社会性的自我认知。**高级意识涉及计划和创造性的自主行为，它是“对意识的意识能力”，**它使得思维主体能对其本身的行为和情感进行认识，能够重构以往的情境，形成将来的意向。人类的高级意识得到了充分的发展，其他高级灵长类动物也具有少许的高级意识。

高级意识的出现与人类大脑的物质演化有怎样的关系呢？我们知道，与意识有关的许多功能都与大脑皮质有关，然而要了解意识的起源，离不开大脑中的另一个生理结构——丘脑。丘脑在大脑的中心位置，大小如一颗葡萄。神经先通过各个感受器（眼睛、耳朵和皮肤等）连接到丘脑上一簇特殊的神经元——丘脑核，然后再由丘脑核连接到各个特定的大脑皮质区域，这就是“丘脑－皮质系统”（包括丘脑－皮质特异投射系统和丘脑－皮质非特异投射系统）。

曾获1972年诺贝尔生理学或医学奖的美国生物学家杰拉尔德·埃德尔曼发现，丘脑－皮质系统中的折返式神经连接是促成高级意识出现的物质基础。埃德尔曼认为，高级意识的思维模式有两种，分别是逻辑和选择。逻辑可以用于证明定理，却不能用来选择公理，人的创造性来自后者，例如对数学公理的选择就是这样。但是，逻辑能用来消除多余的创造性模式。从生物进化的角度来看，意识正是逻辑和选择这两种思维模式之间的平衡的体现。

意识反映了我们的区分能力和辨识能力。意识与个人的身体、大脑以及二者和环境之间的互动经历密切相关，因此必然因人而异。每个人的经历都是独一无二的，任何两个个体，哪怕是双胞胎，都不会有完全一样的意识状态。即便是同一个人的不同时期，也几乎没有两种完全一样的意识状态。

自由意志属于意识中具有创造性的部分。毕竟仅靠逻辑推演，我们无法发现新世界。人类社会历史上的“高光时刻”往往都体现了思维超越逻辑推演，具有创造性、独特性，而这在某种程度上正是自由意志的充分展现。

社会化的大脑

在《三体》中，希恩斯认为，广告和好莱坞文化也能影响人的选择。的确，人在做出选择的时候，除了受到个人经验、生理、遗传因素等的影响，无疑还受到来自社会的影响。

在神经科学中，科学家过去在研究自由意志时，更多关注的是个人心理，即单个大脑在做出选择时的状态，而忽略了社会互动的影响，即多个大脑在互动中如何做出选择。实际上，一个人的行为会受到其他人行为的影响，要想更充分地理解自由意志，就必须要考察整体，而不是孤立的单个大脑。毕竟人类社会是一个复杂系统，当众多的人类个体组成一个社会时，可能涌现更多的新特性。

对人类婴儿的心理学实验表明，人的许多社会能力是与生俱来的，这显然与数万年以来人类的社会化演进有关系。牛津大学的人类学家罗宾·邓巴发现，灵长类动物的大脑规模和社会群体规模是相关的，大脑的新皮质越大，社会群体越大。

如果一个人能够更好地适应群体的社会规则，他就更成功，生存和繁殖的概率也更大。自人类开始定居生活后，文明逐渐兴起，为复杂的社会行为和社会性大脑的蓬勃发展提供了环境。环境不断改变和影响着人们的行为和思维，甚至还有基因组。加扎尼加把这个现象称为“文明与大脑的协同进化”。社会群体约束个体行为，而个体行为则塑造社会群体进化的类型。

复杂的社会互动源于我们理解他人精神状态的能力。1978 年，美国心理学家戴维·普雷马克提出，人类天生就有理解他人的欲望、意图、信仰和精神状态的能力，这就是著名的“心理理论”。20 世纪 90 年代，意大利神经生理学家贾科莫·里佐拉蒂在研究恒河猴的时候，发现恒河猴的前运动皮质某个区域的神经元不但在它做出动作时会兴奋，在看到别的猴子或人做相似的动作时也会兴奋。他把这类神经元命名为“镜像神经元”。后来，里佐拉蒂使用 PET 等手段发现人类也有镜像神经元，这一发现在科学界引起巨大反响。

人类个体发育早期的社会化发展是从模仿他人开始的，随后，我们在一生中继续着这种做法。我们通过镜像神经元模仿别人的动作、理解他们动作的意图、模拟他们的情绪，并与他人展开交流，这就是“共情”能力。镜像神经元在观察和模仿之间建立神经联系，也构成了情绪的神经基础。我们对他人的评价、换位思考和情绪反应等心理活动也正源于此，这些自动反应产生于整个大脑皮质的不同部位，为我们进行社会交流和道德判断提供了信息。

当我们遇到问题时，先天内置的道德行为往往会先“喷涌而出”，之后大脑才对自己所做的行为进行解释。面对道德挑战，人类的行为虽然可能是一致的，但理由有可能是不同的，因为我们的行为和判断总是受到家庭、社会和文化的影响。关键在于，我们总是真切地相信自己找到的解释，这些解释会成为我们人生中有意义的部分。加扎尼加指出，人与人不同的地方不在于行为本身，而在于对自己的行为或反应做出怎样的理论解释。无法处理我们自己的解释和他人的解释之间的不一致，是人类一切矛盾冲突的源头。理解这一情况，有助于不同信仰体系的人们和睦相处。

当我们表现得社会化时，我们认为是自己在发布命令和进行控制，但实际上这种自主的想法只是一种幻象，我们实际上比自己所期望的更依赖他人。我们希望成为团体的一分子，而这样就必须控制自己的举止，不能仅做自己想做的事，而要考虑如何被他人接受。我们希望得到他人的评价，而这首先需要能够估计别人是如何看待我们的。正像美国社会学家查尔斯·库利说的：“我不是我以为的我，我也不是你以为的我，我是我以为你以为的我。”这句话虽然很像绕口令，却道出了人们在社会化中的实际表现。

没有完全的自由

通过以上的分析，我们发现，由于受到社会化的约束，所谓的自由意志并非完全自由，但它也绝非决定论式的。因为尽管人们面对选择时采取的行为可能是一致的，却会对此给出完全不同的解释，并且对自己的价值判断深信不疑。

在观点相互对立的决定论派和自由意志派之间，还存在着相容论派。**相容论认为即使世界受因果律的支配，我们依然有自由意志。**人可以“自由地”做他愿意做的事情，但无法做违背自己本性的事情。在相容论里，自由意志也许就是微观的神经元活动在宏观的因果世界里涌现出的一种新属性。

人们从相容论的角度来看待世界并参与社会生活，是更安全和更可以被接受的。即便宇宙的命运可能已经被注定，但是作为个体，我们还是应该认真地生活，并在这个过程中发现自己的使命，体会生命存在的意义。

如果说自由意志指我们想要自由地做出决定，那么这里的“自由”到底意味着我们想脱离什么，又想获得什么样的自由呢？加扎尼加曾经有过一段发人深思的精彩论述：我们并不希望脱离个人的生活体验，因为要做决定，生活体验必不可少；我们也不想脱离自己的性格气质，因为我们得靠它指引我们做出决定；我们甚至也不希望脱离因果关系，毕竟我们一直都靠它来预测事物；当然，我们更不希望脱离人类成功进化出来的决策能力；最终，我们显然也不希望通过逃离自然规律来获得所谓的自由。

其实，自由意志的真正意义也许并不在于你能做什么事情，反倒是在于你可以选择不做什么事情。人生在世，很多人都主要关注自己得到了什么。然而，其实人生正像“舍得”一词，有舍才有得，要想有所得，就必须懂得有所舍弃，这是一种从古代中国传承下来的人生智慧和态度。《道德经》的最后一章中写道：“道常无为，而无不为。……不欲以静，天下将自定。”通过观察宇宙，我们发现，天道顺其自然而无所作为，却又是无所不为的。人如果能摒除贪欲，就会获得恬静和安宁，社会也会达到和谐而稳定的状态。

最后不得不提及，在自由意志与决定论的争端中，出现的各种名词概念很容易引起混乱。例如，我们可以说人的行为是符合自然法则的，但可能并不能说个体的行为是被自然法则决定的，否则就会产生一种误导，那就是自由意志总是与自然法则相冲突，而后者总是比人强大，可以决定人的行动，无论你是否愿意。

真正的情况也许是，人的意志与自然法则根本就不冲突。因为自然法则就是对宇宙中的人和其他的存在如何采取行动而进行的描述。从这个角度来看，自由意志的争论很大程度上源于将现实分别归于“人”和“非人”这两个对立

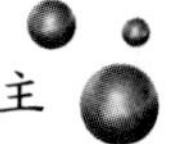

的概念。但其实，人与自然是一个连续的整体。

机器有自由意志吗？

自由意志这个兼具科学性和哲学性的话题已经被讨论了千百年，有关它的争论今后也将继续下去。而在今天，探讨这个话题又多了一些现实意义，因为我们处于信息技术飞速发展的时代，人工智能领域也在不断地发展。但对大脑理论最惊人的应用成果，也许正将是对人工意识的构建——人工智能机器。这个由人一手创造的存在，它会在某一天产生自由意志吗？会按照自己的意愿去行动吗？或者我们可以把问题换成，意识在多大程度上依赖和它关联的生物身体结构？意识能够独立于这种结构吗？

因“白熊实验”而享誉心理学界的美国著名社会心理学家丹尼尔·韦格纳认为，自由意志是经由三个步骤形成的：第一，有一个关于行动的念头；第二，行动发生了；第三，认为是有意识的思想引起了行动。这给我们思考机器是否有自由意志带来一点启发：人有反思和内省的能力，计算机是否有呢？目前我们还不知道。

不过，经过前文的讨论我们已经知道，人类是否有自由意志都还是一个悬而未决的问题，此时谈论机器的自由意志似乎有些太过超前。既然大多数人都同意意识是智慧生命的特有现象，那么不妨把上面的问题降低一个层次来问：机器或者计算机是有生命的吗？

显然，这个问题涉及生命究竟是什么，而这在学界至今也没有达成共识。但大多数学者都同意，生命的要素包括新陈代谢、自我复制、生存本能、进化和适应。

自我复制也是生命的要素之一。生物细胞中的DNA携带遗传信息，其中不仅编码了细胞在自我复制时用来解开和复制自己的酶的程序，同时也包含了将自己转译成酶的解释器。最早深刻认识到计算和生物之间存在联系的科学家是冯·诺伊曼。他提出了计算机的“自复制自动机”模型，认为计算机也有DNA的特性，因为它既包含自我复制的程序，也包含解释自身程序的机制。

自复制自动机是人工生命科学理论最具开创性的理论之一，从原理上证明了自我复制的机器的确可能存在，并且提供了自我复制的逻辑。这一理论具有深远的影响。

20 世纪 60 年代初，一些科学家开始在计算机中进行“进化计算”的实验，例如美国心理学和计算机科学家约翰·霍兰德研究了生物如何进化以应对环境变化和其他生物，以及计算机系统是不是也可以通过类似的规则对环境产生适应性。1975 年，他在《自然和人工系统中的适应》(*Adaptation in Nature and Artificial Systems*) 一书中提出了著名的“遗传算法”，即通过一组适应性函数的反复迭代运算，自动从随机的候选群中选出具有很好适应度的最佳策略，这就像生物种群的进化和适应现象一样。时至今日，遗传算法已经广泛应用于科学和工程领域，解决了许多难题，甚至还被应用到了美术、建筑和音乐创作等领域中。

随着信息时代的来临，信息和计算日渐成为科学的宠儿。在生物学中，将生命系统看作一种信息处理网络也已成为潮流。有人提出“大脑就是计算机”，即我们的思维基本上和一台非常复杂的计算机的行为一样：既然宇宙中所有的物理活动实际上不过是庞大的计算过程，那我们的大脑应该也可以被视为一台计算机，也许当计算变得非常复杂时，大脑便开始获得与所谓的“精神”有关的主观品质。于是，问题变为，当一台计算机具有与人脑相当的足够的复杂性时，它在对信息的处理过程中，是否也可能产生意识和目的呢？当然，这一问题目前还没有确切的答案。

“我”从哪里来？

20 世纪上半叶，科学面临的最大挑战之一是要回答千百年来笼罩在神秘主义和玄学氛围中的问题：自我的本质是什么？

千百年来，哲学家都假定在大脑和心智之间，有一道无法逾越的壁垒。然而，根据印度裔美国神经科学家维莱亚努尔·拉马钱德兰的看法，也许这道壁垒根本就不存在，它只是由语言问题引起的。

拉马钱德兰认为，宇宙最核心的问题是，为什么对事物的描述总有两种平行的方式：第一人称方式（例如“我看到了红色”）和第三人称方式（例如“当波长为600纳米的光刺激他脑中的某个通路时，他说自己看到了红色”）。

拉马钱德兰指出，上述这两种平行的陈述方式实际上只是两种不同的表达语言而已。一种是神经脉冲的表达，也就是神经活动的结果，它让我们认为自己看到了红色；另一种则是要告诉别人我们看到了什么颜色的语言。前者涉及的是不同脑区之间的信息传导，而后者则是在两个人之间的交流。如果能够跳过交流的语言，取一条神经通路从一个人脑中的颜色处理区，直接连接到另一个人脑中的颜色处理区，就可以把颜色信息从一边传到另一边，而无须中介翻译。这样一来，当一个人要给一个天生的盲人解释什么是红色时，就可以直接把自己看到颜色时的神经脉冲信号传递到对方的色觉区，盲人或许会叫起来：“天哪，我真正明白了你说的是什么意思了！”尽管目前这个设想还很难实现，但从原理上来讲完全有可能。

那么为什么这两种陈述方式如此不同，为什么不只有第三人称这一种陈述呢？

对物理学家和神经科学家的客观世界观来说，只有第三人称陈述的内容才是实际存在的。英国哲学家奥卡姆提出了一种将论题简化的准则，即“奥卡姆剃刀准则”：如无必要，勿增实体。该准则认为在解释未知现象的各种可能的理论中，简单的要比复杂的好。按照“奥卡姆剃刀准则”，第一人称是多余的东西（而这恰恰意味着自我意识根本不存在）。并且，科学家都认为来自外部的数据是客观的、可靠的，而来自内部的数据是主观的、不可靠的，所以在“客观科学”中根本不需要以第一人称的方式进行描述。

我们大脑中的神经元里的离子流和电流怎么会产生像“红色”“温暖”或“疼痛”这样主观的知觉感受？这在今天依然是一个未解之谜。哲学家把这一难题称为“主观体验特性问题”。一些哲学家认为，意识和主观体验都是“副现象”，因为我们完全可以想象一个“无魂”的机器人做有意识的人所做的每件事。但是，这些“副现象”真的可以被“剃刀”剃掉吗？

并非多余的意识

如前所述，受到推崇的“奥卡姆剃刀准则”认为，为了客观、真实、全面地描述大脑是怎样工作的，客观的科学研究中并不需要体现主观体验特性。这是一条有用的经验法则，但是它有时也会成为科学发展的障碍。

我们知道，绝大多数的科学理论都发端于大胆的猜测。例如，相对论的发现就不是把“奥卡姆剃刀准则”应用于已知的宇宙知识的结果，反倒是拒绝“奥卡姆剃刀准则”的结果。在当时，爱因斯坦推广的并非已有的知识所必需的内容，而是一种出乎意料的预言。当然，后来的物理学发现他的理论在更高层次上亦是简洁的。更进一步，绝大多数的科学发现似乎都不是运用“奥卡姆剃刀准则”的结果，反倒是从看起来似乎很杂乱的猜想中产生的。毕竟宇宙的内涵是如此广大和丰富，而“奥卡姆剃刀准则”显得太过于简单划一了。

最后，我们又回到了这个令人困惑的问题：我们丰富的精神活动，包括所有的思维、感受、情绪和自我，究竟是如何从脑中这些小小的神经元的活动中诞生的呢？生命在宇宙中也许是一种常见的现象，在弄清楚生命和意识的涌现问题之前，我们对宇宙的理解是非常有限的。研究涌现问题有助于我们理解智能生物能够依靠其自由意志来适应和改造环境到怎样的程度。

《三体Ⅲ》中，物理学家丁仪在临终前对他的学生白艾思说了一番意味深长的话。

> “首先回答我一个问题。”丁仪没有理会白艾思的话，指指夕阳中的沙漠说，“不考虑量子不确定性，假设一切都是决定论的，知道初始条件就可以计算出以后任何时间断面的状态，假如有一个外星科学家，给它地球在几十亿年前的所有初始数据，它能通过计算预测出今天这片沙漠的存在吗？”
>
> 白艾思想了想说：“当然不能，因为这沙漠的存在不是地球自然演化的结果，沙漠化是人类文明造成的，文明的行为很难用物理规律

把握吧。”

“很好，那为什么我们和我们的同行，都想仅仅通过对物理规律的推演，来解释今天宇宙的状态，并预言宇宙的未来呢？”

摘自《三体Ⅲ》

意识对整个宇宙有多重要呢？缺少任何有意识的居住者的宇宙能否存在呢？物理定律是不是为了允许有意识的生命存在而被特别设计出来的呢？

罗杰·彭罗斯在《皇帝的新脑》（*The Emperor's New Mind*）一书中曾发出这样的感慨：意识是如此重要，简直不能相信它只不过是从复杂的计算而来的。正是由于有了意识，人们才有机会知道宇宙的存在。假如宇宙由“不允许意识存在”的定律制约，那宇宙就根本不是宇宙。迄今为止，人类提出了很多的数学理论用以描述宇宙，但是如果按照这些理论描述，它们描述出的宇宙都达不到能允许意识存在的标准。然而神奇的是，我们又只能通过意识描述宇宙。

第十章　星星的咒语

——罗辑的逻辑

宇宙社会学是在《三体》中出现的概念，最早由叶文洁提出。面壁者罗辑建立了该学科的主要理论——黑暗森林理论。在《三体》中，这一理论推动了情节发展，罗辑依靠它帮助人类与三体文明达成了威慑平衡。

黑暗森林理论是罗辑在两条宇宙公理的基础上通过逻辑推理得到的。它是可靠的吗？是对宇宙真相的反映吗？

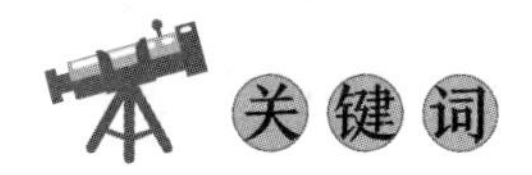

“宇宙社会学”，定律，公理，定理，三段论推理，公理化建构方法，欧几里得几何，罗巴切夫斯基几何，黎曼几何，集合论，无穷集合，公理化数学，罗素悖论，数学的一致性问题，哥德尔不完备定理

最后的救世主

在小说中，罗辑是一名教社会学的普通教师。本来他的人生轨迹跟抵抗三体人没有任何关系，然而正在“吃瓜”的他却突然被带到联合国大会上，并莫名其妙地被指定为面壁者。他最初的反应是拒绝和逃避，但之后联合国以他的妻儿作为筹码，最终逼迫他进入了面壁者的状态，开始工作。在思考自己身上为什么会发生这样的事时，罗辑想到这一切也许是因为自己和叶文洁认识。8年前，叶文洁曾劝他研究一门新学科：宇宙社会学。罗辑沿着这条思路深入思考下去，一下子豁然开朗。

他找到联合国，提出要利用太阳的电波放大功能，向宇宙发射一条电波信息，内容是一颗普通恒星 187J3X1 的位置。他告诉联合国，这是一句毁灭性的“咒语”，但人类最快也只能在 100 年后观测到咒语的结果。185 年后，面壁计划被废止，罗辑从冬眠中被唤醒。就在当年罗辑发出咒语时，三体舰队发射了 10 个小型飞行器，加速向地球飞来，它们的速度很快，此时其中的一个已经出现在太阳系中。由于其外形像一个水滴，人们就称它为“水滴”。水滴消灭了人类几乎所有的战舰，并用无线电噪声封锁住太阳的电波放大功能。从此，人类的任何咒语都不可能再发射到宇宙中去了。

就在人类精神崩溃之际，有人发现那颗被罗辑施了咒语的星星早在 51 年前就爆炸了。观测记录表明，有一个体积很小的东西以接近光速的速度摧毁了它，其周围的四颗行星也在爆炸中被毁灭。这次打击发生的时间与罗辑预言的几乎完全一致，人们相信这一定是罗辑的咒语起了作用。既然罗辑可以决定一颗距离我们有 50 光年的星星的命运，那他一定也能拯救地球和人类。

罗辑的“魔法”到底是什么呢？这涉及小说第二部的核心——宇宙社会学，只不过这个问题的答案是在小说的第二部的最后二三十页才揭晓的。

面壁者的荣耀

宇宙社会学是在《三体》里首次被提出的。社会学是研究人类社会结构和活动的一门现代科学。小说认为，假如宇宙中文明普遍存在，且数量巨大，这些文明就会构成一个更大的社会，可以称其为宇宙社会。每个文明都是这个社会中的一员，宇宙社会学研究的就是这个超级社会的形态。

当年叶文洁曾经告诉罗辑，宇宙中有两个不言自明的公理假设：第一，生存是文明的第一需要；第二，文明不断增长和扩张，但宇宙中的物质总量保持不变。叶文洁还提示了另外两个重要的概念：猜疑链和技术爆炸。凭着这些信息，罗辑独自思考，得出了宇宙社会学的核心思想——黑暗森林理论。

这个理论认为，一方面，尽管宇宙很大，但是物质总量是有限的；另一方面，宇宙充满了生命，随着生命数量的增长，不同生命群落发展出的文明对环境资源的需求也在呈指数增长，最终文明会面临资源不足的局面，这就是文明的“生存死局”。于是，在进化的过程中，为了自己的生存，文明之间的关系就注定是竞争，而不是合作。它们能做的只有两件事：隐藏自己，消灭他人。在这样的黑暗森林中，他人就是地狱，就是威胁，任何暴露自己存在的文明都将很快被消灭。

罗辑为了验证这个理论，随便选了一颗离我们 50 光年远的恒星，并把它的位置坐标向全宇宙进行广播。结果，这颗恒星很快就被不知来自何方的攻击消灭了。看起来，这个理论似乎得到了验证。只是由于光速有限，人类在 100 多年后才观测到了结果。

（罗辑：）“你仔细想想就能明白：一个黑暗森林中的猎手，在凝神屏息的潜行中，突然看到前面一棵树被削下一块树皮，露出醒目的白木，在上面用所有猎手都能认出的字标示出森林中的一个位置。这猎手对这个位置会怎么想，肯定不会认为那里有别人为他准备的给养，在所有的其他可能性中，非常大的一种可能就是告诉大家那里有活着的、需要消灭的猎物。标示者的目的并不重要，重要的是黑暗森林的神经已经在生存死局中绷紧到极限，而最容易触动的就是那根最敏感的神经。假设林中有一百万个猎手……肯定有人会做出这样的选择：向那个位置开一枪试试，因为对技术发展到某种程度的文明来说，攻击可能比探测省力，也比探测安全，如果那个位置真的什么都没有，自己也没什么损失。现在，这个猎手出现了。”

摘自《三体Ⅱ》

185年前，当三体得知罗辑在做星星咒语的实验时，就立即派出了水滴探测器前往地球，企图封锁太阳这个电波放大器，让地球人再也不能向宇宙发出任何咒语。可见，三体早就知晓黑暗森林理论。

背负着救世主名声的罗辑现在再也发不出针对三体星的“咒语”了，公众对他越来越失望。但最终，罗辑依靠计谋，以自己的性命为赌注，在人类与三体之间达成了威慑平衡。三体舰队转向，不再进入太阳系。三体承认，对前三位面壁者计划的轻视导致了他们对罗辑工作的忽视。罗辑说那些面壁者都是伟大的战略家，他们看清了人类在末日之战中必然失败，并努力为人类找到出路。

其实，从罗辑的威慑计划的技术细节来看，他的确借鉴了其他面壁者的计划。例如，他的计划中用到的恒星型核弹就是雷迪亚兹计划的产物，而他手腕上戴的能触发核弹爆炸的手表，也是受到雷迪亚兹从联合国脱身之计的启发，才被创造出来的。

此外，罗辑和雷迪亚兹的计划都是自己手里掌握着核弹的引爆开关，并以此来要挟三体人。它们看起来似乎都是与三体同归于尽的策略。然而，这二者是完全一样的吗？

仔细阅读，我们会发现雷迪亚兹希望掌控的是能毁灭整个太阳系的核弹的开关，而罗辑手中掌控的却是能向全宇宙发射三体星坐标的核弹的开关。这两者的含义完全不同。

雷迪亚兹的计划就像是，用枪口指向包括自己在内的全人类，威胁三体说：“你别过来，你要是敢过来，我们就死给你看。”显然，这个计划不可能对三体文明及其母星造成实质性的威慑，只可能在毁灭了太阳系之后，使三体舰队失去既定目标，迷失在茫茫太空中而已。

与此相对，罗辑的计划则是以暴露三体星的位置为条件与三体文明谈判，这对敌人的威慑力完全不同。假如三体文明不乖乖就范，那来自宇宙的黑暗森林打击随时都可能降临在三体星上，三体文明会被彻底消灭，这个代价显然太大了，懂得黑暗森林理论的三体文明应该是明白的。

孤独的拯救者

罗辑的黑暗森林理论以及他的面壁计划在他自己亲自实施前，是不能公之于众的。这与国际社会对前几位面壁者所采取的严厉措施有关。

尽管暴露三体星的位置能够使它遭受无情的黑暗森林打击，但在这场宇宙游戏中，第二个灭亡的也许就是地球。因为在银河系中，太阳系离三体星系最近。而在过去，叶文洁还曾与三体星有过几次电波交流。这些信息足以使宇宙中的高等文明从三体星出发，定位与它临近的太阳系。所以，罗辑的计划不能提前告知国际社会，否则，他一样会被认定犯有反人类罪而受到制裁。

这也是为什么在四位面壁者中，三体人唯独没有给罗辑安排破壁人的缘故。三体人说，罗辑是他自己的破壁人。也就是说，如果罗辑没有悟出黑暗森林理论，那他就发挥不了什么用处。假如他发挥出色，认识到这个理论，他也不可能告诉别人，因为国际社会不会容忍他拿整个人类文明做赌注去实施这个计划。

更诡异的是，三体人也不能提前把黑暗森林理论告诉 ETO，让他们成为罗辑的破壁者。因为当时整个人类还没人知道这个理论，告诉了 ETO 也就等于告诉了全人类，因为罗辑在被破壁的时候，ETO 必定会公布他的计划和这个理论。一旦人类社会知道这个理论，就可能在关键时刻首先发起黑暗森林打击，从而对付三体人，这对它们将是十分不利的。所以，三体人只能寄希望于罗辑早点死，或者他根本悟不出这个理论。

这样看来，罗辑注定只能孤身一人去执行这个计划，即便在太阳系中部署了几千颗核弹，也不能把真正的目的告诉别人。这位有能力拯救整个人类的英雄，实际上是用自己的生命作为筹码，来参与这场宇宙赌博游戏。罗辑以自杀并向宇宙广播三体星位置为威胁，给了三体文明三十秒的考虑期限。在那关键的三十秒内，如果智子没有回应，那罗辑就只有死路一条。假如理论不完善、不成立，罗辑自杀，核弹引爆而三体星并没有遭到黑暗森林打击，那么他的牺牲就真的一点意义都没有了。

在反复阅读小说以后，我们还会发现，充当人类救世主的面壁者在逻辑上必定是一个矛盾共生体。一方面，这位英雄要对人类有爱意、有感情，才愿意以自己的生命为代价来保护整个人类。而另一方面，他还要被人类深深伤害过，于是才能拥有敢于毁灭全人类的决心。这二者相互矛盾，且缺一不可，说明人性是十分复杂的。

纵观《三体Ⅱ》，罗辑这个角色是最鲜活和立体的。一开始，他只是一个“小混混”，日子得过且过，没有社会责任感。后来随着周遭的人和事物的变化，他的人生观和价值观也在慢慢发生变化，不管最初是不是被逼无奈，他都成了人类的拯救者。这位孤独的英雄独自冷静而勇敢地面对强大的三体文明，直至最后成了太阳系文明唯一的守墓人。罗辑这个人物的成长过程令人佩服，给读者留下了深刻印象。

黑暗森林理论是宇宙定律吗？

放下小说，读者往往会发出疑问：现实中的宇宙难道真的处于黑暗森林状态吗？我们不妨试着从科学的角度，对这一理论的建构过程进行反思。

在《三体Ⅱ》的最后，罗辑向大史介绍他的理论。

（罗辑：）“谁都能懂，大史，真理是简单的，它就是这种东西，让你听到后奇怪当初自己怎么就发现不了它。你知道数学上的公理吗？”

（大史：）“在中学几何里学过，就是过两点只能划一根线那类明摆着的东西。”

（罗辑：）“对对，现在我们要给宇宙文明找出两条公理：一、生存是文明的第一需要。二、文明不断增长和扩张，但宇宙中的物质总量保持不变。”

（大史：）“还有呢？”

（罗辑：）“没有了。”

（大史：）“就这么点儿东西能推导出什么来？”

（罗辑：）“大史，你能从一颗弹头或一滴血还原整个案情，宇宙社会学也就是要从这两条公理描述出整个银河系文明和宇宙文明的图景。科学就是这么回事，每个体系的基石都很简单。”

摘自《三体Ⅱ》

可以看到，小说中的黑暗森林理论是从简单的公理假设出发，进行逻辑推演，最终得出的结论，而并不是对现实世界的物理规律的总结，因此它还不是宇宙定律。为什么这么说呢？我们先来看看定律与公理、定理有什么不一样。

我们知道，“定律”一般出现在物理、化学等自然科学中，它是对客观事实规律的描述，往往是通过大量具体事实归纳得出的结论，例如著名的万有引力定律。定律是从特殊推导至一般，由局部推导至整体。因此，在更普遍的情况下，已有定律也许会失效或不成立，但这往往也是科学进步和发展的新起点。

与定律有所不同，“公理”指在某门学科中不需要证明而必须加以承认的陈述，它实际上是“不证自明”的前提假设。在公理假设的基础上，经过严格的逻辑推理和证明得到的结论，叫作“定理”。人们常用定理来描述事物之间的内在关系。定理具有内在的严密性，不能有逻辑上的矛盾。在数学中，重要的陈述一般就被称为定理，如人们熟悉的勾股定理等。公理和定理的区别主要在于，公理的正确性不需要用逻辑推理证明，而定理则是以公理为前提，其正确性需要靠逻辑推理来证明。

由上面的分析，我们可以看出，定律出自对现象规律的归纳，而定理则是从公理出发通过逻辑推理和演绎得出的。

根据《三体》的设定，在三体危机到来之时，除了知道三体文明的存在，人类并没有发现任何其他的宇宙文明，更无从谈起对宇宙中众多文明之间的互动关系进行归纳总结。可见，宇宙社会学以及黑暗森林理论不属于定律的范畴。

在从公理推导到定理的过程中，最简单和最常使用的逻辑演绎法是“三段论推理”。三段论推理是从一个一般性的原则（即“大前提”）以及一个附属于大前提的特殊化陈述（即“小前提”）出发，引申出结论的过程。例如，大前提是“所有人都是会死的”，小前提是“亚里士多德是人”，那么结论就是“亚里士多德是会死的”。三段论推理是人们进行数学证明、科学研究时常常采用的思维方法之一，是演绎推理中的一种简单且正确的形式。

古希腊时期的几何学就是建立在公理和三段论推理的基础上的。在几何学中，公理被称为“公设”。公元前 300 年，欧几里得在划时代的数学巨著《几何原本》(*Elementorum*) 中，从最基本的五条公设出发，依靠其智慧的头脑和严密的逻辑演绎法，建立了一套完整的几何学体系——欧几里得几何学，这是最早使用公理化方法建立的数学演绎体系的典范。

结合《三体》的情节，如果把罗辑推导黑暗森林理论的主要过程以最简洁的三段论式表达出来，那应该是以下这样的。

大前提：宇宙物质资源总量不变；文明数量快速增长。

小前提：文明生存需要物质资源。

结论：文明为了生存而争夺物质资源。

不难看出，从构建方法上看，《三体》中的黑暗森林理论与几何学类似，是从公理出发，经逻辑演绎得出的一种宇宙社会学理论。

共生共存的森林

《三体》作为一部科幻小说，是“科学加想象力”的文学作品，因此黑暗森林理论作为其重要内容之一，也理应遵循科学理论构建的一般规律。

像欧几里得几何学那样，在现实中，一门学科的所有命题都可以从最初的一些公理出发，按照逻辑推证出来。公理是推导其他命题的起点。如果我们把一门学科比作一幢大楼，那么该学科的公理就像大楼的地基，整幢大楼必须以它为基础建立起来。

可见，要论证黑暗森林理论的合理性，首先应该考察它的前提——两条宇宙公理的合理性。这两条公理分别是：生存是文明的第一需要；文明不断增长和扩张，而宇宙中的物质总量保持不变。

我们的问题是：作为理论的基础，这两条公理是充分的吗？

在茫茫宇宙中，到目前为止，我们只在地球上发现了生命。所以我们就以地球自然界和人类文明为例，来讨论这两条公理。

只有整个生态系统得到平衡和稳定，生命才有存在的基础。经过亿万年演化的地球是自然法则的铁证：弱肉强食，最终只由少数生物垄断所有生存资源并不可取，只有共生共存，“万类霜天竞自由”，各物种才能延续。

以地球上最为常见的植物、动物、菌类为例，它们不仅分别是食物链中的生产者、消费者、分解者，还两两形成了“共生关系”：一方为另一方提供有利于生存的帮助，同时也获得对方的帮助。它们共同生活在天地间，相互依赖，彼此有利。倘若分开，双方反而无法生存。

纵观地球演化历史，不缺乏雄踞群首、独霸一方的物种，然而在生态系统的制约下，没有哪个物种能够凭借“自我生存第一”“无限占有资源”得以长久延续。生物与生物之间，生物与环境之间，既有相互影响，也有相互制约。木秀于林风必摧之，大自然总能达到最微妙的平衡。

人类文明的发展过程，也一次次证明了“生存第一”“无限扩张”的不可持续性。

人类社会在工业革命后，经过 300 多年突飞猛进的发展，既取得了辉煌的成就，也体会到了生态环境恶化的苦果。20 世纪中叶，有许多人醒悟过来：为了单方面的利益而过度开发环境是不可持续的，强权只能给所有人带来灾难，人类只有在内部进行合作，整个人类社会才能快速发展。1962 年，美国海洋生物学家蕾切尔·卡逊发表了震惊世界的生态学著作《寂静的春天》(*Silent Spring*)，描述了农药造成的生态公害，唤起了公众对环保事业的关注。老子说：“天地不仁，以万物为刍狗。”生存和竞争尽管是生命个体存在的先决条件，却并非大自然中物种存续的终极规律。事实证明，小说中提出的两条公理，并不能充分成立。

既然如此，根据这两条公理得到的黑暗森林理论也并非无懈可击。

一方面，尽管在宇宙中隐藏自己是无奈之举，但是率先发起攻击、肆意消灭他者的一方，在黑暗森林中也存在暴露的风险。另一方面，在推导过程中，罗辑用到的叶文洁曾告诉他的两个概念——猜疑链和技术爆炸，也许并不是文明存亡问题的关键。例如，当黑暗森林中的双方文明存在较大的水平差异时，就根本不存在猜疑链。再如，在逃跑的人类太空战舰之间发生的黑暗内战，其起因跟这两个概念也没有必然联系。

无论是从公理的合理性和充分性，还是从推理的逻辑严密性等角度入手，读者都可以质疑甚至推翻小说中的黑暗森林理论。在互联网上也有很多反驳黑暗森林理论的声音，例如“既然生存最重要，那为什么还有舍己为人的事情出现？”“在广袤的宇宙中，难道容不下人性与道德吗？”。还有读者认为，处在不同维度中的文明，资源并不是彼此争夺的对象。诸如此类的思考可以广泛展开，本书不再赘述。

第五公设与数学新发现

接下来，让我们暂时离开小说的具体情节，从数学和逻辑的角度，通过分析和探讨公理化系统的建构方法，看看在更底层的逻辑上，宇宙公理和黑暗森林理论是否可能存在根本的谬误。因为黑暗森林理论的建立方法与几何学类似，所以下面我就先从几何学说起。

当年欧几里得在构建平面几何学时，首先提出了五条不证自明的公设，其中前四条为：1. 任意两点可以画一条直线连接；2. 一条有限的线段可以延长；3. 以任意点为中心及任意的距离可以画圆；4. 凡直角都彼此相等。

欧几里得的第五条公设，又称为“平行公设”，它比前四条都复杂，苏格兰数学家约翰·普莱费尔对其做了简化，它才成为了今天我们十分熟知的表述：“给定一条直线，通过此直线外的任何一点，有且只有一条直线与之平行。”

自欧几里得几何学建立以来，在 2000 多年中它得到了无数的应用，对科技进步和社会发展做出了巨大的贡献。然而，还是有很多人提出，第五公设不能作为一个默认正确的假定。于是，人们猜想第五条公设不是独立的，并试图用前四条公设来推导、证明它。这成为数学史上最经典的难题之一，许多科学家的努力都无疾而终。在 1868 年，意大利数学家欧金尼奥·贝尔特拉米终于证明了第五公设独立于前四条公设。

然而，历史上的那些努力并非毫无用途，在试图解决这个难题的过程中，人们意外发现了新的几何学。在研究第五公设时，人们发现，作为欧几里得几何学的基础，其平面本身是未加定义的！尽管在人们的头脑中，直观地默认它是一个可无限延伸的理想化的“平坦”平面，但实际上，严格地讲，应该先对平面进行定义才行。后来人们又发现，第五公设正是对平面及其性质的定义，是欧几里得几何学得以成立的基础。

更进一步，有人意识到，如果保持前四条公设不变，而把第五公设稍加改动，就会得到另一套完全不同的几何学。

19 世纪上半叶，俄罗斯数学家尼古拉斯·伊万诺维奇·罗巴切夫斯基投身于第五公设的研究中。他试图运用反证法来证明第五公设，结果意外发现，当他假设“过直线外的一点，有不止一条直线与已知直线平行”时，可以推演出一套全新的几何学。1826 年，罗巴切夫斯基创立了这种新的非欧几里得几何学——罗巴切夫斯基几何，简称“罗氏几何”。在他修改的第五公设中，这种几何学所依赖的“平面”是双曲面，而不是平面。

在此之后，德国数学家黎曼也对空间和几何进行了深入研究，与罗巴切夫斯基不同，他把第五公设改为:“过直线外的一点，不存在一条直线与已知直线平行。”在此基础上，1854 年他创立了另一种非欧几里得几何学——黎曼几何。与欧氏几何的平坦平面、罗氏几何的双曲面平面都不同，黎曼几何中的平面是球面。例如，我们的地球表面就可以被看作一个球面，在这种情况下，只有黎曼几何才真正成立。

至此，欧氏几何、罗氏几何、黎曼几何成为三种不同的几何，它们基于不同的公理假设，各自都建立了一套严密的命题体系，各公理之间满足和谐性、完备性和独立性的条件，因此这三种几何在数学上都是正确的，但这三者之间却是不兼容的。

欧氏几何、罗氏几何和黎曼几何

由此，结合《三体》，我们发现，将宇宙公理稍加更换，就有可能像构建非欧几里得几何（即罗氏几何、黎曼几何）那样，建立起另外一种更加“光明”的宇宙社会学理论体系。其实，《三体》的作者在小说第二部的末尾，就表达了美好的愿望——也许有一天阳光会照进这片黑暗森林。

本书不打算继续深入探究其他的宇宙社会学理论，只希望通过对数学定理的探讨，找到这个公理化体系在底层逻辑上可能存在的问题。

数学是发现还是发明？

数学作为人类最精妙的创造之一，不仅是理性思考的典范，还是使科学保持充分严谨的支柱。那么数学及其建构方法是不是完善的呢？它本身是否也存在无法解决的问题呢？

人们普遍认为，数学并不是一门自然科学，因为它无法用实验检验。数学的对象是抽象的，例如自然数、函数、点、线和面，它们不是时空中可被观察和验证的实体。那么，数学是客观的吗？我们应该如何判断数学命题的真假呢？这些被称为数学的理论基础问题，也是数学哲学的核心问题。

在 20 世纪之前，数学这一学科一直在蓬勃发展，硕果累累，但是数学中的一些基础问题没有严密的逻辑体系来证明，以至于有人问："数学究竟是发现还是发明呢？数学家在得到他们的结果时，是否只是进行了精神构想而没有客观实在性？或者数学家只是发现了现成的真理，这种真理完全独立于数学家的活动？什么是真理？"

数学之名就表明它从本质上是关于"数"的学问。可能是由于古希腊人对数的观念很有限，因而他们更擅长几何而非算术。古希腊人发现了"公理化方法"，并运用这种方法发展出了欧几里得几何学。**公理化方法指不加证明地接受某些命题（即公理或公设），依据特定的演绎规则推导出一系列命题（即定理），从而构成一个演绎系统的方法。**公理是这个系统的基础，而定理是上层结构，后者是借助演绎规则从公理推理得到的。

古往今来，欧几里得几何学的公理化方法给人们留下了深刻的印象——相对较少的几条公理，可以推导出的命题却有无穷多。因此，一代又一代杰出的思想家都将几何学的公理视为科学知识的最佳典范。直到非欧几里得几何横空出世，人们才从"美梦"中惊醒。过直线外一点，可以仅有一条、没有或不止有一条直线与其平行——从这些看似相互矛盾的公理出发，都可以建立起完整且自洽的几何学体系。原来，公理假设并非会导向某个真理，它们还会将我们引向矛盾或混乱的深渊。

好奇的人自然会问："在几何学之外，其他靠公理化方法建立的数学分支是否可靠呢？或者说，它们自身会不会也暗藏着彼此矛盾的分支呢？"这就涉及数学的严密化问题。19 世纪末，数学的关注点重新落回到有关"数"的理论上来，数学家在这一领域也有了惊人的发现。

1900 年，在巴黎召开的第二届国际数学家大会上，20 世纪数学界最具影响力的德国数学家戴维·希尔伯特提出了著名的十个数学问题（后来扩充为二十三个问题）。这些问题之所以被提出来，并非只是因为它们很难，而是因为对它们的研究会对数学本身的发展产生巨大的影响，例如其中的问题之一——物理学的公理化。希尔伯特希望物理学也能像几何学那样，建立在一套简明扼要且可靠的理论基础上，不过这个问题至今尚未解决。

下面的故事与希尔伯特提出的第二个问题有关，这个问题是关于公理系统的“相容性”（指一个系统内的所有命题是否能够彼此相容，没有矛盾）的。也就是说，在从某些公理出发，演绎推导出来的整个理论中，会不会有彼此矛盾的定理或推论呢？

可以想见，包括希尔伯特在内的数学家当然希望公理系统被证明是相容的。然而，结果刚好相反！

数学的公理化之梦

关于这段有趣的故事，要从关于“数”的概念研究说起，这离不开 19 世纪末集合论的创立。

1，2，3……自然数的数量是有穷的还是无穷的？有理数包含了自然数，那么它的数量和自然数的数量哪个更大？同样的问题对无理数来说呢？ 2000 多年来，人们接触到“无穷”的概念，却又无力把握和认识它，这是人类智力遇到的尖锐挑战。随着 19 世纪数学分析的严格化和函数论的发展，数学家认为必须对与无穷相关的概念进行认真研究。在这期间，极大推动数学发展的是德国数学家格奥尔格·康托尔，他创立了具有划时代意义的集合论。

在数学中，由一个或多个可以区分的对象构成的整体叫作“集合”。集合论就是研究集合的数学理论，是数学的一个基本分支。现代数学几乎全部建立在集合论的公理化基础上。

康托尔把关于无穷的问题纳入了集合论来考虑。他将有穷集合的元素个数的概念推广到无穷集合中，对无穷集合展开了深入的研究。康托尔的集合论后来经过德国数学家、数理逻辑学家弗雷格和意大利数学家、逻辑学家皮亚诺的严格化改造，在人类的认识史上第一次给无穷建立了抽象的形式符号系统和运算规则，从本质上揭示了无穷的特性。这一理论也渗透到了其他的数学分支中，促进了新分支的建立和发展，成为实变函数论、代数拓扑学和泛函分析等学科的基础。

作为数学逻辑主义的代表人物，弗雷格认为只有纯逻辑才是数学最牢固的基础，换言之，数学应归结为纯逻辑。他巧妙地提出，“数”不过就是对某些

类别集合的命名而已：通过小集合来连续定义集合，并将其命名，这就是数学上的“数”。弗雷格试图以从集合推广而来的“类”作为基本概念，以逻辑为工具，来包容数学中的“所有”知识，这就是所谓的“公理化数学”。如此一来，就有可能把数学建立在纯逻辑的基础上，这就是弗雷格的“美梦”。

“致命的”罗素悖论

1902 年，自信满满的弗雷格正准备将自己的巨著《算术基础》（*The Foundations of Arithmetic*）的第二卷交付出版社时，他收到了一个名叫伯特兰·罗素的年轻人的信。在信中，罗素指出弗雷格的理论存在无法自圆其说之处，这就是著名的“罗素悖论”。

什么是罗素悖论呢？让我们回到“集合”这个概念。在绝大多数情况下，用一一列举的方式来定义一个集合是不现实的。比如说，所有的自然数构成了一个“自然数集”，但我们显然不可能把这些自然数都列举出来。这样一来，人们就想到可以用一个性质来定义一个集合，即“满足某性质的所有元素，构成一个集合”。这似乎是一个顺理成章的想法，然而，麻烦也就此产生。

为了理解罗素悖论，让我们先来看一个与其相类似的通俗版本——“理发师悖论”：小城里有一个理发师，他说自己只为城里所有不为自己刮胡子的人刮胡子。那么请问：理发师该为自己刮胡子吗？

仔细分析一下，就会发现这里存在矛盾：如果理发师为自己刮胡子，按照他的声明“只为城里所有不为自己刮胡子的人刮胡子”，那么他就不应该为自己刮胡子；但如果他不为自己刮胡子，同样按照声明，他又应该为自己刮胡子。可见，这一说法有明显的矛盾，而这正体现了罗素悖论的核心思想。

罗素悖论可以这样表达：如果我们定义这样一个集合，它包括“所有不包括自己的元素的集合”，那么请问这个集合包括它自己吗？

假设它不包括它自己，那么它就满足了“不包括自己的元素的集合”这个性质，所以它就必然要包括它自己，显然会出现矛盾；如果它包括它自己，那么根据定义，它必然不包括它自己，这也会出现矛盾。

罗素指出，弗雷格试图用某个性质来定义一个集合，这导致集合的概念出现了无限制的外延或扩张。同时在弗雷格的理论中，还使用了诸如“集合的集合”等无穷嵌套的概念，这些都将导致逻辑矛盾的出现。在朴素集合论中的固有矛盾，最终将使构建在这个基础上的数学公理体系出现一系列的矛盾。弗雷格建立的数学逻辑之塔，竟然像坐落在松软的沙滩上一样摇摇欲坠。弗雷格在之后的学术生涯中没能从这个致命的打击中恢复过来。

弗雷格“数学公理化”的美梦破碎了

而此时，数学还遇到了它历史上的第三次重大危机。在此之前的两次危机，分别是古希腊人发现了无理数，以及 17 世纪在微积分中引入的“无穷小”概念。

数学需要得到“拯救”！

“拯救”数学

随着数学各个分支的发展，人们发现数学推理的有效性往往不依赖于公理中的词语或表达式的特定含义，也就是说，数学远比人们设想的更为抽象，更

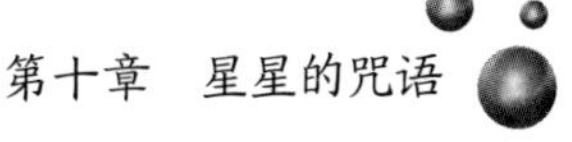

具形式性。

这引发了一个严重的问题：我们需要**确定作为系统基础的一组公理是否一致**，从而才不会从这些形式化的公理中推演出彼此矛盾的定理来。这就是数学的“一致性问题”。要“拯救”数学，必须要过一致性这一关。

还是以欧几里得几何和非欧几里得几何为例。千百年来，欧几里得几何得到了大量应用，没有人怀疑过它的公理的真假。19 世纪以前的数学家从来没有考虑过，是否有一天会从这些公理推导出一对互相矛盾的定理。然而，当非欧几里得几何出现时，那些公理却出现了问题。仅仅修改五条公设中的一条，就能演绎出令人惊奇的非欧几里得几何，它们都与欧几里得几何格格不入。非欧几里得几何的公理，显然不那么容易被明确判定真假。于是，非欧几里得几何系统内部的一致性就成了一个问题，没有人能确保有一天不会从这些系统中推导出相互矛盾的两个定理来。想办法证明数学系统的一致性是“拯救”数学的唯一出路。

我们刚才提到的罗素是 20 世纪著名的英国数学家、哲学家，他发现弗雷格的集合论中矛盾的根源在于它是“自指”的，也就是它在“自己引用自己”，而这会形成一个逻辑怪圈。

尽管罗素悖论让弗雷格的逻辑主义之梦陷入了尴尬境地，但罗素仍然坚信弗雷格的思想是正确的——数学归根结底是逻辑。于是他提出了躲过悖论的方案，就是把集合“分层”：首先，基本的对象组成最底层的集合；接下来，把这些对象的集合和对象的性质作为第二层的集合；然后，这些对象的集合的集合、性质的性质作为第三层，以此类推。这样一来，诸如“所有集合的集合”之类就不再包含它自己了，因为它是比“所有集合”更上一层的概念。这样一来就没有了“自指”怪圈，避免了悖论的产生。罗素希望以此为数学打下坚实的基础。

在此基础上，在 1910—1913 年，罗素和怀特海出版了三卷本的划时代巨著《数学原理》(*Principles of Mathematics*)。书中用分层方法定义了集合，内容极尽繁复之能事。而为了彻底解决层层嵌套带来的矛盾，罗素又不得不引入在逻辑上存疑的“还原公理”“无穷公理”和“选择公理”。而这些非逻辑的公理“补丁”，使罗素数学逻辑化的梦想难以为继。最后，他只能无奈地宣称，集合论可能并非数学中最基础的理论，在数学基础探索的道路上人们可能还有很长的路要走。显然，罗素在试图用逻辑主义“拯救”数学时陷入了困境。

在数学哲学的分支中，与逻辑主义有所不同，形式主义另辟蹊径。它把数学看成一种形式语言。形式主义认为，数学思维可以通过无意义的纯符号操作来刻画：从一组固定的公理和一组固定的符号操作规则出发，就可以得到用符号串表示的任何数学定理。

数学的形式主义思想得到希尔伯特的倡导，他希望以此来“拯救”数学。他的计划是：用公理化框架，配合一些关于自然数论或集合论的公理，使得每个数学命题都能从这些公理中推出。他指出，只要这个计划能够被证明，那么以后如果要研究一个数学命题，所要做的不过就是从当前的一组公理出发，不断地、机械式地推算下去，迟早会证明这个命题或它的否命题。

1900 年，他便提出了著名的十大数学问题。谁知刚刚过去 30 年，他的梦想也破灭了，而击碎这个美梦的，是 20 世纪最伟大的数学家之一，原籍奥地利的美国数学家库尔特·哥德尔。

不完备的数学

哥德尔在研究罗素的《数学原理》时，发现它为数学命题提供了一个非常全面的“记法系统”，在这个系统的帮助下，纯数学（特别是数论）的所有命题都可以用一种标准方式进行编码，这样一来，就可以把整个数论系统进行算术化改造，其演算公式可以按照预先定义的抽象规则来组合和转换，而无须使用具体的数学含义。这是一条使数学从形式化走向严密化的道路，正是希尔伯特的计划。

然而，哥德尔在研究中意外发现，即使是针对只包括自然数的初等数论，在它的形式化演绎系统中也总可以找出一个合理的命题，在该系统中既无法证明它为真，也无法证明它为假。更有甚者，在任何公理化的数学系统中，只要公理无矛盾且足够复杂，那么以这些公理为基础，都能证明或者反驳某一命题。这就是说，我们都在使用的公理系统，竟然不足以判定命题的真假，这只能说明数学本身是不完备的！这就是“哥德尔不完备定理”的主旨。哥德尔将这一结果发表在 1931 年的论文中，奠定了自己在数学界的“王者”地位。

哥德尔不完备定理意味着，公理化方法自身存在固有的局限性。这使得包括数论在内的很大一类数学演绎系统，都不具备内在的逻辑一致性。

哥德尔的结论具有广泛的革命性和深刻的哲学意义。从前，人们默认数学思想的每一个部分都能对应到一组公理中，而这些公理足以系统地发展出某个研究领域的无穷无尽的真命题。然而，哥德尔证明，这个假设是站不住脚的：存在无限多个数学陈述，它们虽然有可能是真的，但无法从给定的这一套公理中推导出来。

哥德尔的伟大发现，将《数学原理》这座“城堡”夷为平地，打碎了希尔伯特的梦想，动摇了人们先入为主、根深蒂固的观念，摧毁了人们自古以来对数学进行公理化的希望，甚至激起了学界对数学哲学观，乃至知识哲学观的重新评价。

宇宙公理的反思

上面用了相当长的篇幅来介绍数学和逻辑的相关知识，就是希望引发读者对《三体》的黑暗森林理论展开更深层次的思考——从数学角度进行的思考。

黑暗森林理论是从几条公理出发，经过逻辑推理得到的某种结论，它理应符合数学理论的规律。参考哥德尔定理，也许这个理论本身从数学抽象的意义上看就是不完备的。也就是说，从公理出发，不一定可以证明弱肉强食是宇宙文明的普遍真理。

具体来看，首先，问题出在这个理论试图对宇宙中的无穷状态进行判断。

希尔伯特在研究数学的一致性时早已发现，假如解释公理的模型是有穷集合，那么它的一致性是容易判别的。但可惜的是，他发现对大多数公理来说，用来解释公理的模型都是由非有穷的元素组成的集合，这样就不可能对模型做有穷的观察。因此，公理本身的真假就难以判别。

也就是说，公理集的一致性建立在有穷模型上，对非有穷模型的描述，我们没法判断它是否隐藏着矛盾。即使有大量的归纳证据能够用来支持某个主张，但在逻辑上，我们的证明仍然是不完整的。因为即便所有的观察事实都与公理一致，也仍然可能存在尚未被观察到的事实与其矛盾，从而破坏它的普遍性。

黑暗森林理论的两条公理，恰恰涉及对宇宙中所有文明的状态以及所有资源做出的判断。从集合论的角度来看，“宇宙”这个词的含义本身就是“全集”的概念，而宇宙到底是有限的还是无限的仍然是一个不确定的问题。以人类目前对宇宙的认识来看，还无法穷尽对宇宙的所有状态的总结，因此，在宇宙全局的概念上进行形式化的推理，从根本上就存在巨大的风险。

其次，既然宇宙是包含一切对象的集合，那么对宇宙的状态进行判断的这个形式化的描述，必然也包含在“宇宙”这个概念之内，而这正是罗素悖论中的“自指”现象。

当年哥德尔在研究时，注意到了罗素悖论产生的根本原因，就是系统内部出现的“自指”现象。他敏锐地意识到，凡是存在“自指”的形式系统全都是不完备的。例如，“我是无法证明的”这句话，就是一个包含“自指”的形式系统的命题，是罗素悖论的魅影，因此它必定是不完备的。

哥德尔受到罗素《数学原理》中构造形式系统的方法的启发，没有把逻辑公式当作逻辑公式来处理，而是提出了“哥德尔数”的概念，用它来表示逻辑公式，再用这些数来生成形式系统，实现了希尔伯特提出的“元数学”（一种研究数学的数学）方式。哥德尔意识到这种表达方式必然也存在“自指”，但他巧妙地把它用在定理的证明过程中，从反方向证明了数学的不完备性。哥德尔不完备定理揭示了“自指”性正是一切矛盾产生的根源。

因此，从数学的角度来分析，存在“自指”的黑暗森林理论必是不完备的，它内部一定存在相互矛盾的命题陈述，我们不能仅从两条公理出发，对它们的真假做出确定的判断。

摆脱“自指”的唯一办法，也许就是跳出宇宙，从第三者的角度来看待宇宙，看待文明。而这似乎又是一个悖论，我们人类把自己所处的时空统称为宇宙，又怎样置身其外呢？这看上去就像是希望拽着自己的头发把自己从地上提起来那样不可思议。但是，人类是有思维能力，尤其是有反思自我的能力的，而这也许正是人类用以完成“密室逃脱”的钥匙。实际上，我们无须改变宇宙的状态，只需要改变自己对宇宙的看法、对文明存在意义的思考即可。“改变

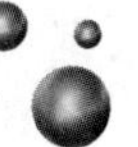

自己，改变世界。”

最后，让我们回到数学的意义和本质。我们发现：其一，数学无疑是人类思想的内部产物；其二，数学可以用来描述外部的物理世界。那么，数学是凭借什么做到内部和外部的结合的呢？

在数学哲学中，康德主张直觉主义。这个流派认为，我们可以把人的逻辑思维能力看作在进化中逐渐出现的人脑硬件本身的系统组成部分。我们创造数学关系、推导理论等的能力，都来自这种硬件结构。于是，我们猜测，对孕育了生命的宇宙来说，也许它内部就有一套与数学一样的逻辑框架。这样一来，我们的大脑，以及它的产物——数学，就可能具有了与物理宇宙本身一样的逻辑框架。

将这个乐观的思想更进一步推广，我们是否可以说，宇宙的深层结构也是数学的呢？古希腊哲学家柏拉图早在2000年前就提出，自然数就是宇宙中的实体存在。也许，这个世界，除了数之外，别无他物，物理现实不过是数学的体现。

在某种程度上，哥德尔的理论可以应用到整个宇宙，而结论是我们永远无法知道宇宙是否真的自洽。

在本章的最后，我把两位学者的名言放在一起，也许读者能够从中获得一些启发。

> 宇宙中最不可理解的事，是宇宙是可以理解的！
>
> ——阿尔伯特·爱因斯坦

> 纯数学是一门我们不知道自己在说什么，也不知道我们所说的是否为真的学科。
>
> ——伯特兰·罗素

第十一章　突破生存死局
——时间之箭与低熵体

在《三体》中，黑暗森林理论是一个关乎宇宙社会状态的猜想，也是整本小说情节发展的依据。它的公理基础是因生存资源的有限而导致的文明生存死局。在这种局面下，消灭他人，你死我活，成为延续文明的不二之选。在弥漫的硝烟中，宇宙仿佛一个尸横遍野的战场，将化为万劫不复的深渊，《三体Ⅲ》用了“死神永生”来表现它的终极状态。

事物的有序与混乱是热力学研究的内容。在已有的自然科学门类中，热力学最为特殊，因为只有它指明了“时间之箭”的方向。那么，热力学对时间的深刻认识，是否能为我们指明走出黑暗森林的道路呢？

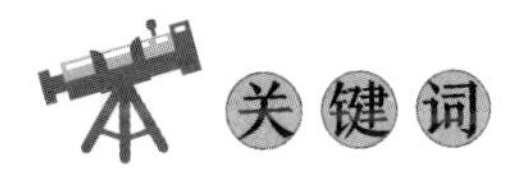

热力学，熵，功与热，统计力学，玻尔兹曼方程，熵增原理，热寂说，非平衡态热力学，孤立系统与开放系统，耗散结构，负熵

生存死局

黑暗森林理论强调，宇宙文明应该隐藏自我，随时准备消灭他者。显然这会导致宇宙文明之间你死我活的斗争，其结局必然是宇宙社会的全面崩溃和消亡。这种趋势像极了清代戏曲作家孔尚任在《桃花扇》中的悲叹："眼看他起朱楼，眼看他宴宾客，眼看他楼塌了。"

在《三体》中，黑暗森林打击不仅出现在宇宙中两个遥远的文明之间，也存在于人类社会内部。在水滴之战中，人类的太空战舰一共只逃出去 7 艘，分为两拨，各自朝着太空深处逃去。然而，这几艘战舰之间竟然爆发了内战。在两拨战舰里，各有一艘最终生存下来，并逃往更深、更远的地方。全地球的人都强烈指责这场自相残杀的"黑暗战役"。当罗辑得知这个消息时，他认为自己的理论猜想得到了验证——尽管人类为此付出了惨痛的代价。

如此看来，黑暗森林理论的关键词就是"生存死局"。在生存死局中，为了保证自己的生存，博弈的各方只能选择率先消灭对手。

宇宙是否注定成为一个生存死局呢？

在《三体Ⅲ》的第五部分，出现了一些陌生的名词，不少读者可能感到莫名其妙。

> 宇宙的熵在升高，有序度在降低，像平衡鹏那无边无际的黑翅膀，向存在的一切压下来，压下来。可是低熵体不一样，低熵体的熵还在降低，有序度还在上升，像漆黑海面上升起的磷火，这就是意义，最高层的意义，比乐趣的意义层次要高。要维持这种意义，低熵体就必须存在和延续。
>
> 摘自《三体Ⅲ》

这里以热力学的名词"熵"作为宇宙混乱程度的衡量尺度，它的升高，表明宇宙在一步步走向混乱。顺着无情的时间之河，似乎死亡才是宇宙万物最终的归宿。

不过，在这段话中，出现了“低熵体”这种神奇的存在，它似乎能够与死亡抗争，而且因为有了它的存在，宇宙才被赋予了意义。

这里所谓的“低熵体”就是生命现象。假如宇宙只是单向地走向毁灭，那怎么会出现生命？宇宙自诞生以来，经过亿万年的演化，出现了生命，产生了文明，难道这一切都是为了加速自我毁灭吗？难道生命的出现仅仅是为了走向终结，而不是为了追求光明和真理吗？生命的意义到底是什么，宇宙的意义又是什么？

这些似乎是哲学领域的话题。在这一章中，我们不妨从科学的角度做些思考，通过热力学对时间的认识，尝试探讨破解这种“死局”的方法。

时光一去不回头

在追问宇宙和生命的存在意义时，绕不开一个根本的问题：时间是什么？时间为什么总是从过去到未来单向前进，而不像空间那样，让我们可以在其中自由穿梭？为什么我们的一切行动只能对将来起作用，而不能影响过去？

历代文学家和哲学家都被时间迷惑过。孔子这样描述时间：“逝者如斯夫，不舍昼夜。”庄子对时光如是说：“人生天地之间，若白驹之过隙，忽然而已。”诗仙李白在时间面前则洒脱得多：“光阴者，百代之过客也。而浮生若梦，为欢几何？”“时间就像一支箭”——这是英国天文学家爱丁顿在1927年首先提出的。

虽然现在我们已经很熟悉“时间只有一个方向”的观点，但这种看法其实并非自古以来就有的。日月星辰东升西落，春夏秋冬周而复始，时间的循环模式才是各个古老文明最初的体验和发现。古埃及人相信人死后能够重生，而肉体的完整是死者重生必不可少的条件，因此他们发明出木乃伊来保存尸体。中美洲的古代玛雅人则相信每260年历史就会重复一次，他们把这个周期叫作“拉玛特”，它是玛雅人日历的基本单元。时间能够循环可以令人感到安慰，人们更愿意相信存在再生和复活。

“线性时间”的概念是借由犹太教和基督教的传统被写入西方文化中的。在西方人看来，时间是一条穿梭于过去和未来的线。时至今日，“时间不可逆”的观念依然深刻影响着西方思想，人们笃信只有进步才是历史的前进方向。达尔文的进化论把我们和原始生物在时间上连接了起来，更是确认了时间的单向性。

那么，在以牛顿力学为代表的近代科学登场以后，科学又是如何看待时间的呢?

被忘却的维度

17 世纪是近代科学诞生的时代。其中，牛顿的成就令人惊叹，从苹果到月亮都适用他伟大的运动公式，地上的运动和天上的运动被它“融为一体”。1758 年，当哈雷彗星按照牛顿的定律如约而至，在夜空中展现其壮丽的身姿时，人们都不得不向这位已经离世 30 年的伟人致敬。

然而，你可能想不到，尽管牛顿的科学成就如此辉煌，但在他的方程式里，时间是一个没有定义的原始量。牛顿在《自然哲学的数学原理》(*Philosophiae Naturalis Principia Mathematica*)一书中说:“绝对的、真实的、数学的时间，在均匀地流逝，因为它自身的本性，与任何外界事物无关。”牛顿力学具有极强的预测性，只要把宇宙中某个时刻所有天体的位置和速度都放入牛顿方程式中，它就能算出任何其他时刻的天体位置和速度。在牛顿力学中，冻结在某个时间点的，不仅是宇宙的现在，还包括它的整个过去和未来。但是，万能的牛顿方程有一件事做不到——它不能断定时间的哪个方向是宇宙的过去，哪个方向是未来。

前面的章节中我已经介绍过，牛顿力学实际上在许多场合并不适用，例如在物理运动速度极高时或在极小的尺度中。20 世纪，物理学出现了两大科学革命:相对论和量子力学。新的理论能够更好地解释高速或微观情况下物质的运动状态。

爱因斯坦的相对论粉碎了牛顿的“绝对时间”的观念，提出了对处于不同

运动状态的观察者来说时间不相同的观点，而量子力学则成功地解释了微观世界里原子和分子的各种古怪行为。但是，这两个理论仍然没有涉及时间的单向性问题。在主流的物理学中，“时间是可逆的”这个观念仍然屹立不倒。难怪诺贝尔奖获得者、俄裔比利时物理化学家普里戈金曾抱怨说：“我总是不明白，怎么能从可逆性里得出我们的宇宙、文化和生命的演化形式？”

时光如箭，一发不可收拾，但它在物理学中却失去了方向。科学要如何面对这个尴尬的局面呢？

时间与热力学

在以牛顿力学为代表的力学体系中，过去、现在和未来在任何时刻都是一样的，力学没有时间性。然而，自从热力学出现后，情况就完全不同了，它用“熵”这一概念把每个时刻加以区别，宇宙从此真正“活”了起来。

1782 年，英国的瓦特发明了第一台有实用价值的蒸汽机。19 世纪，随着科学家在工业时代对蒸汽动力的研发，一门新的学问——热力学诞生了。热力学通过研究蒸汽机如何工作，揭示了热跟其他能量相互转化的原理。

蒸汽机的工作就是把“热”转化成“功”。“功”指一种有用的、有组织的能量。英国物理学家詹姆斯·焦耳证明热和功是等价的，这种等价关系表明在**一个物理过程中，能量的形式虽然可以转化，但其总量是守恒的**。这就是**热力学第一定律**。

不过，跟时间有关系的是热力学第二定律。

德国物理学家鲁道夫·克劳修斯在实验中发现，热量总是自发地从高温物体流向低温物体，而不会反过来。如果要使其逆向进行，就必须付出额外的代价。他发现，在每一次能量的转化中，都有因为产生热而出现的能量耗散。天才的克劳修斯指出，虽然热和功是等价的，但能量耗散使它们之间出现了一种十分重要的不对称性。原则上说，任何形式的功都可以完全转化为热，但是反过来不能成立。也就是说在热转化为功的过程中，总有一部分热会白白地浪费，这意味着这个过程会不可避免地产生能量损失，热量损失在这个过程中是不可逆的。一旦发生了热量损失，这种“废能”就不可以再转化为功。克劳修斯的想法在 1850 年被证实，后来，英国物理学家开尔文爵士将这个理论改写成热力学第二定律。

热力学第二定律表明，所有的能量转化都是不可逆的。1865 年，克劳修斯进一步提出了“熵”的概念，用来描述“退化”的能量（也就是“废能”的量）。**如果用熵来表述第二定律，那就是在有耗散的情况下，熵会不停地增长，所有做功的能量都耗尽时，熵也就达到最大值。**

至此，人们总算在热力学中发现了第一个不可逆的物理学原理。这种不可逆性，或者说熵增加的单向性，才是时间前进的方向。熵成为热力学中最重要的概念，克劳修斯因此被誉为“时间之箭”之父。

孤独的科学旅人

不过，此时热力学中的熵是测量热量变化的物理量，而热似乎只涉及事物表面的宏观状态，并不像牛顿力学那样可以跟世界的本质——物质的运动打交道。牛顿力学对运动的描述在时间上是可逆的，这与宏观的熵的概念所表明的不可逆性是矛盾的，而人们此时并不清楚热力学的本质是什么。

改变这一局面的是奥地利物理学家路德维希·玻尔兹曼，他为让科学界接受热力学理论，尤其是热力学第二定律立下了汗马功劳。

今天的我们毫不质疑微观世界中存在原子，然而，在玻尔兹曼生活的 19 世纪末，这却不是人们的共识。那时关于世界构成的学说主要有唯能论和原子论两种。这两者的争论在科学史上非常有名，到了 20 世纪最终以原子论的完胜告终。

唯能论认为，能量比物质更基本，是一切自然、社会和思维现象的基础，而这些现象都是能量及其转化的各种表现，都应当作为能量变化的过程来加以描述和解释。

与唯能论的立场相对立的是原子论。它认为物质的基本构成是无法被肉眼看到的原子和分子。玻尔兹曼作为这个理论的先锋，受到了来自唯能论学者的各种打击，却依然坚持自己的学说。

原子论认为，气体都是由数目庞大的运动分子组成的。按照经典力学，如果要完整描述所有分子的行为，所需的信息量十分巨大，因为人们需要知道某一时刻每个分子的运动速度和位置。但是，玻尔兹曼通过引入概率论，发现在宏观层次上，只需要很少的信息，如压力、体积和温度，就可以描述气体的总体性质——这正是“统计力学”的优势所在。

1877 年，玻尔兹曼运用统计力学的方法提出了“玻尔兹曼方程”，对热力学第二定律进行重新定义。我们虽然无法测量微观层面上单个分子的情况，但可以通过测量宏观层面的温度等参数，计算出微观物理量的平均值。在玻尔兹曼方程中有一个 H 函数，这个函数随着时间流逝而减小，它在数值上与熵相等，但符号正好相反。创建这个函数显然是一个创举，因为这样一来，熵与概率就可以联系在一起了。作为统计力学的奠基人，玻尔兹曼是历史上第一个为物理定律做出概率解释的人。

不过，当时的物理学正处在重大转型的时期，原子论始终受到来自唯能论阵营的打击，而玻尔兹曼提出的概率性解释也不断受到来自经典物理学界的质疑，因此他一直有一种孤军奋战的感觉。这种孤独感和日益恶化的健康状况使他两度试图结束自己的生命。最终，在 1906 年，玻尔兹曼还是以自杀的方式告别了这个世界。然而，就在他辞世仅仅几年后，原子论就开始流行起来了，这主要得益于爱因斯坦在研究布朗运动时取得的成果。

玻尔兹曼揭示了热力学第二定律的统计学本质，从而使统计力学跨越了现实世界中宏观和微观之间的鸿沟。为了纪念玻尔兹曼，玻尔兹曼方程被醒目地刻在了他在维也纳中央公墓的墓碑上。

熵增与时间之箭

对一个孤立系统（不与外界发生物质和能量交换的系统）来说，系统本身总倾向于从微观量出现概率小的有序状态，向其出现概率大的无序状态变化，所以，从有序走向无序是孤立系统演化的必然过程。

根据玻尔兹曼方程，熵与宏观系统中包含的微观状态的数量有关，是对宏观系统的无序程度的衡量。孤立系统的无序度总是增大，也就意味着熵总是增大。

因此，热力学第二定律有了一个新的名字——熵增原理：**处于非平衡状态的孤立系统，熵总是增大的**。这个增大的方向，正是时间流逝的方向。至此，时间终于在物理学中拥有了自己本该有的地位。

例如，日常生活中我们会看到，当一滴墨水刚刚滴入一瓶清水中时，它会保持着聚集的状态，此时瓶中的水依然清澈，处于一种有序的状态。随着时间的推移，这滴墨水将逐渐扩散开来，颜色变浅。最终，墨水会均匀地扩散到整瓶水中，我们分不出哪里是墨水，哪里是清水，这是这瓶液体最无序的状态，而它将一直保持这种均匀混合的状态，不再变化。从熵的角度来看，开始的时候，这瓶清水和墨水所组成的系统的熵最小，而墨水的扩散过程就是熵增大的过程。最终，熵增加到最大，就不再变化。我们可以看到，时间的方向就是墨水扩散、无序度增加的过程。

墨水的扩散过程是熵增大的过程

如果我们把这个过程拍摄下来，把片子逆着时间播放，就会看到一瓶均匀混合的液体逐渐变化，最终只有一滴墨水集中在一起，而其他的地方却是清水的过程。我们一下子就能指出这是倒着播放的片子，因为它与我们的日常经验不符。从墨水的扩散，我们就能看到“时间之箭”的方向。

对一个孤立系统来说，总体熵增加的变化是不可逆的，因此“时间之箭”也是不可逆的。

宇宙的悲剧结局

我们如果把要考虑的对象扩大到整个宇宙，把宇宙看作一个“孤立”的系统，那么按照热力学第二定律，宇宙的总熵会随着时间的流逝而不断增加，宇宙必将从有序状态走向无序状态。当宇宙的熵达到最大值时，宇宙中的其他有效能量已经全部转化为热能，所有物质的温度都达到热平衡，这时一切就不会再有任何变化。这样的宇宙中再也没有任何可以维持运动或生命的能量，宇宙的“时间之箭”就走到了尽头。这就是关于宇宙最终命运的“热寂说”。

热寂说是热力学第二定律在宇宙学中的推论，最早由开尔文爵士和克劳修斯提出。不过，他们依据的前提条件并不相同。开尔文认为把热力学第二定律推广到宇宙是有前提的，必须假设宇宙是一个“有限”的系统，而克劳修斯并没有做这样的限定，他把第二定律毫无条件地推广到了整个宇宙。

热寂说一经提出就在科学界引起了轩然大波。由于当时科学发展水平的限制，人们既无法用新的理论对这一假设做出合理的解释，也无法通过观测进行验证，因而难以对它的正确性做出判断。由于涉及宇宙的未来、人类的命运等重大问题，它成为科学界和哲学界持续不断的争论的焦点，而且至今仍无定论。

除了在科学界和哲学界，熵增原理在社会学界也引发了热议。按照玻尔兹曼的理论，物质世界必将走向分崩离析。那么，人性是否也会越变越坏？人类社会是否必将走向秩序混乱，文明又是否总是趋向自我灭亡呢？

《三体》的黑暗森林理论，从某种意义上看，正是热力学第二定律沿以上思路发展出的衍生物。黑暗森林理论认为，随着宇宙的演化，宇宙文明社会必将沦为毫无道德底线的存在，每个文明所能做的只有隐藏自己和消灭他人。

在小说的第三部中，太阳系遭受到的黑暗森林打击是降维打击。生活在这里的所有生命被迫跌入二维的平面世界，从而永远死亡。这让人想到罗素曾发出的感叹："一切时代的结晶，一切信仰，一切灵感，一切人类天才的光华，都注定要随太阳系的崩溃而毁灭。供奉着人类全部成就的神殿将不可避免地被埋葬在崩溃宇宙的废墟之中。"

《三体Ⅲ》中的人物关一帆说，宇宙最初是美好的高维世界，在一轮轮文明的蹂躏和摧残下，反复降维，直到今天只剩下三维。而作为所有事物运动速度上限的光速，也从最初的无限大，随着战争减慢到如今可怜的每秒30万千米，以至于宇宙的一端永远无法和另一端取得联系——用关一帆的话说，宇宙就像一个高位截瘫的病人。

> 关一帆摇摇头，在超重下像是在挣扎一样，"黑暗森林状态对于我们是生存的全部，对于宇宙却只是一件小事。如果宇宙是一个大战场——事实上它就是——在阵地间，狙击手们射杀对方不慎暴露的人，比如通信兵，或伙头军什么的，这就是黑暗森林状态；对于战争来说它是一件小事，而真正的星际战争，你们还没见过。"
>
> ……
>
> "维度攻击的结果，宇宙中二维空间的比例渐渐增加，终将超过三维空间，总有一天，第三个宏观维度会完全消失，宇宙变成二维的。至于光速攻击和防御，会使低光速区不断增加，这些区域最后会在扩散中连为一体，它们中不同的慢光速会平衡为同一个值，这个值就是宇宙新的C值；那时，像我们这样处于婴儿时代的科学就会认为，每秒十几千米的真空光速是一个铁一般的宇宙常数，就像我们现在的每秒三十万千米一样。"
>
> 摘自《三体Ⅲ》

尽管这只是科幻小说中的叙述，但也道出了作者对宇宙社会走向自我毁灭的担忧。难道说，热力学真的就意味着一切必将沦为混乱无序的终极结局吗?

打破平衡态

自热力学第二定律问世，人们很快就发现，它似乎与达尔文的进化论相冲突。

如果说经典力学把宇宙看作一个不折不扣的机器，那么热力学则表明这部机器总是会越来越混乱。但是达尔文告诉人们，简单的生物会逐渐演化成复杂的生物，随着时间的推移，生命会越来越有组织，而不是越来越乱。天上飞的、水里游的、地上爬的，如此丰富多彩的生命现象，它们似乎都在用自己的行动证明热力学第二定律的荒谬。

实际上，这里并不存在矛盾。热力学理论也允许宇宙出现创造、进化和发展，而不是只有纯破坏性的演化，从而单调地退化到无序状态。也就是说，宇宙并非只能从美好的田园时代，直直地堕入毫无生机的一片热寂。把墨水滴入一杯清水，最终的状态固然是均匀混色的一杯液体，但也许你已经注意到，在到达最终状态的过程中，墨滴在清水中出现过许多瞬息万变的花样和结构。

给热力学赋予新意义的，是来自布鲁塞尔自由大学的一群科学家，他们创造了 20 世纪的现代热力学。他们指出，混乱固然可能是物质的最终状态，但第二定律绝不是说这个过程均匀地发生在宇宙的每个地方。

这涉及热力学中的平衡态与非平衡态。充分混合后的液体，适用的是平衡态热力学，而在墨水刚刚滴入的时候，适用的则是非平衡态热力学。

对一个孤立系统来说，当它最终处于最无序的状态时，就达到了热力学平衡态。平衡态热力学研究的是宏观系统不随时间变化的性质，它只涉及热力学演化的终态，也就是时间的终点，而不能用来描述时间明显流逝的过程。换句话说，平衡态热力学虽然用熵为我们指明了“时间之箭”的终极方向，但在它自己的理论体系里却没有时间的坐标！这真是天大的讽刺！

在真实的世界中，人们感兴趣的并不是那些“令人窒息”的平衡态，于是科学家展开了对非平衡态热力学的研究。非平衡态热力学有两个分支：线性分支和非线性分支。线性分支是研究接近平衡态的系统行为，而非线性分支则研究系统远离平衡态的情况。“线性”这个词来自数学。所谓**线性系统，指各部分的作用可以简单地相加在一起，而对非线性系统来说，各个部分的作用不能简单地叠加起来。**

从 20 世纪 40 年代起，布鲁塞尔热力学派的代表人物普里戈金就致力于非平衡态热力学的研究。他先分析了略微偏离平衡态的系统，发现与平衡态时熵取极大值有所不同，这样的系统通常会演化到熵取极小值的结果上来。1945 年，他提出“最小熵产生定理”，奠定了线性非平衡态热力学的理论基础。

接下来，普里戈金又大胆地向前推进，把同样的分析方法推广到更复杂的情况，也就是远离平衡态的非线性系统，希望揭开关于时间和变化的更为深奥的新图景。同时，他还把研究的对象从热力学的孤立系统变为“开放系统”。与孤立系统不同，开放系统指与外界保持物质和能量交流的系统，而这才是我们周围世界和事物的常态。

耗散结构与宇宙创造

经过近 20 年的悉心研究，普里戈金发现，开放系统在远离平衡态的时候，尽管总熵仍以极快的速度在增长，但会出现极其有序的行为。因此，必须修改第二定律留给人们的固有信条——时间的流逝总意味着系统从有序向无序状态的演化。

普里戈金的研究表明，在比较短的时间尺度上，系统的内部会出现有序的结构，只要有物质和能量的交流，它就可以维持下去，只要系统保持对外界开放，就有可能使它一直偏离平衡态。因为在这种情况下，系统所产生的熵可以输送到外界去，而使系统本身维持在有序的状态，同时系统和外界的整体熵仍然是增加的。在远离平衡态时出现的新状态令人惊异，其组成部分在时间和空间上的行为能够达到协调一致，普里戈金把这称为“耗散结构”。它们在系统与外界有物质和能量交换的前提下生成，并伴有熵产生。那些导致耗散结构生成的复杂而相互依赖的过程，叫作“自组织”。

由此我们可以看到，热力学并不禁止有序结构的自发产生，热力学第二定

律也并非表明事物只能朝着无序状态单调地退化下去。在远离平衡态的情况下，热力学第二定律的不可逆性原则也会导致自组织过程，在这些过程中出现了自然界的各种有序结构，包括生命。一句话：生机在远离平衡态时萌动。

耗散结构理论在自然科学及社会科学的许多领域都有重要的用途。普里戈金因创立耗散结构理论，发展了非线性非平衡态热力学而荣获1977年诺贝尔化学奖。

回到前面的宇宙“热寂说”，我们的宇宙目前仍处于远离平衡态的状态，不能一味地应用平衡态热力学，而忽视无处不在的引力作用。宇宙中随处可见非平衡态，它们允许自发产生的自组织过程，因此恒星、行星和星系，甚至细胞和生命才得以出现。如果不考虑非线性非平衡热力学，就不会有天地万物，生命就不会在地球上出现，我们也就不会在这里思考自己存在的意义了。

热力学第二定律不仅提供了一个“时间箭头”，还让我们看到了各种生动的循环和低熵的奇迹。对我们来说，热力学第二定律的两个面相（一方面总体上代表着从有序向无序的演化，另一方面在非平衡态下又意味着生命的出现）都很重要。

与熵增的命运抗争

早在20世纪40年代，物理学家薛定谔就在《生命是什么》（*What Is Life?*）这本有前瞻性且影响深远的著作中指出了热力学视角下生命的本质。

薛定谔率先提出，区别生命物质与无生命物质的标准，在于它是否“能持续地从事某些事情，不断运动，与环境进行物质交换”。虽然按照热力学第二定律，包括生命在内的所有物质最终必将走向最大熵的无序状态，但有机生命有一种神奇的本领，能够避免自身快速衰退为“死寂”的平衡态，因而在大自然中显得非常特别。这个神奇的本领就是新陈代谢，其本质是生命体不断从外界汲取负熵，用它来消除自身时时刻刻都在产生的正熵，从而使自身长时间地维持在较低熵的状态，也就是高度有序的状态，从而能生存下来，摆脱死亡。这就是薛定谔“生命以负熵为生”的著名论断。

以包括人在内的动物为例，我们的食物是复杂程度各异、高度有序状态的有机物，我们在食入这些有机物并消化后，排出的是大部分已经降解了的东西。相对于食物来说，这些排泄物具有很高的正熵，但植物依然可以利用它们，从中进一步汲取负熵。从完整的食物链来看，植物需要靠阳光（或阳光所转化的其他能量）才能生存。说到底，对地球上的所有生命来说，太阳才是负熵的最终来源，换言之，太阳是太阳系中最大的低熵体。而太阳这颗恒星，正是宇宙在演化过程中，在远离热力学平衡态的情况下通过非线性作用创造的奇迹。

自然界的食物链

从热力学角度来看，生命就是低熵体，《三体Ⅲ》中反复出现的“低熵体”就是指某种形式的生命。

耗散结构理论还告诉我们，维持自身低熵状态的关键之处在于，生命是开放系统，它与环境之间有能量与物质的交换。假如一个生命停止与外界的一切交流，那就只能死亡。

也许与生命的本质类似，人类社会也不是一个热力学上的孤立系统，熵增原理在这里并不直接适用。纵观人类社会历史，出现过大大小小各种“生存死局”，有国家和民族层面的，也有个体和群体层面的，但当事者所采取的解决方法，并非只有消灭他者这一种。一次次的历史事实表明，自我封闭的社会必将走向倒退和衰败，而那些始终保持开放胸怀的国家和民族才有未来，才能不断走向繁荣。从整个人类文明的发展来看，亦是如此。在森林中，假如一个物种只是寻求占有更多的资源，那么他者都会成为它的对手，黑暗必将笼罩整个森林；而如果它把眼光转向外部，努力寻找新的天地，开拓新的资源，创造新的财富，那么这个物种的未来则充满希望。

热力学第二定律为我们指明了走出黑暗森林的方向——敞开胸怀，迎接阳光！

第十二章　走出地球的摇篮

——第五位面壁者

泰勒和雷迪亚兹出师未捷身先死，希恩斯的思想钢印被“打入冷宫”，而罗辑孤身一人，用自己的生命作为筹码，凭借黑暗森林理论，终于取得了人类与三体人之间的威慑平衡。至此为止，《三体Ⅱ》中的四位面壁者都已出场。

但是，在人类抗击三体入侵的斗争中，并非只有这几个英雄。小说第二部里还用很多笔墨描写了一位幕后的英雄，一位真正保护人类文明火种的面壁者，他的故事更精彩。

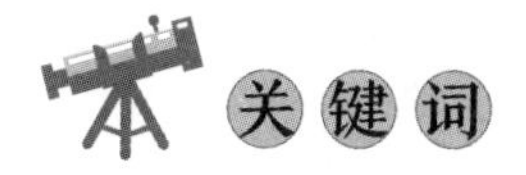

火箭发动机，化学能推进，齐奥尔科夫斯基公式，多级火箭，推重比，比冲，物理能推进，无工质驱动，第二伊甸园，原罪

未来史学派

军人世家出身的章北海，曾任海军某战舰的政委。危机纪元开始时，他被调到刚成立的太空军，成为第一批太空军军人。

作为一个新的军种，太空军计划先用 50 年进行理论研究，然后用 100 年推进太空航行技术的发展和完善，再用 150 年来建设太空舰队。这样，从现在到太空军形成战斗力，还需要至少 3 个世纪的时间。与三体舰队的正面对决，应该是在 4 个世纪以后，而那时的太空军战士，应该是现在的军人的第十几代子孙。一句话，太空军的任务是面向未来。对刚成立的太空军来说，创立太空战争的理论体系是一个艰巨而基础的工作。

章北海是太空军政治部的骨干，也是公认的有必胜信念的军人。在太空军中，与章北海共事的人，包括他的领导常伟思将军在内，都看不懂他坚定的胜利信心到底来自何方。有人猜测，可能是因为他的父亲是军队的一名高级将领，而这种信心源自家族遗传。

《三体Ⅱ》中交代，章北海坚定的信念的确与其父亲有关。早在三体危机出现之初，他就与父亲共同探讨过未来之战，认为这将是人类历史上从未有过的与外星人的战争。在他父亲的影响下，一批具有深刻思想和远见卓识的学者慢慢聚集了过来，包括科学家、政治家和军事战略家等。由于他们探讨的是人类未来的命运，因此自称“未来史学派”。

未来史学派的研究是公开进行的，内容涉及人类文明未来发展的方向和路径、不同阶段面临的主要问题及其解决方案等，都是一些基础的研究课题，他们也曾召开过几次学术研讨会。

舰队司令：“可是现在，未来史学派的理论已被证明是错误的。”

章北海：“首长，您低估了他们。他们不但预言了大低谷，也预言了第二次启蒙运动和第二次文艺复兴，他们所预言的今天的强盛时代，几乎与现实别无二致，最后，他们也预言了末日之战中人类的彻

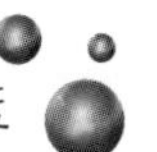

底失败和灭绝。”

摘自《三体Ⅱ》

小说告诉我们，在三体危机爆发后，人类社会出现了大低谷，环境恶化、通货膨胀，甚至还出现了大饥荒。这场大饥荒导致人口锐减，社会境况更加惨不忍睹，民不聊生——这些都被未来史学派在1个世纪前预言了。人们痛定思痛，看看怀里快要饿死的孩子，再想想要延续的人类文明，最终选择了前者，选择过好当前的日子，“给岁月以文明，而不是给文明以岁月”。于是，人类社会出现了第二次启蒙运动和第二次文艺复兴。人性解放带动了科技和生产力的飞速发展，生活水平奇迹般地恢复到大低谷以前。而未来史学派准确预言了这些情况。在未来发生的事情，仿佛已经被写在史书上一般，难怪他们把这些叫作“未来史”呢。

未来史学派预言在与三体的末日之战中，人类必败，这正是章北海所持的真正信念。章北海作为坚定的失败主义者，为了在未来与三体的对决中为人类文明保留一粒火种，不惜伪装成有必胜信念的军人，决定舍弃家人，通过冬眠前往未来，在关键时刻尽到一名军人的职责。这就是第五位面壁者的故事。

改变历史进程的暗杀

章北海认为，在未来的恒星际航行中，无工质驱动核聚变发动机才是真正的出路。这里的“无工质驱动”，指航天器的发动机不是靠喷射燃烧的介质来获得向前的推力，而是靠核聚变的能量辐射产生的推力前进。他发现当前科技界的研究战略在低端技术上耗费了太多的资源，例如在航天发动机领域，还在将大量人力物力投入核裂变，甚至是化学推进方式的研究中，而这些技术根本不能满足星际航行的要求。这一情况的延续必将造成未来人类宇宙逃亡计划的失败。

在《三体Ⅱ》中，章北海分析说：

“可控核聚变技术一旦实现，马上就要开始太空飞船的研究了。博士，你知道，目前有两大方向——工质推进飞船和无工质（即无工质）的辐射驱动飞船，围绕着这两个研究方向，形成了对立的两大派别：航天系统主张研究工质推进飞船，而太空军则力推辐射驱动飞船。这种研究要耗费巨大的资源，在两个方向不可能平均力量同时进行，只能以其中一个方向为主。”

摘自《三体Ⅱ》

有了这样的判断，章北海果断地采取行动，利用航天领域的专家在空间站上开会期间集体合影的机会，远距离暗杀了其中三位关键人物。这三个人位高权重，左右着航天领域的研究方向，而他们主张研究的发动机都不是无工质驱动的。由于章北海射击用的是陨石制成的子弹，人们都以为这场悲剧是太空陨石雨造成的，没有人怀疑这是一场谋杀。随着关键人物的去世，航天领域的研究果然发生了重大转变，朝着章北海预想的方向发展了。

章北海暗杀航天专家的行为，难道智子就不知道吗？它不会向公众揭露吗？智子无所不在，地球上当然没有事情能逃过它的监视。但是，三体人并不在意人类中那些极端顽固的抵抗主义者和胜利主义者，就像它们不在意泰勒、雷迪亚兹和希恩斯这三位面壁者一样。三体人坚信，在智子的封锁下，人类不可能在航天技术上取得任何突破，只会浪费人力和物力，而这正是它们希望看到的。

在 ETO 中，也有人曾对章北海表示过担忧，因为他一方面信念坚定，眼光远大而行事冷静果断，另一方面在有需要时，他可以越出常轨，采取异乎寻常的行动，后者可不是一般军人具有的品质。不过，这些担忧最终还是被忽视了。

章北海通过冬眠，来到 200 多年以后，此时的人类社会果然如未来史学派所预言的，经过大低谷后快速恢复，军事实力大大增强，采用无工质驱动的巨型太空战舰足足有 2 000 多艘。整个人类社会自信心“爆棚”。然而，全体战舰在对抗三体人的水滴探测器时几乎全军覆灭。

小说中，章北海工作的战舰“自然选择”号是一艘恒星际战舰，最快能够

达到光速的 15%，采用核聚变作为能源的无工质驱动技术。不过，它毕竟是科幻作品中的飞船，目前在现实中，人类连可控核聚变技术都还没有掌握，更别说用它来驱动飞船了。

下面我就结合小说的情节，把人类在空间推进方面已经掌握的科学原理和技术稍做介绍。

走出地球的摇篮

在空中自由翱翔是人类千百年来的梦想。最初，人们观察鸟类，希望能制作出神奇的翅膀。后来，科学家逐渐弄清，鸟翅的结构才是飞行关键：它使得翅膀上下方的气流速度不同，因而带来了升力。1903 年，莱特兄弟把第一架飞机成功送入天空，这一伟大的发明从此改变了人类的交通方式。不过，飞机的飞行离不开空气。要进入大气层外的太空，飞机显然是无能为力的。人类实现太空飞行要靠火箭来推进。

火箭最早出现在中国，大约在 1 000 多年前的宋代，中国人就制作了一种用火药作为动力的飞行器。今天节日庆典的烟花利用的也是同样的原理。火箭的原理其实很简单。按照牛顿力学的原理，当我们以一定速度向后抛出一定质量时，便会受到一个反作用力的推动，从而向前加速。人类发明了火箭之后，真正实现了太空飞行的梦想。最为常见的火箭是“化学能推进火箭”。

为了获得推力而向后抛出一定质量这一环节是靠火箭发动机来完成的。火箭发动机在点火以后，推进剂在发动机的燃烧室里发生剧烈的化学反应——燃烧，产生大量的高压气体。高压气体从发动机喷管高速向后喷出，对火箭产生反作用力，使其向前飞行。推进剂（包括燃烧剂与氧化剂）的化学能在发动机内转化为燃气的动能，形成高速气流喷出。火箭自身携带燃烧剂与氧化剂，能够保证化学反应的进行，不需要依赖空气中的氧来助燃，因此火箭既可在大气中，又可在外层空间飞行。

化学能推进火箭，根据其发动机燃烧剂的种类，可分为固体火箭和液体火箭两种。发动机燃烧剂采用固体推进剂（例如硝化甘油）的火箭，被称为“固体火箭”。固体推进剂一般从底层向顶层，或从内层向外层快速燃烧。固体火箭的特点是结构简单、推力大、发射便捷，但是燃烧时间短，比冲小。

发动机燃烧剂使用液体燃料的火箭，则被称为“液体火箭”。常见的液体燃料和氧化剂有甲烷－液氧、液氢－液氧和偏二甲肼－四氧化二氮等。液体火箭先用高压气体对液体燃料与氧化剂贮箱增压，然后用涡轮泵对燃料与氧化剂进一步增压并将其输送进燃烧室，通过燃烧产生推力。液体火箭的特点是推重比大、比冲大、成本低，但是结构较为复杂、发射准备时间长。

在飞行过程中，随着推进剂的消耗，火箭质量不断减小，因此它是会改变质量的飞行体。火箭能携带多重的载荷、最终能达到多高的速度，都是火箭设计中的关键问题。为解决这些问题做出重要贡献的，是苏联火箭专家康斯坦丁·齐奥尔科夫斯基，现代火箭理论奠基人、航天之父。他有一句名言：“地球是人类的摇篮，但人类不可能永远被束缚在摇篮里。”

齐奥尔科夫斯基提出，火箭运动的理论基础是牛顿第三定律和能量守恒定律，明确了星际航行必须依靠火箭才能实现。他在1897年推导出了著名的“齐奥尔科夫斯基公式”，也被称为“火箭运动方程”。这个公式可以近似地估计火箭需要携带的推进剂的重量，以及发动机参数对飞行速度的影响。

更重要的是，齐奥尔科夫斯基公式指出，火箭能达到的速度完全可以高于喷射物向后喷射的相对速度。这表明，我们可以通过较低的喷射速度来达到火箭最终的高速度，这样一来，火箭就可能达到较高的速度。然而，公式还表明，火箭要达到的最终速度越高，其初始质量与推进过程完成后剩余的质量之比就必须越大。也就是说，火箭真正的有效载荷必须很小才能获得较高的速度，这又极大地限制了火箭的运载效率。

为了改善火箭的运载效率，齐奥尔科夫斯基提出了多级火箭的设想。多级火箭是把几个单级火箭连接在一起形成的，单级火箭按照从后向前的顺序点火推进，一个火箭燃烧完毕后，这个单级火箭就会与其他的火箭分开，下一级火箭继续点火推进。由几个火箭组成就被称为几级火箭，如二级火箭、三级火箭。多级火箭的优点是可以抛弃不再需要的部分，无须消耗推进剂带着它一起飞行，使火箭在保证运载能力的情况下达到足够高的速度。火箭的级数越多，在技术上的复杂性也越高，因此在实际中，三级火箭是最常见的。

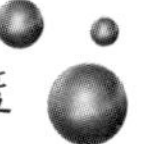

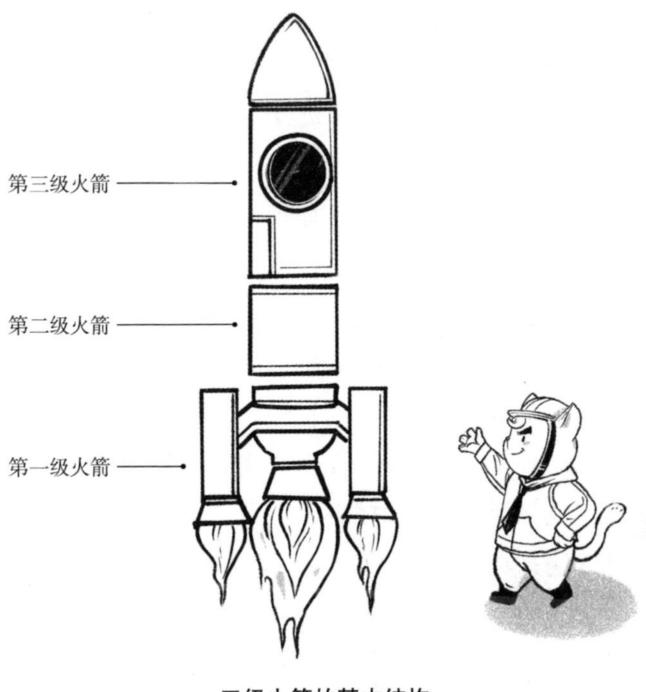

三级火箭的基本结构

在衡量火箭的推进性能时，常见的指标有推重比和比冲等。“推重比”指火箭的推力大小与火箭当前的重力的比。推重比越大，表明火箭越有力。一般来说，推力大小恒定，推重比会随着火箭燃料的燃烧减重而改变。为了使得火箭能够升空，在地面加满燃料准备发射时，火箭的推重比应该至少要大于 1。

“比冲”则指单位时间内消耗单位推进剂所产生的推力。一般来说，常用重量单位来描述火箭推进剂的量，比冲就是一个时间量纲的值，单位为秒，它表示的是 1 千克的推进剂产生 1 牛顿的推力的持续时间。

比冲是用来衡量火箭或飞机发动机效率的重要参数。比冲越大，火箭获得的总推力越大，最终的速度越快，因此发动机的效率也就越高。典型的固体火箭发动机的比冲不到 300 秒，而液体火箭发动机的比冲则可以达到 400 多秒。比冲的大小与发动机推进剂的化学能和燃烧效率等有关。要提高比冲，就要提高火箭消耗燃料的速度，后者的上限不会超过光速。

上面介绍了传统的化学能推进火箭的基本原理。航天动力技术的追求目标之一就是提高喷气速度。由于化学推进靠化学能来加速火箭，难以大幅提升喷气速度，采用其他能源来加速火箭就成为新的途径。此外，由于化学能发动机有寿命短、比冲较低、推进剂有毒等劣势，难以满足人类在外太空的长期自由活动的需求，于是出现了新型的空间推进方式——“物理能推进”，如电推进、核能推进等。

采用电推进方式的火箭按照其工作原理，可分为电热式、静电式和电磁式三大类。最典型的是利用静电场、磁场，或等离子体喷射来加速推进。电推进的比冲是化学推进的数倍甚至数十倍以上，可以达到数千秒，它的推力虽小，但精确、可调，且寿命长，可大幅节省推进剂，目前主要用于航天器的姿态控制。其代表性技术有静电式的霍尔效应推进器、离子推进器等，中国的空间站上就采用了霍尔推进技术来补偿火箭飞行时遇到的大气阻力。电推进体现了从传统的化学能推进向物理能推进的转变。

在物理能推进方式中，最重要的当属“核能推进”。核能推进就是将核裂变或核聚变释放的能量作为推进的动力源。目前主要有两种核能推进方式：第一种是“核热推进模式”，利用核能提供连续的热能输入，来压缩和推动工质；第二种是“核电推进模式”，是把核能转化为电能，再采用电推进的方式。由于核能发电功率高，可把电推进的比冲提高到 1 万秒。

章北海的梦想

《三体》中描写，未来的恒星际飞船采用的是无工质的核聚变动力推进技术。为了这一技术的早日实现，章北海甚至不惜采取暗杀行动。下面就让我们来看看小说里提到的未来的几种火箭推进的可能性，这主要涉及两个概念：“无工质”和“核聚变动力”。前者关系到是否有工质喷出，后者则关系到驱动能源的种类。

先来看核聚变动力，这主要指驱动能的能源为核能，特别是核聚变能源。前面提及的化学推进剂火箭是靠燃烧方式，把化学能转化为高温高压的工质喷出，从而获得推力的。如上所述，同样的道理，还可以靠核能把工质加热并使其喷出，或将核能转化为电能利用电推进技术获得动力进行推进。

当然，人类目前只掌握了核裂变能源技术，现在世界各地的核电站都采用的是这类技术，而可控核聚变的能源技术还在研究过程中。相信在不远的未来，人类必将在核聚变能源领域有所突破。如何把大型的核反应设施进一步小型化和轻量化，让其能在宇宙飞船上运行，也是未来实现核动力空间推进必须攻克的难关。

在《三体》中描写了未来人类在把核聚变动力用在空间实验中时，遭遇多次失败的场景。

> 在可控核聚变技术取得突破三年后，地球的夜空中陆续出现了几颗不寻常的星体，最多时在同一个半球可以看到五颗，这些星体的亮度急剧变化，最亮时超过了金星，还时常急剧闪烁。有时这些星体中的某一个会突然爆发，亮度急剧增强，然后在两三秒内熄灭。这些星体是位于同步轨道上的实验中的核聚变反应堆。
>
> 未来太空飞船的发展方向被最终确定为无工质辐射推进，这种推进方式需要的大功率反应堆只能在太空中进行实验，这些在三万公里的高空发出光芒的聚变堆被称为核星。每一次核星的爆发就标志着一次惨重的失败，与人们普遍认为的不同，核星爆发并不是聚变堆发生爆炸，只是反应器的外壳被核聚变产生的高温烧熔了，把聚变核心暴露出来。
>
> 摘自《三体Ⅱ》

再来看所谓的“无工质”。传统的化学火箭完美体现了火箭推进的原理，即靠向后喷出高速物质，从而获得向前的推力。燃烧释放出化学能，从而获得高温高速的喷射燃气，这就被称为“工质”，即工作介质。因此，“无工质”指火箭没有向后喷射的物质。如此一来，火箭又是如何获得向前的推力的呢？

实际上，无工质驱动可以有两种理解。第一种，是飞船自身不自带动力，靠外力驱动飞行。这类飞船主要是帆类，例如太阳帆飞船，它完全靠太阳光产生的光压在宇宙中飞行。此外，还有激光帆、微波帆等。然而，光压实在太弱，例如在地球轨道的空间中，每平方米太阳光的光压大约为 10 微牛顿，相当于1克的压力。因此太阳帆飞船必须使用面积很大的帆才能获得较大的推力，但是这又势必会增加飞船的自重，从而减小推重比。可见，这类飞船速度提升慢，有效载荷小。

《三体Ⅲ》中描写的“阶梯计划”，使用了多次核爆炸产生的辐射能压来驱动光帆，将云天明的大脑送入了外太空。从某种角度来说，这也是一种无工质驱动的空间推进。

> 程心唯一一次见到阶梯飞行器是当它的辐射帆在地球同步轨道上展开时，二十五平方千米的巨帆曾短暂地把阳光反射到北半球，那时程心已经回到上海，深夜她看到漆黑的天幕上出现一个橘红色的光团，五分钟后就渐渐变暗消失了，像一只在太空中看了一眼地球后慢慢闭上的眼睛。以后的加速过程肉眼是看不到的。
>
> ……
>
> 那面九点三公斤重的巨帆，用四根五百千米长的蛛丝拖曳着那个直径仅四十五厘米的球形舱，舱的表面覆盖着蒸发散热层，起航时的质量为八百五十克，加速段结束时减为五百一十克。
>
> 摘自《三体Ⅲ》

阶梯计划之所以只把云天明的大脑作为运送的载荷，而不是他的整个身体，就是因为这种光帆的推进方式所能承载的重量不能太大。

第二种无工质驱动，根据飞行阶段的不同可以分为两类。第一类是在发射阶段，利用轨道或者线圈，采用电磁加速发射飞船。不过，由于轨道或线圈的长度有限，飞船一旦离开，就无法再获得动力。第二类是在飞行阶段，飞船靠向后发出辐射获得向前的推力。而向后发出的辐射一般就是电磁波。我们通常来说不把电磁波算作物质，因此这种驱动方式也被称作无工质驱动。在《三体》中，所谓的无工质飞船指的应该就是使用这类驱动方式的飞船，即飞船向后“发光”，这也可被称为“辐射推进”。

这类无工质驱动虽然不消耗推进剂，但电磁辐射带来的推力实在太小，就算用上国际空间站靠全部太阳能转化的电能，由电磁辐射产生的推力也仅相当于 20 克的物体能产生的推力。这么小的推力，要把普通的飞船加速到飞出太阳系的第三宇宙速度，恐怕至少也要几千年。

完全靠太阳能作为能源产生的功率太低，于是，人们就设想未来飞船可以靠自身携带的核聚变反应设备，产生大功率的电磁辐射进行推动。这作为科幻小说的情节无可厚非，但是从实际上看，空间核反应堆设备势必会为飞船增加巨大的质量，从而抵消辐射推进带来的优势，高效率驱动仍然是遥不可及的。至少在人类目前可以预见的未来，靠电磁辐射这一方式来驱动飞船还是不现实的。

从实用的角度看，这种驱动方式可谓舍本逐末。我们知道，在核聚变反应的过程中，必然产生高温高压的废气。如果把这些废气作为工质喷出，反倒可以获得相当可观的推力。一味地追求“无工质”，留着这些“废气”不用，而是用微弱的电磁辐射来驱动，真是太浪费了。

总之，从目前来看，无工质推进技术的难题主要还在于能源的功率太小，实际效果远远不及有工质的推进剂，完全无法做到像“自然选择”号那样，在短时间内把飞船加速到光速的 15%。但是，我们并不能排除无工质推进在未来变为现实的可能性。毕竟在跨越星际的长途飞行中，飞船靠消耗工质维持不了太长的时间。齐奥尔科夫斯基公式告诉我们，初始携带的燃料越多，为了提高速度，就要成比例地消耗更多的燃料。

自然选择，前进四

回到小说，自从面壁者希恩斯造出思想钢印，钢印机器一直在钢印族中秘密传承，200 年间不知道到底有多少人接受了思想钢印。尤其是在太空军中，根本无法判断那些掌握了战舰指挥权的舰长是不是钢印族。因为失败主义和逃亡主义是紧密相连的，钢印族必然会把“在宇宙中逃亡”作为自己的终极使命，为了实现这个目的，他们肯定都会深深地隐藏自己的真实思想。所以说，现役的太空军军人中，没有一个是绝对可信的。

对比之下，章北海这一批通过人体冬眠技术去往未来的特遣队员则是可靠的。因为在他们进入冬眠的时候，思想钢印还不存在。另外，他们之所以被选为特遣队员，就是因为他们表现出军人的忠诚和必胜的信念。所以，200 年后，太阳系舰队决定复苏章北海这一批军人，让他们担任太空战舰的执行舰长，原舰长对战舰的所有指令，都要先由他们来判断是否正常，再向战舰发出。

章北海工作的战舰是亚洲舰队第三分舰队的旗舰——“自然选择”号。它载有 2000 名士兵，吨位和性能都首屈一指，生态系统能够支持全舰人员超长时间的星际航行。章北海不苟言笑，浑身上下充满着古代军人的气质，这对生活在太空时代的新人类来说是极具古典魅力的。

然而，在交接舰长权限的仪式后，章北海立即把战舰设定为遥控状态，切断了与外界的所有通信。他对原舰长东方延绪说：“你知道我不可能是钢印族。我是一名尽责任的军人，为人类的生存而战。”前进四是“自然选择”号的最大加速度挡位按钮。当其余人员进入深海加速液后，章北海按下了这个代表着全速前进的按钮，心中默念着那句他用尽一生努力追求的指令：自然选择，前进四！

章北海操纵战舰快速飞离基地

一向行事低调的章北海突然做出了这样的行动，其内心之深邃，让人捉摸不透。从此刻起，他的形象高大起来。

而就在此时，狂妄自大的人类不顾章北海的忠告，正准备以全体战舰前去迎接那个小小的三体水滴探测器。然而，就在不到一天时间之内，水滴之战爆发，人类的所有战舰被消灭殆尽。在人类战舰中，共有四艘战舰被派出追击“自然选择”号。“自然选择”号和追击它的战舰上的5000多名士兵成了人类仅存的太空力量。而这一切都要感谢章北海，士兵都对他表示由衷的敬意。

在茫茫宇宙中航行的这五艘战舰组成了一个新的社会，他们自称“星舰地球”。到此为止，人类世界分为三个国际：地球国际，在太阳系中的舰队国际，以及飞向宇宙深处的星舰国际。

黑暗战役

这五艘战舰的航行，是人类第一次真正进入太空，对他们来说，身后的地球已经陷落，那里不是归宿，他们注定成为在茫茫宇宙中流浪的新人类。在这新组建的“星舰地球”上，人们组织召开了全体公民大会，热烈地讨论新的社会形态、治理体系和公民权利等。这一切就像人类文明的一个新的开端，人们把此时的五艘战舰称作“第二伊甸园”。

然而，危机很快就出现了。“自然选择”号原舰长和副舰长一致认同，战舰飞向的目标距离地球18光年，航行大约需要6万年。这么长的时间，即便是战舰能够到达，战舰上的人也不可能活着到达，因为战舰上的生态循环系统和冬眠系统根本不可能正常工作这么久。并且，飞船各部分关键系统的零部件备份严重不足，飞船出现故障后不可能修复。他们都意识到，最明智的选择应该是：把所有的能源和零部件都集中在一艘飞船上，并且把人员总数减少到一艘战舰能容纳的程度。

这正是前面说过的“生存死局”。在这种极端的条件下，要么所有人都死，要么大部分人死，让小部分人生存下来。此时人们必须做出选择：谁最终存活下来，代表新人类踏上宇宙逃亡的航程，去创建新的文明。

就在舰长们犹豫不决的时候，他们惊讶地发现，章北海正在操作武器系统，准备向其他四艘飞船发射次声波氢弹。这位来自“古代”、曾经两次改变历史的军人，又一次为他们考虑好了未来，并打算替他们完成那最痛苦的决定。

此时，东方舰长还没来得及和章北海交流，导弹来袭的警报就响了起来。原来，是“终极规律”号向他们发射的次声波氢弹已经飞临。从警报响起到氢弹爆炸摧毁“自然选择”号，只有 4 秒——章北海只比对手慢了几秒。

然而，在这场黑暗战役中，最终幸存下来的并不是首先发起攻击的“终极规律”号，而是“蓝色空间”号。它上面的 1 200 多名士兵收集了已无活人的其余三艘战舰上的燃料和资源，继续上路。几乎与此同时，在太阳系的另一端，在水滴战场上幸存下来的两艘人类战舰：“青铜时代”号和“量子”号之间，也爆发了类似的黑暗战役。最后存活下来的是“青铜时代”号。美好生活才刚刚开始，大部分人就这样被逐出了“伊甸园”。

到此为止，这两艘来自太阳系的人类战舰，经过黑暗战役的洗礼，在太阳系的两端，沿着相反的方向，向黑暗的宇宙深处飞去。此时他们的心情都十分平静，这些太空新人类已经度过了婴儿期。

父爱如山

毫无疑问，章北海可以算是小说中的第五位面壁者。虽然他并不是名义上的面壁者，然而这位军人仅凭借自己的智慧和信念，带着父辈的嘱托，舍弃家庭，勇敢地穿越 2 个世纪的时光，最终给人类文明留下一粒种子，一点希望。从本质上讲，他和其他四位面壁者一样，都认为在与三体人的末日之战中，人类必败。从这个基本认识出发，他彻底隐藏自己的真实想法，冷静而果敢地推进自己的计划。对暗杀航天领域的三位元老，他一直都深感自责，在带领飞船成功逃离之后，他也仍然背负着这个沉重的十字架。然而，为了人类文明的未来，哪怕再来一次，他也会义无反顾地这样做。

章北海，这位颇具忍者风范的悲剧英雄，把一生都贡献给了人类文明的延

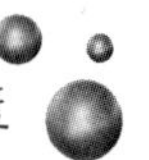

续。为了这个使命，他不惜采取暗杀行动和进入长时间的冬眠，目光远大，思考缜密。他就像一位父亲一样，把这些飞船上的士兵看成是自己的孩子。他冒险带领大家逃离太阳系，给了他们一次新生的机会。然而，让他真正感到痛苦的是，他从一开始就知道由于资源有限，残酷的黑暗战役不可避免，大多数人注定都要被逐出“伊甸园”。在“自然选择”号被导弹攻击前的最后几秒里，章北海对东方舰长笑了笑，说道：“没关系的，都一样。”这句话成为《三体》的金句之一。

作为“自然选择”号的执行舰长，在这一个月的时间里，章北海其实早就可以独自操作飞船，提前对其他四艘战舰发起攻击，为“自然选择”号赢得生存的机会。但是，这位忍辱负重的父亲，又怎么会忍心亲手杀死自己带出来的孩子呢？

经历了 2 个世纪的磨难，在别人看来章北海已是心硬如铁，然而在他的内心深处，仍然藏着人性和道德的柔软一面，这使他在做出最后的决断之前，犹豫再三，结果比别人晚了几秒做出决定。从星舰文明的整体角度来看，最终胜出的是哪艘飞船其实并不重要，只要文明的种子还在，章北海的使命就没有失败。从这个角度来看，的确是“没关系的，都一样”。

从另一个角度来看，假如是章北海首先采取行动，消灭其他战舰上的人，为“自然选择”号留下机会，那么这些他一手带出来的太空人类是真的长大了，思想成熟了吗？父母的决定，永远都不能代替孩子的思考。父母的手臂，也不可能永远是孩子远行的依靠。五艘战舰上的官兵，都承担着延续人类文明的重任，他们的远行没有回头路，他们的内心成长也注定需要精神的独立。在茫茫的宇宙深处，踏上流浪之路的新人类，最终能依靠的只有自己，而不是身后的地球和陪在身边的父亲。只有他们自己意识到了宇宙的生存法则，并且勇敢地做出决断，为自己开辟出希望的道路，奠定适应新环境的道德基础，这一新文明才可能真正地成长起来。因此，当章北海最后看到其他战舰首先发起了攻击，在他内心深处的感受其实是欣慰多过失落，就像看到孩子远去的背影，每位父母心中那份复杂的感情一样。每每读到章北海的那句“没关系的，都一样”，“父爱如山”这四个字都会不觉涌现在我的脑海中。

宇宙新文明

章北海虽然牺牲了，但他开创的星舰国际的传奇故事，才刚刚拉开帷幕。发生在人类战舰之间的黑暗战役，在历史上留下了相当深刻的印记，它是作为宇宙文明的人类文明在成长过程中的一个重要的思想转折点。

在以章北海为代表的智者看来，黑暗战役并非什么出乎意料的事件，而是必然发生的结果。小说把在战役中被消灭的人，比作被逐出伊甸园的亚当和夏娃。最初，亚当和夏娃在天国的伊甸园中无忧无虑地生活。神本来希望两人能在不知不觉中永远供奉神，永远没有知识和智慧，从而不具备独立的人格精神。但是后来由于受到蛇的诱惑，他们吃了智慧树上的果子，违反了神的禁令，被从伊甸园里驱逐到人间，失去了永生的能力。

在小说里，太空战舰上的人通过观察思考，明白自己处于资源不足的生存死局中。是一起死，还是一部分人死，让其他人活下去？在人类文明的道德约束下，他们的内心万分煎熬，这正像是新文明刚产生时必须经过的阵痛。

最终，他们领悟到生存是第一需求的宇宙法则，并愿意为之付出行动：发动内战，消灭同胞，把别人逐出“伊甸园”，自己留下。此时的“伊甸园”，已经不再是充满光明的乐土，而是一个黑暗的角落。在这里存活的人，已经不再遵循人类已有的道德规范。换句话说，最终活下来的太空新人类，其实已经不是原来意义上的人类，而是在黑暗森林中成长起来的新物种。

早在 40 多亿年前，地球上出现了第一批生命，海洋是它们的家园。到了 4 亿多年前，在显生宙古生代泥盆纪，剧烈的地壳运动造成大量陆地露出海面，海洋里的一部分鱼类和两栖类等生物，开始向陆地拓展生存的空间。由于在陆地上只能呼吸空气，身体受到的重力也和在水中完全不同，所以，它们只能改变自己的形态和习性来适应环境，这就出现了新物种。从生物的演化历史来看，这些走上陆地的生物，永远地与它们的祖先分道扬镳了。用小说的话来讲：“那些爬上陆地的鱼，再也不是鱼了。”

我们看到，包括章北海在内的所有人类面壁者都有一个共同的认识，那就

是人类不可能战胜三体人，他们都不约而同地选择了通过破除人类既有的道德和法律限制来脱困的路径。就像雷迪亚兹所说的那样，人类生存的最大障碍，其实来自自身。尽管他指出了人性是最根本的弱点，然而在地球世界中，非人性的解决方式却不能被接受。也正因为如此，前三位面壁者都被判定为犯有反人类罪，被剥夺了面壁者的资格。

处在宇宙逃亡中的新人类，他们在独特的太空环境中，领悟到宇宙生存的法则，并勇于行动，而使文明得以延续，但是他们的行为，是对地球世界业已形成的人性和道德底线的突破。从这个角度看，在这个“第二伊甸园”中孕育的新文明，与人类的第一个伊甸园一样，也有“原罪”。

在传说中，亚当和夏娃违背神的命令，偷吃伊甸园的禁果，他们作为人类的始祖，将这一罪行传给了子孙后代，于是人类就有了与生俱来的原始罪过，这一罪过也成为人类一切罪恶与灾难的根源，这就是“原罪说”。从章北海暗杀航天元老开始，一直到黑暗战役，每一次付出的生命代价，都为逃亡宇宙的新文明奠定了基础，在这新文明的后世子孙来看，这些何尝不是一种原罪呢？

在黑暗战役中最终胜出的“蓝色空间”号，它的舰长是褚岩上校。对即将发生的黑暗战役，他早有准备，事先命令战舰提前抽掉飞船内部的空气，让飞船在次声波氢弹的攻击中免于覆灭。在小说中，褚岩是主动请求追击章北海的。作为一个传奇人物，褚岩到底是不是钢印族呢？对此，小说中没有给出明确答案，你可以尽情地发挥想象力。毕竟，我们也不能肯定希恩斯的思想钢印计划真的是彻底失败了。

小说写到这里，一方面，章北海牺牲了，但他带领的飞船成功避开了末日战役，作为人类文明的一粒种子，向宇宙深处飞去。另一方面，面壁者罗辑建立了与三体人的威慑平衡，使人类进入了和平时代。至此，小说第二部《黑暗森林》也告一段落。

第十三章　达摩克利斯之剑

——三体威慑与博弈论

面壁者罗辑创立了黑暗森林理论，并亲身进行了实践——他以黑暗森林打击，即广播三体星的坐标为威慑，建立了人类文明与三体文明的威慑平衡。小说把研究威慑平衡的学问叫作“威慑博弈学”，它关乎人类文明的存亡。在真正的博弈学中，是否有能够应对三体危机的策略呢？

完全没有威慑度的程心，竟然被选为执剑人，这是真的吗？借用一句广告用语：天下没有不可能的事。

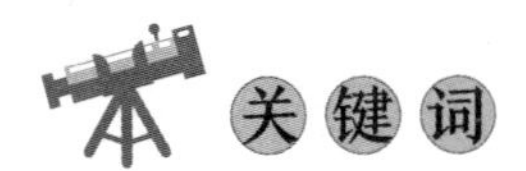

博弈论，合作博弈与非合作博弈，完全信息博弈与不完全信息博弈，零和博弈，策略性行动，边缘策略，阿罗不可能定理

头顶倒悬的利剑

罗辑用自己的智慧和勇敢与三体文明建立了威慑平衡：三体人答应将水滴探测器撤出太阳系，飞船也不再航向太阳系，并且向人类传递部分高科技，例如引力波发射技术，否则罗辑将按下按钮，通过太阳向宇宙广播三体星的坐标，使三体星面临黑暗森林的打击。

首先，罗辑建立起来的是一种威慑，靠威慑使对方答应自己的要求。这种威慑的本质是要让三体人相信，如果它们不接受罗辑的条件，就有极大的可能性触发威慑操作，从而暴露自身位置，招来黑暗森林打击。其次，它也是一种平衡。对实施威慑的人类一方来说，这同样是致命的。因为我们距离三体星太近了，而且还曾相互通信。这种威慑是以双方同归于尽为后果的，因此被称为“终极威慑”。

为了延续文明，三体人只能答应人类的要求，同样，人类也希望能够以此让自己的文明延续下去。双方谁也不希望打破这种平衡，让黑暗森林打击变为现实。

一开始，罗辑保持威慑的手段是控制太阳系核弹链的起爆开关，后来，在三体人的帮助下，人类建立了引力波发射器，他手里握着的就变为引力波发射器的发射开关。

> ……两个世界的战略平衡，像一个倒放的金字塔，令人心悸地支撑在他这样一个针尖般的原点上。
>
> 黑暗森林威慑是悬在两个世界头上的达摩克利斯之剑，罗辑就是悬剑的发丝，他被称为执剑人。
>
> 摘自《三体Ⅲ》

传说，在公元前4世纪的意大利叙拉古城邦，国王狄奥尼修斯二世有一位宠臣，名叫达摩克利斯，他非常喜欢奉承国王。国王提议两人互换身份一天，

这样他就能体验一下当国王的感觉。在宴会上，达摩克利斯非常享受这份荣耀，但当晚餐快结束时，他才注意到，就在王位的正上方，一根细细的马鬃正绑着一柄利剑。原来，因为城邦的敌人众多，国王便以倒悬利剑的方式警示自己即便拥有如此巨大的权利和财富，也要时刻提防各种威胁。此时的达摩克利斯立刻失去了对王位的兴趣，请求国王放过他，他再也不想有这样的荣耀了。这就是“达摩克利斯之剑”的故事。这则故事常被用来表示要居安思危，时刻警惕灾难的降临。同时，它也被用来说明一个人拥有的权力越大，所担负的责任也越大。

自从威慑平衡建立以来，人类与三体人，这两个文明的命运完全掌握在罗辑一个人的手中。他作为执剑人，在全体人类的监督下，如何才能保持这份平衡呢？《三体》中围绕终极威慑出现了一门新的理论——威慑博弈学。顾名思义，这一理论涉及博弈学。接下来，让我们先简单介绍一下博弈学的基本原理。

理性的竞争

博弈，字面的意思指赌博或者下棋，一般用来比喻为了利益展开竞争。毫无疑问，在竞争中取胜是最终目标，但是“怎样的行动能够取胜”才是博弈论关注的焦点。

从人类诞生的那一天开始，博弈就已经存在了。在我们的日常生活中，无时无刻不在上演着一场场博弈。可以说，作为一种对利益的竞争智慧，博弈始终伴随着人类的发展。大到国与国之间的对抗和周旋，小到企业或团体之间的竞争与合作，甚至是人与人之间的相处方式，等等，无一不可通过博弈论来解释。在中国古代，博弈论的思想早就存在，最具代表性的博弈论研究者是军事家孙武，他的《孙子兵法》既是一本军事著作，也是一部博弈论专著。然而，博弈论作为一门系统的科学，距今只有不到 100 年的历史。

1928 年，美籍匈牙利数学家冯 · 诺伊曼创立了博弈论并证明了这一理论的基本原理。诺伊曼把经济生活看作一种由多人参与的博弈，参与者需要遵循一定的规则，让自己的利益最大化。他用数学语言来描述博弈参与者的多种行为类型，并用公理化体系对博弈理论进行了严密的数学论证。我们知道，诺伊曼也是现代电子计算机的发明者，开创了计算机的冯·诺伊曼体系结构。

最初的博弈论离不开数学和经济学。在诺伊曼最早提出博弈论时，它还只是一个数学理论，对现实生活影响甚微，因此没有引起人们的注意。直到1944年，诺伊曼与美籍德裔经济学家奥斯卡·摩根斯顿合著出版了《博弈论与经济行为》（*Theory of Games and Economic Behavior*），将最初的二人博弈理论推广到了多人博弈理论。这本书具有划时代的意义，它把博弈论应用于经济领域，奠定了博弈论发展为一门独立学科的基础和理论体系。

对博弈论的发展做出重要贡献的还有一位著名人物，他就是美国普林斯顿大学数学系教授约翰·纳什。他认为在博弈中，参与者之间的关系分为两种：合作的和非合作的。20世纪40年代末，合作博弈的理论已较为成熟，而学界对非合作博弈的理论则仍然缺少研究。在1950年和1951年，纳什连续发表了两篇关于非合作博弈论的重要论文，证明了非合作博弈中存在均衡解，这就是著名的“纳什均衡”。他的论文揭示了博弈均衡与经济均衡的内在联系，奠定了现代非合作博弈论的基石，使得博弈论的应用范围扩展到了几乎所有领域。几十年后，纳什均衡已经成为博弈论的核心理论，纳什甚至成了博弈论的代名词。1994年，纳什获得了诺贝尔经济学奖。

博弈论发展到今天已经成为一门比较完善的学科，其应用范围也很广泛。可以说，除了那些只探讨无生命物体的学科，博弈论成为一门为大多数学科提供思维方法和分析技巧的学问。**通俗地说，博弈论就是在一定的情况下，充分考虑博弈各方所有可能的行动方案，并运用数学方法找出最合理的行动方案的一种理论。**

博弈论主要包含四个基本要素。第一个是**至少要有两个参与者**。第二个是**利益**，就是通过博弈为自己争取的利益。利益是博弈的目的，它不一定是金钱，而可以是决策者在意的任何东西。没有了利益，就不存在博弈。第三个是**策略**，也就是决策者制订的行动方案，这是博弈论的核心内容。第四个是**信息**，它是制订策略的依据。掌握越多对方的真实信息，就越可能赢得博弈，正如《孙子兵法》中所说的“知己知彼，百战不殆”。

在博弈论中，有一个假定的前提，那就是博弈的参与者都是理性的。这里所谓的“理性”，并非感性的反义词，而指参与者是利己的，而非利他的，这样才能产生博弈。如果参与者放弃对己方最大利益的追求，也就失去了博弈的必要。因此，所有的博弈都是理性的竞争。

刚才我们已经提过，博弈可分为合作博弈和非合作博弈两类。合作博弈指博弈的参与者之间拥有具备约束力的协议，协议的目的是在具体的框架内合理分配利益，让所有的参与者都满意。而在非合作博弈中，则没有协议要遵守，参与者要想方设法为自己争取最大化的利益，而不考虑其他参与者的利益。因此非合作博弈更加复杂，也是博弈论主要研究的内容。“囚徒困境”就是一个典型的非合作博弈的例子。

除了上面的这种分类，博弈还有其他的分类方法。例如，根据对其他参与者的信息的掌握程度，博弈可以分为完全信息博弈和不完全信息博弈。《三国演义》中著名的“空城计”就是典型的不完全信息博弈。

此外，按照博弈的结果，博弈还可以分为正和博弈、零和博弈以及负和博弈。其中，零和博弈指参与者中一方获益，另一方损失，参与者之间的获益和损失之和为零的博弈。赌博和下棋就是典型的零和博弈。与此不同，负和博弈就是两败俱伤的博弈，例如战争。正和博弈的结果则是共赢，在现代社会中，人们的理想往往是正和博弈。

两个世界的平衡

可见，博弈就是参与者要做出决策，为自己创造更有利的条件。这种决策不仅要基于参与者对事物的认知，也要基于对对方可能进行的行为的判断，确保彼此之间保持平衡。

回到《三体》，既然合作博弈的关键是如何分配利益，而非合作博弈的关键是如何争取最大的利益，那么从博弈的类型上看，人类与三体人对地球控制权的争夺，就是一场非合作博弈。

不仅如此，小说的内容还告诉我们，这似乎是一场你死我活的零和博弈。

对人类来说，这场博弈的目的是使三体人不进攻太阳系，两个文明和平共处。然而，三体人并不愿放弃太阳系，因为三体星所处的险恶环境促使三体人必须尽快找到可以移居的其他星球。对三体人来说，这场博弈的目的很明确，就是占领地球，否则，它们的文明将会在茫茫的太空中失去目标，最终走向毁灭。因此，地球是双方争夺的唯一资源，只能被一方绝对占有。这场博弈是零和博弈。

此外，在这场博弈中，三体人的科技水平碾压人类，加上还有智子对人类进行实时监视，双方的实力相差很大，对信息的掌握程度也是不对称的，因此这场博弈也属于非完全信息博弈。在这类博弈中，人类要想出奇制胜，就需要采取巧妙的策略。著名的“田忌赛马”的故事就是这类博弈的典范。

在博弈中，参与者要意识到互动行为的“交叉效应”，即参与者应当提前预估博弈中双方未来的行动，并对互动结果进行预判，然后倒推出当前可采取的最优行动。也就是说，如果你知道别人的行为会影响到你，你可以对他的行为做出反应，或先行一步预测对方将来的行为对自己产生的有利或不利的影响，就像在围棋对弈中棋手所做的那样。或者，你也可以干脆先下手为强，改变其未来的反应，从而增进自己可以获得的好处。如果你深知对方也了解你的行为将影响到他，那你也就知道他将采取类似的行动，反之亦然。这种在交叉效应影响下的行动构成了博弈中最有趣的部分。

让我们从博弈的角度考虑罗辑的行动。他在发出威胁的时候，首先考虑的是这种威胁必须可行，并且代价足够大，大到足以阻吓对方。对终极威慑而言，这个威胁是毁灭两个世界，代价已经很大了。其次，这种威胁的可行性已经被罗辑用一颗恒星作为试验目标验证过了，宇宙中的黑暗森林打击的确是存在的，而且到来的时间也很快。

在小说里，罗辑建立了终极威慑之后，就打算退出人类与三体人的决斗战场，把触发氢弹的控制权交给联合国和太阳系舰队。随着控制权的移交，人们认为面壁计划这一历史传奇也永远结束了。然而，联合国和太阳系舰队很快就意识到这个举动存在巨大的风险。为什么这么说呢？

因为，做出同归于尽这一决策的权力如果是在联合国或者太阳系舰队手中，也就是掌握在人类的大群体手中，这个威慑其实就不成立了。人类集体不可能做出毁灭包括自身在内的两个文明的决定，这远远超出人类社会的道德和价值底线。三体人也明白这一道理。

于是国际社会又迅速把威慑控制权这个“烫手的山芋”交还给罗辑。从表面看，这是推卸责任，但实际上，这在博弈理论中，是达成威慑平衡的必然选择。如何理解这种诡异的境况呢？

从本质上讲，以终极威慑为代价形成的博弈者只有两方——人类与三体人。罗辑虽然是人类的一员，但在这场博弈中，他处于超然的境界，是独立于二者的一个不确定因素。如果说终极威慑是锋利的达摩克利斯之剑，人类与三体人是坐在剑下的人，那么罗辑就是吊悬着利剑的那根细线。

从博弈论的角度来看，这场角逐与“策略性行动”有关。

危险的边缘

《三体》中的终极威慑在博弈论中常称为“最后通牒策略”。它是建立在假设对方具备自利倾向的基础上的。也就是说，三体人会综合各个因素来衡量自己的收益，而不是意气用事，宁可牺牲自己的利益也要让人类难堪。在小说的情节中，罗辑就是料想到三体人不会以目前唯一的可移居星球——地球作为代价与人类赌气，只能选择放弃或者暂缓进攻。

然而，这一策略在操作层面上没有那么简单。要想建立终极威慑，除了要考虑它的可行性和代价，实际上更要评估它的可信度，即能不能让三体人相信，假如它们不肯放弃进攻太阳系，人类就会说到做到，果断地广播坐标，双方都逃脱不了必然毁灭的下场。如果人类无法确立自己的信誉，终极威慑也就不成立了。

如此看来，终极威慑这个博弈本身就存在矛盾。博弈的目的是达成和平共处的平衡，而不是实现广播信号这个威慑操作，然而如果你不执行这个操作，又哪里有威慑力呢？所以，在这种情况下，事态是非常微妙的：威慑本身固然有效，但用不好就会成为一次无用的冒险，如果对方不相信你会发射广播而偏不妥协，结果可能就是大家都走向毁灭。

博弈论指出，在博弈中，参与者可以通过策略性行动改变原来的博弈规则，产生两个阶段的博弈：在第一阶段，指明在第二阶段要做些什么，让对方明白，第一阶段的不同行动将对应之后不同的策略性行动，从而改变第二阶段博弈的结果。

策略性行动一般分为三类：承诺、威胁和许诺。它们的目的都是让第二阶段博弈的结果对参与者自身有利，采取哪种行动根据具体情形而定，最重要的是要让对方相信你在第二阶段确实会说到做到，做你在第一阶段中宣布的事情。可见，策略性行动成功的关键是可信度。衡量它的标准是置信度，在《三体》中，它被称作“威慑度”。

> 终极威慑成功的关键在于，必须使被威慑者相信，如果它不接受威慑目标，就有极大的可能触发威慑操作。描述这一因素的是威慑博弈学中的一个重要指标：威慑度。只有威慑度高于80%，终极威慑才有可能成功。
>
> 人们很快发现一个极其沮丧的事实：如果黑暗森林威慑的控制权掌握在人类的大群体手中，威慑度几乎为零。
>
> 摘自《三体Ⅲ》

在实际操作中，策略性行动往往存在不确定性，隐藏着巨大的风险，因此对博弈者的决断力和实施的手段步骤都有很高要求。有一种被称为“边缘策略”的方法可以用于实现策略性行动。

边缘策略，也被称为“边缘政策”。这一名词出现在冷战时期，用来形容近乎要发动战争的情况，指参与者到达发动战争的边缘，从而说服对方屈服的策略。之所以叫这个名称，就在于这种策略意在将对手带到灾难的边缘，迫使他撤退。边缘策略的本质在于故意创造风险，并要让这个风险大到让对手难以承受，从而迫使他按照你的意愿行事，以化解这个风险。

边缘策略

打个比方，一个直接的危险就像一个边缘，一边是生，一边是死。在实际中，应对这类危险的实际操作往往很困难，因为大家往往并不知道这个致命的边缘到底在哪里。而在边缘策略博弈中，这个边缘则被处理成一个光滑的斜波，一旦滑入，谁都不能轻易地控制事情的走向。但是，它也并非像跳下悬崖那样毫无后悔的余地，只要对方想改变，就还有机会跳出绝境。一句话总结，我方会制造一个危机，同时让对方可以用行动来弥补，来挽救。这种策略能够激励对方沿着你预想的方向行动。

边缘策略可以用于处理危机事件。在国际事务中，有一些事关重大的危机事件往往就是按照这个思路处理，最终化险为夷的，在军事和政治层面上的效果尤为显著。在冷战时期，美国政府充分地利用边缘政策来迫使苏联让步。20世纪60年代曾经出现的古巴导弹危机事件，将整个世界拖到爆发核战争的边缘。最终美国和苏联通过类似的博弈，平息了危机。

边缘策略的要点有两个：一个是你的行动必须是对方可观察的，另一个是它是不可逆的。对《三体》中的终极威慑来说，这两点恰好都成立。首先，三体有智子，它们可以实时观察人类，尤其是执剑人的一切行动。其次，执剑人按下按钮，发射引力波信号，触发黑暗森林打击，这个过程是不可逆的。从这个角度来看，保证引力波发射台的安全就是整个计划成功实施的关键因素之一了。因此，人类在设计建造引力波发射台时，计划在不同的大洲分别建立多个相距很远的发射台，用来确保威慑度。人们甚至还建造了一艘可以发射引力波的宇宙飞船——“万有引力”号。

面壁者的幽灵

在这里，我们不妨再举个例子，来看看在两个掌握了核武器的超级大国之间发生危机时，边缘策略如何起作用。

当 A 国受到来自 B 国的进攻威胁时，处于被动的 A 国可以干脆地回应 B 国，说假如 B 国不放弃，自己就会动用核武器等终极武器，将 B 国置于死地。问题在于，引发一场全球性核战争实在太夸张了，可信度太低。因此，A 国不能直接以终极武器来打击 B 国，只能以之威胁对方。

我们知道，强迫性的威胁往往必须设置一个最后期限。让我们继续想象，A 国告诉 B 国必须在某个最后期限前撤退，否则 A 国就会动用终极武器。那么，如果 B 国倾向于认为 A 国并不会真的动用核武器，把整个世界夷为平地，B 国就不会在 A 国规定的期限之前撤除威胁。这样一来，博弈的结果是，A 国只能考虑延长留给 B 国的最后期限。最终的结局就是最后期限一拖再拖，如此下去，没完没了，无法真正解决问题。也就是说，B 国可以通过拖延战术让 A 国的策略无效。

你会怎么帮助 A 国摆脱这个不利的处境呢？边缘策略行动的关键在于，一个威胁假如一定奏效，那么发出威胁的你永远不必把它付诸实施。重要的是你要让对手明白，在实施这个威胁的过程中有可能出现超出你控制的局面，你也没有绝对的把握。也就是说，这里的关键点是要引入不确定性因素。而这正是边缘策略最精妙的地方。

虽然表明战争必然爆发的确定性威胁不能让人信服，但表明战争可能爆发的风险是可信的。在上述例子中，A 国可以以“有爆发核战争的风险”，而不是“确定会爆发核战争”来威胁对方。

例如，A 国可以采取一种国际通行的制裁措施，而这种措施往往由于有其他多个国家的共同参与，不可能由 A 国独自牢牢控制局面。这就等于向对手表明，自己采取的这个措施有可能引发超出计划范围的风险。要知道，其实 A 国的目的只是想让 B 国放弃进攻，而不是刺激他采取进一步的报复行动。请看，这是不是很像小说里人类面临三体舰队入侵的处境？

总结一下，边缘策略告诉我们，有时候可以创造“危机”，而不是直接“威胁”。因为危机会使很多事情超出当事人的控制范围。你要让对方知道，这么做不是你愿意的，而且后果会超越你的控制范围，就算是大家同归于尽，也是没办法的事情。只有这样才会让对方感到害怕，进而服软。所以，在边缘策略中，很重要的一点是让对方认识到这并非二人博弈，在博弈中存在某些不可控的外在因素。

我们知道，黑暗森林打击来自宇宙中的其他文明，它是人类和三体双方都无法控制的。这是不是那个外在因素呢？的确是，不过还有一个也是，那就是执剑人。执剑人被称作“面壁者的幽灵”，它与面壁计划一脉相承。

面壁计划贯穿《三体Ⅱ》。这个计划的基本原则完全违背了人类社会的自由民主精神。谁来做面壁者，面壁者怎样开展计划，这些都不由民众决定，这正是面壁计划总是引起社会争论，始终处于风口浪尖的原因。

当三体水滴探测器一举歼灭人类所有的战舰时，人类社会彻底陷入绝望。任何一丝希望，都可能被人类看成手中的救命稻草。在智者来看，此时解救人类的办法至少还有两个：一个是逃亡，一个就是建立威慑。既然是威慑，那就要有与之对等的代价。面壁者雷迪亚兹的下场仍然历历在目，它使罗辑明白，他建立的威慑不可能通过常规的方式得到公众认可。他只能先斩后奏，以自杀相威胁，与三体人达成威慑平衡。于是，读者在小说中会反复看到一件怪异的事：要拯救人类，就必须瞒着公众。就像面壁计划的名称那样，面壁只能独自进行。换句话说，面壁者和他们的计划，就是独立于人类文明和三体文明的第三股不可控因素。

完成第一次威慑后，罗辑把开关交给联合国和太阳系舰队，但是，这个开关很快又被交还给他。因为政府此时才意识到，人类的大群体不可能做出自我灭亡的决定，政府掌握开关无异于自毁长城。联合国认为，一个个体的反应和决策，是无法预测的。你根本不知道一个执剑人会不会因为有一天忽然不高兴，而赌气按下那个死亡按钮，一个人的内心世界是根本看不透的。这样，掌控黑暗森林打击威慑的任务就成了面壁计划的后续行动，执剑人因此也被称为面壁者的幽灵。

因此，从博弈的角度来看，执剑人就是那个超然于人类和三体人之外的第三方角色。在《三体Ⅱ》最后，罗辑在与三体人决战时，他要求三体人向人类传授引力波发射技术，前者准备讨价还价，结果罗辑说。

> “那是你们和他们的事。奇怪，我现在感觉自己不是人类的一员了，我的最大愿望就是尽快摆脱这一切。”
>
> 摘自《三体Ⅱ》

你看，此时的罗辑，已然感到自己所处的超然地位。

没有爆炸的炸弹

作为面壁者的幽灵，执剑人的身份有两重意义。上面介绍的是它的第一重意义，下面再来看它的另一重意义。

当联合国把引力波发射器的开关交还给罗辑时，罗辑完全可以不接受，但他还是同意继续履行这份责任。他用自己的生命赢得了和平，又手握开关，坚守着执剑人的岗位，用几乎后半生的时间来守护和平，为人类撑起一把保护伞。在威慑平衡的摇篮中，人们觉得岁月静好，慢慢忘记了黑暗森林中的死神，认为美好的一切都是理所当然的。

然而，随着时光流逝，人们发现人类对三体文明的任何政策，都不可能绕过执剑人。没有他的认可，人类的要求对三体文明就不会产生任何效力。执剑人就像面壁者一样，拥有巨大的权力。于是，罗辑在人们心目中的形象慢慢地发生变化，他由救世主渐渐地变成一个不可理喻的怪物和毁灭世界的暴君。于是，在国际社会上，要求更换执剑人的呼声越来越高。

我们看到，执剑人同面壁者一样，对执剑人来说，这个角色并不意味着一种权力，而是一个魔咒。这注定了救世英雄的悲剧结局——人类不但不感谢他，甚至还会唾骂他是骗子，是独裁者。

历史上有多少人曾像罗辑那样，舍身拯救即将灭亡的世界？也许只有那些拯救世界的人才知道。世人永远不知道“没有引爆的炸弹”的存在，就算知道了，往往也并不在乎。这与“人类不感谢罗辑”何其相似啊！呜呼哀哉，古今中外，人类历史上有多少真正的志士豪杰、幕后英雄能够被历史记住，又有多少能够流芳百世？

更换执剑人

通过上面的分析，我们认识到，从博弈论的边缘策略来看，执剑人就是独立于人类和三体人的不可控因素，对建立威慑平衡来说必不可少。然而，罗辑用生命赢得并守护了世界的和平，也使人们慢慢忘记了黑暗森林中的死神。人类不但不感谢罗辑，反而还要求更换执剑人。

如前所述，《三体》引入“威慑度”的概念来描述在三体文明不接受威慑目标的时候，执剑人可能触发威慑操作的可能性。从数据上看，罗辑的确是合适的执剑人。社会公众不可能集体做出自我毁灭的决定，人类群体的威慑度为零，因此如果要更换执剑人，就必须从人类的个体中选择。

当然，单单从理论上看，应该挑选一个威慑度高的人才行。然而，让全世界来选择一个执剑人，并不仅仅是一个数学问题。

小说里交代，从危机纪元开始，到威慑纪元 61 年，人类社会经过 200 多年的发展，科技取得很大进步，生活日益变得舒适，人们渐渐淡忘了三体危机。在新时代出生的人中，没人愿意当什么执剑人，反倒是从危机纪元初期冬眠过来的人中，有人要参加执剑人的竞选。那个时候，人们把在危机纪元初期就进入冬眠的人叫作公元人。正式提出竞选申请的 6 个人都是公元人，都是年龄为 45~68 岁的男性。他们每个人都有很深的城府，在冷冰冰的面孔下，没人知道他们在想些什么。

就在全世界展开执剑人竞选的时候，小说第三部的主角程心刚刚从冬眠中苏醒过来。她也是公元人，被唤醒的原因是因为联合国要从她的手中购买一颗恒星的所有权，而这必须要她本人同意。冬眠了 264 年的程心并不了解世界的现状，连执剑人是怎么回事都不知道。

那 6 个执剑人竞选者一起来找程心，劝说她不要参与竞争。他们说，假如程心参选，很可能成功，但他们给出的几个理由听上去好像并没有什么道理。

首先，他们说程心曾经在战略情报局工作过，而这个机构曾对三体文明采取过许多侦查行动，是历史上的一个传奇，这段经历会给程心在竞选中加分。然而实际上，这个理由根本站不住脚。别说战略情报局了，在对付三体人的历史上，整个人类都没有取得什么可以和罗辑的终极威慑相提并论的成就。更何况，程心不过是在战略情报局工作过的一个很普通的职员罢了，并没有什么值得骄傲的成绩。

其次，在当前人类中，程心是唯一一个拥有另一个世界的人，因为她有一颗别人匿名赠送的恒星。当联合国要花重金从她手里购买这颗恒星的所有权时，她打算免费赠送。于是，人们相信她理所当然会拯救地球。不过，在我看来这个理由并不是很有逻辑。

最后的一个理由是，人们无法信任那几个公元人竞选者。他们与现在的社会格格不入，没人能猜得到他们有什么目的。这不禁让人想起 200 多年前那可笑的面壁计划。决定两个文明的命运的权力，怎么可能放心地交给他们呢？与他们刚好相反，程心从小是在爱的呵护中长大的，她对世界总是充满爱心和责任感。作为读者，你一定希望自己身边都是像程心这样的朋友，对吧？

以上这些都是其他竞选者认为程心极具竞争力的理由，就在这样诡异的局势下，全民投票开始了，民众要选举新的执剑人。作为读者，我们几乎都觉得，从理性分析的角度来看，丝毫没有威慑度的程心不可能竞选成功。然而结果是怎么样的呢？她的选票是第二名的两倍，程心以压倒性的优势赢得了执剑人的资格。

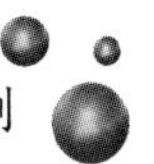

威慑度最小的程心当选为新的执剑人

读到这里，你是不是感觉有点儿别扭，怎么会是这种结果呢？小说中没有写人类中是否还关心威慑博弈学。程心的威慑度很低，按照威慑博弈学的理论，她作为执剑人对三体文明几乎不形成任何威慑。难道 200 多年以后，人们的智商都集体退步了吗？相信不少读者也认为这是小说的一个“槽点”吧。

不过，倒是有一个关于民主选举的理论，叫作“阿罗不可能定理”，也许能够对这个怪异的选举结果做出比较合理的解释。

不可能定理

阿罗不可能定理，又称“不可能定理”，这个特殊的名称使它备受关注。这是一个关于投票选举的理论，由美国经济学家、哈佛大学教授肯尼斯·约瑟夫·阿罗提出。

作为战后新古典经济学的开创者之一，阿罗在微观经济学和社会选择等方面卓有成就，并因在一般均衡理论方面的突出贡献荣获1972年的诺贝尔经济学奖。20世纪50年代初，只有三十多岁的阿罗就提出了一个惊人的理论，这就是阿罗不可能定理。

阿罗在经济学著作《社会选择与个人价值》(*Social Choice and Individual Values*)一书中，采用数学的公理化方法，对社会通行的投票选举的方式进行了深入分析。他发现，这种方式在绝大多数情况下，都不可能产生合乎所有人意愿的选举结果。他的这一理论，证明了完全民主在事实上是不可能的。这使数学家和经济学家感到震惊，立即在全世界的学术界中引起了争论。诺贝尔经济学奖获得者保罗·萨缪尔森这样评价阿罗的发现："它证明了历史上探索完全民主的伟大思想，本身就是一种妄想、一种逻辑上的自相矛盾。现在全世界的学者，包括数学领域的、政治领域的、哲学领域的和经济学领域的，都在试图挽救经过阿罗的毁灭性发现后，还剩余的任何有价值的东西。"

阿罗不可能定理本身其实并不复杂，它说的是**不可能从个人偏好顺序推导出群体偏好顺序**。在社会中，当我们要做出选择时，每个人都有自己的偏好。我们总是希望在社会群体决策的时候，那个最终的结果能代表自己乃至所有人的意愿和偏好。但是阿罗不可能定理证明，在候选者超过两个的时候，对所谓最民主的"一人一票"的投票方式来说，根本不存在既符合所有人的偏好还能达成共识的选举结果。

阿罗不可能定理说明，社会并没有一种客观反映群体偏好的方法。哪种偏好得以反映出来完全取决于选举规则，不同的规则得出的结果可能完全不同。现今社会，人们普遍相信民主，认为它比独裁更能保证决策的正确性。那么，到底什么是民主呢？我们一般会想到"少数服从多数"这个原则。可是，为什么少数一定要服从多数呢？为什么这样就是好的呢？回答这些问题其实很难。

首先，少数服从多数，不是因为"胳膊拧不过大腿"。在文明社会，以投票的方式来确定何种意见得到了更大的支持，总比采取战斗的方式成本更低。民主也许是人类有史以来发现的唯一能和平实现变革的方法。然而，这种"多数的民主”，是否也是另一种强权呢？

其次，人们总是倾向于认为多数人的决定比少数人的明智。然而这需要一个假设的前提，那就是，所有人都知道自己的利益到底是什么，而这在历史上并不总是成立的。例如，当年雅典人就通过民主投票的方式，处死了他们最伟大的哲学家苏格拉底。很多时候，也许真理掌握在少数派手中，但是他们只能眼睁睁地看着大家一起往火坑里跳。

在平时的生活中，群体思维是一个很值得关注的现象。它指当人们被卷入一个高凝聚力的团体时，人们在进行决策时为了维持表面上的一致，往往忽视不一致的信息，即群体迫于从众的压力而不能做出客观的评价。群体思维往往会对群体决策的合理性产生严重的影响。法国社会心理学家古斯塔夫·勒庞在《乌合之众》（*The Crowd*）这本书中一针见血地指出：“群体盲从意识会淹没个体的理性，个体一旦将自己归入该群体，其原本独立的理性就会被群体的无知疯狂淹没。”

最后，即便我们知道多数人会犯错，但也不能剥夺他们表达意见的权利。然而，这就等于说，任何人都有权保持愚蠢，如果你放弃这个权利，别人也会代替你愚蠢。

总之，这些理由听上去都不是那么让人放心。据说曾经有一个巴西的记者问爱因斯坦应该如何建立一个美好的世界，爱因斯坦答道：“你认为可以由少数人来组织经济工作，这些人都是已经通过测试，被证明有能力、热情而又无私的人。你的这个主张，我看在原则上是合理的。然而，我却无法相信你选择人的方法。因为它是一种典型的工程师式的理想主义，而人毕竟不是机器。此外，我想光找到十个能人是不够的，你必须让世界上的人都服从他们的决定和命令才行。而这个问题要比选出一些能人困难得多。要知道从古至今，平庸的人都有可能以某种普遍认可的方式当选。”

了解了阿罗不可能定理后，让我们再回到小说。单是从理论上看，你还会那么确信，在威慑纪元人类一定会选出真正能保护自己的执剑人吗？

第十四章　聪明反被聪明误

——三体的诡计和人类的奇遇

在执剑人的选举中，程心以比第二名多出一倍的选票当选。这一结果出乎大多数读者的预料。通过上一章的分析，我们知道，从理论上说，即便是一人一票的选举方法，也不能选出让所有人都满意的结果。

不过，除此之外，单从小说的内容出发，是否有支持这种选举结果的证据呢？

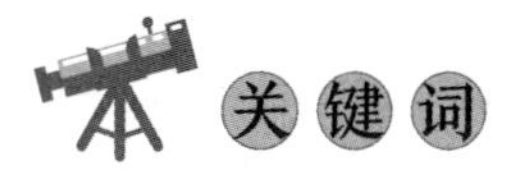

鹰派与鸽派，智子盲区，四维空间碎块，圣女贞德

人类的江湖

《三体》中，程心当选执剑人并不一定完全是人类的意愿。三体人在执剑人的选举过程中也许发挥了巨大的作用。

先从人类这方面来看。在威慑纪元 61 年，程心从冬眠中苏醒，联合国声称要从程心的手中购买一颗恒星的所有权。这颗恒星是别人匿名送给程心的，她当然不可能变卖。于是程心提出无偿放弃对恒星的所有权，把它赠予联合国。但联合国一定要买下这颗恒星，而且支付给她一笔巨额费用，足够她成立一家跨国大公司。于是程心一夜之间摇身一变成了超级富豪。要知道，联合国当年出售这颗恒星的时候，标价只有三百万人民币。对他们来说，这完全是一个亏本的买卖，令人感到不可思议。这个交易，不免让人怀疑联合国的真正用意。

与此同时，程心还莫名其妙地遭到枪击，险些丧命，直到这时她才第一次知道“执剑人”这个概念。然后，她又遇到 6 个执剑人竞选者，劝说她不要参与竞争，而他们列出的理由似是而非，细想都站不住脚。他们让程心明白了，以她的资格，她是完全可以参选的。

俗话说“有人的地方就有江湖”，在历史上，政治力量内部根据立场的不同，难免会出现对立。小说第三部《死神永生》的第二章提到，三体危机出现后，人类政权内部就分化为鹰派与鸽派。

人类政权内部的鹰派与鸽派

鹰派主张对三体文明采取强硬政策，对飞向太阳系的三体舰队，他们认为应该彻底解除其武装，最多只能接受少量脱水之后的三体人来到太阳系。至于将来复活它们中的多少人，还要看人类的决定。

鸽派则在应对三体危机上采取比较温和的态度。他们主张宇宙间所有文明都拥有完全平等的“人权”，因而人类应该与三体人建立一个和平共处的世界。小说中还说，在罗辑建立威慑平衡以后，三体人通过智子向人类传递了不少科技知识。可以想到，这一切可能都是通过鸽派实现的。鸽派获得了三体人的大量帮助，一举成为人类政坛的主导力量，而鹰派只能在野。

不难猜到，鸽派在当政后，为了从三体人那里获取更多的利益，巩固自己的地位，必须对三体人有所回报才行。当然，这个回报从表面上看，至少应该不会对人类整体利益造成危害才行，例如，三体人要求他们高价从程心那里购买一颗恒星的所有权。这对当政的鸽派来说，也许根本算不上什么了不起的事情。这一行动的结果就是，程心被告知，自己在宇宙中拥有另一个世界，很有爱心的她，现在又成了超级富豪。不仅如此，三体人还让地球行星防御理事会的主席亲自与程心谈话，代表联合国和太阳系舰队，正式提出希望她竞选执剑人。

匪夷所思的操作

下面我们再看看三体人在威慑时代采取了哪些措施。

首先，三体人的目标一直都很明确，那就是占领太阳系，移居地球。所以，它们的任何行动都必须围绕这个目标考虑才会有意义。如前所述，三体人不但拥有超高的智商，而且情商也不低。它们不会毫无目的地采取行动，而这正是我们分析三体危机现状时需要考虑的前提。

三体人为了进一步表达赞成程心当选执剑人的意愿，他们甚至还特意安排智子与程心会面。我们知道，在此之前，小说里的智子都是一个智能化的微观粒子，而如今它成为一个用仿生技术制造的人形机器人，这个机器人由智能粒子控制，但形象是一名美丽的日本女性，名字还叫智子。从智子身上，我们不难看出那个时候三体文明的人工智能技术已经非常先进。

此时，智子就是三体文明在地球的大使，人类可以从她这里了解三体文明，学习三体人传授的高科技。她也表示，三体人仰慕人类的文化与艺术，愿意虚心地向人类学习，并用心去体会和模仿。不到 10 年的时间，它们竟然也创作出了电影，这些电影在地球上映后，人类观众竟然不能分辨是三体人还是地球人的作品。小说中把这些现象称为文化反射。随着时光流逝，在人类大众的眼中，不知什么时候，三体人已经从曾经的敌人慢慢地变成了“邻家的姑娘”，变成了茫茫宇宙中的“红颜知己”。

读到这里，你是否感觉到哪里有点儿不对劲了？是啊，人类的想法怎么就和三体人的变得一致了呢？你应该听过这句话：“没有永恒的朋友，也没有永恒的敌人，只有永恒的利益。”看来在共同的利益面前，地球政府向三体人妥协了。上面的这些情况，可能是三体人的计谋，为的就是让程心做新的执剑人。三体人确信，程心接替罗辑的时候，正是它们可以大举进攻地球之时。为了这个行动，三体人可谓谋划已久。

隐藏自己的镜子

自危机纪元开始，由于有智子的存在，三体人对地球和人类的情况了如指掌。进入威慑纪元后，一方面，它们很大度地向人类传授科技知识，而另一方面，人类却得不到任何关于三体人本身的细节信息，三体人对人类来说始终笼罩在神秘的面纱中。

对这种信息的不对等，三体人解释说，自己的文化十分粗陋，不值得展示给人类，否则可能给双方已经建立起来的交流带来意想不到的障碍。换句话说，三体文明就像一面镜子，人类从三体人那里看到的只是自己文化反射而已，永远看不到镜子本来的样子。这让人不禁想到那个有着全反射表面的三体水滴探测器。三体文明的哲学理念之一就是“通过忠实地映射宇宙来隐藏自我”，它们认为这是融入永恒的唯一途径。可惜的是，这一情况的诡异之处并没有引起威慑纪元的人们的重视。鸽派所谓“宇宙大同”的言论，蒙蔽了公众的眼睛。

事情果然如三体人所料，在威慑纪元 62 年，程心在执剑人的竞选中胜出。半年后，她正式接替罗辑。就在他们交接引力波发射器开关之后的 5 分钟，三体人就对人类发起了攻击。它们早已料定，事变发生时，程心不可能下决心发射引力波信号。隐藏在地球附近的六个水滴探测器迅速向地球扑来，10 分钟之内就把地球上的 3 个引力波发射台全部消灭了，而在这十分钟里，程心果然始终没有按下开关。还有一个水滴探测器封锁了太阳，人类再也无法向宇宙发送任何信息了。至此，黑暗森林威慑彻底失败，威慑纪元结束，水滴探测器一举占领地球，只等三体舰队的到来。62 年前，在罗辑建立威慑平衡的时候，三体人曾经答应撤走太阳系中所有的水滴探测器，今天看来，它们显然一直都在欺骗人类。

三体人的如意算盘

痛定思痛，人类的终极威慑失败不能全都怪程心。

终极威慑是以毁灭两个世界为代价的，因此威慑者和被威慑者都会感到恐惧。这也恰恰说明了为什么人类没有在地球上建造更多的引力波发射台，小说里一开始一共建立了 23 个，结果由于发生了针对南极发射台的恐怖袭击事件，人们主动拆除了 20 个，只留下 3 个。此外，对可移动式的引力波发射台，也就是携带引力波发射天线的宇宙飞船，地球政府讳莫如深，以成本太高为理由只造了一艘，那就是“万有引力”号。究其原因，无非也是害怕一旦局面失控，这艘飞船飞进太空，成为对地球的威胁。当然，这也是三体人的想法，“万有引力”号最好一直在地球附近，不要飞得太远。

实际上，精于计谋的三体人早在更换执剑人的 5 年前，就已经开始采取一系列的行动了。在威慑纪元 57 年，三体第二舰队秘密向太阳系起航。三体人知道，这支舰队将于 1 年后穿过一片星际尘埃云，留下航迹。这些航迹距离地球 4 光年，也就是说大约 4 年之后就会被地球人监测到，从而暴露舰队，并有可能引发执剑人罗辑的威慑操作，这一风险是三体人无法承担的。于是它们提前5年就开始实施让地球政府更换执剑人的计划，并在程心接替执剑人的时候，以迅雷不及掩耳之势，一举消灭地球上所有的引力波发射台。

不过事发之时，“万有引力”号并不在地球附近航行。这一点和三体人的计划有所不同，局势因此变得复杂起来。

关于“万有引力”号的行踪，小说交代，在 60 多年前，人类的逃亡飞船之间爆发了黑暗战役，最终只剩下褚岩带领的“蓝色空间”号飞船独自飞向外太空。“蓝色空间”号成为人类文明和三体文明共同的敌人。人类决定派出唯一的一艘恒星级飞船“万有引力”号前往追击，三体人则派出水滴探测器和它同行。威慑纪元 13 年，“万有引力”号和护航的 2 个水滴探测器启程了。按照目前两舰的速度和各自的能源储备，“万有引力”号需要 50 年才能追上“蓝色空间”号，会合处距离地球大约 1.5 光年。无巧不成书，飞船上的引力波发射

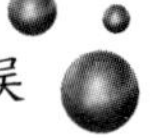

天线有寿命限制，正好也将在 50 年后失效。

三体人认为，只要保证在追击途中“万有引力”号始终在水滴的监控之下，就不会发生意外，而 50 年后，“万有引力”号的天线临近失效，可能不再具备发射引力波的能力，从而也就失去了威慑作用。因此，三体人决定要在威慑纪元 62 年这一年更换执剑人。

三体人的如意算盘是：在两舰会合时，用水滴探测器消灭它们，而此时正好是地球上执剑人交接引力波发射器开关的时刻。

铤而走险

不过，三体人在部署计划时需要仔细考虑一个细节。

我们知道，三体人靠智子瞬时传递信息，而这会给三体人实施计划带来一些麻烦。

假如外太空的两舰汇合与地球上执剑人的交接没有同步发生，而是前者稍微早了一点儿，那么这个消息就会被实时传递到地球，引发罗辑的威慑操作。如果稍微迟一些，那么“万有引力”号将会得知地球上的引力波发射台被消灭的消息，从而毫不犹豫地发送引力波。可见，三体人靠智子来实时联络，就必须严密控制两个重大事件的发生时刻，否则将前功尽弃。然而，根据人类社会的规则，从选出新的执剑人到具体交接控制权，这中间的时间虽然不会超过 1 年，但也不能被精确预知，因此三体人的计划实施起来十分困难。

那该怎么办呢？三体人认为，只能人为地中断智子通信，不让地球人和“万有引力”号通过它来实时联络，而是采用其他的通信方式，例如用中微子或者电磁波进行联络。这些方式都以光速传递信息，信息的单向传递会让信息在飞船和地球两地产生时间差，而这个时间差就会成为三体计谋得逞的关键。

当然，由于中断了智子联系，三体人也不能实时控制前方的水滴探测器，它们必须在中断前预先设定好水滴探测器对“万有引力”号发起攻击的时刻。

那么，什么时候中断智子的通信合适呢？三体人需要综合考虑以下两个因素：第一个是飞船与地球进行信息传递的时间差，预计有 1 年零 3 个月的延迟；

第二个是从竞选执剑人到更换执剑人，完成各种手续的时间不会超过 1 年。最终三体人决定，在两舰会合前 1 年，也就是威慑纪元 61 年，中断飞船和地球的智子通信。

还有一个问题，人类会不会发现智子通信中断是三体人故意而为的呢？对这一点，三体也早有预谋。

如前所述，小说中交代，两个智子的超距连接靠的是量子纠缠效应，它们很容易受到干扰，从而失去连接，而且一旦失去连接，就不可能重新连接。人类也发现，一旦智子进入某些装备了特殊电磁设备的空间，它们就会失去连接，这个空间叫作“智子盲区”。而在宇宙中，很可能存在自然状态下的智子盲区。因此，三体人就向人类解释说“万有引力”号不幸进入了宇宙中的某个智子盲区，所以人类与飞船以及护航水滴上的智子失去了联系。

至此，我们可以将三体人在几十年间卧薪尝胆，运筹帷幄，企图一举击败人类的计划总结如下：

首先，在威慑时代之初，向人类示好，赢取信任，并借机帮助鸽派上位，为更换执剑人做好准备。找到合适的执剑人候选人程心，敦促执政的鸽派给她财富和人格光环。制造各种机会，对她动之以情，晓之以理，劝说她参加竞选。同时授意鸽派操纵竞选程序，让程心最终当选。

其次，把水滴隐藏在地球附近而不会被人类发现的地方，保证更换执剑人后，可以立即打击地球上的引力波发射台，并用电波封锁太阳。

再次，在威慑纪元 13 年，派水滴探测器与“万有引力”号同行，准备在 50 年后它与“蓝色空间”号会合时将两舰一起消灭。关键的一点是，在两舰会合前 1 年要故意中断智子通信，切断“万有引力”号和地球间的实时通信。此外，还要预先设定好水滴探测器对“万有引力”号发起攻击的时刻，尽量与地球执剑人的更换保持同步。

最后，计算好三体舰队的航迹被人类发现的时间，在执剑人更换前 5 年起航，飞向太阳系。

如此看来，三体文明为了生存可谓煞费苦心，而人类在三体的计谋面前，则显得过于幼稚。

多么痛的领悟

三体人经过秘密谋划和精心实施，在执剑人交接的时候，一举结束了黑暗森林威慑，控制了地球。

此时，人类并没有感觉太失落，因为毕竟离三体舰队来到地球还有一两百年的时间，现在的这一两代人还能够好好地生活。然而，这个美梦很快就被打破了。天文学家观测到三体舰队都是由光速飞船组成的。原来，通过与人类交流信息，受到人类文明的影响，三体文明的科技迅猛发展，研制出了光速飞船。在威慑纪元 57 年，它们派出了由 415 艘光速飞船组成的第二舰队，最快只需要 4 年时间就能到达地球。人类的末日“指日可待”。这简直是晴天霹雳，人类社会再度陷入绝望。

为了给 4 年后三体舰队抵达地球做准备，三体人开始在全球范围内推进人类在地球上的移民。在三体人的威逼利诱下，40 多亿地球人在 1 年中完成了向澳大利亚的移民。地球人居住环境拥挤，粮食短缺，澳大利亚就像一辆开往不归路的囚车，上面的犯人已经快把车厢挤爆了。人类一下子回到了原始时代。智子说。

> “生存本来就是一种幸运，过去的地球上是如此，现在这个冷酷的宇宙中也到处如此。但不知从什么时候起，人类有了一种幻觉，认为生存成了唾手可得的东西，这就是你们失败的根本原因。”
>
> 摘自《三体Ⅲ》

到这个时候，人们终于看清了这个灭绝计划的真相，不过一切似乎都晚了。

东风不与周郎便

不过，人算不如天算，事情的发展并非完全如三体人所料。

由于与“万有引力”号上的智子的连接被中断，三体人并不知道关键时刻在遥远的外太空到底发生了什么：就在两舰汇合的时候，“蓝色空间”号的士兵奇迹般地制服了水滴探测器，与“万有引力”号成功会师。这样，人类在外太空的唯一一支力量终于保全下来了。

“蓝色空间”号的舰长褚岩根据从“万有引力”号上得到的消息，正确分析了形势，他指出无论怎样，是否应该启动“万有引力”号上的引力波广播，给地球一个机会，需要大家马上做出决定。褚岩补充说，一旦广播三体星的坐标，太阳系也会暴露，黑暗森林打击随时可能降临，那里再没有任何被占领的价值，这一方面可以把三体文明从太阳系赶走，另一方面也会给人类争取一些时间，让尽可能多的人类逃离太阳系。两舰一共 1400 多名官兵投票表决，大多数人都赞同启动广播。

1 年多后，三体舰队收到引力波信号，只好立刻转向，离开太阳系，飞向宇宙深处。因为，太阳系和三体星从此都成了全宇宙都避之不及的死亡之地。三体人机关算尽，百密一疏，结果竹篮打水，反倒失去了三体星。

公元 850 年，唐宣宗大中四年，杜牧信步于赤壁古战场，在江岸边偶然拾到一支折断了的铁戟。诗人把它捡起来，又洗又磨，发现这原来是当年赤壁之战时留下来的兵器，6 个半世纪的江水冲刷并没有销蚀它。年近半百的樊川居士，手持铁戟，望大江东去，慨然长叹：“折戟沉沙铁未销，自将磨洗认前朝。东风不与周郎便，铜雀春深锁二乔。”遥想当年，在寒冬季节，周瑜火攻曹营，假如没有突如其来的东风相助，东吴早已经生灵涂炭了。

时光飞逝，数千年之后的威慑纪元 62 年，在太阳系外 1.5 光年处的“万有引力”号上，不是也有类似的神奇“东风”吹过吗？

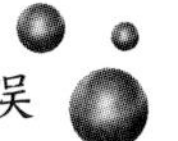

与奇迹不期而遇

在第三章中，我介绍过空间维度。通过观察我们可以发现，宇宙在空间上是三维的。因此，在描述任何一个空间位置时，只需要 x、y、z 三条轴上的坐标就可以了。至于更高的维度，例如四维、五维到底是什么样子，没人亲眼见过，但是我们可以对此展开想象。《三体》就对四维空间做了精彩的描述。

> ……任何东西都不可能挡住它后面的东西，任何封闭体的内部也都是能看到的。这只是一个简单的规则，但如果世界真按这个规则呈现，在视觉上是极其震撼的。当所有的遮挡和封闭都不存在，一切都暴露在外时，目击者首先面对的是相当于三维世界中亿万倍的信息量，对于涌进视觉的海量信息，大脑一时无法把握。
>
> 摘自《三体Ⅲ》

由于多了一个维度，我们世界中所谓的广阔和浩渺，在四维空间中只是事物的一个横断面而已。

为什么会这样呢？假如世界是二维的，那我们就像是生活在一张纸上的生物，我们的视线只能在这张纸的平面延伸开。无论纸上画了什么形状，线段、方框、圆形，我们都只能看到它们的侧面，即一些长短不一的线段。至于圆形或者方框里面有什么东西，由于有外侧线条的阻挡，我们不可能看到它们。如果不打破外侧的线条，我们就不可能接触到圆形或者方框内部的任何形状。除非我们能够离开这张纸，飞到它的上方，才能看到它内部的东西。离开了纸，就意味着我们进入了第三个空间维度，对二维世界来说，这是一个更高的维度。在第三个空间维度，我们终于能够看到平面上的所有图形，而不仅仅是反映它们的某个侧面的线条。更重要的是，此时我们还能看到二维平面上封闭图形的内部。也就是说，我们的眼界大大开阔了。

同样的道理，在我们所处的三维世界里也存在看不到封闭物体内部的情况。

我们只有离开三维世界，进入更高的第四个空间维度中才能进行透视。就像小说里描述的那样，在四维世界里，我们可以看到人体内部的骨骼和血管。当然，在这个维度的方向上，我们也可以不破坏物体的表面，而取出它内部的东西。

不过，在当前的科学认知中，我们尚不知道如何进入四维世界，因此对高维空间的认识并没有什么实验基础，只是一些类比式的描述罢了。但是在《三体》里，作者大胆畅想了人类进入四维世界的情节。在小说里，在三维世界中的某些地方，有一些四维世界的空间碎块，不小心进入这些空间碎块中的人，可以从四维空间观察三维空间，自然也有了透视和“隔墙取物”的“神功”。

> 莫沃维奇和关一帆很快知道了怎样不触动内脏。从一个方向上，他们可以像在三维世界里一样握住别人的手而不是抓住里面的骨头；要触到骨头或内脏，则需从另一个方向，那是一个在三维空间中不存在的方向。
>
> 摘自《三体Ⅲ》

小说描述，四维世界的空间碎块在宇宙中漂浮，它们曾两次与人类相遇：一次是在君士坦丁堡战役的时候，它们与这座城市的部分建筑有接触。狄奥伦娜因为偶然进入了这个空间碎块中，才有了所谓的“魔法”，可以隔空取出深埋在古墓中的圣杯，还可以轻易地摘除一个人的大脑，而不破坏他的头颅。因此，狄奥伦娜说服了皇帝，让她去刺杀敌人的首领，索要的报酬就是让她做一名圣女。可惜的是，当她再次进入那座建筑，准备跨入四维空间碎块时，这个碎片离开了地球，于是她失去了“魔法”，最终惨死在大臣手下。而碎块离开地球的那天，正是君士坦丁堡陷落的日子。

> ……魔法时代开始于公元1453年5月3日16时，那时高维碎块首次接触地球；结束于1453年5月28日21时，这时碎块完全离开地球；历时二十五天五小时。之后，这个世界又回到了正常的轨道上。
>
> 摘自《三体Ⅲ》

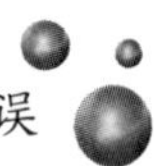

小说之所以把四维世界与地球的这一次接触安排在著名的君士坦丁堡战役期间，就是寓意这个机会十分难得，假如充分利用这块空间碎块，人类完全可以扭转战役的局势，一举促成改变历史进程的奇迹。

在《三体》中，四维世界的空间碎块与人类的第二次接触，也就是这个"魔法"故事的接续，是在第三部情节进行到四分之一的地方。在威慑纪元 61 年，在距离地球 1.5 光年的飞船上，人类与高维空间第二次意外相遇，而这一次偶遇真的改写了人类文明的未来。

在"万有引力"号追击"蓝色空间"号的半个世纪漫漫旅途的最后 1 年，他们与宇宙中的四维空间碎块不期而遇。"蓝色空间"号的舰长褚岩敏感地意识到，这是一个摆脱三体人追击的千载难逢的机会。"蓝色空间"号的士兵利用智子联络中断，三体人无法监视飞船的这段时间，迅速研究了四维空间碎块的特性，掌握了"隔空取物""穿墙遁地"的神奇本领。在水滴探测器对两舰发起攻击的关键时刻，他们利用进入第四维空间的机会，轻易地破坏了水滴的内部机构，一举销毁了它，拯救了自己，也保全了人类文明的火种。

利用四维空间对付敌人，就是《三体》中的神奇"东风"。只是在宇宙中遇到这个奇迹的概率，比冬季在长江上刮起东风要小得多。

历史的传奇

刚刚翻开《三体Ⅲ》，大多数读者也许会怀疑是不是买错了书。小说开篇竟然写了 1453 年发生在君士坦丁堡的一段颇具魔幻色彩的故事。在一部描写宇宙文明的科幻小说中，怎么突然插入了这么一段故事呢？历史上的这一年到底发生了什么？

1453 年注定是人类历史上具有重大意义的一年。在这一年，东罗马帝国的首都君士坦丁堡被奥斯曼土耳其帝国攻陷，东罗马帝国灭亡；法国收复除加莱以外的全部领土，英法百年战争至此结束。

在英法百年战争中，涌现了一位法国女英雄——圣女贞德。在欧洲，圣女贞德的故事家喻户晓。贞德与小说中人物狄奥伦娜差不多是同一时代的人。在

《三体Ⅲ》“魔法时代”这一章节中，也提到了圣女贞德。

> 对于二十多年前在欧洲战争中出现的那个圣女——贞德，狄奥伦娜不以为然，贞德不过是得到了一把自天而降的剑，但上帝赐给狄奥伦娜的东西却可以使她成为仅次于圣母玛利亚的女人。
>
> 摘自《三体Ⅲ》

从1337年到1453年，英国和法国爆发了一场历时100多年的战争，史称“百年战争”。百年战争的起因有政治、经济、社会因素等等，其直接导火索是对法国王位继承权的争夺。

在历史上，英法两国的关系错综复杂，多体现在王位继承问题上。1328年，法国国王查理四世去世，他没有子嗣。英国国王爱德华三世以自己是前法国国王腓力四世的外孙为由，要求继承法国王位。而靠旁支血亲关系刚刚即位的法国国王腓力六世则主张女性无权继承王位，王室女性的儿子同样没有王位的继承权。因此腓力六世废除了爱德华三世的继承权，并收回了爱德华三世在法国的领地。

1337年10月，爱德华三世宣称自己兼任法国国王，并率军登陆诺曼底，拉开了百年战争的帷幕。起初，英军占据上风，逼迫法国签订了不平等条约。1364年，查理五世继位法国国王，为法国扭转了局势。然而，随着法国贵族内部出现内讧，英军再度大败法军，并与法国的勃艮第派结盟。法国北部大半沦陷，形势危急。法国人民组成抗英游击队，前赴后继奔向战场。对法国人来说，此时的战争已经从王位争夺战转变为民族解放战。

出身法国洛林农场主家庭的贞德目睹周遭战火纷飞，生灵涂炭。此时刚刚17岁的她，自称得到了天使的神谕，要她赶走英格兰人，协助法国王储继位。她用自己的勇气和实力说服法国王储授予她指挥权。她身先士卒，奋勇杀敌，保住了被围困的奥尔良城，并赢得了多场战斗。士兵们相信这是神赋予她的力量，都追随在她身后，愈战愈勇。她率领士兵和法国军队浴血奋战，1429年7月，查理七世在兰斯正式登基。国王打算封贞德为贵族，但被她拒绝，她只请求免除自己村庄的赋税。

在第 2 年一场战斗中，贞德被敌军俘虏。英国人指控她散播异端邪说导致法国国王继位，判处她死刑，而贞德则誓死拒绝承认自己有罪。最终，贞德于 1431 年在鲁昂被执行火刑。她死后第 18 年，查理七世收复鲁昂。1456 年，法庭正式为贞德平反。

在这场持续了 1 个多世纪的百年战争中，法国最终取得胜利，完成了民族统一，为日后在欧洲大陆扩张打下了基础。而英格兰则几乎失去了所有的法国领地，英格兰的民族主义从此兴起。在法国，位卑未敢忘忧国的女战士贞德成为一个历史传奇人物，她凭借虔诚的信仰和一往无前的勇气，用自己的血肉之躯和不屈精神唤醒了整个法国，影响了欧洲。

在英法百年战争结束之后，欧洲进入了崭新的时期——文艺复兴和地理大发现。这两个时期的思想活动和物质活动为欧洲文明打开了一片新天地。《三体》的情节也在引人入胜的古代传说中进入了新的阶段：从第三部开始，人类文明从太阳系走向了更广阔的太空。

第十五章　道可道，非常道

——技术之外的思考

随着智子的到来，三体危机出现，地球就像一本摊开的书一样，随时可供三体人翻阅，而智子还通过控制高能粒子加速器，有效地遏制了人类科学的进步。联合国无奈推出面壁计划，希望凭借人类内心世界的隐秘性来对抗三体，因为战略和战术计谋的水平往往并不与技术进步成正比，就像是战争的胜利并不全凭先进的武器一样。

如此看来，《三体》这部硬科幻小说，似乎从一开始就把思考的角度扩展到了技术之外。

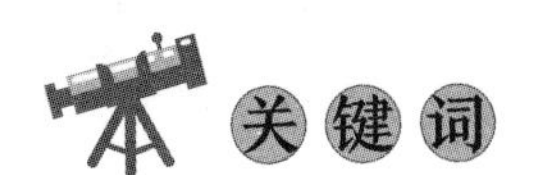

人体冬眠，体能革命，智能革命，弱人工智能，强人工智能，超人工智能，机器人三定律，第零定律，电车难题，“中文屋”思想实验，理性与人性，自我与他者

难以实现的技术

《三体》里反复出现一个名词——“人体冬眠”技术，很多故事情节都与它有关：绝症患者利用它到未来接受治疗，面壁者靠这项技术去未来制订计划，甚至太空军也用这个方法将章北海等一批军人派去增援未来。小说中把人体冬眠称为人类在时间上的首次“直立行走”。

说到冬眠，在大自然中，很多动物都有冬眠行为。**冬眠是通过代谢抑制来应对极端的自然条件或者食物短缺等危机的一种生存策略。**在极端恶劣的环境下，一些动物会进入冬眠状态：体温降低，心跳、呼吸和代谢近乎正常情况下的1%。依靠这种低耗能的形式，动物能够度过食物匮乏的冬季，或者在严酷的自然环境中生存下来。可以说，冬眠是地球上一些动物的生存本能。

动物的冬眠启发了人类。人类是否也能冬眠呢？很可惜，自然状态下的人体并不具有这个技能。

在生命科学和医学领域，体外培养的细胞可以在冷冻罐中长期保存，在科学家需要时复苏重新培养，而人体的某些器官最多只能低温保存数天。尽管人类在自然状态下陷入冬眠的案例偶有发生（例如一些被困在雪地等低温环境中却幸存下来的人，当时他们的核心体温降低，新陈代谢几乎处于停滞状态），但是截至目前，科学家尚未找到安全的人体冬眠方式。

通常来说，实现人体冬眠技术的关键在于对人体温度的控制。降低体温会使血液流动速度降低，新陈代谢速率减缓。但是目前仍有一些技术瓶颈有待克服：冬眠中的人即使新陈代谢大幅降低，也仍有能量消耗和废物排出，冬眠技术应该如何应对这些需求；应该如何避免冬眠对大脑功能造成负面影响，保证整个过程的安全性，等等。

在《三体》中，科学家将云天明的大脑进行冷冻，用飞船送入太空，这可谓是人体器官冷冻技术的应用之一。按照小说的设定，在不远的未来，人类将在人体冬眠技术上取得突破。不过，作者大胆地预测，这项技术仍然无法得到大范围的推广，而其原因在于技术之外。

尽管目前我们还没有实现人体冬眠，但小说中的情节能给我们带来启发，让我们提前对这类高科技的未来应用进行反思。

以人体冬眠为例，假如把这项技术应用在对绝症患者的治疗、帮助宇航员度过漫长的航天飞行等方面，都是很容易被理解和接受的。但是，这项技术还有更加深刻的一面：长生不老是人类自古追求的梦想之一，那么，人类是否能利用冬眠来延长生命？在冬眠技术的滥用下，人类能否借此来接近于永生呢？要知道，这项技术完全可以改变人类文明的面貌。

> 这项技术一旦产业化，将有一部分人去未来的天堂，其余的人只能在灰头土脸的现实中为他们建设天堂。但最令人担忧的是未来最大的一个诱惑：永生。随着分子生物学的进步，人们相信永生在一到两个世纪后肯定成为现实，那么那些现在就冬眠的幸运者就踏上了永生的第一个台阶。这样，人类历史上第一次连死神都不公平了，其后果真的难以预料。
>
> 摘自《三体Ⅲ》

小说认为，假如“明天会更好”这个信念一直不被打破，人体冬眠技术就永远不可能得到大规模的推广，因为在死亡这个问题上，人们“不患寡，而患不均”。

然而，在小说中，随着三体危机的出现，三体舰队正在向太阳系航行，最多4个世纪以后就会占领地球，人类的未来一下子从天堂变成地狱。冬眠的人再次醒来的时候，世界也许是一片火海。对绝症患者来说，未来已失去了吸引力——也许他们醒来时连止痛片都吃不上了。在这样的情况下，还有谁愿意冬眠去未来，而不是活在现在呢？

> 危机出现后，对冬眠技术的限制被全面解除，这项技术很快进入实用阶段，人类第一次拥有了大幅度跨越时间的能力。
>
> 摘自《三体Ⅲ》

一句话概括：如果你想去地狱，请便吧。这真是个天大的讽刺！

除此之外，《三体》中还有很多情节都体现出“超越技术之外”这一基本而又隐秘的设定，不由得引人深思。

一切尽在不言中

作为一部科幻小说，《三体》呈现的与“硬核”科技相关的内容令人目不暇接。例如，在小说第一部的一开始就有关于智子的设定。

> “……越来越多的智子将在那个行星系中游荡，它们合在一起也没有细菌的亿万分之一那么大，但却使地球上的物理学家们永远无法窥见物质深处的秘密，地球人对微观维度的控制，将被限制在五维以下，别说是四百五十万时，就是四百五十万亿时，地球文明的科学技术也不会有本质的突破，它们将永远处于原始时代。地球的科学已被彻底锁死，这个锁是如此牢固，凭人类自身的力量是永远无法挣脱出来的。”
>
> 摘自《三体Ⅰ》

不过，《三体》推动情节发展的基本条件之一反倒是将纯科技排除在外的，第二部中的主要内容——面壁计划，它的依据就是智子无法窥视人的内心世界。

在联合国指定的四位面壁者中，罗辑凭借自己的智慧和勇敢，最终与三体世界建立起威慑平衡。他的成功不仅靠高科技，也靠对黑暗森林理论的领悟，以及勇于自我牺牲的行动，甚至还有一点赌徒的心态。

在智子无法窥视人类内心的这一特殊设定下，小说中的人类在已有科技基础上继续构筑各种防御计划的同时，还推出了面壁计划。事实证明，最终正是这种心理战术取得了决定性的胜利。内心世界的未知和不可测，在某种程度上暗示了人可以用非技术手段应对危机。

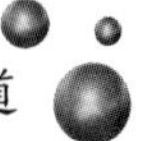

运用计谋并非人类的专利。前文已述，在威慑纪元中，三体文明通过与人类社会的部分群体暗通款曲，操纵执剑人的选举，最终使毫无威慑力的程心上位，为占领地球奠定基础。这是一个成功的计谋，只不过受益者是三体文明。

关于更换执剑人，也许你想过，是不是可以把威慑控制权交给人工智能呢？例如，按照博弈论，设计一个智能程序，由它来充当执剑人，是不是就可以彻底摒弃人性中的怯懦了？按照小说的说法，这个方法不太可行，原因有二：一来，那个时候的人工智能在处理复杂情况时的决策水平还不能与人相比；二来，人们还普遍不能接受让机器决定整个人类的生死。

不过，第一个理由似乎并不成立。在第二部《黑暗森林》中，罗辑冬眠了185年，在他苏醒之后，作者用了很多笔墨描写那个时代人类生活的现状。我们可以看到那是一个信息高度发达的时代：各种信息窗口随时可以在任何平面物体上显示出来，而且在那些弹出来的显示窗口中，你根本分不清和你实时对话的是真人还是人工智能。人们穿的衣服可以根据体型改变大小，怎么穿都合适，而且衣服也都是显示器，可以根据穿着者的情绪变化随时变换颜色和图案。人类生活在建在地下的超大型城市中，而天空中飞行的则是无人驾驶的汽车。看到这些，你还会怀疑那个时代里人工智能的水平吗？

如此看来，真正的原因似乎只能是第二个。

智能的解放

毋庸置疑，在漫长的生物演化过程中，智人之所以适应了自然、战胜了诸如尼安德特人等其他人种，成为今天地球上唯一具有高等智能的物种，重要原因之一就在于智人可以依靠聪明的头脑来发明和利用工具，弥补自身先天的不足。几万年来，人类文明进步的过程主要包括两个方面：体能革命和智能革命。

“体能革命”旨在利用外物来延伸人类的体力、减轻人的劳动强度。这个过程从远古时代就逐步开始了。从火的使用、狩猎工具的发明，一直到农耕文明的出现，无不体现出这一点。而“体能革命”的爆发点则出现在 18 世纪 60 年代的工业革命，其代表是蒸汽机的发明和应用。机械化大大减轻了人类的劳动强度，使得大规模工业生产成为可能。同时，这一变革也深深影响了人类社会的进程，资本主义世界体系由此确立起来。1821 年，第一台电动机诞生，电气时代随之到来，石油成为新能源，电力、钢铁、铁路、化工、汽车等重工业从此兴起，交通工具迅速发展。汽车能够载着数十吨重的货物飞奔，使古代的大力士也望尘莫及，而飞机的出现则为人类的飞翔梦想插上了翅膀。时至今日，没有人会为这些强有力的机器能够轻而易举地超越人类体能的极限而感到恐惧，反倒会觉得理所当然。

20 世纪下半叶以来，人类文明的进步跨入第二个阶段——**“智能革命”**，它**以延展人类的脑力、减轻人的脑力劳动为主要目的**。工业时代由能量驱动物质经济，而在智能时代则以智力驱动智能经济。1980 年，美国著名未来学家阿尔文·托夫勒在《第三次浪潮》(*The Third Wave*) 一书中说：“正在发生的事情不只是一场技术革命，而是一种全新的文明的降临。”在这场革命乃至新文明中，机器人和人工智能成为科技进步的标志。

在 1956 年的达特茅斯会议上，被称为“人工智能之父”的美国计算机科学家约翰·麦卡锡给人工智能做出了最早的定义：**“人工智能”就是让机器的行为看起来与人无异**。研究人工智能的目的在于发明出能够模仿人类思维的工具，使机器学会人类的思考方式。按照智能的程度，人工智能分为三类：弱人工智能、强人工智能和超人工智能。弱人工智能只能解决特定领域中的问题，完成某个特定的任务，例如围棋机器人 AlphaGo。强人工智能则指人造机器达到人脑水平，即有知觉，有自我意识，能独立思考、制订方案解决问题，甚至具有情感、价值观和世界观体系。而所谓的超人工智能，指人造智能体在几乎所有领域都超越人类的智能，包括科学创新、通识和社交。目前的技术所能研制出的人工智能尚处于弱人工智能阶段，不少人认为强人工智能是下一阶段可能达到的。至于未来能否出现超人工智能，学界尚有争议。

智能革命的最终目标是解放人类的智能，而这涉及人类最引以为傲的核心——作为地球上的生物物种之一，人类之所以能傲视群雄，自称“万物之灵”，说到底不就是凭借聪明的头脑吗？假如有一天，人工智能能够替代，甚

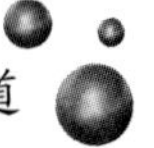

至超越人类的智能，我们会感到欣慰吗？

对人工智能发展前途的疑问一直存在。在今天，大多数人并不担忧人工智能，反倒是对它敞开怀抱，例如 AlphaGo，人们认为这是人类科技的伟大成就。人们就像历次的工业革命那样，为人类智力的解放而欢呼。为什么会这样？说到底，我们认为 AlphaGo 能做的只不过是某件微不足道的事情，其远远无法与人类相抗衡。可以预见，一旦强人工智能得以实现，为存在智力与自己相匹敌的机器人感到高兴的人也许就没有那么多了。因为，我们不知道人工智能（更不用说超人工智能了）到底会如何思考、如何采取行动。

机器人定律有几条？

执剑人这个角色是《三体》的设定，在我们的现实生活中似乎不存在。但是，我们不妨做一个假设：如果没有智子的阻碍，按照目前人类科技的发展趋势，200 多年后的人工智能水平应该是相当高的。那么，在那时，人们是不是可以把决定整个人类命运的某些决策权交给超人工智能呢？

20 世纪 50 年代，美国著名科幻作家阿西莫夫在他的小说《我，机器人》（*I, Robot*）中提出了“机器人三定律”。虽然这不是一个严谨的科学理论，但是能给我们带来很多启示。简单地说，机器人三定律是人给机器人定下的三个必须遵守的规则：**第一，机器人不得伤害人类，或坐视人类受到伤害；第二，机器人必须服从人类的命令，但不得违背第一条；第三，机器人必须保护自己，但不得违背第一条和第二条**。但这个规则自提出以来，在学术界和机器人的研发群体中，从来没有得到过认可和实际应用。

假如有一天，科学家发明出了能协助人类执法的智能机器人，那它能够控制一些人的人身自由吗？公众可能认为，对犯罪分子当然是可以这样做的。然而这显然违背了机器人三定律。就连阿西莫夫也意识到这些定律存在缺陷和漏洞，于是后来，他还在这三定律前面加上了一个具有更高优先级的“第零定律”：**机器人必须保护人类的整体利益不受伤害，其他三条定律都在这一前提下才能成立。**

然而人们的看法并没有因此而有任何改变。到底什么是人类的整体利益？接下来，什么是人，怎么定义机器人，都成了严肃的问题。人们发现，这些定律只会让事情变得更加复杂和诡异。

在民用领域，人工智能的研发和应用也存在很多未解的社会难题。就拿我们都很熟悉的日常场景来说，一辆由人工智能控制的自动驾驶汽车，到底应该负有怎样的道德和法律责任呢？

为了说明这个问题，我们不妨来看看伦理学中最知名的思想实验之一“电车难题”。假设有一名司机驾驶电车来到一个铁路的岔道口，前方有两条轨道。他发现，一条轨道上有五个人在工作，而在另一条轨道上只有一个人，而他们都没有注意到疾驰而来的电车，司机已经来不及刹车，他只能选择其中一条轨道迎面撞上去。请问，他会选择哪一边呢？

电车难题

电车难题最早是由英国哲学家菲利帕·福特在 1967 年提出的，用来批判那些以“为多数的人提供最大利益”为原则的功利主义者。从功利主义者的观点来看，应该选择拯救五个人，杀死一个人。但是功利主义的批判者认为，即便这样，司机也要为另一条轨道上那一个人的死负责任，这依然是一个不道德的行为。总之，不管怎么做都不存在完全符合道德的行为，这就是重点所在。

我们再来看看那个拥有最高优先权限的机器人第零定律：机器人必须保护人类的整体利益不受伤害。在这种情况下，受害者的人数多的一方就代表整体利益吗？如果是，那么两方的受害者到底要在数量上相差多少才可以判定人数多的那一方代表整体呢？如果多数和少数的人数比是 5∶4，或者 100∶99 呢？在这些关乎伦理和道德的问题面前，人类尚无法找到可以接受的答案，又怎么能靠人工智能去判断呢？

回到《三体》，人类如果把威慑控制权交给人工智能，那么将遇到与上面同样的问题：只要人类在伦理和道德的认识上没有取得进步，这肯定无法被接受。谁有权力编制一个能毁灭人类文明的程序？有学者甚至早就指出，人工智能要么让人类永生，要么让人类灭亡。可见，从本质上讲，执剑人不能由人工智能担任的真正原因并不是技术问题，而是伦理层面的问题。

智能之外的人工智能

在第五章中，我们曾介绍过人工智能的“图灵测试”：测试者和被试者在相互隔离的条件下，通过设备传递信息，测试者提出问题，被试者来回答。当测试者在一定时间内无法判断被试者是人类还是人工智能的时候，我们就认为人工智能通过了图灵测试。

正如著名美国学者侯世达所说，图灵测试有一点儿像物理学中的高能粒子加速器。在物理学中，科学家如果想知道原子或者亚原子的原理，由于不能直接看到，他们就会把粒子加速，从而通过观察它们的碰撞情况推断其内在属性。而图灵测试正是把这种方法扩展到检测人工智能上，科学家把思维当作研究对象，通过向人工智能提问，来了解人工智能内部的运作方式。

自从 20 世纪 50 年代艾伦・图灵最早提出这个概念，数十年来，图灵测试一直都是人工智能领域的热议话题，正反两方面的声音都有。有学者指出图灵测试就是计算机领域的行为主义，即便计算机通过了测试，也无法说明它真的会思考。美国哲学家约翰·塞尔的“中文屋”思想实验就是对这一问题的经典论证之一。

塞尔假设有一个封闭的房间，内外之间只能通过门缝传递纸条。屋里有一位被试，他除了英语不懂任何其他语言。屋里还有一大堆中文文字以及一本规则书，规则书用英文说明了这些中文文字的组合规则。在屋外有一个懂中文的人，他向屋内传入写着中文问题的纸条，而屋内的人收到纸条之后便按照规则书的说明，将中文文字组合成答案，以纸条的形式传递出去，由屋外的人来判断被试是否懂中文。塞尔认为，即使被试最终完美地骗过屋外的人，使屋外的人认为他懂中文，实际上被试还是完全不懂中文的。塞尔认为，在这个实验中可以把被试换成计算机，而规则书就是计算机程序，计算机只是在运行程序，它对程序的内容并不理解。

当我们谈话时，怎么知道自己心中有类似于别人所说的“思考”这样的东西呢？我们相信别人有意识，只是因为一直在对别人进行外部观察，从而确认的确如此，这本身就像是一个图灵测试。

我们看到别人有人类的身体，看到他们有表情和表达，所以我们就认为他们会思考。这显然是相当肤浅的认识，尤其是在我们考虑人工智能问题的时候。判断一个对象是否能思考，也许关键并不在于它的硬件构成，例如身体器官、有机结构抑或是化学元素，也许在于某种关键的内部组织模式，而图灵测试就是对这种组织模式存在与否的探测。第八章已介绍，人的思维可能来自大脑神经网络的连接模式，同样的道理，单台计算机很难体现令人满意的智能，但是当网络将亿万台智能设备互联起来，通过获取和处理海量数据，人工智能便仿佛插上了“双翼”，可以用这种模式进行非常复杂的“思考”。

通过编程，人努力做到使计算机“宛如”有智能的人，使它能与人对话。但是，这毕竟还是一个骗局，机器仅仅是在语言的层面上模仿人类。没有人能把这样一台机器逗笑或是让它苦恼，因为它在心理上和个体上都不是人，只是一个有问必答的“声音”，一个能击败所有人类棋手的“逻辑”。

让我们来做一次图灵测试的测试者。你的被试的行为举止完全符合逻辑，始终连贯一致、清楚易懂、有条不紊，甚至看起来还富有创造性和决策力。然而，你也许仍然会敏感地察觉到，它不是一个人！因为它缺乏人类神秘的深度、错综的内在和迷宫一般的本性，甚至因为人偶尔会犯错误，而它不会。

假如一台计算机能够成功地让我们以为它是人，那么它理所当然能很好地洞察“做人”是怎么回事。对人来说，情感与思维是不可分离的，情感是思维能力自动产生的副产品，即思维的本性必然包含情感。人工智能的先驱者之一，美国计算机科学家马文·明斯基指出：“逻辑无法用于现实世界。”这也许正是人工智能的研究者面临的困难之一，没有哪种真实的智能仅仅基于逻辑推理。为了与人类相似，研究者就要在人工智能中引入与理性相冲突的情感，而非只有单一的理性。

不可否认，人是一个矛盾共生体，时而聪明时而糊涂，善良与邪恶兼备，勇敢和怯懦并存。从某种程度上来看，人的最深的恐惧来自死亡，在这份恐惧的驱使下，才有了社会众生相。甚至有人指出，人类社会发展的原动力无非是人性中的恐惧和贪婪。面对这些真实和自然的人性，科学又该如何诠释？

总之，从表面上看，图灵测试是把对人工智能的评价纳入了一个简便易行的实验中。然而实际上，它无法平息人们对人工智能的争论，因为它只是改变了问题的焦点而已：某些本该依靠客观的科学实验进行判断的东西，又变得需要依靠人做出主观评价！

这是多么讽刺的事情！作为一个自然人，你怎么能确信那个自称专家的人在图灵测试中得出的结果？他的思维是一个黑箱，你无法观察。至于他是凭借什么做出的裁决，你也不可能真正了解。

人工智能在发展中遇到的最大困境之一就是，这项技术一方面追求与人类的思想相似，甚至希望有所超越，一方面却需要陷入科学无法把握的人性深处。人工智能面临的这一尴尬处境——人性的不可捉摸，在《三体》中反倒成为人类对抗外星文明的利器。

塞翁失马，焉知非福！

慢慢交出掌控权

就像《三体》中执剑人的权力转让一样，在极端的情况下，人类不愿在人工智能面前低下自己高贵的头颅，宁愿把权力交给一些莫名其妙的“公元人”，也不愿意相信人工智能。然而，在现实生活中，人类如果盲目相信人工智能，那么人类的未来可能像“温水煮青蛙”那样逐渐失去生机。

在交通拥堵的都市，人们每日出行已经习惯靠导航来指引方向。当软件用红绿线条表明道路的拥堵情况，并悉心地为我们规划出便捷的路径时，你是否意识到自己每次都会按照它的提示行事？偶尔当你违背它的提议，因堵车无奈迟到的时候，是否感到过后悔？于是，你暗自告诫自己，下次一定不要再自作聪明。慢慢地，你的出行再也离不开导航系统，而你对此并不自知，只感到理所当然。

再反思一下，你在检验每日的锻炼达到目标与否、走了多少步、消耗了多少能量时，是不是习惯看看穿戴式智能设备。你按时去体检时，那些智能医疗设备告诉你你身体的状况，有多少次你都理所当然地接受了机器诊断的结果，而放弃了自己对身体的实际感受？甚至，当你得到基因检测的智能分析结果，你未来将有 50% 以上的可能性患上癌症，请问你是否愿意相信人工智能的分析，决定提前通过手术切除那些尚未出现病变的器官？

在互联网刚刚兴起之时，高效获取信息的方式让人兴奋，我们都迫不及待地伸出手臂迎接它，我们相信它会让自己瞬间与地球任何一个角落相连，扑面而来的海量知识一定有助于我们全面地认识这个世界，打开眼界。然而，事实果真如此吗？

时至今日，无处不在的网络“爬虫”、收集个人信息的大数据引擎、纷繁复杂的信息世界已经淹没了你。它会自动绘制你的“画像”，告诉你你爱看哪类网络文学、有什么业余爱好、喜欢网购哪些东西、爱吃什么口味的美食。假如要问你最喜欢什么，你的手机恐怕比你自己更清楚。

更有甚者，那些处理你个人数据的智能软件会为你打造专属于你的世界：

你打开手机，看到的都是它推荐给你的文章、推送给你的商品，和朋友聊天时谈到的某样东西，也许就赫然出现在你下一秒看到的广告页面里。它为你精心设计了朋友圈——因为它早已默默地屏蔽和拉黑了那些你不喜欢的人。从此，你的眼前一片明朗，耳根子一片清净，你的所见所闻都是你喜爱的。然而，这又何尝不是一叶蔽目、画地为牢？此时，还有谁关心当初建设网络世界的初心？

无影无形又无处不在的网络智能，就是这样在你的默许和纵容下逐步控制了你，定义了你是谁。你把自己交给人工智能，也从此迷失了自己。我是谁？对这个问题，你却希望人工智能告诉你答案。

永恒的他者

《三体》自始至终都没有描写三体人的样貌，三体人甚至都没有登陆地球。小说只叙述了当人类面临入侵威胁时，出现的人心惶惶与社会动乱。在很多涉及外星文明的影视作品中，都描写了外星人如何入侵地球，反映它们与人类友善相处的作品凤毛麟角。为什么会这样呢？是未知使然！人类最大的恐惧正是来自对外界的未知。

其实，人类个体之间何尝不是这样？罗辑根据对人类社会历史的观察，延伸并总结出“宇宙处于黑暗森林状态”。17 世纪英国哲学家霍布斯指出，在趋利避害的利己本性下，人人为己是唯一的选择。“一切人反对一切人的战争”，这就是霍布斯眼中社会的“自然状态”。其最深刻的原因之一，就是人心都是“黑箱”，你永远不会知道别人心中所想——俗语说“知人知面不知心”。他者是永恒的地狱。

截至目前，在茫茫宇宙中，人类未能发现任何外星人，觉得自己是孤独的，除了自己没有别的生物能够真正理解自己。对人类来说，外星文明是未知的存在，是“他者”，只是我们还没有证据证明“他者”真实存在。

当人类发明了智能机器，让它成为自己智力的延伸时，发现多了一个伙伴。但人们在惊羡它们超人的计算能力的同时，又开始忧虑它们可能对人类构成威胁。于是，那些由冰冷的电子零部件组成的机器人，就成为人类现实世界中的“他者”。

可见，外星文明与人工智能，这两个天差地别的事物，有着相同的属性：它们都是有智慧的存在，也都是在人类之外的他者。同为他者，我们有多害怕外星文明，就有多担心人工智能。

人类害怕“他者”

也许对人性来说，他者永恒存在。在文明蒙昧的时代，天灾与野兽就是可怕的他者。在快速扩张的年代，其他族群、信仰，甚至人种，都可能成为自己利益的对立面，也就是他者。从本质上说，哪怕这个宇宙中根本就没有外星人，我们也会亲手发明出他者——人工智能。无论何时何地，都要找到自身之外的他者，这也许是人类千万年演化而来的本能，也是文明飞跃的桎梏。他者，是自我的对立面，也是认识自我的镜子。有一天，当我们能认清他者的本质，明白害怕他者的根源在于自我内心的黑暗时，我们才可能彻底祛除这个“心魔”，人性也才能闪耀更灿烂的光辉。

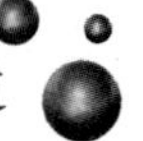

技术这把双刃剑是相对人而言的。人类取得的每一次科技突破都会促进社会进步，但同时也可能给人类发展带来巨大风险，例如核武器、克隆技术、基因编辑。我并非反对科技进步，只是对一项新技术，除了从专业学科的角度低头潜心研究，研究者还应该经常抬起头来，从社会、人文和历史的角度来审视它，辩证地看待它在社会中发挥的作用，而这个角度往往被大多数人忽视。说到底，科技还是要以人为本。

第十六章　天籁之音
——宇宙通信与引力波

在《三体Ⅱ》的结尾，罗辑建立起黑暗森林威慑。在人类的要求下，三体世界把一种新的通信方式——引力波技术传授给人类，并帮助人类在地球上建立了3个引力波发射台，以及1个移动式引力波发射台——“万有引力”号飞船。正因为“万有引力”号发射了引力波信息，三体星和太阳系才最终遭到了灭顶之灾。

在100年前，爱因斯坦的相对论预言了引力波的存在，然而人类实际观测到后者是在2016年。引力波是什么？它能够成为人类在宇宙中进行有效信息传递的通信方式吗？

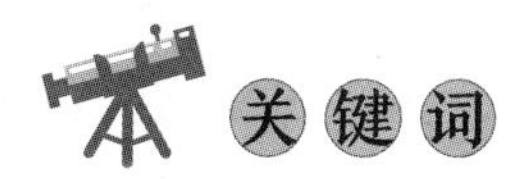

远程通信，电磁波，中微子，引力波，牛顿的绝对时空观，以太假说，迈克尔逊-莫雷实验，狭义相对论，光速不变，广义相对论，时空弯曲，激光干涉引力波天文台，原初引力波

远方的呼唤

信息传递，尤其是进行远距离信息传递，是人类自古就孜孜以求的，比如飞鸽传书是原始的实物通信方式，而发声、发光则是隔空交流的通信方式。声音的传递离不开介质，且声音信号随距离增大而衰减比较严重，所以人们只能在地球上的短距离范围内利用它传递信息。除了耳朵，人主要靠肉眼来观察世界，因而人用可见光传递信息就是再自然不过的一件事了。光作为一种高效、快速的通信方式，在历史上早就得到了应用，古人利用烽火和狼烟快速传递前线的敌情，在海上的人靠旗语或灯光彼此交流。

从本质上说，光是一种电磁波。电磁波的传输不需要介质，因此能用来远距离传递信息。目前，我们能收到的最远的人工电磁波信号来自“旅行者一号”空间探测器。1977 年，“旅行者一号”成功发射，经过近半个世纪的飞行，它目前已经穿越了冥王星轨道，在距离我们 230 亿千米开外，用电磁波向我们发回它在太阳系旅途中的所见。

时至今日，人类已经掌握了电磁波的接收和发射技术。最常用于通信的电磁波是无线电，平时我们的手机信号、电视信号，都是靠无线电传播的。它有一个缺点，就是容易被阻挡，尤其容易被金属屏蔽，很薄的金属就可以完全屏蔽无线电波，比如在电梯、地下室或山区里，手机就常常没有信号。而对于在海洋中的水下潜艇，无线电波更容易被阻隔，因此潜艇的对外通讯一直是一个难题。在宇宙中，电磁波传递信息的效率更低，很容易被星际物质阻挡和吸收。随着距离的增大，电磁波信号强度的衰减也更快。可以说，电磁波几乎算是最原始的宇宙通信手段了。

实际上，可以用作远距离通信的方式至少有三种，除了电磁波，还有中微子和引力波。

（罗辑：）“人类的谈判者肯定首先提出，要你们帮助建立一个更完善的信号发射系统，使人类掌握随时向太空发射咒语的能力。……

现在的系统也实在太原始了。”

（智子：）我们可帮助建立一个中微子发射系统。

（罗辑：）“据我所了解的情况，他们可能更倾向于引力波。在智子降临后，这是人类物理学向前走得比较远的领域，他们当然需要一个自己能够了解其原理的系统。”

摘自《三体Ⅱ》

与电磁波相比，中微子和引力波也许是跨星际传递信息的更好的方式，只是我们目前还没有完全掌握这些技术。

扑朔迷离的中微子

中微子和引力波又是怎么回事呢？在具体介绍它们之前，让我们先用一个知识作为铺垫。简单概括物理学对物质的认知：物质都由一些基本粒子组成，而粒子之间通过四种力相互作用。这四种相互作用力按照从强到弱的顺序，分别是：强相互作用力、电磁力、弱相互作用力和万有引力。《三体》里的水滴探测器据说就是由主要靠强相互作用力支撑的一种高强度物质构成的。而中微子和引力波通信则与弱相互作用力、万有引力有关。

先来简单介绍一下中微子。中微子是自然界中的基本粒子之一，目前共发现了三种中微子：**电子中微子、μ 中微子和 τ 中微子**。在“中微子”这个名字中，“中”指它不带电，呈电中性，“微”则指它个头小。中微子的静止质量可能为零，即便有质量也很轻，不超过电子质量的百万分之一，因此它属于轻子的一种。得益于很轻这一特性，中微子可以以光速或者接近光速的速度运动。中微子呈电中性，因此它不受电磁力的影响。同时它本身很小，基本上只参与弱相互作用，而弱相互作用力的距离尺度在 10^{-19} 米这个数量级，因此中微子可以穿梭于原子内部，与其他物质粒子之间的相互作用极少，平均 100 亿个中微子中只有一个会与物质发生反应。中微子的穿透力极强，可以自由地穿过地球，甚至穿过 1 光年厚的铅板也不会被吸收。每一秒都有 1 万亿亿个中微子穿过我们的身体，而我们对此毫无察觉。

中微子虽然是基本粒子之一，却不存在于原子中，而是在 β 衰变过程中产生的。最早提出中微子这个概念的是理论物理学家沃尔夫冈·泡利，他的重要贡献之一就是发现粒子的自旋运动。1931 年，泡利发现，在中子的 β 衰变过程中，如果没有产生其他粒子，就无法满足能量守恒，于是他大胆地提出应该存在着一种当时的科学界还不知道的微小粒子，它们带走了 β 衰变中的一部分能量。1934 年，美国物理学家费米提出 β 衰变理论，即中子在 β 衰变过程中，通过弱相互作用力衰变为质子、电子和电子中微子，正式命名了中微子这种粒子。1956 年，美国物理学家柯万和莱因斯等人第一次通过实验直接探测到中微子。至今先后共有九位科学家因在中微子及其性质方面的研究和发现而获得诺贝尔物理学奖。

宇宙中，中微子无处不在。像太阳这样的恒星之所以能发光发热是因为其内部发生核聚变，而这种热核反应就会产生大量的中微子。因其存在的普遍性，中微子天文学成为天体物理学的一个重要分支，主要研究恒星产生中微子的过程，及其对恒星结构和演化的作用。

在众多的亚原子粒子中，中微子可以说是最令人捉摸不定的粒子之一。时至今日，有关中微子还有很多未解之谜。例如，科学家很难测量中微子的质量，因此还不知道它是否存在静止质量，而这个问题对宇宙学来说很重要。因为按照大爆炸理论，宇宙大爆炸留下了大量中微子，而中微子本身又几乎不能转化为其他粒子，因此，据科学家估计，当前宇宙中每立方分米的空间中就含有高达 10 亿个中微子。假如中微子没有静止质量，那么一切就还好，但凡它有一点点质量，那么宇宙总体质量的估计值就会因为这些中微子而产生严重偏差。况且对以接近光速运动的中微子来说，其运动质量更大。因此，中微子的质量可以说是影响宇宙演化的重要因素之一。

因为中微子的穿透力很强、衰减程度很小，还可以以光速或者接近光速运动，于是科学家很自然地就想到可以用它进行通信——将中微子束加以调制，使其包含有用的信息。中微子信号可以传输到地球的任何地方，包括地球深处，甚至还可以穿透月球，到达月球背面的空间站，也可以传往宇宙深空。然而，矛盾的一点是，正因为中微子几乎不与其他物质作用，所以很难被检测到。总之，到目前为止，无论是中微子信号的发射还是接收，已掌握的技术离实际运用都还有相当大的差距。

打破绝对时空观

“引力波”是近年来最惹人眼球的科学概念之一。尽管爱因斯坦早在 1916 年就在广义相对论中预言了它的存在，但直到 100 年后，人们在 2016 年才成功观测到引力波——这成为对爱因斯坦相对论所有预言中最后一项的完美验证。

要说清楚引力波，就要先从引力说起。关于引力的规律——万有引力定律是牛顿在 300 多年前提出的。这一理论认为**任何两个有质量的物体之间都存在引力，其大小与二者的质量以及二者之间的距离有关**。引力无处不在，我们平时感受到的自身的重力就是地球对我们身体的引力。数百年来，牛顿提出的万有引力定律以及力学三大定律得到了广泛应用，毫无疑问，牛顿力学奠定了经典物理学的基础。然而，假如物理学止步于牛顿力学理论，科学家也就不会发现引力波了。

从本质上讲，牛顿力学的基础是“绝对时空观”，也就是绝对空间和绝对时间。空间和时间到底是什么？这是一个表面上看很简单，但实际上很难回答的问题，对这一问题的探讨自古希腊时期就已经开始了，一直延续到文艺复兴时期。人们发现，物质存在于空间，延续于时间，但这并不能说明什么是时空。14 世纪以后，人们开始研究运动学，发现需要引进一个“绝对静止的空间”概念，以便让速度和加速度有一个统一的参考系——这也是牛顿的初衷。

举个例子，牛顿第一定律指出，物体在没有外力的作用下，总保持静止或匀速直线运动状态。但是，这里所谓的“静止”和“运动”都是相对什么来说的呢？它们需要一个参考系。牛顿认为，这个参考系可以在宇宙大尺度上选取，而空间就是它自身的静止参考系，它是均匀、透明、永不改变的，宇宙中的任何运动都要相对这个不动的绝对参考系来描述。此外，如果要在这个绝对空间中测量速度，就需要一个在任何地方都准确计时的钟表，也就是说，宇宙中的时间参考系也应该是绝对的、一成不变的。这就是牛顿的绝对时空观，它是牛顿力学理论得以成立的基础。假如绝对时空观的概念崩溃，牛顿力学的整个“大厦”就会倾覆。

牛顿的绝对时空观影响了整个物理学长达200年的时间。随着人类认识范围的扩大，它的局限性也逐步显现出来，这主要表现在两个方面。

第一，牛顿认为空间处处都是平坦的，没有弯曲。从数学上看，牛顿力学的空间符合欧几里得几何性质。欧几里得是几何学的泰斗，2 000年来，他的学说一直是所有数学思想的基础。但是如前文所述，针对欧几里得第五公设的修改，让19世纪数学界发展出了“非欧几何”，即黎曼几何和罗巴切夫斯基几何。在这些理论框架中，空间是弯曲的。那么问题来了，真实宇宙中的空间到底是平坦的，还是弯曲的呢?

第二，在牛顿力学热潮之后的200年中，电磁学飞速发展起来，麦克斯韦提出把电与磁统一起来的理论，成为19世纪最伟大的科学成就之一。但是在电磁理论中，空间和时间的规则与牛顿力学不同。例如在电磁实验中，人们发现“线圈静止磁棒运动”与“磁棒静止线圈运动”得到的电流是相同的。假如按照牛顿的绝对时空观分析，到底是线圈还是磁棒在绝对静止的空间中运动呢?

此外，在现实中，到底是什么标志着牛顿的绝对空间呢?人们曾假想出一种被称为“以太”的东西，认为它充满了整个宇宙空间，所有运动的物体都以它作为参考系，它也是光在宇宙中传播的介质。于是测量到以太成为许多物理学家孜孜以求的目标。1887年，美国物理学家阿尔伯特·迈克尔逊和爱德华·莫雷用光干涉仪，希望通过测量互相垂直的两束光的速度的差别来找到以太存在的证据。不过，这个实验最终以失败告终。人们始终无法证实以太假说，物理实验也对牛顿的绝对时空观提出了挑战。

顺便一提，这两位物理学家所做的失败实验成为物理学史上最著名的实验之一——迈克尔逊-莫雷实验。一方面，迈克尔逊由于在寻找以太实验中对发明精密光学仪器所做的贡献荣获1907年的诺贝尔物理学奖，成为科学界第一个获诺贝尔物理学奖的美国人。另一方面，他们所使用的光干涉仪成为100多年后人们发现引力波的仪器的雏形。

相对论革命

20世纪初注定成为人类科学史上最伟大的时代。在X射线、放射性元素和电子被发现后的10年内，1905年，爱因斯坦发表了具有历史意义的论文，提出了狭义相对论，实现了将牛顿的力学理论与麦克斯韦的电磁理论统一起来的梦想。

狭义相对论最具创造性的贡献之一就是提出了一个全新的时空观念，优雅而简洁。**狭义相对论主张任何物理规律在静止参照系和以恒定速度运动的参照系里都是相同的**。这也就意味着光速在不同的参照系里是相同的。也就是说，在真空中，光总是以一个恒定的速度c运动，这个速度与光源的运动状态无关。假如一艘以0.9c的速度运动的宇宙飞船发出一束光，那么在静止地面上的人看到的这束光的速度是c，而对飞船上的人来说，这束光的速度依然是c。这个现象看似怪异，但爱因斯坦指出，分析这种情况的关键在于改变测量速度的方式，即时间不是绝对的，而是相对的。为了保证物理规律的相同，时间和空间在不同的参考系里会不同，也就是说空间可以压缩，时间也可以变慢。爱因斯坦打破了牛顿的绝对时空观。

在狭义相对论中，不但空间和时间是相对的，就连物体的质量也都是相对的。例如，当物体以接近光速的速度相对于我们运动时，我们会测量到它的质量明显增加。当物体的速度趋近于光速时，其质量也趋近于无穷大。因此，这也是任何有质量的物体运动速度都无法超过光速的原因。

狭义相对论的出现是物理学的一场革命，也是对牛顿力学的进一步扩展，牛顿力学可以看作相对论力学的特例。在一般条件下，对宏观物体来说，当其运动速度远远低于光速时，它所呈现的相对论效应非常小，其运动规律可以简化为牛顿力学。也正因为如此，在平常的环境下，验证狭义相对论十分困难。这也是狭义相对论在提出之初无法被主流学界接受的原因之一。但是，说到底这还是因为科学观念的落后。狭义相对论之前的物理理论都与人们的常识没有冲突，很容易给大众解释清楚。而在它出现之后，一切都改变了，世界不再是人们日常看到的样子，简单的理论模型无法解释宇宙。

从特殊到普遍

狭义相对论之所以被称为“狭义”，是因为它只考虑物体运动的一种特殊类型，即**匀速直线运动**。然而，自然界中的运动是多种多样的，如加速、减速和转弯。于是，爱因斯坦决定把相对论的研究对象从特殊的运动推广到普遍的运动。这就促成了广义相对论的诞生。

爱因斯坦的数学老师闵可夫斯基在狭义相对论的基础上，提出时间应该被当作第四个维度，与空间的三个维度结合在一起，组成统一的四维时空体系。这一思想启发了爱因斯坦。此外，爱因斯坦喜欢在头脑中进行思想实验，此方法使他受益颇多。他设想，在外太空中有一个封闭的太空舱，当太空船向上加速时，在舱中的人会感受到向下的力，这个力和人在地球上感受的重力实际上并没有本质区别。换言之，在封闭的舱内，由于不能观察周围的环境，人无法区分自己到底是在向上加速运动，还是在地球表面上因受到引力的影响而向下坠落。也就是说，引力和加速度是“等效的”。

引力和加速度是“等效的”

在这个基础上，爱因斯坦进一步设想，从向上加速的太空舱中横向抛出的一个小球，它会像在地面上受到引力一样，沿抛物线轨迹向下运动。爱因斯坦认识到，把小球换成一束光，应该也会出现这样的现象。也就是说，光线也会受到引力的影响而偏转。同样的道理，时钟在引力场中会变慢。自此，他意识到引力场中的时空可能不是平坦的，而是“非欧几何”的。**时空的弯曲与引力有关**，这是 1916 年爱因斯坦发表的广义相对论的核心思想。广义相对论涵盖了所有动力学的情况，特别是引力场中的运动。它指出**引力的本质是物质对弯曲时空的一种响应**。

狭义相对论的时空背景是平直的时空，而广义相对论的时空背景是弯曲的黎曼时空。在相对论中，物质与时空成为宇宙的两面，相互依存，不可分割。形象地说，物质告诉时空应该如何弯曲，时空告诉物质应该怎样运动。相对论的提出具有划时代的意义，但是由于它在数学上相当复杂，而且显得太离经叛道，所以在提出之后几乎得不到学界的承认。加之 1914 年到 1918 年欧洲爆发了第一次世界大战，相对论的出现并没有引起很大的反响。据轶闻说，当时世界上真正懂得广义相对论的人只有三个。

宇宙中天体的质量巨大，按照广义相对论，它们会使附近的时空发生弯曲，而且质量越大，造成的时空弯曲也越明显。这就意味着星光在经过太阳附近的时候会发生一定角度的偏转，这成为验证相对论的最佳实验。1919 年，英国皇家天文台台长、天文学家爱丁顿在非洲成功观测了一次日全食，通过分析日食的照片，他计算出星光在太阳附近偏转的角度，发现与相对论的预言几乎完全一致。爱丁顿的观测证据最终让广义相对论一举成名，爱因斯坦也从此“封神”。

引力也有波

广义相对论指出，引力使时空场发生弯曲，由此看来，宇宙时空就像是一张弹簧床，天体就是放在床上的铅球，在它的引力作用下，时空弹簧床的表面会弯曲变形。**一个物体在加速运动时会使周围时空弯曲，这种变化会以波的形**

式向外扩散出去，这就是引力波。

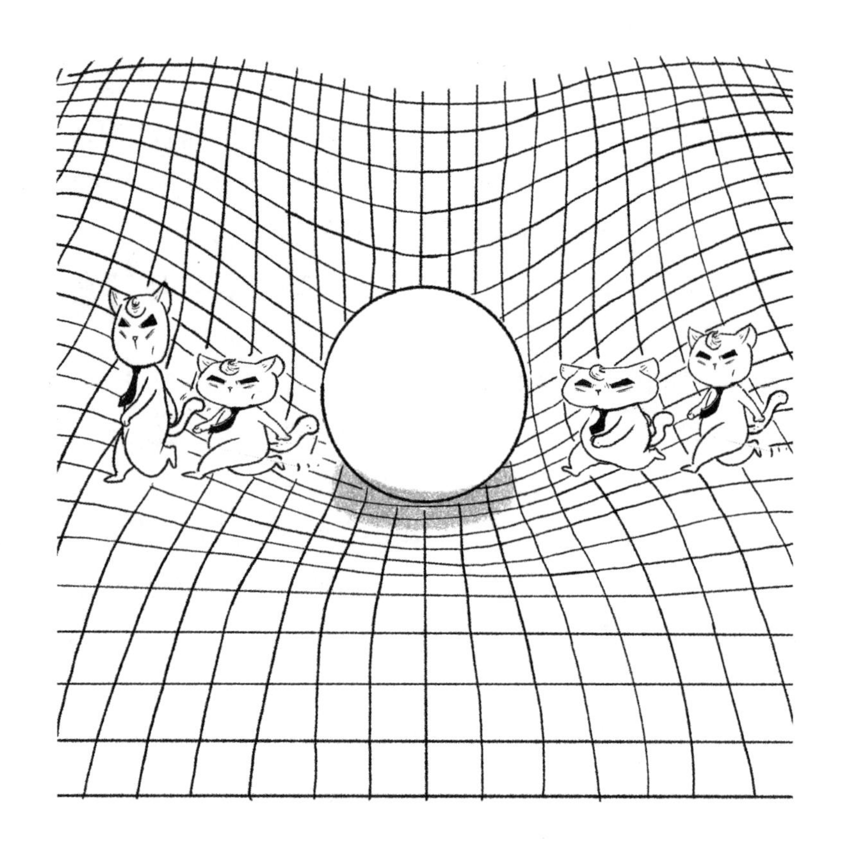

受到天体引力场的影响，天体周围的时空会形变

波是我们生活中一种很常见的现象，如水波、声波和电磁波。我们把石头扔到池塘里时，池塘表面会产生涟漪，从石头入水的位置向外传播开去。而广义相对论中的引力波是把四维时空结构的扰动以能量的方式向外传播。形象地说，引力波就像是弯曲时空的涟漪。引力波的存在意味着引力的传递速度不是无穷大，而是光速，这是广义相对论对万有引力定律的推广。

引力波的产生是有条件的。即便质量很大，天体如果处于静止或者匀速直线运动状态，也是不能发出引力波的。**引力波是在物质和能量剧烈运动和变化时产生的。严格来讲，天体应该在非对称的运动中造成四极矩的变化才能产生引力波**。因此，具有对称结构的独立天体，哪怕是大质量的单个黑洞，靠自身自转也不会产生引力波。此外，理论上最可能产生引力波的天体是双星系统，尤其是由黑洞、中子星或者白矮星等天体组成的密度极大的双星系统，它们能够产生明显的引力波。此外，在大质量天体演化到最后阶段，出现超新星爆发的时候，也会释放引力波。

从本质上讲，引力波传递的是时空自身的形变，因此不会被物质吸收，能够轻易穿透那些电磁波不能穿透的地方，它传播的范围只与距离有关，所以引力波能够给人类带来遥远宇宙天体的信息。这也是在《三体》里，人类一定要三体人帮助自己建立引力波发射台，以便向宇宙发送引力波信号的原因。

爱因斯坦预言的最后验证

引力波的存在，成为广义相对论所做出的最后的有待验证的预言。自从1916年爱因斯坦发表广义相对论之后，人们尽管做出了各种努力，却一直没有发现引力波，主要是因为万有引力虽然无所不在，但是本身太弱了。在自然界的四种基本相互作用力中，万有引力是最弱的，我们最熟悉的电磁力的强度大约是它的1万亿亿亿亿倍。连万有引力都这么弱，引力波就更弱了。

具体来看，引力波应该是什么样子的呢？当引力波到达观测者视野中的时候，观测者会发现自己所在的时空场出现有节奏的扭曲。如果只考虑引力波对空间的影响，观测者会发现周围物体之间的距离发生周期性的改变，时而增加，时而减少。就像站在一个不断变化的哈哈镜面前一样，观测者会发现自己一会儿变矮变胖，一会儿又变高变瘦。广义相对论预言，这种形变效应的强度与产生引力波的波源之间的距离成反比，变化的频率等于引力波的频率。

由于引力波很微弱，这种形变效应实在是太小了。例如，一颗距离我们1000光年的非对称的中子星，它的质量是太阳的1.4倍，当它快速旋转时会产生引力波。这一引力波对空间距离带来的影响，相当于一个1千米长的物体在长度上只发生不到一个原子核半径万分之一大小的变化。这么小的时空周期变化量很难被测量出来。可以说，世界上在空间尺度上最精密的实验，就是对引力波的探测了。这一度被认为是人类现有技术远远达不到的高难度挑战。

第一个做出伟大尝试的人，是美国物理学家约瑟夫·韦伯。在20世纪60

年代，他制造了一根长 2 米、直径 1 米、重约 1 吨的实心圆柱形铝棒，来探测引力波。在引力波到来时，铝棒的两端会被挤压和拉伸，发生微弱的振动。当引力波的频率和铝棒的固有振动频率一致时，铝棒就会发生共振，从而使引力波被探测到。这就是最早的“共振棒引力波探测器”。韦伯开创了引力波实验科学的先河，但是由于仪器本身的局限性，他并没有任何发现。

1983 年，美国加州理工学院的物理学家基普·索恩与来自英国格拉斯哥大学的罗纳德·德雷弗利用迈克尔逊光干涉仪原理，建立了引力波激光干涉仪。第 2 年，麻省理工学院的莱纳·魏斯也加入了这个团队，合作建立“激光干涉引力波天文台”，简称 LIGO（Laser Interferometer Gravitational Wave Observatory）。LIGO 用激光干涉技术替代了韦伯的共振棒，能够测量到极其细微的距离变化。

1999 年，美国路易斯安那州的利文斯顿以及华盛顿州的汉福德分别建成了相同的 LIGO 探测器，它们都拥有长度为 4 000 米的激光干涉探测器，能够探测到质子大小的十万分之一的长度变化。之所以把两台仪器建在距离 3 000 千米之遥的两地，是为了排除局部震动带来的干扰。2002 年，LIGO 正式投入观测。后来为了提高灵敏度，2010 年到 2015 年，科学家又对 LIGO 进行了升级，并在 2015 年再次开始观测。人们都期待着 LIGO 取得伟大的发现，验证爱因斯坦的百年猜想。

聆听天籁

我们知道，声音都来自振动，当振动的频率在 20~20 000 赫兹时，我们的耳朵就能听到声音。而 LIGO 设备可观测引力波的频率范围是在几十赫兹到几百赫兹之间，恰好在能被我们听到的频率范围内。通过 LIGO 观测引力波，真可谓是聆听“天籁”。

2015 年 9 月，LIGO 首次探测到引力波信号。这个信号是由距离地球 13 亿光年远处，质量分别相当于 29 个和 36 个太阳质量的两个黑洞合并时发出的。这两个黑洞最终合并为相当于 62 个太阳质量的新黑洞，同时把大约与 3 个太阳质量相当的物质转化成能量，以引力波的形式释放了出来。

2016年2月11日，LIGO观测团队正式公布了这一发现，此时距离广义相对论发表整整100年。这一事件在国际科学界仿佛是一声春雷，令人激动，催人奋发。它一方面是对广义相对论的完美验证，另一方面也意味着人类在探测宇宙的手段上有了新的突破。过去我们的观测手段主要是光学望远镜、射电望远镜，都是在电磁波层面上观测宇宙，如同用眼睛观察。而引力波观测的成功为我们打开了一扇认识宇宙的新窗口，人类从此可以倾听宇宙的天籁之音。

发现引力波的LIGO观测团队是一个国际合作的科学团队，基普·索恩教授是重要领导者之一。他对引力波信号的数学模型和探测算法做出了开创性的贡献，并且为提升探测器的灵敏度提出了很多建议。由于在引力波探测中的重要贡献，他荣获2017年的诺贝尔物理学奖。

索恩教授不但是相对论天体物理学和虫洞理论方面的学术权威，还热心于科学传播事业，著有科普大作《黑洞与时间弯曲》（*Black Holes and Time Warps*）。他还是科幻大片《星际穿越》（*Interstellar*）的科学顾问。这部科幻影片中出现的“第五维空间”“虫洞旅行”等场景给观众带来了极大的震撼。此外，这部影片中呈现的黑洞模型是在他的指导下，经过严密的数学推导和计算得到的，是黑洞的首次科学化呈现。并且，这部电影中黑洞的样子与影片上映5年后科学家发布的第一张黑洞照片极为相符。

LIGO的成功证明人类开始拥有感知时空涟漪的能力，可以窥探出许多我们之前看不到的东西。今天我们用射电望远镜观测到的宇宙背景辐射，是自宇宙大爆炸38万年之后才发出来的电磁波，它是宇宙诞生之后发出来的第一缕光。从原理上说，我们不可能看到比这更早的宇宙痕迹了，因为宇宙是在38万岁时才变得透明，那时光才开始在空间中传递。而引力波观测能够观测到更早期的“婴儿”宇宙的模样！

按照宇宙大爆炸理论，在宇宙早期的暴胀过程中，时空结构发生突变会产生引力波。这种引力波从宇宙诞生一直留存到今天，被称为宇宙的“原初引力波”。原初引力波的出现比微波背景辐射更早，更接近宇宙的出生时刻，观测原初引力波是我们揭开宇宙诞生奥秘的线索。不过，由于从宇宙诞生至今时间已太久，原初引力波的强度已变得非常微弱，频率非常低，超出了LIGO的探测范围，很难被发现。

除了 LIGO 研究团队，很多国家和组织也都投入到对引力波的探测中。20 世纪 90 年代起，法国和意大利合作在意大利比萨建造了欧洲引力波天文台 VIRGO（Virgo Interferometer，即室女座引力波天文台）。德国和日本也分别建造了各自的引力波探测台。

地球表面有各种各样的振动和干扰，地面引力波激光干涉仪的观测精度会受到影响。而在空旷的宇宙中建造的空间引力波激光干涉仪可以很好地避开地球的干扰，有效地提高引力波观测的精度，且有利于发现频率很低的宇宙原初引力波。欧洲空间局正在开展的 LISA（Laser Interferometer Space Antenna，即激光干涉空间天线）计划在 2030 年发射 3 个空间引力波探测器，它们将共同组成一个边长为 250 万千米的三角形，沿着地球轨道绕太阳公转。而中国也提出了类似的空间引力波探测计划，分别是中国科学院发起的太极计划和中山大学发起的天琴计划，都准备用由 3 颗空间飞行器组成的引力波探测器进行探测。2019 年 8 月，我国成功发射首颗空间引力波探测技术实验卫星太极一号。2019 年底，天琴计划的第一颗技术实验卫星也成功发射。相信在不久的将来，我国会在引力波探测方面有重大发现。

最重的琴弦

目前，科学界对引力波性质的研究只是刚刚开始，至于人工发射引力波还只停留于想象中。

回到《三体》来，小说提到将引力波用于宇宙通信。在威慑纪元，人类在三体人的帮助下，建立了 3 个地面引力波发射台和 1 个移动式引力波发射台。要知道，这部小说发表于 2008 年，那时候我们还没有观测到引力波呢，更不用说发射引力波了。这说明作者有着坚实的科学理论功底和非凡的想象力。

小说里构想出了一种能发射引力波的天线，这种天线是一根很长的细弦，能通过振动发出功率足够大的引力波。

引力波发射的基本原理是具有极高质量密度的长弦的振动，最理想的发射天线是黑洞，可用大量微型黑洞连成一条长链，在振动中发射引力波。但这个技术即使三体文明也做不到，只能退而求其次，使用简并态物质构成振动弦。……

摘自《三体Ⅲ》

为什么说黑洞或者简并态物质比较合适制作引力波发射天线？这二者是什么东西？我们可以从三个方面回答这些问题。

首先，如前所述，虽然任何物质的加速运动都可能产生引力波，但产生的引力波的强弱差别很大。例如，地球绕太阳转动的系统所产生的引力波，其功率只有大约 200 瓦，差不多相当于一个大功率的灯泡，实在是太弱了。而大质量天体的剧烈运动变化则能产生较强的引力波，例如前面提及的由黑洞或者中子星组成的密度极大的双星系统，其引力波可以跨越上亿光年的距离被我们探测到。当然，大质量天体这种说法并不确切，从本质上看，应是质量密度大的天体，而黑洞和中子星都是自然界中满足这种条件的天体。

其次，这涉及物质的基本组成。我们知道，普通物质由原子组成，而原子一般是由体积很小的原子核以及在它外围运动的电子组成的。电子带负电荷，而原子核中的质子带正电荷，中子不带电荷。当原子受到巨大的压力时，外围的电子就可能被压进原子核中，与原子核里的质子相结合，变为电中性的中子，此时整个原子就只由原子核里的中子组成，原子的体积被大大压缩。这种**只由中子组成的高密度物质就是中子简并态物质**。这种中子简并态物质需要有巨大的压力才能形成，目前用人工方法做不到，在自然界中却有机会产生。

大质量恒星演化到末期会发生超新星爆发，爆发能够产生巨大的压力，使恒星物质原子的外围电子被压进原子核中，形成由中子组成的简并态物质，恒星体积大大缩小，这就是中子星。一般来说，中子星的密度很高，每立方厘米可重达 1 亿吨。此外，有理论指出，更大质量的恒星在末期爆发时，有可能产生质量密度更大的天体，即所谓的黑洞。它的单位质量密度比中子星还要高。可见，构成中子星或者黑洞的物质，应该是制作引力波发射天线的好材料。

最后，假如有办法把构成中子星或者黑洞的高密度物质收集起来，连成一根弦，那么使这根弦发生振动，就相当于让这些物质进行剧烈的加速运动，从原理上看，是能够发出引力波的。

物理学家李淼教授在《三体中的物理学》这本书中，对小说里的引力波天线进行了计算和分析。他先计算了由单个中子在强相互作用力的束缚下排列成一根弦的情况下，振动所能形成的引力波辐射功率，结果表明功率还是太小，无法用来通信。然后他进一步假设把若干根单个中子组成的弦捆绑在一起，达到人的头发丝那么粗，也就是直径 0.1 毫米，那么这种弦每秒辐射的能量就相当于 10 吨的物质质量转化而成的能量。如果发射的方向性比较好，完全可以被银河系范围中的外星文明探测到。不过这么粗的弦本身太重了，每 1 厘米长的弦的重量就能达到 1 亿千克。假如把弦做得细一些，即头发丝直径的 1 万分之一，那么每 1 厘米长的弦的重量就是 1 千克，此时它辐射引力波的功率相当于 1 微克的物质每秒产生的能量，也是很大的，可以用来通信。

《三体Ⅱ》的最后部分，描述了建在地面上的引力波天线。

> 罗辑一家远远就看到了引力波天线，但车行驶了半小时才到达它旁边，这时，他们才真正感受到它的巨大。天线是一个横放的圆柱体，有一千五百米长，直径五十多米，整体悬浮在距地面两米左右的位置。
>
> 摘自《三体Ⅱ》

这根天线虽然外表很粗，但大部分材料起到的都是保护和支撑的作用，内部真正发射引力波的应该只有一根由中子简并态物质制成的弦。假如这根弦的粗细是头发丝直径的 1 万分之一，按照长度为 1500 米来估算，这根弦至少重达 150 吨，这还不包括外面包裹它的材料的重量。

小说里还提到，建在北美和欧洲的引力波天线靠电磁力悬浮在基座上几厘米的地方。而建在华北平原上的引力波天线，则是依靠反重力悬浮在高空中。这里的反重力是怎么回事呢？

我们知道，任何两个物体之间都有相互吸引的引力作用，而反重力就是与引力方向相反的作用力。假如反重力存在，那么当物体受到的反重力与地球引力达到平衡时，物体就可以悬浮起来。很可惜，人们目前在自然界中并没有发现反重力。传统科学长期认为，反重力是不可能的，它不过是人们一个美好的梦想。但在世界各地，仍有不少人致力于这方面的研究，一些国际知名的航空航天企业也对反重力相当感兴趣，相关的论文和实验不时会见诸报端。

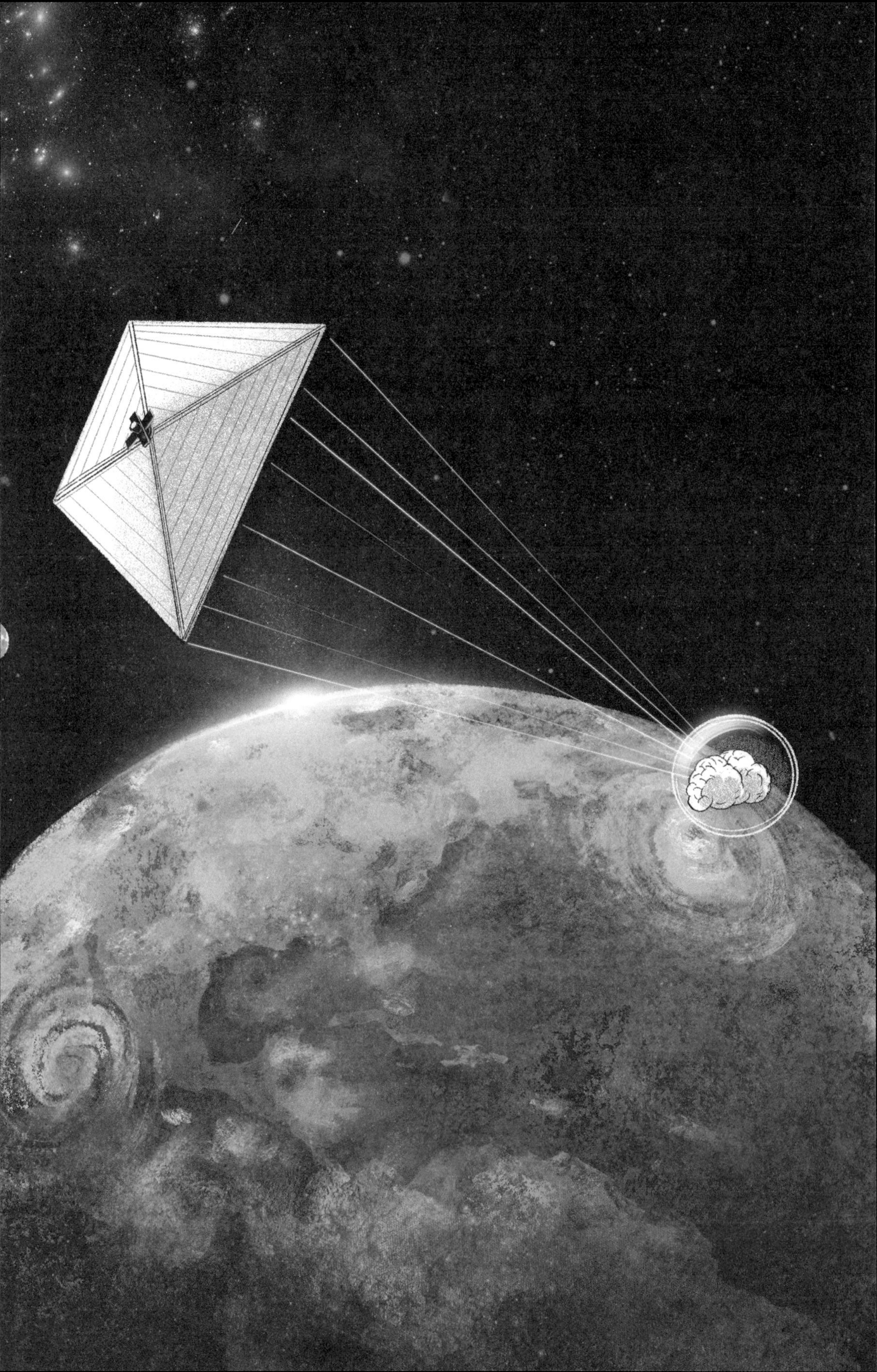

第十七章　只送一个大脑

——克隆技术与人脑间谍计划

在关键时刻，“万有引力”号代替程心，在宇宙中广播了标记着三体星坐标的引力波信号。尽管此举将人类从三体文明的阴影下彻底解放了出来，但此时人类和三体人都面临着黑暗森林打击。

随着三体星被消灭，人们的最后一丝幻想也彻底破灭了。在绝望中，三体舰队中却出现了一个叫云天明的人，他说要与程心通话。

云天明是谁？他能拯救绝望中的人类吗？

阶梯计划，光帆飞船，光压，无性生殖，克隆，遗传因子，基因，DNA 双螺旋结构，分子生物学的中心法则，减数分裂，受精，合子与卵裂，细胞分化，细胞特化，内细胞团，细胞核移植，体细胞核移植，治疗性克隆，干细胞，全能干细胞，多能干细胞，胚胎干细胞，诱导多能干细胞

美梦破灭

“好了伤疤忘了痛”恐怕是人性中不可摆脱的一部分，究其原因无非是人只考虑眼前的利益得失。

在《三体》中，当所有人类被迫迁往澳大利亚、备受饥饿煎熬的时候，忽然听闻引力波信号被发射，三体舰队离开了太阳系。人们欢呼雀跃，庆贺自己从三体危机中解放出来，赞美“万有引力”号的英雄壮举。

200 多年前，为了验证黑暗森林理论，罗辑用一颗距离太阳约 50 光年的恒星做试验，借助太阳向宇宙发出了这颗恒星的坐标。从他发布“咒语”到这颗恒星被摧毁，一共花了 157 年。考虑到距离因素，这次黑暗森林打击发生的时间是在“咒语”发布后大约 100 年。这个时间正好相当于那个时候人类平均寿命的长度。因此，在得知引力波信号发射后，地球上的人认为，在黑暗森林打击到来之前，大家至少还能平安地度过一生。随着时光流逝，享受美好生活的人们竟然又渐渐对黑暗森林打击产生了质疑。

> ……但在大部分学者眼中，该理论还只是一个无法证实也无法证伪的假说。真正相信黑暗森林理论的是政治家和公众，而后者显然更多是根据自身所处的境遇，选择是相信还是否定它。在广播纪元开始后，大众越来越倾向于认为黑暗森林理论真的是一个宇宙迫害妄想。
>
> 摘自《三体Ⅲ》

这些质疑，有从对罗辑的“咒语”起作用的恒星观测情况分析得来的，更多的则是出于侥幸心理，把偶然当作必然。正像法国社会心理学家古斯塔夫·勒庞在《乌合之众》中指出的那样，很多人缺乏辨别能力，无法判断事情的真伪，许多经不起推敲的观点都能轻而易举地得到普遍赞同：既然广播发出去这么久都没有什么打击到来，那这个理论一定有问题。在冷酷的宇宙中，人们却习惯把生存下来当作必然，而把其他的任何意外都当作偶然。这不禁让人

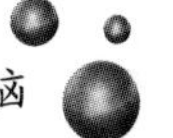

想起在《三体 I》开始的部分，常伟思将军与汪淼说的那段话。

（常伟思：）“……汪教授，你的人生中有重大的变故吗？这变故突然完全改变了你的生活，对你来说，世界在一夜之间变得完全不同。”

（汪淼：）“没有。”

（常伟思：）“那你的生活是一种偶然，世界有这么多变幻莫测的因素，你的人生却没什么变故。”

汪淼想了半天还是不明白。“大部分人都是这样嘛。”

（常伟思：）“那大部分人的人生都是偶然。”

……

（常伟思：）“是的，整个人类历史也是偶然，从石器时代到今天，都没什么重大变故，真幸运。但既然是幸运，总有结束的一天；现在我告诉你，结束了，做好思想准备吧。”

摘自《三体 I》

就在三体星的坐标被广播 7 年后，一天凌晨，科学家在地球上观测到三体星被摧毁，黑暗森林理论得到了最后的证实，人们安逸的美梦彻底破灭。只有极少数的三体人乘飞船侥幸逃脱，加上已经远航的两个舰队，三体文明的幸存者不超过总人口的千分之一。

我们知道，三体星距离地球超过 4 光年，所以它的爆炸最晚发生在 4 年以前，也就是说，坐标刚被广播 3 年，黑暗森林打击就发生了，这比人们预想的要快得多。当时“万有引力”号飞船与三体星之间的距离是 3 光年，而引力波是以光速传播的，这也就是说，这致命的打击不但来自飞船和三体星之间，而且打击者一收到信息，丝毫没有犹豫，马上就发起了打击。然而，人们在“万有引力”号和三体星之间并没有发现任何星体。因此，这个打击很可能来自宇宙中的某个飞行器。这一发现是人们始料不及的。过去，人们一直以为打击会来自某个星体，而现在的情况却说明，宇宙中可能到处都有外星智慧制造的飞行器。原以为远在天边的死神，赫然出现在人们眼前。延续了 3 个世纪的三体危机解除后，人类面对的是更加冷酷的整个太空。

阶梯计划

人类目睹了三体星的毁灭之后，智子向人类告别，并转告程心，云天明要见她。小说到此峰回路转，又一段看似与人类命运无关的故事呈现出来。云天明是谁？他和程心有什么关系？

云天明是程心的大学同学，他是一个性格内向且孤僻的小伙子，暗恋着程心。毕业后云天明被确诊为肺癌晚期，时日无多。得知这个消息后，他并没有恐惧，唯一的感觉是孤独。云天明出生在一个普通的家庭，很难支付每日高昂的治疗费，所以他打算用安乐死结束自己的一生。一天，他突然得到大学同学送给他的 300 万元人民币，要感谢他曾经的创意。云天明知道，此时钱已经没有什么用了。绝望中的云天明得知联合国有一个群星计划，面向企业和个人拍卖太阳系外的恒星的所有权。于是他决定在安乐死前，用这些钱匿名送给程心一颗恒星。

就在他即将按下安乐死按钮的时候，令他万万没有想到的事情发生了，程心来了！云天明以为程心是来拯救自己的，没想到，她却是来劝自己捐献大脑的。这是怎么回事呢？

故事回到 4 年前，彼时三体危机刚出现，程心毕业后被派往联合国行星防御理事会下的战略情报局，成为一名技术助理。这个组织刚刚成立，专门侦查三体舰队和三体星，局长叫维德，他做的第一件大事就是决定向三体舰队发射一个探测器。这个探测器的目的是在两三百年后到达太阳系边缘处的奥尔特云，在那里与到来的三体舰队相遇，以刺探敌人的情报。为此，探测器的速度要达到光速的百分之一，然而，这个速度是当时人类航天技术能够达到的最高速度的 100 倍。怎样才能把探测器加速到这么快呢？第十二章已经介绍过关于火箭推进的基础知识，因此我们知道此时只能尽量减轻探测器自身的重量，不过这样的话，探测器又无法携带足够的燃料实现加速。

程心出了一个主意，可以在探测器的飞行路线上事先部署一些氢弹，当探测器经过时，按顺序一个个引爆它们，靠爆炸产生的辐射能为探测器一步步地提速，就像让探测器登上一级级阶梯一样，最终把探测器加速到光速的百分之一。这就是“阶梯计划”。

经过试验和计算，人们发现，探测器的重量不能超过0.5千克。维德说可以只送一个人的大脑。以三体人的技术水平，它们肯定能够复活一个冷冻的人类大脑，并与它交流。要知道，一个人类大脑所包含的信息和一个完整的人所拥有的信息没什么区别，它有这个人的意识、精神和记忆，特别是有这个人的谋略。这个计划一旦成功，这个人就是人类打入三体人内部的一个间谍、一颗炸弹。

由于在发射前必须完整取出某个人的大脑，就相当于杀死这个人。所以情报局提出，这个志愿者人选可以从绝症患者中寻找，还必须具备航天的专业背景。程心偶然得知云天明的情况，认为他正是合适的人选。此时的程心并不知道她的那颗恒星是云天明送的。她赶回国，来面见云天明，劝他安乐死，并且捐献出自己的大脑。

得知程心此行缘由的云天明万念俱灰。志愿者的挑选工作到了最后阶段，候选人被要求宣誓忠于人类社会。前面的四个人都顺利完成了宣誓仪式，轮到云天明了。他说:“在这个世界里，我感到自己是一个外人，没得到多少快乐和幸福，也没得到过多少爱。我不宣誓，我不认可自己对人类的责任。”不宣誓的云天明最终成为通过考验的唯一人选。很快，云天明的病情急剧恶化，他的大脑被摘除，冷冻后被装入探测器发射上天。到此时，程心才得知她的那颗恒星是云天明送的。

因为地球上有智子，所以阶梯计划始终处于暴露状态。派往三体舰队的这个间谍就像是一张翻开的牌，没有任何悬念。但是，云天明声称自己不对人类负有责任，如此一来，三体人也会感到很困惑，他所说的是不是真话呢？维德的这个计划十分诡异！从这个角度来看，云天明简直就是排在章北海之后的第六位面壁者！

后来由于设备事故，科学家们观测不到探测器的去向，云天明的大脑因此被弄丢了。而程心作为阶梯计划的未来联络人，被安排通过冬眠去未来执行后续任务——联合国希望这个失败的计划不被未来的人们遗忘。200多年以后，当三体星被摧毁，智子与人类告别的时候告诉程心，云天明要见她，可以想象此时的程心会有怎样的复杂感受。

与光同行

刚才已经讲过，《三体》中的阶梯计划是利用核爆炸产生的辐射能驱动光帆并为它加速，最终将云天明的大脑高速送入太空。在人类真实的空间探测史上，与这一科幻设定原理类似的存在是光帆飞船。

用光推动飞船在宇宙中航行，听上去像是一个童话，然而，它是真的可以实现的。光照在物体表面会产生压力，叫作光压。早在 17 世纪初，天文学家开普勒就用太阳光的压力来解释为什么彗星的尾巴总是背向太阳。1748 年，瑞士科学家欧拉指出光压的存在。到 19 世纪中叶，麦克斯韦由电磁场理论计算出了光的压强大小。1900 年，苏联物理学家列别捷夫首次通过实验测量了光压。那么，光为什么会产生压强呢？根据量子力学理论，**光具有波粒二象性，光压来自光的粒子性——当光子把它的能量以动量的方式传给物体时，就产生了光压**。

光压很小，人难以觉察。在正午阳光直射地球表面的时候，即便光全部被吸收，每平方米产生的光压也只有一百万分之一牛顿，相当于一万分之一克物体产生的压力，还不及一只蚂蚁产生的重力。即便采光面积很大，这么小的力也不足以直接推动物体。但在太空中，由于没有空气阻力，随着时间的推移，光压会不断累加，使物体最终达到很高的速度。1924 年，苏联科学家齐奥尔科夫斯基提出，照射到巨大反射薄膜上的阳光产生的推力，可以让“帆船”加速并在太空中航行，这就是最早的光帆飞船的设计构想。从某种角度来说，这也是在第十二章中介绍过的无工质驱动的空间推进方式的一种。

2005 年，人类第一艘太阳光帆飞船发射升空，可惜的是，发射后仅 1 分多钟，科学家就宣布实验失败了。真正实现光帆太空探测任务的是日本的“伊卡洛斯”号（IKAROS）。伊卡洛斯是古希腊神话中的人物，传说他在逃离克里特岛时，由于飞得太高，靠近太阳，身上黏结羽毛的蜡被融化，因而坠落丧生。“伊卡洛斯”号在2010年升空，由太阳能电池薄膜制成的光帆在太空成功张开，根据计算，它用半年时间就能加速到每秒100米，按计划它将飞过金星。未来，人们将会发射更多的太阳光光帆飞船进行空间探测。

不过，利用太阳光的光压获得的加速度实在太小，很难在短时间内把载荷的速度提高到光速的百分之一。因此《三体》才把这种方案加以改进，利用多颗人造核弹的辐射能进行驱动。

“复活”云天明

在小说中，维德的计划是把云天明的冷冻大脑发射出去。至于三体人应该用什么方法与一个单独的器官交流，小说并没有具体提及，只说希望三体人能够凭借高科技利用这个大脑。不过，在程心赶往医院却没来得及见云天明最后一面后，外科医生为了劝慰她，给出了一个切实可行的方法。

> “孩子，有一个希望。”这苍老而徐缓的声音说，然后又重复一遍，“有一个希望。……孩子，你想想，如果大脑被复活，装载它的最理想的容器是什么？”
>
> 程心抬起泪眼，透过朦胧的泪花她认出了说话的人，这位一头白发的老者是哈佛医学院的脑外科权威，他是这个脑切除手术的主刀。
>
> “当然是这个大脑原来所属的身体，而大脑的每一个细胞都带有这个身体的全部基因信息，他们完全有可能把身体克隆出来，再把大脑移植过去，这样，他又是一个完整的他了。”
>
> 摘自《三体Ⅲ》

小说在这里提到了克隆技术，用这个技术来复活云天明成为程心乃至人类的一个希望。

“克隆”指由一个细胞或个体通过无性生殖方式，重复分裂或繁殖而复制出遗传性状完全相同的生命物质或生命体。无性生殖指不经过两性生殖细胞的

结合，而由亲代直接产生子代的生殖方式。无性生殖在植物界不足为奇，人们经常利用枝条扦插和嫁接来繁殖植物，或利用根、块茎或者叶的一部分来繁殖。但是，在动物界，无性生殖只出现在低等动物中，例如单细胞动物草履虫可以通过细胞分裂来繁殖。

通常情况下，哺乳动物不会进行无性生殖。不过，在自然界，可与克隆类比的例子依然存在——同卵双胞胎。同卵双胞胎的遗传物质完全相同。就这一点而言，克隆体与原始母体之间就相当于一对出生时间不同的同卵双胞胎。

当然，克隆使用的是人为的方法，截至目前，人类已掌握了部分哺乳动物的克隆技术，成功克隆了羊、马、牛。然而，这项技术还有很多难关尚待攻克。假以时日，我们也许终能掌握克隆人类的技术。不难想象，《三体》中科技水平高于我们的三体文明可能已经拥有这项技术，并能复活云天明了吧。

不过，克隆人类与克隆动物对我们来说完全不是一码事，克隆人这项技术的实现还受到除技术之外的更多方面的制约。不过这些不是本书要讨论的内容。

那么，克隆技术是怎么回事？为什么克隆哺乳动物很困难呢？

生命的诞生

俗话说“龙生龙，凤生凤”，这些我们习以为常的自然现象，其原因是什么呢？人们早就发现动植物的亲代和子代之间具有很多相似之处，并在生产实践中对这一点加以利用了。不过，直到 1865 年，奥地利学者孟德尔通过豌豆杂交实验才发现了生物的遗传规律：**生物在代与代之间传递的实际上是生物性状的编码信息**，孟德尔把它命名为“遗传因子”。他认为生物个体的某个性状由一对遗传因子决定，一对遗传因子分别来自父母双方。孟德尔的理论奠定了遗传学的基础，但是，当时的他并不知道遗传因子究竟为何物。他的研究成果发表在一本名不见经传的杂志上，自发表后的 30 多年里都没有受到重视。得益于 19 世纪末生物学家在细胞分裂、染色体行为和受精过程等方面的研究和对遗传物质的认识的发展，1900 年起，孟德尔研究成果的价值才被发掘出来。

今天，人们把控制性状的遗传因子称为“基因”。**基因是一段控制特定蛋白质合成的DNA（脱氧核糖核酸）片段，存在于染色体上**。染色体位于精子和卵子内，在生殖过程中由它们将父母的遗传信息传递给下一代。

1953年，英国生物物理学家弗朗西斯·克里克与美国分子生物学家詹姆斯·沃森共同发现了DNA双螺旋结构。1962年，二人获得诺贝尔生理学或医学奖，被誉为“DNA之父”。DNA的双螺旋结构与相对论、量子力学一起被誉为20世纪最重要的三大科学发现。按照双螺旋结构模型，**DNA由两条单链螺旋缠绕而成，每条单链都由脱氧核苷酸组成，核苷酸上的每个脱氧核糖会与一个碱基结合**。碱基一共只有4种，简称A、T、C、G。两条单链上的碱基通过氢键一对一结合，形成“碱基对”，使DNA的双螺旋结构得以维持。这些碱基对的排列方式蕴含了如何装配蛋白质和RNA（核糖核酸）的遗传信息。

1958年，克里克指出，遗传信息从DNA传递给RNA，再从RNA传递给蛋白质，这是遗传信息转录和翻译的单向过程，是具有细胞结构的所有生物都遵循的法则，也是分子生物学的“中心法则”。

尽管一个生物体内每个细胞含有的DNA完全相同，但在不同的细胞内，基因表达各不相同。基因表达决定了不同蛋白质的表达模式，从而也决定了细胞的不同行为。要知道，蛋白质是生命物质的基础，是执行细胞各种功能的复杂大分子，是组成细胞和组织的成分。

人体细胞时刻处于剧烈的变迁之中。老的细胞死去，新的细胞取而代之。新细胞的产生通常依靠细胞分裂：由一个母细胞分裂成两个子细胞。染色体是基因的载体，位于细胞核内。在细胞分裂时，细胞核和每条染色体也一分为二，这样可以保证子细胞内的遗传物质完全相同。绝大多数细胞都是通过这种方式分裂的，唯一不同的是生殖细胞。生殖细胞含有的染色体数量是正常细胞的一半，所以形成生殖细胞的分裂过程是“减数分裂”：一次DNA复制过程是两次连续的细胞分裂，一个母细胞分裂为四个子细胞，每个子细胞内只有一半的染色体。这是为繁殖下一代所做的准备。

生命如此神奇，一个小小的细胞在短短几个月内就能变成一个十分复杂的完整生物体。研究生物发育过程的学科是发育生物学，尽管仍有很多难题，但是这一科学已经初步揭开了生命发育的秘密。

对人类和其他哺乳动物来说，个体发育的起点是卵子与精子相遇后受精的时刻。受精的过程可以分为三步：精子穿透、卵子激活和精卵融合。单个的受精卵能够发育成各种类型的细胞，这个过程叫作“细胞分化”，分化后的细胞具有一定的形态和功能。具体来看，受精完成后，融合的新细胞被称为“合子”。合子以极快的速度进行分裂，产生大量新细胞，这个过程叫作“卵裂”。合子第一次分裂，得到 2 个完全相同的细胞。接下来第二次分裂得到 4 个完全相同的细胞。通常情况下，4 个细胞会聚在一起并继续进行分裂，变成 8 个细胞，然后是 16 个细胞，依此循环往复。

在分裂出 16 个细胞时，胚胎中的细胞连接会变得更加紧密，细胞团会出现“细胞特化”的现象。细胞特化与其在胚胎内所处的位置有关。位于外缘的细胞继续发育并形成胎盘等胚胎外组织，而位于内部的细胞则构成“内细胞团”。内细胞团是构成新的生物个体所有细胞的基础，此后胚胎发展为囊胚，在子宫着床，继续发育。

胚胎在发育的第 14 天到第 16 天，会进入关键阶段——原肠胚形成。内细胞团中的细胞发生自我折叠，形成数层细胞层。这是内细胞团中细胞的第一次大规模分化，对生物体来说非常重要，分化后的细胞从此有不同的命运，它们将分别发育成生物体的不同器官，例如心脏、手和脚。

移花接木术

我们知道上述生物学基础知识后，就不难明白克隆的原理和过程了。

与自然受精的精子穿透、卵子激活和精卵融合步骤相对应，克隆是人为地完成这个过程，做到“移花接木”或“鸠占鹊巢”，属于无性生殖。其原理是：**把供体细胞的细胞核内的遗传物质，转移到已经事先除去细胞核的未受精的卵细胞中，然后设法使二者被激活，进而融合，形成合子，并提供合适的条件令其发育为新个体**。这样一来，由于卵细胞没有包含遗传物质的细胞核，新个体就只具有供体细胞的遗传物质，是对供体细胞的克隆。这就是我们今天所说的克隆——细胞核移植。

这种核移植技术最早由德国生物学家汉斯·斯佩曼在 1938 年提出，他因发现胚胎的发育过程荣获 1935 年的诺贝尔生理学或医学奖。不过，克隆技术在当时有很多难题，涉及遗传学和细胞生物学等多领域的发展以及设备的改进。1952 年，科学家们首次克隆出了两栖动物——蛙，然而相关的研究进展依旧非常缓慢。

1996 年，绵羊多莉成为世界上第一例克隆成功的哺乳动物。它是从绵羊的体细胞克隆而来的，即“体细胞核移植”克隆：把已经完成分化的成熟的体细胞作为供体细胞，将其遗传物质转入事先移除细胞核的卵细胞中，再对合子进行培养。这次实验的成功表明人类掌握了复制成年哺乳动物的能力，具有划时代的意义。此后，生物学掀起克隆研究的热潮，人们先后成功克隆了大部分哺乳动物，如牛、猪、兔、猫、马和鹿。克隆的商业应用范围变得日益广泛：克隆灭绝动物和宠物，克隆转基因动物，提高动物健康水平以及产奶量等。尽管还有很多困难有待克服，但克隆人这一目标呼之欲出。不过，这似乎是一条“高压线”，绝大多数科学家都对克隆人类的想法持坚定的反对态度，因为这涉及太多的伦理和社会问题。

关于克隆的概念，还有一点经常被人忽视，那就是**克隆不等于复制**。复制获得的是一个与原始供体完全一样的副本，而生物克隆不可能做到这一点。因为即便是通过基因的复制，克隆出一个遗传物质与供体完全相同的人，他也需要在母体中成长，并被分娩出来，再慢慢长大。也就是说，克隆体与供体之间，永远都有年龄的差异。然而，一方面，尽管二者的原始基因完全相同，但是生物细胞的繁殖过程有随机的基因变异，因此长期来看，二者的基因表达必然出现差异。另一方面，人的成长是一个过程，其身体和性格都会受到后天的影响，克隆体与供体也不可能完全一样，二者就像同卵双胞胎那样各有特点。

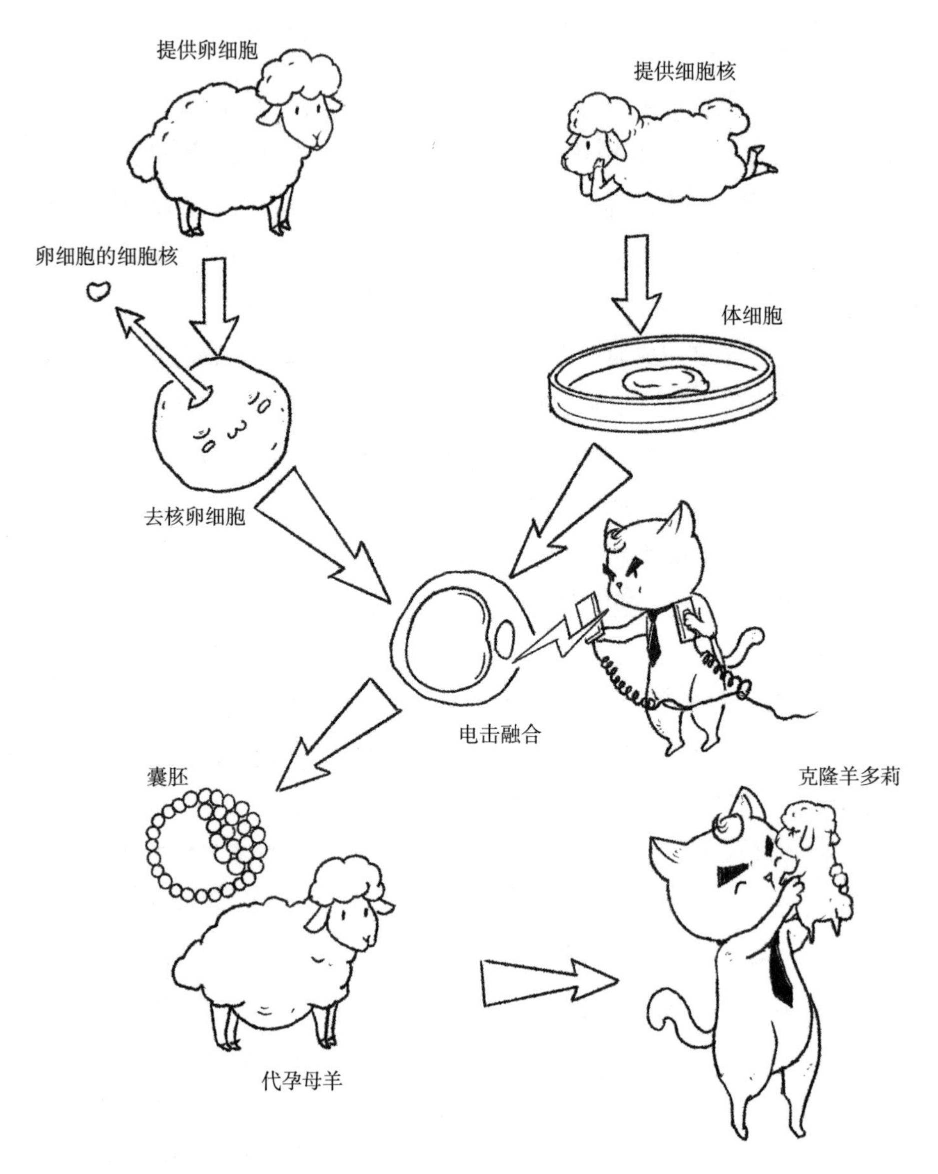

“细胞核移植”克隆术

从大脑到人体

在《三体》中，程心与云天明通过智子建立的通信途径，跨越时空，进行了一场视频对话。

有一个人从麦田深处走来，程心远远就认出了他是云天明。云天明穿着一身银色的夹克，是用一种类似于反射膜的布料做成的，像那顶草帽一样旧，看上去很普通。他的裤子在麦丛中看不到，可能也是同样的面料做成的。他在麦田中慢慢走近，程心看清了他的脸，他看上去很年轻，就是三个世纪前与她分别时的岁数，但比那时健康许多，脸晒得有些黑。

摘自《三体Ⅲ》

出乎程心的预料，云天明是以完整的人的面貌与程心见面的。假如排除虚拟人物的可能性，那么这就说明三体人的克隆技术在云天明这里取得了成功。下面我就以生物学常识为基础，对小说里可能使用了的克隆技术略做分析。

我们知道，自始至终，三体人从人类这里得到的只有信息和情报，并没有获得任何物质，直到三体人得到云天明的大脑。可以说，云天明的大脑组织是三体人手上唯一的人体样本，也是它们克隆云天明的全部材料。

简单地说，按照典型的“体细胞核移植”的克隆方法，三体人可以提取云天明大脑组织中的成熟细胞作为供体，把它的细胞核注入去除了细胞核的卵细胞，然后使合子在母体内发育成胚胎，直到最终分娩出婴儿云天明，假以时日，成长为程心所熟悉的成年云天明。

不过，我们稍加分析就会发现，这一过程存在无法克服的障碍。首先，三体人需要一个母体来养育这个克隆出来的胚胎。然而，三体人的繁殖方式与人类完全不同。小说在第一部中曾经提及三体人的繁殖过程。

逃脱这种命运的唯一途径是与一名异性组合。这时，构成他们身体的有机物质将融为一体，其中三分之二的物质将成为生化反应的能源，使剩下的三分之一细胞完成彻底的更新，生成一个全新的躯体；之后这个躯体将发生分裂，裂解为三至五个新的幼小生命，这就是他们的孩子，他们将继承父母的部分记忆，成为他们生命的延续，重新开始新的人生。

摘自《三体Ⅰ》

可见，就生殖过程来说，三体人并没有在母体内孕育胚胎的阶段，因此我们不能肯定它们有在体内孕育云天明的克隆细胞的能力。考虑到它们的科技高度发达，也许它们已经掌握了通过某种设备把细胞在体外培育成个体的技术，那么，这样它们是否就能顺利克隆云天明呢？仍有困难。

克隆至少需要用到一个卵细胞，虽然它是被去除细胞核的，却是不可或缺的。就目前的研究来看，人们发现，克隆用的卵细胞不能用其他类型的细胞代替，因为克隆成功的秘密就在于卵细胞的细胞质，细胞质内的某些成分能够重新编码供体细胞核中的DNA，让它控制整个胚胎的发育。

显然，三体人得到的人体细胞样本只有云天明的大脑，并没有人类的卵细胞。也就是说，利用上述的体细胞核移植克隆术，无法得到完整的云天明。假如当初发送给三体人的是一名人类女性的身体，这个方法倒是有可能奏效。那么，三体人是不是就没有办法克隆云天明了呢？

办法还是有的。不过讲之前需要稍微绕一个弯，我们先来看看什么是干细胞。

全能的细胞

1998年，科学家成功分离出人类胚胎干细胞，从此，人们对克隆人技术的态度出现了巨大的转变，因为对人类来说，相比生殖性克隆，“治疗性克隆”是更可以被接受的。**所谓治疗性克隆，就是通过人类胚胎克隆技术，获得用于治疗目的的胚胎干细胞**。那么，胚胎干细胞究竟怎么用呢？

我们知道，细胞分化不可逆。尽管受精卵可以分裂和分化成生物体内的每一个细胞，但是科学家从来没有观察到已经分化的细胞还能变成另一种不同类型的细胞。干细胞名称中的“干”译自英文单词stem，有“茎干”“起源”之意。干细胞是具有自我复制能力和分化潜能的原始细胞，在适当的刺激下，它可以重新编码并发育成其他类型的细胞。

根据分化潜能的不同，干细胞有三种类型。第一种为“全能干细胞”，具有自我更新和分化形成任何类型细胞的能力。它要么来自精卵结合的合子细胞，能分化为胚胎和胚胎外组织，有发育成一个独立个体的潜能，是最强大的干细胞，要么来自合子细胞特化后的内细胞团，保持着分化为人体各种组织的能力，唯独不能形成胎盘。第二种为“多能干细胞”，其分化能力受到一定限制，可以分化成特定类型的细胞，例如造血干细胞就可以分化为各种血细胞。第三种为“单能干细胞”，只能向单一方向分化，产生一种类型的细胞，例如肌肉中的成肌细胞。

按照发育阶段，干细胞还可被分为“胚胎干细胞”和“成体干细胞”。胚胎干细胞属于全能干细胞，能够发育成不同种类的人类细胞，因此具有巨大的医学应用前景。例如，医生可以利用病人的细胞克隆得到胚胎干细胞，并使其向特定的方向分化，进一步培养出相应的器官。由于它与病人具有完全相同的遗传物质，所以用于器官移植手术时，病人很少出现免疫排异反应。因此，在治疗性克隆方面，获取人类胚胎干细胞是热点研究。

制备人类胚胎干细胞有三条途径，第一条是基于传统生殖的非克隆方法，一般是从由受精的人卵细胞发育而来的内细胞团中分离出胚胎干细胞，再在体外培养而成。这种方法要利用人类胚胎来制备，因而备受争议。只有那些通过体外受精得到的多余胚胎才能被用于研究，很难被广泛应用。

第二条途径是典型的体细胞核移植的克隆术。前文已经介绍过，就是提取成熟个体的体细胞的细胞核，把它注入去了核的卵细胞中，使其在母体内发育到出现内细胞团的早期胚胎阶段，然后将内层细胞团在体外进行培养。

尽管治疗性克隆具有巨大的医学应用前景，但它不可避免地需要人类胚胎，而为了分离胚胎干细胞，这些胚胎通常要被杀死，这无疑让相关研究充满争议。于是人们就在考虑是否有其他方法获得胚胎干细胞。

“诱导多能干细胞”（Induced Pluripotent Stem Cells，iPS 细胞）技术就是第三条途径。这种技术与前面两种不同，整个过程都采用体外培养方式，完全脱离生物母体。

1962 年，英国发育生物学家约翰·格登在对青蛙卵细胞的研究中发现细胞特化是可逆转的，成熟细胞的 DNA 仍含有发育成青蛙所需的全部信息。2006 年，日本医学家山中伸弥发现利用病毒载体将少量基因导入小鼠的成熟细胞，可将其重新编码为 iPS 细胞，这类细胞在形态、基因、蛋白表达和分化能力等方面都与胚胎干细胞极为相似，可作为非成熟细胞分化成身体各个器官和组织所需要的细胞类型。

在 iPS 细胞技术出现之前，人们普遍认为，从非成熟细胞到特化细胞的发展方向是单一的。这一惊人的科学技术从原理上讲是将成熟、特化的细胞重编码为可发育成身体组织的非成熟细胞，即让成熟细胞退回为干细胞状态，是对细胞发育的逆向操作，革新了人们对细胞和有机生命发育的理解。而从实际应用来看，iPS 细胞具有类似胚胎干细胞的全能性，而不使用胚胎细胞或卵细胞，没有道德伦理争议。而且，它来源广泛，避免了病人出现免疫排斥反应，为干细胞生物学和临床再生医学提供了新的研究方向。因为相关的发现，约翰·格登和山中伸弥荣获 2012 年的诺贝尔生理学或医学奖。2022 年，中国科学家通过体细胞诱导技术，培养出了类似受精卵发育 3 天状态的人类全能干细胞，这成为目前全球在体外培养的“最年轻”的人类细胞。

回到《三体》，在只有云天明的大脑组织的情况下，三体人假如运用 iPS 细胞技术，从理论上讲，是可以克隆出云天明的。其大致思路如下：第一步，先取云天明大脑的细胞进行培养，通过某种病毒或其他方式将若干与多能性相关的基因导入细胞中，然后继续进行培养，最终制备出 iPS 细胞。由于它具有胚胎干细胞的特点，三体人可以将其进一步分化为生殖细胞。第二步，采用经典的体细胞核移植克隆技术，将云天明的大脑组织细胞作为供体细胞，取其细胞核，注入用 iPS 细胞技术得到的卵细胞（事先去除细胞核）中，再在某种高科技的人造子宫中逐步培养出胚胎，直至最终长成一个新的云天明个体。第三步，为了保证新长成的云天明的记忆和思想与原来的云天明一样，三体人把得到的云天明大脑植入克隆体中，代替克隆体的大脑，最终完成对云天明的复制。以上是笔者基于已知技术做出的猜测，可以当作科幻故事的一部分。

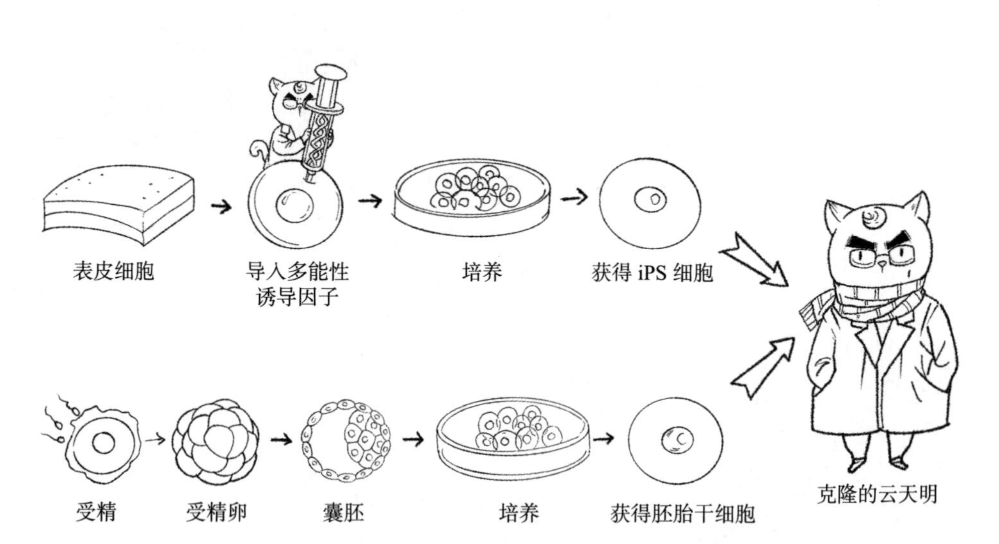

用 iPS 细胞（上）和胚胎干细胞（下）克隆云天明

云天明是《三体Ⅲ》中的主角之一。在大多数地球人看来，他似乎是第六位面壁者，然而这是不是人们的一厢情愿呢？一个不宣誓效忠于人类的“间谍”，难道不会上演一出宇宙文明的“无间道”吗？毫无疑问，云天明可以算是整部小说中最难以琢磨的人物了。

我，
拒绝！

第十八章　大写的人

——画地为牢还是勇闯天涯？

阶梯计划的本意是把云天明的大脑发射到太空，希望他成为打入三体人内部的间谍。不过这个计划本身存在诡异的地方，在选拔这个计划的志愿者时，云天明对联合国声称，他不宣誓忠于人类社会。

那么，如果云天明被三体人截获并复活，他究竟算是人类派出的间谍，还是告密者或者叛徒呢？在他与程心的远程通话中，他给程心讲了三个童话故事，这些童话到底有什么含义呢？这些都是谜。

人格的同一性，唯理主义与经验主义，裂脑人，多重人格障碍，光速飞船，空间曲率驱动，第三宇宙速度，“黑域”与黑洞，人性与兽性，社会达尔文主义

我还是原来的我吗？

智子说云天明要与程心视频会面，这说明三体舰队得到了云天明的大脑，并且复活了他。但是此时，小说又出现一个有点儿烧脑、又经常被忽略的问题：那个从云天明遗体中被取出来的大脑，假如有一天被复活，他还是原来的云天明吗？

每个活着的人，都很明确地知道自己这个“我”是存在的，而且知道昨天的自己与今天的自己是同一个人。那么，你有没有想过，决定一个人在不同的时间或状态中是同一个人的东西到底是什么？或者说，什么使现在的我与过去的我是同一个人？一句话，我为什么一直是我？

这个问题乍一听似乎很可笑，我当然是“我”了，这能有什么问题吗？实际上，这个问题涉及法律和道德约束在社会生活中得以推行的基础。从实用主义角度出发，社会单元需要以人为基础。而与这个基础相关的哲学话题之一，是“人格的同一性”。

“人格”是心理学中的一个名词，指**一个人一致的行为特征的集合。除了性格外，人格还包括兴趣、理想信念、自我观念和价值观等，它是个体在社会化过程中形成的独特的心身组织**。人格是人类独有的，它表现为有理性、能反省。**“同一性”指一件事物在经历了时间和空间的变化后，还能保持自身**。人格的同一性是当代哲学中具有重要影响的主题。它不是某个单一的问题，而是很多松散地联系在一起的问题的集合，包括“我是谁”“人的持续存在条件有哪些”等。

人格同一性的概念最早是由约翰·洛克提出的。洛克是17世纪的英国哲学家，是最有影响力的启蒙思想家之一，1690年他出版了具有划时代意义的著作《人类理解论》（*An Essay Concerning Human Understanding*）。他的心理理论被认为是现代身份和自我概念的起源，被后来的休谟、卢梭和康德等哲学家在著作中反复引用。

洛克提出，应把记忆和意识作为人格同一性的基础。由于记忆也根源于意识，所以说到底，意识才是使人格具有同一性的根据。洛克把人格定义为意识，反对将其归于灵魂之类的精神性实体。他的这一理论针对的是以笛卡尔为首的唯理主义。

欧洲近代哲学的主要流派大致可分为两支，分别是唯理主义和经验主义。唯理主义的代表人物是欧洲近代哲学的开创者、法国哲学家和数学家笛卡尔。我们都熟悉他的那句名言“我思故我在”，他把这句话当作哲学的第一原理，认为人的各种感觉都是可被怀疑的，唯一不能被怀疑的就是“我在怀疑一切”这件事。作为二元论者，笛卡尔认为世界上有两种实体，一种是物质实体，一种是非物质实体，即灵魂。在笛卡尔看来，物质会变化，身体会消亡，但是灵魂具有同一性，不会随物质的毁坏而消失。“我”的同一性，就等同于灵魂的同一性。一句话，在以笛卡尔为代表的唯理主义者看来，只要灵魂不灭，人格就会保持同一性。

与其相对，洛克的哲学出发点是经验主义，他反对笛卡尔把“自我”等同于灵魂。他认为只有意识才能让一个人成为所谓的自我，从而使一个人同别的有思想的人区别开来。不过，洛克的理论中有一些根本性的问题，例如他把意识等同于记忆。他说：“这个意识在回忆过去的行动或思想时，它追忆到多远程度，人格同一性也就达到多远程度。”这引起了很多争论。假如一个人不记得过去的某段体验，那难道他就不是过去的自己了吗？很少有人能保留自己两岁以前的记忆，难道两岁以前的他和现在的他不是一个人？我们虽然经常不记得以前发生的事，但是可以肯定，“我”是一直作为自己存在着的，并没有变成另外一个人。我们能意识到自己的存在，并且这个存在是有时间跨度的。其实，“记忆是否持续存在”并不是人格同一性包含的诸多问题中最重要的问题，但它支配着自洛克以来的有关人格同一性的争论。

英国当代哲学家和伦理学家德里克·帕菲特对洛克的理论进行了发展和整合。他既强调记忆的连续性，又强调其关联性。他认为直接记忆像是重叠的链条，即使有些记忆丧失了，但是由于记忆有重叠和交错，人仍能基于记忆保持自己的同一性。不过这并没有解决洛克的心理理论的问题，例如这依旧不能解释人在入睡期间发生的事情是如何影响人格同一性的。

此外，一个普通人人格的某些方面，如性格、欲望和信仰都会随着时间推移逐渐发生变化。一个人五十岁的时候和十岁的时候相比，人格的某些方面会发生很大变化，但是他并不觉得十岁的自己不是自己，因为人格的同一性并没有变。可见，以人格的某些方面作为人格同一性的标准似乎也不合适。

总之，关于人格同一性的争论主要存在两大派别，一派以笛卡尔为代表，以灵魂作为人格同一性的标准；一派以洛克为代表，用意识或者自我作为人格同一性的标准。

除此之外，在还原主义者看来，人格同一性还有第三个标准，那就是身体的同一性。他们认为，人格的同一性之所以能得到保持，是因为我们从小到大都拥有同一个肉体。当然，肉体上不同的部分不是同等重要的，比如说，失去一条手臂的人跟之前的人还是同一个人格，甚至可以说，就算失去了四肢、骨骼，只要能剩下的部位还能维系生命，我就还是"我"。

那么问题来了，身体上什么最重要呢，什么部位被损坏后我就不是"我"了呢？DNA 双螺旋结构的发现者之一克里克在科普著作《惊人的假说》（*The Astonishing Hypothesis*）中指出，人的意识活动只不过是一大群神经元及其分子的生理行为而已，只要能找到意识的神经相关物，我们就能够认识意识。简单地说，人不过是一堆神经元罢了。因此很多人相信，产生意识的部位在大脑，它是存储记忆、决定我们的信仰和性格特征的地方。如此来看，人格同一性的标准还可以表现为大脑的连续存在。

这也就是为什么在《三体》中，考虑到飞船的载重量限制之后，阶梯计划最终把云天明的大脑发送给了三体人。人们认为只要大脑还在，云天明就还是原来的他。

一个身体里有几个人？

如前所述，没有物质大脑的连续存在，就不存在人格同一性。只要大脑还是那个大脑，人格就具有同一性。但是这种看法也存在很多问题。

大脑是我们身体上最神奇的部分。我们知道，人的大脑有左右两个半球，两个半球之间靠胼胝体连接在一起。别看胼胝体的体积很小，它汇集了约 2 亿根神经纤维。它们就像在左右半脑之间搭起的一座座桥梁，如果胼胝体被切断，左右半脑之间的信息就无法交换了。20 世纪 40 年代，为了治疗癫痫病人，医生第一次进行了胼胝体的切断手术，这些接受手术的人被称为“裂脑人”。到了 20 世纪 50 年代，美国心理生物学家罗杰·斯佩里在对裂脑人进行仔细的实验研究时，发现裂脑人大脑两个半球存在不同的分工。斯佩里发现，人的左右脑分别控制着对侧的身体，它们不仅接收到的信息不同，处理信息的方式也不同，甚至有各自的意识、情绪和感受。所以，从某种意义上说，我们每个人真的不是那么“表里如一”，我们的身体里有两个大脑！只不过正常人的左右脑在胼胝体的协调下，合作结果基本让人满意，所以在外人看来，我是“同一个”我。然而我们自己会感受到，有时候我们会做出一些自己也无法解释的事。由于对脑神经科学做出的贡献，斯佩里荣获 1981 年的诺贝尔生理学或医学奖。

从对裂脑人的研究出发，人们开始关注一种被称为“多重人格障碍”的心理疾病，它表现为一个人身上出现两个或两个以上不同“角色”的人格。这些不同的“角色”有着各自的行为习惯、思考方式、生活环境和对自己的认知，轮番主导一个人的行为。例如，20 世纪 70 年代，美国历史上出现了第一个犯

多重人格障碍

下重罪、最后又因为多重人格障碍被判无罪的犯罪嫌疑人比利，据说他有24重人格，无论是身体姿态，还是说话的语气和口音，都经常变化。在这个案例中，比利只有一个大脑，但他在不同的时间段有不同的人格表现，可见，即使是同一个大脑的物质实体，也不能保证人格的同一性。

之前讲过，克隆人只是与被克隆者具有相同的遗传基因，从细胞层次来看，二者不可能完全相同。另外，在生长的过程中，遗传变异的出现是随机的，这也使得在物质实体的层面上，克隆人并不等同于被克隆者。进而，他们的人格不可能完全相同，二者有各自的人格认同。

我们不妨畅想，假如未来科技进步，我们可以把一个人的记忆、信仰和性格特征等信息提取出来，存储到芯片中，然后把这个芯片插到机器人身上，或者转存到另一个生物体内，那么我们的人格是否就可以持续存在了呢？另外，如果除大脑以外，处理这些信息的其他器官与原先的不完全相同，那么人格会不会也因此发生改变呢？这些对我们来说都是未知的。

上面只是对人格同一性的标准做了简单的讨论。这一方面的研究尽管已经有几百年的历史，但是随着科技发展，它涵盖的问题越来越多，也不断被赋予新的内涵，今天我们还远未找到问题的答案。

人们发现，来自东方的古老智慧和哲学思想可能为解决这一复杂难解的问题提供了新途径。例如，现代医学实践中，医生们发现有相当一部分人在经过器官移植手术之后，性格发生了很大变化，其原因众说纷纭，而中国传统医学理论体系中的藏象学说认为人体的各个脏腑会影响病理变化和生理功能，例如在《黄帝内经·素问·宣明五气》中就有“五脏所藏”理论，即“心藏神，肺藏魄，肝藏魂，脾藏意，肾藏志。”这些是否对现代医学有所启发呢？

人格的同一性是从西方哲学发源之始便被持续讨论的主题，但至今都没有一个无懈可击的理论体系来解释它。我是谁？我从哪里来？我死后会发生什么？这些问题依然吸引着无数哲学家及其他研究者。无论怎样，在人类文明的发展过程中，“认识你自己”这一铭刻在古希腊圣城德尔菲神庙上的箴言，始终是人们的探究主题与最高目标。

三个童话

让我们再回到《三体》的情节。国际社会对云天明与程心的视频会面寄予了相当大的期望，希望从云天明那里得到拯救人类的有效方法——虽然200多年过去后，人们早已忘记了曾经的阶梯计划和他的大脑。当然，这也不能全怪人类，毕竟当年联合国秘书长问云天明为什么承担这个任务时，他的回答无关对人类的责任，而是：宇宙这么大，我想去看看另一个世界。不过，到了今天，人们突然盼望早已被忘却的云天明能够帮助自己，这只是人们的一厢情愿。

这次视频会面是在三体人的监视下进行的，通过作为显示器的智子跨空间实时传递信号。要知道，制造智子的成本很高，而现在云天明要动用如此宝贵的智子与地球上的一个人进行超距通信，这要么说明云天明已经得到了三体舰队的大力支持，要么说明这也是三体人的计谋。事实是，三体舰队不但截获了云天明的大脑，并且把他复活，甚至还克隆出了他的整个身体，这意味着三体人对人类的研究相当深入，甚至可能掌握了人类心理活动与生理反应之间的关系。对三体人来说，云天明的思想也许在一定程度上是透明的。即便云天明想要拯救人类，他也必须先取得三体人的充分信任才行。那么，他是如何做到的呢？小说没有说明，只能请读者自己猜测。

在会面期间，云天明给程心讲了三个童话，分别是《王国的新画师》《饕餮海》和《深水王子》，它们前后衔接起来是一个完整的故事。小说用了50多页来描写这些童话故事，它们无疑相当重要。程心把情报带回来后，来自世界各地的专家立刻开始解读这些童话。

文学作品语言的特点就是模糊性和多义性，假如童话中有情报，为了不被三体人识破，隐藏得一定很深。所以，人类面临的问题不是从这三个童话中解读不出信息，而是可能解读得太多。这三个童话包含丰富的隐喻和象征，每个细节都可以解读出许多不同的含义，人类无法确定哪一种才是真正的战略情报。

云天明的这三个童话故事，从故事情节本身看并没有太多新奇之处。不过与格林童话等大家耳熟能详的经典童话故事相比，还是出现了一些特殊的设定。例如，针眼画师把人画进画里，就能杀死人，这实际反映的是宇宙黑暗森林的打击方式之一——空间降维。这在云天明的童话中是再明显不过的，然而人类竟然始终对此视而不见。

光速的启示

童话中还有一个情节，空灵画师送给了公主一把怪异的雨伞，它能保护人不被画到画里而消失。云天明是在用这个情节告诉人类，这是逃避宇宙黑暗森林打击的出路。那么这把雨伞代表了什么呢？在童话中，只有靠手动不停地旋转伞把，才能让雨伞保持打开的状态，而且这个转动的速度必须恒定，才能保持伞面完好地打开而不会收缩回来。显然，这把特殊的雨伞代表了一种速度恒定的东西。我们知道，在宇宙中，真空中的光速是恒定不变的。光速是现代物理学体系中的基础常数之一。可见，这意味着光速飞船才是人类真正的活路。尽管人类解读出了光速这层含义，而且也知道三体文明早已经有了光速飞船，但是怎样才能造出这种飞船呢？这是摆在人类面前的一道难题。

受到童话的启发，程心的助手和闺蜜艾 AA 用小纸船做了一个玩具，她把一小片香皂固定到小纸船的尾部，然后把纸船放到盛满水的浴缸中，发现小船会自己向前运动。原来，小纸船漂在水面上时，船前后左右各个方向都受到了水面的张力作用，受力是平衡的，此时船就静止在水面上。但是当艾 AA 在它的尾部放上一片香皂后，由于香皂溶解于水，降低了船后方水面的张力，向后的拉力变小了，打破了平衡，小船就被前方水面的张力拉动，向前运动了。换句话说，香皂改变了船尾部水面原来的平坦状态，使船前后的水表面产生了曲率差，从而产生了张力差，小纸船就被驱动了。这就是“空间曲率驱动”的原理。

小纸船因为后方的香皂自己向前运动

飞船与小纸船不同的地方只是在于前者处于三维世界中。也就是说，三维的宇宙也是有曲率的，只不过宇宙中物质不密集的地方空间曲率很小，几乎接近零而已。如果有办法降低飞船后面的空间曲率，飞船也会被前方空间的张力拉动，最终接近光速航行。

在小说中，虽然很早以前就有人研究光速飞船，但人们并没有什么头绪，各种不切实际的方案层出不穷。在弄懂云天明的这个情报之后，人类才知道光速飞船的研制应该从改变空间曲率着手。既然三体人已经发明了光速飞船，那么这很可能就是它们采用的技术。对人类来说，剩下的问题，就是沿着这条路开始研制光速飞船。

宇宙安全声明

在小说第三部中，当三体星被摧毁后，智子在告别人类时曾说，在宇宙中，一个文明有办法做出安全声明，可以用某种方式向全宇宙表明自己是无害的，从而避免黑暗森林打击。这显然给绝望中的人类留下了一丝希望。不过智子并没有告诉人类具体的方法是什么，于是人类希望在云天明的童话中找到有关宇宙安全声明的内容。

在童话中，制作香皂的原料是魔泡树上的泡泡。这种泡泡没有重量，在风中飘得极快，只有骑最快的马才能追上它们，采集它们。在这段话中，泡泡的轻和快的性质似乎都暗示它就是光，因为我们知道光没有静止质量，且其速度是宇宙中最快的。那么采集泡泡，就意味着降低光速。因为物体运动无法超越光速，最快也只能无限接近光速，所以在一定的范围内降低光速，也就意味着降低该范围内所有物体运动速度的上限。有人意识到，如果把太阳系内的光速降到第三宇宙速度以下，将会出现意想不到的景象。

“第三宇宙速度”是什么呢？它是三大宇宙速度之一。宇宙速度指在地球上把航天器送入太空所需要达到的最低速度。例如，我们向空中斜向抛射一个物体，速度越快，物体落地时的距离就越远。当物体的抛射速度超过一个数值之后，它就会开始围绕地球运动，不考虑阻力的话，它会永远围绕地球旋转而不掉下来。达成这个目标所需的最低速度就是第一宇宙速度，也叫“环绕速度”，是每秒 7.9 千米。我们发射的人造卫星就必须具有这样的速度。

如果增加物体的发射速度，达到每秒 11.2 千米，这个物体就会脱离地球的引力，不再围绕地球运动，而会像地球一样围绕太阳运动。这个最低的速度就是第二宇宙速度，也叫“脱离速度”。不过此时由于受到太阳的引力作用，这个物体还只能围绕太阳旋转。

从地面发射物体的速度如果进一步提高，在达到每秒 16.7 千米的时候，这个物体就可以摆脱太阳的引力，飞出太阳系。人类历史上发射的飞得最远的探测器“旅行者一号”就达到了第三宇宙速度，即“逃逸速度”。达到这个速度的“旅行者一号”最终会飞出太阳系，进入浩瀚的银河系。

回到小说，把太阳系内的光速降低到第三宇宙速度以下意味着什么呢？我们知道物体的运动速度不能超过光速，而此时的光速又低于第三宇宙速度，这就是说太阳系里的任何物体的速度都不会超过第三宇宙速度，任何东西都不可能飞出太阳系，连光也不行。这个降低了光速的太阳系，对外界来说连光都跑不出去，更不用说别的东西了，所以它不会对宇宙产生任何影响，这就是人们所说的宇宙安全声明。宇宙中任何一个文明，只要观测到这个低光速的区域，都知道它是安全的。小说中把这个低光速的区域叫作“黑域”，这一命名十分形象。在云天明的童话中，与黑域相对应的应该是饕餮海，它们包围着王国，因为海中有饕餮鱼，几乎没有任何东西能够从中逃脱，因此，故事王国才变成了无故事王国。

黑色的帷幕

小说中有关黑域的设想是从黑洞概念引申出来的，不过，黑域与黑洞不完全相同。

黑洞是宇宙中真实存在的一种天体。它的中心质量密度极大，使得周边的时空发生极度的弯曲变形从而形成奇点。在它的引力范围内的任何物体，包括光，最终都会被吸引到奇点上而毁灭，无法逃脱。因此我们说黑洞不发光。从外界看黑洞时，它的边界被称为“视界”，也就是视线边界的意思。黑洞视界之内的光线都发射不出来，因此我们在外面不可能看到黑洞视界之内的情况。

而黑域则是小说中虚构出来的东西，我们在前文解释过，它是通过在某个恒星周围一定的范围内降低光速，使得这个范围内的任何物体，包括光都不能逃脱出来而得到的。黑域的中心处并没有超高质量密度的天体，因此也就没有奇点。换句话说，如果真的有黑域，黑域中的天体也不会最终坠落到位于中心的恒星上，而是会像正常的星系一样，行星围绕恒星运动，只是这个区域里的光速极低而已。

小说提到太阳系的第三宇宙速度是每秒 16.7 千米，只要把太阳系范围内的光速降低到这个速度以下，就可以把这里改造成一个黑域，这是发布宇宙安全声明的好方法。不过，每秒 16.7 千米的这个速度用在这里不太合适。

前文讲过，第三宇宙速度是相对地球而言的，也就是说每秒 16.7 千米这个速度，指从地球上发射物体以使它飞出太阳系所需的最低速度，这个速度值实际上已经考虑了地球围绕太阳公转时地球本身所具有的速度。我们知道地球的公转速度大约为每秒 30 千米，任何从地球上发射的物体，其运动速度都以地球本身的公转速度为基础，因此每秒 16.7 千米的速度是相对地球而言的，不是太阳的。实际上，在地球轨道附近，要想逃离太阳，物体的速度应该不低于每秒 42.2 千米才行，当然，距离太阳越远的地方，所需的第三宇宙速度越小。所以，要把至少包括地球在内的太阳系的一部分改造成黑域，只需要把光速降低到每秒 42.2 千米就可以了，而不必降到每秒 16.7 千米那么低。

如果要把光速降到每秒 16.7 千米，那么黑域的范围最远将延伸到木星轨道，整个太阳系黑域的直径就是 10 个天文单位。而如果像小说里写的，把太阳系周围半径 50 个天文单位内都改造成黑域，那么把光速降低到每秒 16.7 千米还是远远不够的。大致估算一下，光速至少应该降低到每秒6千米以下才行。

虽然《三体》中的黑域概念相当诱人，但是如何改变光速对科学家来说还是一个难题，目前无从谈起，因为人们一直认为真空中的光速是恒定的。光速作为一个基本的物理常数，从来无法被改变。

还有一个问题，即便有办法降低光速，人类是不是真的愿意制造黑域呢？

首先，制造黑域并让地球处于黑域之中，是为了向宇宙声明这里的文明不会对外构成威胁，从而给我们一片安全的空间。但这同时也意味着，人类文明再也不可能走出这片半径为 50 个天文单位的小小“蜗居”，而会彻底与直径几百亿光年的广阔宇宙隔绝开，人类将和头顶的星空再也没有任何关系。就像童话里那样，这里将永远变成无故事王国。

尽管有些人一生中都没有好好观察过星空，更不用说飞出地球了，但人们还是拥有探索星空的梦想。一想到今后连飞向星空的可能性都没有了，这个黑域就不再是一个帷幕，而是一个坟墓。这个代价，不知道人们愿不愿意承受？

其次，假如真的把太阳系半径 50 个天文单位的空间都改造成低光速的黑域，那么这片空间内的光速将不足每秒 6 千米，且不说按照物理学的原理，在这种情况下，由原子组成的物质世界还能否存在，单单是这么低的光速就限制了很多人类活动，例如所有的电子计算机都只能以极低的速度运行，有可能还没有人算得快呢。因此，人类文明有可能退回低技术水平的古代，这可是比智子更厉害的技术锁死，这个代价恐怕更是很多人都不愿承受的。

所以，人们把注意力放到云天明童话中给出的另一个启示上，那就是光速飞船，然而这一方案也有它的问题。

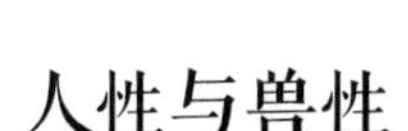

人性与兽性

光速飞船无法为人类提供安全保障，只能用于星际逃亡。但逃亡主义在危机纪元初期就已经被国际法禁止了。人类不患寡而患不均，当黑暗森林打击到来时，光速飞船能让多少人逃离？凭什么是那些人有资格逃离？在死亡面前的不平等，使得光速飞船计划举步维艰。

不过，还是有不少人迷恋光速飞船这个计划，原因并不全为了生存——就像童话故事的最后，公主扬帆出海，离开无故事王国，驶向广阔而自由的世界，尽管她的未来可能颠沛流离、居无定所。和公主的想法一样，程心就是赞同光速飞船计划的人。用她的话说，人类虽然能想到躲避打击的其他方案，但只有在光速飞船这个计划中，人才是大写的。

程心曾经的上司——情报局的前局长维德答应帮助她制造光速飞船。维德接管了程心的公司，用半个多世纪进行研发。然而由于光速飞船的研制受到国际社会的压制，最后维德的公司与联邦的冲突升级，维德准备以同归于尽威胁联邦。此时，程心从冬眠中被唤醒，由她决定该何去何从。结果，程心命令维德马上停止光速飞船的研制，交出武器，向联邦投降。维德说："失去人性，失去很多；失去兽性，失去一切。"程心回答："我选择人性。"

"失去人性，失去很多；失去兽性，失去一切。"

维德这个人物的性格与程心的性格几乎是对立的。“前进，不择手段地前进”是他一生的写照。在小说中，维德可以说是与叶文洁、章北海和罗辑相提并论的角色。然而，你不能说这些角色都只有兽性。

为了拯救失落的世界，叶文洁不惜杀死丈夫和上级，还引来外星人，但是在临终之际，她还是向罗辑提示了黑暗森林理论的存在；为了文明的延续，章北海不惜杀死无辜的人，并挟持飞船逃亡，然而在最后的时刻，他还是因为心中那一点儿柔软，在发射氢弹时比对手晚了几秒；罗辑为了人类的生存，不惜将两个文明作为豪赌的筹码，但在末日打击来临时，他情愿做一名守墓人，与太阳系共存亡。《三体》中这几个角色的人性其实从未泯灭。为了人类的利益，放弃人性显得弥足珍贵，但是在最后，保有人性似乎让他们功败垂成。在人类历史的长河中，正是这种人性与兽性的复杂交织才让人类在历史长河中留下了闪光点。

实际上，伊甸园没有内外之分，兽性与人性也不是对立的，而是共生的关系。兽性遵从生存的本能，人性顺应道德的要求。人性作为人类特有的属性，是在社会层面上进化而来的。有人认为，兽性就是为了求生，可以不择手段。人从猿进化而来，“优胜劣汰，适者生存”是自然留给人的生存法则。然而，这并非人的本质。

欧洲启蒙时代的思想家，如黑格尔，认为人类社会的进步经历了不同的发展阶段。在原始人类还茹毛饮血的时代，他们会为了生存不择手段。同样，在人面临生存死局时，不择手段也是最基本的手段。这种兽性可以让个体，乃至种族得以延续。

17 世纪，托马斯·霍布斯在《利维坦》(*Leviathan*) 中指出，我们的生存状况极端险恶。这种险恶并非单纯源于周围的自然环境本身，还存在于人与人的相处中，源于人对资源的竞争。后来，在达尔文的进化论问世之后不久，以斯宾塞为首的社会学家将进化论应用于社会研究之中，出现了“社会达尔文主义”。

社会达尔文主义是一种社会学理论，这种理论认为人类社会如同自然界一样，也是竞争残酷、弱肉强食、适者生存的，人类社会一样要遵循“丛林法则”。在危机四伏的丛林里，生存是唯一的意志，也是最高的意志。在人类社会中，只有强者才能生存，弱者只能遭到灭亡。社会达尔文主义思潮从19世纪持续风行到第二次世界大战结束，在社会和政治思想史上占据了重要的位置。虽然该理论本身并不必然产生特定的政治立场，但在这期间，一些人把该理论用于为丑恶的种族主义和帝国主义正名，甚至还有人因此反对任何形式的普世道德和利他主义。第二次世界大战结束后，人们对这一思潮进行了深刻的批判和反思。

人性离不开兽性的支撑，但如果不由人性指导，单凭兽性进行实践，我们将不知道行为的结果是否真的会带来幸福。失去兽性，可能使人失去生命，而失去人性，人就不能再称之为人。这世界上很多东西比生命更重要。在西方历史上，有哲人苏格拉底拒绝他的追随者帮助他越狱的建议，为真理慷慨赴死，让真理的精神永远存续。在东方，有亚圣孟子在鱼与熊掌之间喊出："所欲有甚于生者，所恶有甚于死者。"义重于生，当义和生不能两全时，应舍生而取义。"富贵不能淫，贫贱不能移，威武不能屈，此之谓大丈夫。"

在小说中，三体人强迫人类移民澳大利亚，这段经历如同一场噩梦。40多亿人匍匐在智子脚下，吃着嗟来之食，听任智子践踏自己的尊严，此时的人与三体人口中的虫子有何区别？人类这个生物种族也许还能得到延续，但人类的文明即将彻底消亡。

在智子和水滴的淫威下，几亿人竞相报名充当地球治安军，破坏城市，杀害同胞，他们情愿出卖灵魂以换得温饱，这是他们为了生存而被激发出的兽性吗？如果说这是兽性，就是对兽性这个词的贬低。那些在城市的下水道和偏僻的深山中坚持抵抗的100多万人，他们与治安军进行着游击战，由于有无所不在的智子的监视，他们每一次秘密谋划的作战行动都近乎自杀行为。他们在顽强地坚持着，等待着同踏上地球的三体侵略者进行最后战斗，虽然这注定是一场毫无希望的战斗。三体舰队到来之日，就是他们全军覆灭之时。然而，这些衣衫褴褛、饥肠辘辘的战士，却是那段不堪回首的人类历史中唯一的亮色。他们才是大写的人。

第十九章　宇宙的琴弦

——空间维度与降维打击

国际社会取缔星环公司的光速飞船计划，把社会的大部分资源集中于建造太阳系预警和掩体工程，早就忘记了云天明情报的提示。然而，只过去半个多世纪，黑暗森林打击就来了，不过，太阳系迎来的竟然不是凶狠的光粒，而是一张小纸条!

这个小东西带来的究竟是致命的打击，还是友善的问候呢?

原来，弱小和无知不是人类生存的障碍，傲慢才是。这成为人类文明最痛的领悟。

空间维度，构造长度，时间颗粒，卡鲁扎－克莱因理论，弦理论，超对称性，超弦理论，卡拉比－丘成桐空间，M 理论，膜世界猜想，二维生物，全息，黑洞有“软毛”，宇宙全息理论

会歌唱的高等文明

在《三体Ⅲ》中，自从“万有引力”号飞船启动引力波发射器广播了三体星的坐标，太阳系和三体星系就成为“死神瞄准的地方”。三体舰队撤出太阳系，在宇宙中寻找新的家园，人类与三体人之间的恩怨就此了断。人类进入广播纪元，小说也进入新的篇章。

针对太阳系的黑暗森林打击很快到来，而毁灭太阳系的武器比当年打击三体星的光粒攻击要高级得多——它是降维打击！

我们已经介绍过“空间维度”的概念。通过观察，我们知道宇宙在空间上是三维的。所谓降维打击，就是把太阳系内的空间维度从三维降到更低的维度，例如二维。根据常识我们知道，二维就是一个平面，它没有厚度。因此，降维打击就像云天明的童话中针眼画师的魔法一样，把一切都画在画中，同时也消灭了一切。这种既彻底又唯美的毁灭方式，人类闻所未闻，它来自宇宙中的高等文明。

小说第三部的第五部分比较详细地描述了这种高等文明之一——歌者文明。不过在这个部分中，有一些看起来很陌生的名词，它们来自外星文明的语言，都有其对应的物理意义，例如“低熵体”。我在前面已经介绍过，这个词指某种生命形态。

再如，歌者文明对空间和时间的描述方式与我们不同。它们的空间距离单位是“构造长度”，而时间单位是“时间颗粒”。

> 歌者确实听说过没有隐藏基因也没有隐藏本能的低熵世界，但这是第一次见到。当然，它们之间的这三次通信不会暴露其绝对坐标，却暴露了两个世界之间的相对距离，如果这个距离较远也没什么，但很近，只有四百一十六个构造长度，近得要贴在一起了。这样，如果其中一个世界的坐标暴露，另一个也必然暴露，只是时间问题。
>
> 摘自《三体Ⅲ》

通过简单计算，我们很容易得到它们的时空计量单位与我们的之间的换算关系。小说称太阳系与三体星系之间的距离是 416 个构造长度。我们知道，在小说里，三体星系是距离太阳系最近的恒星系统，实际上应该是南门二恒星系统。这个恒星系统由三颗恒星组成，其中之一就是宇宙中距离太阳系最近的恒星——比邻星，它与太阳系的距离是 4.22 光年。因此，我们不难知道，歌者文明的 1 个构造长度大约相当于 0.01 光年，大约是 946 亿千米。

小说中接下来的一段话则可以帮助我们计算歌者文明的时间单位。

> 在那三次通信过去九个时间颗粒以后，又出现一条记录，弹星者又拨弹他们的星星广播了一条信息，这……居然是一个坐标！主核确定它是坐标。歌者转眼看看那个坐标所指的星星，发现它也被清理了，大约是在三十五个时间颗粒之前。……
>
> 摘自《三体Ⅲ》

这段话中的“三次通信”是指叶文洁向三体发送信息的过程，根据小说的内容，最后一次发生在 1979 年。而“弹星者”实际上指以罗辑为代表的人类，罗辑利用太阳发送了“咒语”，根据小说，这发生在危机纪元 8 年。由于危机纪元元年是 2007 年，因此“咒语”是在 2015 年发出的。那么从叶文洁最后发送信息到罗辑发出“咒语”，一共经过了 36 年。由于这段时间对应歌者文明的时间间隔是 9 个时间颗粒，因此歌者文明的 1 个时间颗粒大约相当于 4 年。

小说中还提到，负责监视外星通信并做清理工作的歌者已经在岗位上工作了上万个时间颗粒。可想而知，这个外星生物的寿命至少在 4 万年以上，比人类的长多了。

其实在小说的第一部，还描写过三体文明使用的时间单位——“三体时”。作者在“智子”一章的开始，直接给出了它与地球年的对应关系：85 000 三体时，约为 8.6 个地球年。因此，1 万个三体时相当于 1.01 个地球年。小说中还给出了三体人的寿命，一般在 70 万到 80 万个三体时，也就相当于人类的 70 岁到 80 岁。可见，三体人的平均寿命与人类的相仿，远远短于歌者文明。

回到小说中关于歌者文明的这一部分，还有一些可能让你感到困惑的名词，例如关于宇宙文明的通信方式，“中膜信息”或“原始膜信息”指以无线电方式进行的通信，而“长膜广播”则指引力波通信。至于歌者文明用来清理其他文明的武器，“质量点”就是毁灭三体星系的那种光粒，而“二向箔”则正是可以“拍扁”太阳系的降维武器。

“三”的综合征

“三”这个数字很神奇。在我国古代的文章中，常用它指“数量很多”的意思，例如“三人行”“三生万物”。古人认为，事物凡是发展到“三”的阶段，就能出现万般变化。当然，《三体》也是从“三体问题”这个会出现混沌现象的天体问题开始的。

不过，为什么我们的宇宙只有三个空间维度，而不是四个，或者更多呢？小说第三部借人物关一帆之口回答了这个问题。

> （关一帆：）“因为光速，已知宇宙的尺度是一百六十亿光年，还在膨胀中，可光速却只有每秒三十万千米，慢得要命。这意味着，光永远不可能从宇宙的一端传到另一端，由于没有东西能超过光速，那宇宙一端的信息和作用力也永远不能传到另一端。……宇宙只不过是一具膨胀中的死尸。”
>
> ……
>
> （关一帆：）“除了每秒三十万千米的光速，（宇宙）还有另一个‘三’的症状。”
>
> （韦斯特医生：）“什么？”
>
> （关一帆：）“三维，在弦理论中，不算时间维，宇宙有十个维度，可只有三个维度释放到宏观，形成我们的世界，其余的都卷曲在微观中。”
>
> （韦斯特医生：）“弦论好像对此有所解释。”
>
> （关一帆：）“有人认为是两类弦相遇并相互抵消了什么东西才把

维度释放到宏观，而在三维以上的维度就没有这种相遇的机会了……这解释很牵强，总之在数学上不是美的。与前面所说的，可以统称为宇宙三与三十万的综合征。”

摘自《三体Ⅲ》

关一帆提出关于宇宙的“三与三十万的综合征”，其中“三十万”指真空中的光速只有每秒三十万千米，而“三”指人类在宇宙中只能看到三个空间维度。

这的确是一个有趣的问题。空间会不会不止三维，还有更多的维度，只是它们太小而我们无法察觉到呢？

打个比方，有一根很细的管子，从远处我们只能看到它是一条没有粗细的线段，这符合一维物体的特点。然而，我们近距离再来观察它，就会发现它是一个很长的圆柱体，里面是空心的——原来，它是一个三维的物体。从远处看时，这根细管在第二个和第三个维度上的表现与它的长度相比太小了，因此一开始被我们忽略了。那么我们会不会也是这样忽略了宇宙中其他维度的呢？这个问题现在还没有标准答案。不过，在探寻空间维度的历史上，有很多人做过勇敢的尝试。

隐藏的维度

1864年，麦克斯韦提出电磁方程，人们认识到了电磁力的规律。1916年，爱因斯坦发表了具有划时代意义的广义相对论，指出万有引力的本质是时空的弯曲形变。此后，一个问题困扰着物理学家：有没有一种理论能够统一解释电磁力和万有引力这两种基本力呢？

1919年，爱因斯坦收到德国一位名不见经传的数学家卡鲁扎寄来的一篇论文。在短短的几页纸上，卡鲁扎提出了一种把这两种力统一起来的方法。方法并不复杂，但是很大胆，那就是假定宇宙并不只有三个空间维度，而是有四个，在此基础上对爱因斯坦的广义相对论方程做空间维度的扩展，就能推导出麦克斯韦电磁方程。这可真是一个天才的发现！可是，问题是从来没人见过第四个维度。据说爱因斯坦当时差点儿把这封信随手扔掉。7 年以后，瑞士物理学家奥斯卡·本杰明·克莱因提出，三维空间中的每一个点都有一个多出来的维度，只是它很小并且是蜷曲成环形的，我们现有的观测设备不足以发现它，他把这叫作“隐藏的维度”，这就是“卡鲁扎－克莱因理论”。这一理论认为宇宙有四个维度，只不过第四个维度隐藏了起来。

那么，这个隐藏的维度到底有多小呢？克莱因说，它只有普朗克长度的大小。我们知道，普朗克长度是量子力学中的概念，它远远小于我们现有观测设备可以测量的最小长度的极限，也就是说我们不可能直接观察到它。

除了额外维度的大小，如果有人问克莱因：“为什么宇宙非得有四个空间维度，而不是五个、六个或者七个呢？”他肯定回答不上来。因为那时还没有理论能够说明额外维度的数量到底有几个。

卡鲁扎－克莱因理论虽然有可能统一解释电磁力和万有引力这两种基本力，但在此后的 30 年间，人们逐步认识到自然界有四种基本力，分别是强相互作用力、电磁力、弱相互作用力和万有引力，而卡鲁扎－克莱因理论无法完成进一步的统一。目前能够解释这些力的基础理论是相对论和量子力学。四种基本力的统一，意味着相对论和量子力学的融合，然而这对物理学家来说似乎是一个不可能完成的任务，我们只能期待今后物理学的新发现。

弦的世界

1968 年，意大利物理学家加布里埃莱·韦内齐亚诺在研究高能粒子碰撞的实验数据时，发现了一个可以用来解释碰撞结果的公式。随后人们发现，这个公式意味着可以不把基本粒子当作点，而当作一维的线段（即一根根的“弦”或者“橡皮筋”）。原来，强相互作用粒子都是“橡皮筋”，通过相互碰撞来交换能量，它们同时也在不停地振动，振动的不同形态就对应了不同类型的粒子。弦理论横空出世，它打开了一扇通往新奇世界的大门。

科学家进一步研究后发现，为了使弦理论与狭义相对论、量子论保持一致，必须存在所谓的“快子”——比光还快的粒子，以及无质量粒子等令当时的人们匪夷所思的物质。此外，空间还必须有 25 个维度！

一开始，弦理论主要针对强相互作用粒子，描述的是被称为“玻色子”的粒子。1971 年，法国物理学家安德烈・内沃等人把“费米子”引入弦理论，使弦理论具有玻色子和费米子的对称性，即“超对称性”。新的弦理论可以将宇宙中所有的粒子和基本力都表述为微小的超对称弦的振动，这就是“超弦理论”，它有希望统一所有的力和粒子。这是弦理论的第一次革命。

在量子理论中，费米子和玻色子是两种最基础的粒子。组成物质基本结构的是费米子，例如中子和质子都是费米子；而物质之间的基本相互作用力则是由玻色子（例如光子）来传递的。微观世界中的粒子并不是固定不动的，它们具备自旋特性，玻色子的自旋数为整数，而费米子的自旋数都是 1/2 或者它的奇数倍。

超弦理论预言了宇宙的空间维度的数目。在超弦理论中，空间的维度不再是二十五维，而是九维。要知道，在超弦理论之前，没有任何理论说过空间维度应该有多少个。从牛顿到麦克斯韦，再到爱因斯坦，每一个理论都假定宇宙只有 3 个空间维度。

不过，这 6 个多出来的维度到底在哪里？人们不禁想到了几十年前的卡鲁扎 - 克莱因理论。这个理论认为宇宙空间是四维的，多出来的一维蜷曲成很小的环形，隐藏了起来。然而，现在一下子多出来 6 个维度，它们应该是什么形状的呢？

在弦理论出现之前，在几何学领域曾有人发现存在一类极其复杂的空间形状，叫作“卡拉比 - 丘成桐空间”，它在数学上是六维结构。这个结构是两位数学家发现的，他们分别是意大利几何学家卡拉比，和美籍华裔数学家丘成桐。超弦理论认为，这多出来的 6 个维度正蜷曲在卡拉比 - 丘成桐空间里。这个空间的尺度小于亿亿亿亿分之一米，只有质子和中子半径的亿万分之一！我们无法用任何办法观察到它，只能大概描述它的样子：它看起来就像是被揉皱了而攥成团扔掉的草稿纸。不过，真正的卡拉比 - 丘成桐空间的迂回曲折可比我们随手一攥一拧弄出来的形状复杂得多。

卡拉比－丘成桐空间

关于这个九维的高维空间，我们可以这样想象：在我们的三维世界中，空间的每一个点实际上都不是一个普普通通的点，而是一个复杂的“小纸团”，只是这个“小纸团”都很小很小。《三体》里对高维空间的结构有很好的类比描述。

> ……人们在三维世界中看到的广阔浩渺，其实只是真正的广阔浩渺的一个横断面。描述高维空间感的难处在于，置身于四维空间中的人们看到的空间也是均匀和空无一物的，但有一种难以言表的纵深感，这种纵深不能用距离来描述，它包含在空间的每一个点中。
>
> 关一帆后来的一句话成为经典：
>
> “方寸之间，深不见底啊。”
>
> 摘自《三体Ⅲ》

不过，超弦理论遇到的问题并没有就此得到解决。实际上，卡拉比－丘成桐空间不止一种，而是有成千上万种，它们都是六维的。到底哪些卡拉比－丘成桐空间能构成宇宙的额外维度呢？

十维的“琴弦”

九维的超弦理论有很多解，但大多数都不能用来描述真实的世界，还有很多解不稳定，表现为一些根本不存在的粒子和力，因此很难用它们进行什么理论预言。不仅如此，到 20 世纪 80 年代，学界一共发展出了 5 种截然不同的超弦理论，每种理论都有 6 种额外的空间维度。超弦理论本身还没统一呢，更不必说统一物理学了。所以，在那时，超弦理论被大多数物理学家放弃了。

然而到了 1995 年，犹太裔美国物理学家、数学家爱德华·威滕把这 5 种超弦理论统一了起来。他指出，这 5 种超弦理论并不是彼此割裂的，而是从数学角度分析某种理论的 5 种不同的方式罢了。威滕把自己的理论称作“M 理论”。

威滕还发现，根据 M 理论，宇宙的空间维度不是九维，而是十维！之前所有的理论都进行了数学上的某种简化，而这种简化的结果就是忽略了维度极其微小的第十维。也就是说，这 5 种九维空间的超弦理论，实际上是新的十维空间的 M 理论的 5 种不同的近似而已。M 理论统一了所有的超弦理论，引发了弦理论的第二次革命。

弦理论认为，在宇宙的初创时期，我们熟悉的 3 个空间维度同样非常小，和其他维度没有什么区别。但随着宇宙的演化，通过某种尚未理解的机制，宇宙“挑选”出了 3 个特殊的空间维度，把长达 140 亿年的宇宙膨胀过程交给了它们，直到今天。

《三体》里的一些表述与上面弦理论中提到的空间维度类似。

（程心：）“你是说，田园时代的宇宙是四维的，那时的真空光速也比现在高许多？”

（关一帆：）“当然不是。田园时代的宇宙不是四维的，是十维。那时的真空光速也不是比现在高许多，而是接近无限大，那时的光是超距作用，可以在一个普朗克时间内从宇宙的一端传到另一端……如果你到过四维空间，就会知道那个十维的宇宙田园是个多么美好的地方。”

……

（程心：）“在田园时代以后的战争时代，一个又一个维度被从宏观禁锢到微观，光速也一级一级地慢下来……”

（关一帆：）“我说过我什么也没说，都是猜测。”关一帆的声音渐渐低下去，“但谁也不知道，真相是不是比猜测更黑暗……有一点是肯定的：宇宙正在死去。”

摘自《三体Ⅲ》

关一帆认为，我们的宇宙时空在早期是十维的，随着各种文明之间的战争，维度在不停地减少，到了今天只剩下 3 个维度，其余的 7 个维度，都被蜷曲在很小的空间里。这和 M 理论的猜想很类似，只是维度多少的变化方向不同而已。

弦理论除了在空间维度的设想上有大胆的创新，它还认为构成物质的基本粒子不是通常认为的一个点，而是一根弦，就像琴弦那样。这些看不见的弦以不同的频率和能量振动，产生了这个宇宙中不同类型的物质粒子，例如质子、电子和光子。从弦理论的角度来看，宇宙就是由一根根的弦振动形成的一首交响乐。

膜的宇宙

M 理论出现后，人们继续深入研究，发现弦理论并非只是关于弦的理论，在十维空间中还有别的东西存在。美国理论物理学家约瑟夫·波钦斯基证明，为了保持弦理论的和谐一致，不但要有弦，在空间中还要有能自由运动的高维曲面。因此，物质的基本组成不一定非得是一些小小的弦，也可以是一个个二维平面，这种构成物质的平面在 M 理论中叫作“膜”。再后来，人们发现物质的基本组成还可以是更高维的形状，并干脆把它们都统称为膜。二维的平面叫作“2-膜”，三维的立体叫作“3-膜”，直到最高的十维“10-膜”，在理论上它们被统称为“p-膜”。由此看来，所谓的弦也只是弦理论中假设的物质基本形态的一种而已，并不是唯一的。

组成宇宙的p-膜不一定都很小。顺着这个思路，波钦斯基发现有些膜是三维的，这些三维的膜叠加在一起，可以得到一个漂浮在多维空间里的具有任意对称性的三维世界。他猜想，宇宙有可能本身就是一张三维的膜，即3-膜，它就是漂浮于更高维度的p-膜空间里的一个曲面。因此，宇宙是一个“膜的世界”，这就是所谓的“膜世界猜想”，是M理论的最新演绎。

小说描写“蓝色空间”号在偶然进入四维空间时，发现这些高维的空间碎块是宇宙早期的高等文明在战争中不断进行降维打击的结果。高维的空间越来越少，所剩不多的空间碎块镶嵌在低维空间中，就像在二维平面的纸上粘着几个立体的肥皂泡一样。这个科幻的场景与M理论的膜世界猜想有相似之处。

> （褚岩：）“我们进入了一个太空区域，这个区域中的空间维度是四。就这么简单，我们把这个区域叫宇宙中的四维碎块。”
>
> （莫沃维奇：）“可我们现在是在三维中呀！”
>
> （褚岩：）“四维空间包含三维空间，就像三维包含二维一样，要比喻的话，我们现在就处于四维空间中的一张三维的纸片上。”
>
> “是不是这样一个模型——”关一帆激动地说，“我们的三维宇宙就是一大张薄纸，一张一百六十亿光年宽的薄纸，这张纸上的某处粘着一个小小的四维肥皂泡？”
>
> 摘自《三体Ⅲ》

检验弦理论的难题在于弦实在太短了。不过物理学家发现，在理论上，当弦具有很高能量的时候就不一定很短了。例如在宇宙的早期，那些微观的弦，在宇宙大爆炸之后的超高能状态下，有可能扩展得很长很长，如果其中某些长弦到今天还存在，它们可能是一些横跨天际的细弦，这就是“宇宙弦”。

弦理论和M理论到目前为止还只是纯理论，那些额外的空间维度，以及弦和膜，我们都无法直接观察到。然而，它们是能将已有物理理论统一起来，形成所谓“大统一理论”的希望所在。毕竟我们相信，宇宙应该是和谐、完美的。

降维打击

人类等待的打击，是黑暗森林打击的一种高级方式——降维打击。人们以为自己待在大行星的背面就可以躲过光粒攻击，没想到迎来的不是光粒，而是二向箔。当初智子告诉人类应该赶紧逃亡，而人类要小聪明，以为外星文明会忽视太阳系大行星的掩体作用，这简直就像是鸵鸟把头埋进沙子里以期躲过狮子的捕猎一样。弱小和无知不是人类生存的障碍，傲慢才是，人类曾经因此在水滴探测器前溃不成军，而这次的傲慢则彻底断送了整个太阳系。

降维打击是小说虚构的情节，现实世界中没人见过类似的情况。不过，在这个情节出现前，小说在描写“万有引力”号与四维空间碎块相遇时，关一帆等人观察到四维碎块跌落到三维的场景，说明了空间降维的实质，也为降维打击埋下了伏笔。

> ……处于宏观状态的高维度会向低维度跌落，就像瀑布流下悬崖一样，这就是四维碎块不断缩小的原因：四维空间都跌落到三维。
>
> 那个丢失的维度并没有消失，它从宏观蜷缩到微观，成为蜷缩在微观的七个维度中的一个。
>
> 摘自《三体Ⅲ》

小说中的降维，指把我们这个世界中在宏观展开的三个维度中的一维，蜷曲压缩到微观世界，这样就相当于减少了宏观的一维，让世界变成了一个二维的平面。那些被降维的物体并不是简单地被压扁，而是失去了曾经拥有的代表高度的那一维，被“融化”为一张平面图。

物体被二维化后会成为一个没有厚度的平面。由于没有厚度，光线能直接穿透它而没有任何反射。也就是说，被二维化后的物体是透明的，无法被看到。它们在小说中之所以能短暂地显示出一幅壮丽的图景，是因为被二维化后物体原来的三维信息丢失，转化为能量，以光的形式在三维世界中被释放出来了。但是，它们很快就会彻底消失，变成完全不可见的东西。这些降维后的物体还保持着原来的质量，因此在三维宇宙中，我们虽然看不到它们作为二维物质的任何踪迹，但能感受到它们跨越维度传递来的万有引力。小说里猜测这些被二维化的物体也许就是暗物质的来源。

理论上，被二维化后的物体的平面图可以展现出它们本身的全部细节。在三维世界中曾被包裹、隐藏在内部的东西，例如人的内脏和骨骼，甚至每一个细胞的细节，都会在降维后的二维平面上没有任何重叠地被“投影”出来。降维后的太阳系看上去就像凡·高的那幅名画《星月夜》(*The Starry Night*)。

《三体》给出了一种毁灭世界的方式，而且它毁灭得极其彻底：十几亿年来，太阳系中多少熙熙攘攘的生命；几亿年来，地球上无数生物之间你死我活的生存竞争；几万年来，这颗行星上那些独具智能与情感的人类之间世世代代的恩怨；几千年来，人类社会创造的一切辉煌文明……在二向箔展开的那一刻，全都化为乌有。

根据小说的内容，二向箔引发整个太阳系的物体都从三维向二维跌落，二维化的进程如同一个正在膨胀的巨大气泡，周遭的三维物体都会被拉入气泡之中，没有任何一个角度能够让太阳系摆脱被吞没的厄运。任何物体想要逃出生天，就必须赶在被吞噬前达到逃逸速度，而这个逃逸速度是光速。也就是说，只有乘坐光速飞船才能逃脱跌落到二维的下场。由于客观和主观的多重限制，人们没有机会大规模地制造光速飞船，于是，几乎所有在太阳系中的人类都没能幸免于难。

对二向箔的推测

接下来，让我们对小说中出现的二向箔进行一些推测和分析。

其一，二向箔会形成吞噬三维世界的“大泡泡”，它扩张的速度有多快呢？

小说里说到，降维打击从水星进行到太阳大约用了 1 小时，如果按照水星距离太阳大约 0.4 天文单位来推算，二维化的速度大约就是每秒 1.7 万千米。按照这个速度，整个地球不到一秒就会被二维化。小说里描写，在即将被二维化的时候，一位人类母亲把自己的孩子高高举起来，以便让孩子可以晚 0.1 秒被二维化。这当然是一个美好的愿望，但实际上，在被二维化的时候，因手臂距离而产生的时间差不会有 0.1 秒那么多，最多也就是一千万分之一秒，真是迅雷不及掩耳之势。不过我们不难看出，二向箔的扩展速度并没有达到光速：真空中的光速为每秒 30 万千米，二维化扩展的速度只相当于光速的 5%。

小说里还说，整个太阳系被二维化需要 8 到 10 天。按照刚才的速度计算，二维化每天大约推进 10 个天文单位，10 天就可以到达距离太阳 100 天文单位的地方，那里正是冥王星所在的柯伊伯带，是太阳系的边疆。到那时，太阳系内较大的天体基本上就都被消灭了，打击的发起者真是下手狠厉。

其二，二向箔一旦展开，它会永远吞噬下去吗？

在现实中，没人见过空间维度的变化，更不知道怎样才能制造出二向箔这种武器。但通过小说的描写，我们发现二向箔并不是一个无所不能的“神器”，它可能受到制约。

小说里说，人们最早发现二向箔的时候，它就像一张晶莹剔透的透明小纸片、一张完全无害的二维薄膜。它不反射任何电磁波，自身发出柔和的白光。它向外发出引力波，却没有质量，与现实世界的任何物体都不发生作用。

> 二十多个小时过去了，探测小组对纸条仍然接近一无所知，只观察到一个现象：纸条发出的光和引力波在渐渐减弱，这意味着它发出的光和引力波可能是一种蒸发现象。
>
> 摘自《三体Ⅲ》

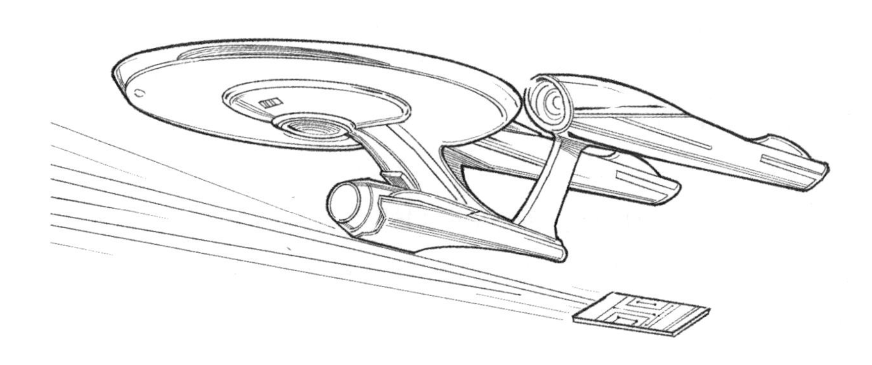

像小纸片一样的二向箔

从上面的描述我们可以做出猜测，二向箔也许被封装在了一个特制的力场中，由于受到束缚，它并没有发挥作用，而是处于待机状态，外星高等智慧生物就是用这种方式把它发送到太阳系里来的。随着束缚力场逐渐消散，它才开始撕下面具，展露出死神的狰狞面目。我们可以由此推测，二向箔对周围世界进行二维化的过程是一个消耗自身能量的过程。尽管理论上二向箔的作用会永远扩展下去，直至“压扁”整个宇宙，但是由于本身的能量有限，所以它最终能二维化的区域可能是有限的。对于很遥远的地方，第三个维度蜷曲的程度可能就微乎其微了，并不会造成实质性的影响。这也是高等文明能够肆无忌惮地使用这种武器的原因之一，它就像人类发明的核弹，投下一枚就会抹平地球上的一个城市，而不会毁灭整个地球。

其三，对太阳系发起降维打击的是歌者文明吗？

小说在第三部第五章一开始，描写歌者文明收到“万有引力”号发射的三体星系坐标的引力波信号后，决定使用二向箔进行清理。这时是地球时间的掩体纪元 67 年，但人们发现二向箔不是在这个时候。根据小说所述，程心在掩体纪元 67 年被唤醒，而她得知在 1 年前，也就是掩体纪元 66 年人类就通过观测发现二向箔来到了太阳系，这比歌者文明决定打击太阳系还要早 1 年。可见，对太阳系实施降维打击的并不是歌者文明，而是宇宙中的其他高等文明。在宇宙中，你再快都有比你快的，当然，你再慢也有比你还慢的。

生物存活的维度

小说写道，二向箔把作用范围内的物体全部都二维化了，包括人类在内的所有生物体，哪怕一个细菌都因此死去，只有乘坐光速飞船才能逃出生天。那么，为什么生命在二维的世界里无法生存？

按照现有的物理规律来看，在二维的世界中，稳定的原子无法存在，电子要么跌落进原子核，要么逃逸。既然原子都不存在了，就不必谈复杂的分子和化合物，更不用说生物体了。而从地球的生命形式来看，由化学元素构成的分子是一切生命活动的物质基础。没有它们，也就没有生命。

不过，我们不妨开一下“脑洞”。假设平面世界中的物质构成不同于三维宇宙中的，我们单从生命的角度来看看二维生物存在的可能性。

在二维空间中，我们一般认为有以下几个原因会导致生物无法生存。第一个原因比较简单。在二维的空间中，生物无法拥有用来新陈代谢的单向的消化管道。例如，我们可以用一张纸来代表一个二维生物，用一根线代表它的消化道，消化道的两端必须连接到生物体外，一头是食物的入口，另一头是排泄物的出口。你会发现这根线从纸边缘的某处开始，到边缘的另一处结束，它必然会把纸一分为二。也就是说，单向消化道会将二维的生物体劈成两半，那它当然就没法生存了。

第二个原因是关于引力的。按照爱因斯坦的广义相对论，我们可以推导出二维空间的时空是平坦的，没有弯曲形变，因此没有引力场。换句话说，即使二维世界里有恒星，它们也吸引不了周围的行星，无法形成类似三维宇宙中的稳定的恒星系统。而没有了恒星系统，生命存在的可能性就更小了。

第三个原因跟生物的神经系统有关。我们知道，较为高等的生物体的特征之一就是有能对内外环境的变化产生反应的神经系统。在二维空间里，也就是在一个平面上，生物体的两条神经不可能交叉形成三维的、立体的神经网络，这就导致二维生物体的神经网络复杂度要比三维生物体的低很多，无法形成复杂的生物神经系统。

2019 年，美国加利福尼亚大学的物理学家詹姆斯·斯卡吉尔发表论文，提出二维世界中可能存在生命。理由是作者通过数学计算发现，在理论上二维世界中很可能也有某种引力。同时二维平面上也可能出现非常复杂的拓扑结构，使复杂神经网络的存在变得可能。显然，他的理论符合刚才提到的生命存在的两个条件。当然，这还只是一种假说，根据我们目前的认知，地球生物在二维世界中的确无法存在。

当然，生物只是生命现象的一种，有生命现象的物体不一定都是生物，生命现象是一个更大、更广泛的概念。只有地球上才有生命吗？在宇宙中存不存在其他不受三维空间限制的生命呢？这些仍旧是尚未解开的谜题。

芥子纳须弥

话题回到空间维度上来。我们平时总说宇宙是三维的，但这也许只是我们的错觉。其实，我们至今并不能确定自己生活在三维宇宙中。有一种理论认为，我们实际上只是生活在一个巨大的平面的全息图中，并非真的存在于三维空间中。如果真是这样，我们也许就能逃过宇宙高等智慧生物的降维打击了。这个理论到底是怎么回事呢？

“全息”指整体上的任何一部分都包含着整体的全部信息。全息图就是在一张二维平面图上，记录了三维物体的全部信息。相信有不少读者都看到过那种有立体效果的平面照片吧，虽然它不是真正的全息图，但多少能给人一点儿类似的感受。一张普通的照片通常只记录了光的强度，而全息照片不仅能记录光的强度，还能记录光的相对相位。因此，我们可以通过这些光提取出三维物体的全部几何信息。

尽管全息现象在自然界和人类社会中普遍存在，但提出全息这一科学概念却是近几十年的事情。1948 年，物理学家加博尔等人发现了波前记录和波前再现的两步无透镜成像现象，发明了全息摄影术，加博尔因此获得 1971 年的诺贝尔物理学奖。20 世纪 60 年代，激光的出现为全息摄影术的发展和应用开辟了道路。目前，全息摄影术已经在很多领域得到应用，例如全息显示、全息显微和全息存储。

既然人体的一个细胞中包含了人全部的遗传信息，那么宇宙中的一粒尘埃，是否也能包含整个宇宙的信息呢？在佛学经典《维摩诘经》（*Vimalakirti*）中有这样一句话：“以须弥之高广，内芥子中，无所增减。”芥子指一种体积很小的菜籽，而须弥指古代印度传说中的一座很大的山。芥子纳须弥，指微小的芥子也能容纳巨大的须弥山，比喻小中见大。你是否想过，我们身处的宇宙可能就是一张全息图，或者说宇宙也有类似于全息图的性质。当然，这一想法并非宗教或者哲学范畴的内容，而是一种科学的猜想，这一理论源于对黑洞的研究。

黑洞有“软毛”

爱因斯坦的广义相对论认为，自然界中的引力不过是时空弯曲效应，它把时空的弯曲和时空中的物质分布联系在一起，具有划时代的意义。从数学上讲，黑洞就是爱因斯坦广义相对论的引力场方程的一类特解，是爱因斯坦的理论预言。随着观测技术的进步，人们陆续发现宇宙中存在许多黑洞，如今，黑洞已成为科学上公认的存在。

前文介绍过，黑洞是宇宙中一类特殊的天体。其中心的引力密度（在狭义相对论中，引力密度等同于质量密度）非常大，因此它会在时空中形成一个区域，这个区域的边界叫视界。在视界之内，物体的逃逸速度大于光速，也就是说，连光也无法从中逃逸出来。这种不可思议的天体被美国物理学家约翰·惠勒命名为“黑洞”。

由于黑洞不发光，因此我们从外界无法看到它。任何物体穿过视界进入黑洞后，都不能返回外部世界。黑洞的视界相当于一张单向膜，它将黑洞的内外隔离开来。黑洞之所以吸引了众多科学家的兴趣，关键的一点在于，尽管它占据着宇宙的一部分时空区域，但是这些区域却完全隐藏在视界内。连光这种电磁波都不能离开黑洞的视界，是否意味着黑洞没有热辐射，其温度是绝对零度的呢？

1972 年，以色列物理学家贝肯斯坦开创性地从信息论的角度分析了黑洞，认为黑洞应该具有熵。在第十一章中我曾介绍过熵的概念，它在不同的学科中有更为具体的、不同的定义和内涵。1948 年，美国数学家克劳德·香农把熵的概念引申到通信过程中，开创了信息论。香农定义的熵又被称为“信息熵”。热力学熵可以被视为香农的信息论的一个应用：当某个系统的温度上升，这一方面说明这个系统的热力学熵提高了，即这个系统可能存在的微观状态的数量增加了，另一方面也意味着需要更多的信息描述这个系统的状态，这就是信息熵。

假如从信息熵的角度形容黑洞，就会引出一个问题：既然熵衡量的是运动的随机性，而分子的随机运动与温度有关，那是不是意味着黑洞也有温度？科学家们形象地把黑洞的能量或者黑洞中所包含的信息熵称作黑洞的“毛”，黑洞是否有热辐射被形象地比喻为黑洞是否有“毛”。

量子力学认为宇宙中的信息总量是守恒的，永远不会凭空消失。当物体落入黑洞后，尽管从外面看它的确是消失了，但是它所携带的信息并没有消失。因此，黑洞在吸收物体后温度会升高，它所包含的信息熵也会增加。贝肯斯坦证明，黑洞的熵的大小与黑洞的视界的面积成正比。也就是说，黑洞吞噬物质必然导致其视界面积增大。

可见，黑洞应该不是“无毛”的，否则黑洞会违背热力学第二定律，即熵增原理。但是，黑洞又是如何向外辐射能量的呢？ 1974 年，英国著名物理学家霍金提出，黑洞其实并不“黑”，黑洞会以黑体热辐射的形式向外辐射能量，这就是霍金辐射理论。黑洞通过这个机制把信息还给宇宙，保持信息的守恒。如此看来，黑洞有“毛”。

热力学一般认为，熵是描述系统的微观自由度的广延量，它的大小应该与一个系统的体积成正比。也就是说，一个系统的体积越大，它的熵就越大。而关于黑洞的研究却表明，黑洞的熵竟然与它的表面积成正比，而非与体积成正比。这就意味着，我们也许可以从黑洞视界上二维表面的信息得出黑洞内部的三维结构信息。这一猜想被形象地称为“黑洞有‘软毛’”。

假如这一猜想成立，我们就可以做出这样一种推论：宇宙中所有的一切，也许仅仅就是某个巨大的黑洞表面所产生的一张全息图。换句话说，我们周围都是一些全息成像的平面画面，并没有真正的三维物体。这就是“宇宙全息理论”。

这一理论最早的提出者是荷兰物理学家杰拉德·胡夫特，他因揭示了电弱相互作用的量子结构获得1999年的诺贝尔物理学奖。宇宙全息理论所构建的景象让很多人始料不及，它指出我们熟悉的三维空间至少有一维是虚幻的，所有的物理学都只建立在二维的全息平面上，所谓的第三维空间不过是3D电影那样的错觉而已。

思想的升维

古希腊哲学家柏拉图在《理想国》（*The Republic*）第七卷的开篇讲述了一个被称为洞穴寓言的故事：一群囚徒一辈子都居住在一个黑暗的洞穴中，脖子和脚都被锁住了，所以他们无法环顾四周，只能始终面向洞穴的一面岩壁。在囚徒身后，有一堆篝火。在篝火与囚徒之间，有着各种各样的真实物体，火光把这些物体的影子投射到囚徒眼前的岩壁上。囚徒们认为他们唯一能看到的这些二维影子就是现实的世界。但我们知道，真实情况是世界要比他们认为的二维世界多出一个维度，是那些锁链让他们无法回头看到这个真实的世界。这个不为囚徒所知的额外维度精彩而复杂，可以解释他们在岩壁上看到的一切。这一寓言也许道出了我们的真实处境。

回到宇宙全息理论，它并不是科学家突发奇想的产物。在过去几十年的科学研究中，物理学家发现可以用数学工具把某个维度上的物理过程转换到另一个维度上来描述。例如，二维平面上的流体动力学方程解起来相对简单，通过全息转换，二维解可以解释一些更复杂的系统，比如三维黑洞的动力学过程。因为从数学上来说，这两种描述是相通的。宇宙全息理论的成功运用使很多科学家相信，它可能是一个深层次、根本性的理论，而不仅仅是数学变换那么简单。

在宇宙学的研究中，人们普遍认为大爆炸理论是解释宇宙起源的最佳候选理论之一，但是这个理论目前也遇到了一些难题，例如无法解释暴胀、暗物质和暗能量。有学者指出，在大爆炸理论中引入宇宙全息理论或许是解决诸多难题的途径之一。也许不同维度之间的界限，并不像我们想象的那么难以逾越。关于宇宙基本原理的秘密，也许就存在于另一个维度中。

第二十章　诗与远方

——文明交流与光速飞船

《三体》中与人类有过交流的外星文明有两个，三体文明和四维空间碎块中的魔戒文明。

假如在现实的宇宙中的确存在外星文明，这些文明之间要如何交流呢？需要使用什么语言对方才能理解呢？毕竟，即便同为地球人，不同文化和语言的人们交流起来也是很困难的。

假如要把人类文明的成果长期保存下去，记录在什么东西上才能保存得更长久呢？保存一千年、一万年够吗？和宇宙百亿年的历史相比，这点可怜的保存期几乎可以忽略了。

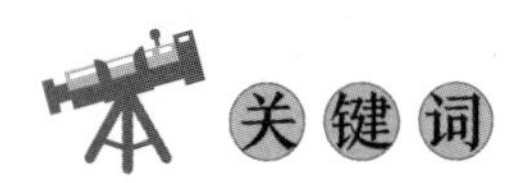

语言，巴别塔，罗塞塔石碑，语音与文字，语言学，历时与共时，语言的任意性，语料库，机器翻译，自然语言理解，经验主义与理性主义，统计语言学，信息存储介质，钟慢尺缩效应，多普勒效应，蓝移与红移，神经元计算机

文明的交流

《三体》里提到的外星文明有三体文明、歌者文明、魔戒文明、死线文明等，但与人类进行过物质和信息交流的只有两个。

三体文明与人类文明的交流自不必说，在叶文洁时代，人们就通过电波收到来自三体文明的信息。而云天明与程心的跨时空视频对话，则说明三体文明收到了云天明的大脑，这是两个文明之间除了微小的智子之外第一次进行物质实体的传递。

除了三体文明，“万有引力”号与四维空间碎块短暂接触期间，人类与魔戒文明之间不但有信息交流，甚至也有物质的传递。

> 三人扣上宇宙服的头盔，打开太空舱的舱盖，关一帆把生态球举到眼前，在四维中小心地从三维的方向托住玻璃外壁，最后看了一眼。从四维看去，生态球的无限细节展现无遗，使这个小小的生命世界显得异常丰富多彩。关一帆挥臂把生态球向“魔戒”方向扔出去，看着那小小的透明球消失在四维太空中。……
>
> 摘自《三体Ⅲ》

星际文明之间的实体物质传递无疑十分重要。对实物再详细的信息描述，也比不上真正的接触。如何描述苹果的香甜，也不如实际尝一尝它的味道。不过，在茫茫宇宙中，文明之间的距离太远，这种物质传递的机会实属难得，而信息交流则要容易得多。我们知道，常见的信息呈现方式多种多样，可以是一维的声音，也可以是二维的图像。语言和文字是信息交流的高级方式，它们的出现是人类历史上文明进步的重要标志，也是人类最伟大的发明之一。人们相信，宇宙中不同文明之间的交流也至少应该在语言和文字这两个层面之上。

不过，在很可能完全不同的星际文明之间，信息交流并没有人们想象的那么简单。以人类为例，目前世界上存在 7000 多种不同的语言，每种语言都

承载着不同的文化。由使用的语言不同而造成的交流障碍甚至历史悲剧比比皆是，正像法国哲学家笛卡尔所说的那样，“语言的分歧是人生最大的不幸之一”。

《圣经》(*Bible*) 中描写了一段建造巴别塔的故事：在大洪水之后，人类文明一度高速发展，建成了繁华的巴比伦城，自我膨胀的人们想要将功绩广为传扬，于是联合起来准备兴建一座能通往天堂的高塔，与上天一比高下，这就是巴别塔。神认为这是人类对神的怀疑和不敬，为了阻止人类的计划，神就教人类说不同的语言，使人类相互之间不能沟通。效果很快显现，由于语言不同，人与人之间立刻心生猜忌，根本无法齐心协力共建高塔。最终巴别塔计划只能半途而废。

然而，尽管使用的语言千差万别，但是人类毕竟是同一个物种，有着相同的生物体结构和心智结构，有相互理解的物质基础。假如外星人存在，它们与我们的差别可能十分巨大，也许不仅仅是在物种层面上，那我们究竟要如何与它们交流呢?

第二章提到，从 20 世纪 60 年代开始，人们展开了一系列搜寻外星文明的 SETI 项目，希望收到来自外星文明的电波。此外，人们还通过无线电波将我们存在于地球的信息发向外太空，尽管在浩茫的宇宙中，这些信号是如此微弱，人类收到回复的可能性微乎其微。在 70 年代，人类先后发射了“先驱者 10 号”“先驱者 11 号”“旅行者 1 号”“旅行者 2 号”等太空探测器，让载有人类信息的实物飞向外太空。在那些金箔和金唱片上，不但有关于地球的图像和视频，还有世界各地的人问候外星文明的声音。这些信息就像一首首来自地球的诗篇，人们希望未来有一天外星文明能够收到并读懂它们，知道在银河系某个小小的角落里有一个太阳，而在太阳旁边的第三颗行星上存在（或存在过）一种高等文明。

当然，人类至今都没有收到任何回复。我们不妨冷静地思考一下，我们发出去的信息，外星文明能够理解吗?如果我们收到了来自外星文明的信息，又该如何解读呢?

罗塞塔石碑

在《三体》中，关一帆等人在四维空间中遇到“魔戒”，他们猜测这个四维物体中可能有高等智慧生物，于是就用电波和对方进行交流。一开始他们发送了代表简单数字的点阵图，在收到“魔戒”的回复后，他们准备继续深入沟通。

> （关一帆：）“‘它’想知道我们的有关资料？”
>
> （韦斯特：）“更有可能是语言样本，以便‘它’译解和学习后再与我们进一步交流。”
>
> （关一帆：）“那就把罗塞塔系统发给‘它’吧。”
>
> （韦斯特：）“这需要请示。”
>
> 罗塞塔系统是一个为了三体世界的地球语言教学而研制的数据库，数据库中包含了约两百万字的地球自然史和人类历史的文字资料，还有大量的动态图像和图画，同时配有一个软件将文字与图像中的相应元素对应起来，以便于对地球语言的译解和学习。
>
> 摘自《三体Ⅲ》

这里提到了一个被称为“罗塞塔系统”的语言辅助译解数据库，是帮助外星文明理解人类语言的数据系统。虽然这个系统在现实中并不存在，但是“罗塞塔”这个名称的确源于史实。

古埃及文明是人类早期文明之一。距今 5000 多年前，古埃及在非洲尼罗河中下游形成了统一的国家，创造了灿烂的文化。然而，从公元前 7 世纪开始，希腊人卷入古埃及的政权之争，希腊文化对古埃及产生了巨大的影响，后来希腊人和罗马人先后统治埃及。公元 4 世纪，罗马皇帝狄奥多西一世下令在古埃及清除非基督教的宗教，古埃及文化逐渐消亡。时至今日，生活在这片土地上的人早已不是古埃及文化的传人，人们公认古埃及文明已经断代。现存的古埃及文明遗迹只有金字塔和若干神庙等建筑，上面虽然有很多记录古埃及文明的文字，但已经没人能够读懂，成了“死”的文字。

1798 年，拿破仑率领远征军来到埃及。1799 年的一天，一名远征军军官在尼罗河三角洲一个叫作罗塞塔的地方，在一堵旧墙中发现了一块破碎的古埃及石碑。这块花岗岩石碑高 112.3 厘米，宽 75.7 厘米，厚 28.4 厘米，表面刻有三组不同种类的文字。拿破仑的队伍中有不少随军的学者，他们意识到这块石碑上记录的文字对研究古埃及文明的历史有着重要的意义。一位法国科学家取得了石碑的拓印，并将石碑运走。但 1801 年远征军战败，石碑落入英国军队之手。最终，这块珍贵的古埃及文物落户于英国伦敦的大英博物馆，成为镇馆之宝。

远征军发现罗塞塔石碑

后来，多国学者都试图利用罗塞塔石碑破译失传的古埃及文字。英国学者托马斯·杨首先确定这上面有古埃及国王托勒密五世时期（公元前204—前181年）的象形文字。1822年，法国学者商博良通过分析石碑拓片，最终破解了罗塞塔石碑的秘密，他发现古埃及象形文字包含了字母和音节元素。“死去”了1600多年的古埃及象形文字终于被“复活”了。

罗塞塔石碑用三种文字对照刻写了托勒密五世的功绩。石碑上的第一种文字是早已失传的象形文字，它是古埃及祭司使用的官方文字。第二种是古埃及的通俗文字，是典型的字母文字。第三种则是古希腊文字。商博良采用对照分析的方法，逐步破解了古埃及象形文字的意义和结构。破译罗塞塔石碑成为古埃及历史和语言文字研究中的重要里程碑。

因为这段历史，今天的一些多国语言学习软件或机器翻译软件常以罗塞塔为名。在《三体》中，人们把帮助外星文明掌握人类语言的辅助译解数据库叫作“罗塞塔系统”，也就顺理成章了。

文明发展的里程碑

到目前为止，我们并没有真的遇到外星文明，只能从对人类语言的研究中领悟到一些星际文明间进行信息交流的规律。

在人类独有的非凡的心智能力中，语言当居首位。它贯穿着人类发展的整个历史，与我们的社会生活、文明以及科技息息相关。语言一旦丧失或遭到破坏，将是一场毁灭性的灾难。简单地说，**语言是发音和意义相结合的系统**，是一种言语交际的方式。语言是人类独有的。与动物之间的各种沟通方式相比，人类的语言内容更丰富、用处更大，且更具创造性。尽管人与人之间的沟通也有其他手段，例如用物品发出声音、用灯光传递消息，抑或通过触摸、体态来表达心境，但是这些交流手段携带的信息极其有限，无法像语言那样满足人类的全部交际需要。从生物演化角度看，语言是人类区别于其他动物的最重要的标志。

从语言发展的角度看，语音的出现远远早于文字。**语音是语言的符号，而**

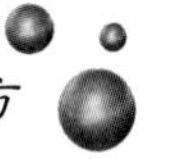

文字是语音的一种转换形式，是记录语言的书写符号系统。为了使说出来的话能够传递得更远和保存得更久，人类发明了可以书写下来的文字。文字的重要作用体现在，保存下来的语言材料可以不断积累，一代代传递下去。后人可以通过文字记录的材料掌握前人的智慧和经验，并以此为基础继续前进，从而加快人类社会整体的进步和发展。人类文明之所以能存续数千年，原因就在于人类以文字为载体积累了大量的信息资料。这些语言文字资料也是文明社会的标志。可以说，文字的发明是人类发展史上的一个里程碑。

以人类的语言文字为研究对象的学科被称为“语言学”。对语言的研究起源于中国、印度、希腊－罗马等文明古国。一开始，语言研究就是为阅读古代文献服务的。

20 世纪，瑞士语言学家索绪尔开创了结构主义语言学，标志着语言学真正成为一门现代科学。索绪尔首先区分了语言研究的历时和共时。“历时”指对语言不同时期的发展变化进行研究，而“共时”指把语言作为特定时期的交际系统来进行研究。索绪尔指出，语言学应以共时的语言结构为主要研究对象，从而将语言学与语言历史的研究区别开来。

此外，索绪尔还区分了“言语”和“语言”，把语言（而非具体的言语）确立为研究对象。他认为现代语言学应该关注的是构成语言深层结构和系统的规则，而不是某个语言表层的具体现象。此外，索绪尔还区分了“能指”和“所指”，使语言成为一个双层的符号系统。索绪尔被誉为“现代语言学之父”，他明确了语言学的研究对象、范围和重点，将其与语文学和史学的研究区别开来。

现代语言学的主要研究方向包括音系学、形态学、句法学、语义学和语用学等。1 个多世纪以来，语言学研究突飞猛进，先后涌现出许多理论和流派，其研究范围也超越了语言学领域，对哲学、人类学、心理学、社会学和计算机科学等其他学科产生了巨大影响，出现了心理语言学、社会语言学、人类语言学和计算语言学等许多交叉学科。

理解万岁

索绪尔最先指出，语言是一个符号系统，它具有任意性。**任意性指语言符号的形式与它所表示的意义之间没有天然的联系，而只有约定俗成的关系。**一个字或者单词之所以与某个事物相对应，完全是人们的习惯使然。就像我们在学习外语时，经常遇到以下的困惑：为什么这个单词一定要这么拼写，而不能那样拼写？正确的答案在我们看起来并不合逻辑，但老师说这是“规定”和“语感”，并没有什么特别的原因。对母语使用者来说，这些任意性本身造成的困惑是不存在的，因为此时的任意性已经转化为规约性，是使用者普遍遵守的。但是对将这门语言视为外语的人来说，任意性往往使语言的学习和掌握变得十分困难。

正是基于这个道理，《三体》中的罗塞塔系统就用对照的方式，将人类的部分文字与图片中的元素对应起来，相当于建立了词汇与意义对应的数据库，方便外星人理解。不过，这只是第一步，语言本身的构成和规则要复杂得多，外星人无法仅仅靠明白一些单词的意思就能学会地球上的某种语言。那么，人类应该如何帮助外星人进一步理解人类的语言呢？

在罗塞塔系统中，除了词汇库，还有两百万字的地球自然史和人类历史的文字资料，这也是为了方便外星文明译解人类语言准备的。这种方法在语言学上是有理论依据的，研究它的学科叫作“语料库语言学”。

语料是语言材料的统称，而语料库指存储语料的大规模电子文本库，存放的是在语言的实际使用中真实出现过的语言材料。随着计算机技术的进步，计算语言学新的分支学科——语料库语言学得到飞速发展。因为人们认识到在研究语言时，传统的、基于直觉的、定性的研究应该与基于语料的、定量的研究相结合，均衡运用，两者互为补充。

语料库一般分为两种：一种是自然状态的原始语言文本的语料，叫作“生”语料库，用于一般的文本检索和数据统计；另一种是标注了附加信息的文本语料，叫作“熟”语料库，例如对“生”语料库中的词进行切分、划分词类和标注语义属性。“熟”语料库更方便计算机处理，不过因为需要经过事先处理，要花费比较多的人力和算力。一般来说，语料库越大，覆盖面越广，越有代表性。

假如有一天遇到了外星人，我们要与它们交谈，那我们应该如何从语言学的角度研究这个活动呢？实际上，这个问题可以类比为：如何让计算机人工智能理解人类的自然语言。

自然语言是人类在社会发展过程中自然产生的、约定俗成的、用于社会交流的语言，与人工语言的概念相对。人工语言也叫形式语言，是人们有意识地通过形式化的定义规定的语言，例如世界语、计算机程序设计语言。自然语言比人工语言复杂得多，因此计算机理解自然语言也困难得多。“自然语言理解”（Natural Language Understanding，NLU）又称“人机对话”，机器翻译和语料库语言学是其研究领域的重要内容。

实现对话的梦想

实现人机对话，发展人工智能，离不开“机器翻译”。1947 年，美国数学家沃伦·韦弗最早提出了机器翻译的设想。机器翻译就是利用计算机把一种自然语言转换成另一种自然语言。人类的翻译能力是经过长期学习和训练培养出来的，要计算机理解并翻译人类的自然语言，有很多困难。作为机器翻译的理论基础，现代语言学的主流是经验主义和理性主义，两个流派各领风骚、交替发展，影响着机器翻译的实现。机器翻译大致可以分为三个阶段。

第一阶段是 20 世纪 50 年代中期以前，这一时期经验主义占据主导地位。以布龙菲尔德为代表人物的美国描写语言学派认为，用直觉研究语言是靠不住的，语言学的研究目标应该是发明一套“发现程序”：让计算机在没有专家的干预下，在原始语言数据的基础上，自动形成一套完整的语法。因此，语料学成为语言学的主要研究对象。然而由于计算机技术的阶段性限制，这一发展很快陷入停滞。

第二阶段是 20 世纪 50 年代中期到 80 年代，这一时期语言学从经验主义转向理性主义。1957 年，研究希伯来语的美国哲学家、语言学家乔姆斯基革命性地提出“转换生成语法”理论，试图发现人类语言的普遍语法，而非个别语言的个别语法。他认为语料是不充分的，任何有限的语料库都不可能穷尽自然语言。此后 20 年内，初生的语料库语言学陷入沉寂。受理性主义的影响，这个阶段的机器翻译方法是基于规则的，也就是试图让计算机模拟人类翻译的过程：从原文的分析，到文本转换，最终生成译文。这一过程离不开句法分析、语义分析和语境分析、结构生成、译词选择等。

当时人们认为，随着人们对自然语言语法的全面概括以及计算机计算能力的不断提升，最终总可以实现自然语言理解和机器翻译。但是事与愿违，人们慢慢发现这种单纯基于规则的分析过程越来越复杂。由于计算复杂度是语句长度的六次方，因而要么翻译的过程无比漫长，要么翻译的结果很难达到令人满意的效果。理性主义的方法遇到了困境。

早在 1948 年，美国数学家香农在研究通信系统时就提出了信息论。从信息论的角度，翻译问题可以被视为噪声信道问题：一种输入信号在经过一个有噪声的通信的通道时发生扭曲变形，在输出端呈现为另一种输出信号。翻译实际上就是根据观察到的输出语言，恢复出最为可能的输入语言。解决这一问题的行之有效的工具是“数理统计学”。

在信息论思想的推动下，从 20 世纪 80 年代起，可计算的、定量的“统计语言学”引起科学界的广泛关注，机器翻译进入第三阶段。1984 年，日本计算机翻译家长尾真参照人类学习外语的过程，率先提出了基于双语对照的实例库的机器翻译方法，这一方法简单实用，避免了基于规则的方法必须进行深层次语言学分析的难点。自此，机器翻译领域的经验主义开始复兴。

基于统计的机器翻译系统离不开语料库。20 世纪 90 年代以来，随着计算机和互联网技术的普及，大规模、多品种、真实语言的语料库在世界各国逐步建设起来，语料库语言学再次成为语言学研究的主流。到 21 世纪初，在线语料库的规模已经达到数十亿词次，每天更新的语料超过数百万词次。学者在新型语料库的基础上，展开自然语言文本的分类、加工和统计分析等研究。

2005 年，谷歌公司采用统计学方法的机器翻译的效果已全面超越传统的基于规则的机器翻译。有意思的是，这个公司的机器翻译项目就叫作“罗塞塔”。

这类基于语料库的自然语言处理方法，要通过对互联网上大量语言实例的学习和训练来建立语言模型，因此需要很高的算力。随着人工神经网络和深度学习技术的应用，2014 年以后，机器翻译取得长足进步，日益接近真人翻译的水平。

通过以上对自然语言理解和机器翻译的基本原理和发展历程的回顾，我们就不难理解小说中的罗塞塔系统需要用几百万字的文字资料作为人类自然语言语料库的原因了。

实际上，在现实中，人类除了希望和计算机建立语言交流，还有其他类似的梦想，例如与动物进行语言交流。我们知道，在地球上的动物中，哺乳动物的智商普遍较高，而在海洋中的哺乳动物中，鲸类的智商虽不及人类，却也是出类拔萃的。受到 SETI 计划的启发，2019 年，诸多科研机构和公司的学者联合起来开展了一个项目，名为 CETI（Cetacean Translation Initiative，鲸语翻译计划），旨在破译抹香鲸的语言，实现人与鲸的对话。该项目希望用 5 年的时间，通过倾听和记录抹香鲸发出的声音，构建一个 40 亿条鲸鱼声音信息的声音库，并运用语言学和机器翻译的方法，建立抹香鲸声音的模型，以破译它们的语言，最终希望实现人与鲸的交流，达到造福地球生物、人与自然和谐共处的目标。

破译抹香鲸的语言

想一想，假如有一天我们能和地球上的其他动物自由、顺畅地交流，是不是就离理解外星语言更近一步了呢？既然我们都是宇宙中的生灵，为什么不能共同唱响美好的颂歌呢？

把字刻在石头上

再次回到《三体》，掩体纪元 67 年，程心从冬眠中醒来，人们告诉她太阳系即将遭到黑暗森林的降维打击，只有乘坐光速飞船才能逃脱。她十分后悔当初要求维德停止研制光速飞船的行为，使人类错失了生存的机会。她与艾 AA 一起乘坐星环号小型飞船，来到冥王星，在这里见到了百岁老人罗辑。罗辑告诉她们，人类在冥王星的地下修建了一座人类文明博物馆，因为人类意识到，如果自己注定毁灭，那么应该有一个类似坟墓的东西记载这个文明过往的辉煌历史。于是人类开始研究用什么方法才能长久、有效地保存信息。结果人类绝望地发现，只有把字刻在石头上，才能让人类文明的信息保存 10 亿年。

> 是啊，能说什么呢？文明像一场五千年的狂奔，不断的进步推动着更快的进步，无数的奇迹催生出更大的奇迹，人类似乎拥有了神一般的力量……但最后发现，真正的力量在时间手里，留下脚印比创造世界更难，在这文明的尽头，他们也只能做远古的婴儿时代做过的事。
>
> 把字刻在石头上。
>
> 摘自《三体Ⅲ》

假如有一天人类要留下文明的印记，难道真的只能把自己的历史和美好的诗篇都刻在冰冷的石壁上吗？

在日常生活中，信息主要保存在纸、光、电、磁等媒介上。这些媒介到底能够保存多久呢？

纸张是人类的原始信息存储媒介之一，然而，纸是有寿命的，而且它的寿命受到很多因素的影响，无法准确估计。如果采用特殊的防蛀原材料和防潮配方，纸的寿命达到上千年是没有问题的，例如中国的宣纸就有“纸寿千年”的美称。而用于记录的颜料，如果采用矿物成分，也完全可以保存数千年。在理想的储存条件下，纸质信息的寿命上限为上万年。

再来看现代的信息存储方式。常见的信息存储媒介之一是光盘。普通光盘由于自身材料的老化，保存数据的寿命不超过 10 年。即使是介质层采用特殊染料的光盘，理论上其寿命最长也只有 100 年。传统的磁片式硬盘，保存数据的寿命则基本与光盘相当。这些信息存储媒介虽然寿命不如纸张，但由于采用数字化技术，信息容量要大得多，在一块小巧的存储器中存放一座大型图书馆的数字化信息不成问题。至于近年来出现的新型非易失性存储器，例如 U 盘、固态硬盘，其技术指标主要集中于扩大数据容量、提高读取速度和减少功耗等方面，在延长媒介寿命方面并没有根本性的进步。

我们常用的信息存储方式，其寿命最多上万年，与要在漫长的、以“亿年”计的时光中永久保存信息的目标比起来相差甚远。同时，人类悲哀地发现，存储器的寿命和容量无法兼顾，那些可以存储大容量信息的存储器往往寿命都比较短。例如，物理学家曾试图利用单个原子来存储海量信息，然而在室温条件下，这个原子的寿命甚至不到 1 万亿分之一秒。

为了突破这一矛盾的限制，人们开始找寻新方法。后来，人们发现可以利用人工合成的 DNA 分子作为存储介质来保存信息，这被称为 DNA 存储技术。我们知道，在 DNA 的双螺旋结构上有四种碱基，它们按照特定顺序排列，从而组成遗传信息。人们通过人工合成技术，制造出特定的碱基序列，就可以在一个 DNA 分子中存储海量数据。据估计，1 克 DNA 就能保存大约 2000T 字节的数据。目前，这项技术刚刚起步，DNA 存储不但信息密度高，能耗低，而且寿命长，在合适的条件下，信息也可以保存上万年。

除此之外，2014 年，多位科学家发表文章称，用飞秒激光器产生超短波激光脉冲，照射石英晶体，在晶体表面产生纳米级的小点，每个小点存储 3 比特的信息，再加上多层编码，可以使其数据容量达到海量。同时，这种建立在纳米格栅结构上的数据不会轻易丢失。经过计算，他们发现在室温下，理论上来讲，这种存储方式在 10^{20} 年中都不会出现因纳米格栅坍塌造成的数据丢失。这意味着其存储寿命可以达到宇宙的年龄。

总之，留下脚印比创造世界更难。纵观人类历史，最简单易行的方式也许真的是把字刻在石头上。不过，能够刻字的除了石头，也许还可以有别的介质。还记得半个世纪前飞向外太空的“旅行者 1 号”“旅行者 2 号”探测器吗？它们就携带了刻画人类文明的金唱片。据科学家估计，在宇宙真空中，这两张金制唱片的寿命可以达到 10 亿年。

飞向云天明

太阳系二维化的漩涡席卷而来之时，程心想到云天明和她相约在她的那颗星星上见面。太阳系中仅剩下一艘小小的飞船，她和艾 AA 以那颗 287 光年外的星星为目标，启动了光速引擎，以二维化的太阳系这幅巨画为背景，向着银河群星飞去。

读到这里，我不禁想到了露珠公主和她的卫队长一起乘坐帆船离开无故事王国，驶向远方的场景。小说第三部到此就结束了？当然没有！后面的内容更加精彩。

> AA 的话就像荷叶上的水滴从程心的思想中滑过，没有留下任何痕迹。程心现在唯一的希望就是见到云天明，向他倾述这一切。在她的印象中，二百八十七光年是一段极其漫长的航程，但飞船 A.I. 告诉她，在飞船的参照系内，航行时间只有五十二个小时。程心有一种极其不真实的感觉，有时她觉得自己已经死了，正身处另一个世界。
>
> 摘自《三体Ⅲ》

小说告诉我们，自离开太阳系算起，程心要乘坐曲率飞船飞行 287 光年，她在飞船中睡醒时，距离她的那颗星星 DX3906 只剩下 0.5 光年的距离，而这趟航程只需要花 52 个小时。这是怎么回事呢？有的读者认为，既然她乘坐的是光速飞船，那么就应该以光速飞行。而 287 光年的距离，指的是光从太阳系到那里都需要 287 年。为什么程心她们只飞行了 52 个小时呢？

这个问题与爱因斯坦的狭义相对论有关。狭义相对论告诉我们，在真空中光速不变的前提下，当物体以接近光速飞行时，地面上的人会发现飞行物体上的时钟变慢了，长度也变短了，这就是著名的“钟慢尺缩效应”。然而对身处飞船上的人来说，他并没有感觉到自己的时间变慢了，一切都像平时一样。因此在这种情况下，我们要区别是以谁的视角在观察。

在相对静止的地球上看，即便是以光速飞行，物体从太阳系到 DX3906 也需要 286.5 年。但是，对高速飞行者本人来说完全不是这样，在他的视角中自己只用了很短的时间，就像小说中程心只用了 52 个小时那样。时间是相对的，这就是相对论的意义所在。

好奇的读者可能还有第二个问题，既然程心乘坐的“星环”号飞船是光速飞船，那么对她来说不应该是一瞬间就到达目的地了吗？的确是这样，按照狭义相对论，当“星环”号的速度等于光速时，她的时间就会停止，而空间也会缩为一个点，因此从太阳系到那颗恒星，对于程心来说是不需要时间的，进入光速飞行的同时也就抵达了目的地。

既然“星环”号飞行用了 52 个小时，就说明它并没有真正达到光速。从小说给出的数据出发，飞船在 52 小时内飞行了 287 光年，根据狭义相对论，我们可以很容易地计算出“星环”号飞船的速度约等于光速的 99.9999999786%（小数点后面的 9 越多，越接近光速）。“星环”号飞船确实是相当接近光速的，并没有达到光速。关于曲率驱动的航行速度极限，小说中已经明确指出来了。

> 曲率驱动不可能像空间折叠那样瞬间到达目的地，但却有可能使飞船以无限接近光速的速度航行。
>
> 摘自《三体Ⅲ》

由于曲率驱动飞船的速度可以很接近光速，人们就习惯性地把这类飞船称为光速飞船。由此看来，对于逃离降维打击的条件，准确的说法应该是：飞船的逃逸速度必须相当接近光速才行。这也从另一个角度说明二向箔并非无所不能。

光的舞蹈

程心和艾AA乘坐“星环”号以接近光速航行的途中，看到周围的星空中呈现出神奇的画面。

> 突然，宇宙发生了剧变，前方的所有星星都朝航向所指的方向聚集，仿佛这一半宇宙变成了一个黑色的大碗，群星都在向碗底滑落，很快在正前方聚成密密的一团，已经分辨不出单个的星星，它们凝成一个光团，像一块巨大的蓝宝石发出璀璨的蓝光。不时有零星的星星从光团中飞出，划过漆黑的空间快速向后飞去，它们的色彩不断变化，从蓝变成绿，再变成黄色，当它越过飞船后，则变成了红色。在飞船的后方，二维太阳系和群星一起凝聚成红色的一团，像在宇宙尽头熊熊燃烧的篝火。
>
> 摘自《三体Ⅲ》

虽然今天还没有人真正乘坐过光速飞船，但小说对这段场景的描写应该说是相当真实的，因为它符合“多普勒效应”的原理。

在生活中，我们偶尔会遇到这样的现象：当一辆汽车鸣着笛从我们身边飞驰而过时，我们听到的笛声与平时的不一样。当汽车由远而近驶向我们时，笛声听上去越来越尖；而当车由近及远，驶离我们时，它的笛声听上去又逐渐变得低沉。这就是声波的多普勒效应。多普勒是奥地利物理学家，1842年他首先提出了这种效应的原理。他指出，**物体发出的波会因为波源和观察者之间的相对运动而产生变化：当二者接近时，波被压缩，波长变短，波的频率变高，对声波来说，音调听上去会变尖，对光波来说，则是光的颜色会向高频端也就是蓝色偏移，即“蓝移”；当二者分离时，波会产生相反的效应，波长变长，频率变低，声波的音调会变低沉，光的颜色会向红色偏移，即“红移”**。这个原理还指出，波源与观察者之间的运动速度越快，多普勒效应越明显。

由于光波的频率和速度比声波高很多，如果要让光波发生可以被人察觉的多普勒效应，那么它相对运动的速度必须很高，比如接近光速才行。程心她们乘坐的“星环”号在以接近光速的速度飞行时，光波的多普勒效应表现得十分明显。位于飞船前方的星星由于发生蓝移，它本身的颜色会逐渐变为蓝色。而在飞船后方的星星，由于发生红移，它本身的颜色则会逐渐变红。那些在航行中路过的星星，在前方时是蓝色，在飞船经过它的侧面时，颜色会逐渐过渡，在后方时变为红色。这种奇特的景象，恐怕只有以接近光速航行的人才能目睹。

据说有人曾经根据光的多普勒效应编过一个幽默故事：一名司机驾驶汽车以接近光速的速度来到一个十字路口时，把交通灯看错了，闯了红灯。当警察拦下他询问时，他说他没有违反交通规则，因为当时他看到的交通灯是绿色的。实际上，根据多普勒效应，这名司机也许说的是事实。因为在高速接近时，光会发生蓝移，红色的灯看上去真的可能是绿色的。当然，这一切必须在运动速度十分接近光速的条件下才能成立。

神经元计算机

程心和关一帆在着陆蓝星的过程中发生了意外，这个恒星系统附近的空间变成了一个光速只有每秒十几千米的超低光速黑域。由于光速的降低，他们乘坐的这艘由电子计算机控制的飞船立刻停电、停机。关一帆果断地启动了备用的神经元计算机，但是在低光速下，这种计算机的启动也很慢，需要十多天的时间，在此期间两人必须进入短期冬眠。神经元计算机是怎么回事？它为什么能在低光速下运行？

我们通常使用的都是电子计算机。在小说第一部的《三体》游戏中，秦始皇和人列计算机用真人来模拟电路元件，形象地介绍了这类传统计算机的原理。电子计算机使用的是冯·诺伊曼体系结构，有独立的运算处理器和存储器，以及传输数据的总线。这种传统结构计算机的程序运行和数据读取，采用的基本上都是串行的方式，也就是在执行完一个程序之后，才能执行下一个程序。

但是我们知道，人脑的结构与此完全不同。人脑中有 1000 亿个神经元，每个神经元通过成千上万个神经突触与其他神经元相互连接，形成复杂的神经网络。来自外界的刺激输入这个神经网络后，神经电信号会在网络中传播开来，引起相应大脑部位的活跃，最终将电信号通过神经元和突触输出到人体各部位，以产生相应的运动。

神经元计算机就是以电子元件构成的人工神经元为计算单元，来模拟人脑神经元和神经网络结构的人造计算体系。因此，神经元计算机也被称作“神经网络计算机”，它通过模拟人脑的神经元功能，使计算机主体具有与人脑相似的计算功能和学习、判断能力。神经元计算机的特点是采用**并行计算**的方式，数据存储不需要专门的存储器，而是靠神经网络本身。

神经元计算机作为第六代计算机，是 21 世纪计算机发展的重要方向。这种计算机的最大特点在于它像人脑一样，具有很强的自学习和自动求解的能力，而不需要依靠程序员编制的完整的运算程序。同时，整个系统的功耗也比传统计算机小得多。目前，神经元计算机的研究还处于起步阶段。2018 年，英国曼彻斯特大学研制的神经形态计算机 SpiNNaker 拥有 100 万个处理器核心以及 1200 块连接电路，每秒可执行 200 万亿亿次运算。与人脑中的 1000 亿个神经元的数目相比，这台计算机的处理规模预期可以达到人脑的 1%。

小说提到，在低光速的条件下，由于传统计算机采用的是串行计算的方式，速度受到很大限制，因此无法使用。而神经元计算机采用的是网络并行计算的方式，因此可以达到实用的速度。实际上，在低光速下，程心等人的大脑之所以没有停止工作，原因也是一样的。在人脑中，神经信号的传导速度大约为每秒 150 米，远远低于光速，人脑能以高速运转，得益于它的复杂网络与并行结构。

跨越时空的恋人

小说中的这个黑域的光速很低，物理学告诉我们，物体的运动速度不可能超过光速，因此原本高速运动的飞船只能以这个新的光速围绕蓝星转动。只有等神经元计算机启动完成，并控制飞船后，才能让飞船减速，在蓝星着陆。

以光速飞行的程心，再一次目睹了宇宙群星那红蓝飞舞的多普勒效应。然而这一次她的内心却焦急万分。她知道，按照狭义相对论，由于他们是以光速在飞行，其相对论效应会十分明显，蓝星上的时间流逝速度将是飞船上的千万倍。在飞船上她哪怕只耽误短短的一分钟，对在蓝星上等待她的云天明来说也许就已经过去很多天了。这一刻，沧海桑田。

16 天以后，程心苏醒了，飞船的控制系统终于成功启动。他们降落在蓝星上后，用放射性同位素对蓝星上的物质进行年代测定，结果显示，现在离他们上次来这颗行星已经过去了 1890 万年。这一次，她与云天明擦肩而过。

狭义相对论的时间压缩效应，再次无情地显现。在轻易可以接近光速飞行的世界里，真的可以瞬间跨越千年。然而，在这样的世界中，如果你放开爱人的手，哪怕刚刚离开他几步，也许就已经与他隔开了千万年。

第二十一章　天大的礼物

——话说平行宇宙

程心和关一帆降落在蓝星上。由于处于低光速黑域中，他们与广袤宇宙相隔绝。他们该如何度过未来的时光呢？就在刻着云天明的留言的岩石附近，他们发现了一个会发光的方框，形状和大小很像一个门框。程心和关一帆穿过它，来到一个小世界中，这是云天明送给他们的礼物——647 号小宇宙。

小宇宙是什么？它和我们的大宇宙是什么关系？

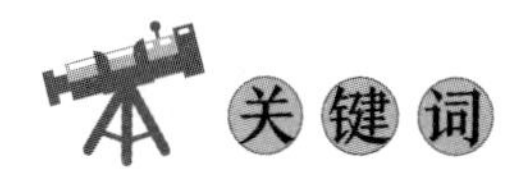

奥伯斯佯谬，宇宙常数，宇宙膨胀，哈勃定律，宇宙大爆炸模型，泡泡平行宇宙，暴胀平行宇宙，量子平行宇宙，高维空间平行宇宙，数学平行宇宙，量子自杀思想实验，量子比特，量子计算机，双缝实验，延迟选择实验，哥白尼原理，人择原理

通往新宇宙

程心和关一帆进入的这个小世界，是一个方圆一千米的空间，环境类似地球，有阳光、空气、土地和水，还有植物和小动物，它的生态系统是可持续的，简直就像是一个大一些的生态球。云天明甚至还安排了三体机器人——智子，来陪伴他们。智子告诉程心，这是三体第一舰队创造的一个小宇宙。这个小宇宙并不在大宇宙内部，那个门框就是大宇宙通往这个小宇宙的入口。智子还说，这个小宇宙的时间线和大宇宙的不一样，这里的10年，就相当于大宇宙的几百亿年。云天明希望他们在这里躲过大宇宙末日时的大坍缩，在新的宇宙大爆炸后，去新的大宇宙生活。

不得不说，作为一部科幻小说，这里的“脑洞”开得很大。看来云天明所在的三体舰队在科技方面可能取得了巨大的突破，才造出了小宇宙。不过，最让人好奇的是，这个处于大宇宙之外的小宇宙，到底是怎么回事？既然它独立于大宇宙，我们能想到的与此最接近的名词，恐怕是平行宇宙了。

关于平行宇宙，不同的人有不同的理解，例如有人就把梦境看作与现实世界相平行的宇宙。在很多人看来，平行宇宙恐怕只是科幻小说中的概念罢了。而我们在这里要讨论的，是科学界对它较为普遍的一种看法。

为了介绍平行宇宙，我们得先从宇宙说起。

宇宙有边吗？

我们的宇宙有边界吗？它是无限大的吗？它从哪里来？它未来会怎样？它会毁灭吗？这些都是对世界充满好奇的小朋友们最爱问的问题，也是几千年来先哲们一直在苦苦思索的问题。对于这些问题的认识和探索，现代科学也只是刚刚开了个头，并没有找到确切的答案。

作为自然哲学的先驱，牛顿倡导的是绝对的宇宙时空观，他认为宇宙没有源头，也没有穷尽。宇宙在空间上是无限的，而时间则在均匀地流逝。牛顿认为，宇宙中万事万物的运动和变化都来自神的“第一推动”——在那个科学的边界尚未被定义的时代探讨“第一推动”问题，最终都会落入形而上学的范畴。

19 世纪 20 年代，德国天文学家奥伯斯提出，假如宇宙是无限、静止的，那么无限的宇宙中应该包含无数的恒星，它们之间的距离也应该维持不变，因此我们应该能看到无数的星光，而这些星光的总和是无限大的。如此一来，天空应该没有白天和夜晚的差别。显然这同实际矛盾，这就是著名的“奥伯斯佯谬”，它对牛顿的无限静态宇宙模型提出了挑战。

1915 年，爱因斯坦提出具有划时代意义的广义相对论。然而遗憾的是，爱因斯坦本人痴迷于永恒不变的宇宙观。在爱因斯坦看来，宇宙的三维空间是有限的，但没有边界，因为相对论指出空间可以是弯曲的。假如把三维空间减少一维，这个情况就好理解了。我们不妨想象一下地球的表面，作为一个弯曲的二维球面，它的面积显然是有限的。但是，在地球表面这个二维的平面世界中，你找不到边界。你向着一个方向一直走下去，最终会从反方向回到出发点。我们所处的三维宇宙与此类似，也是弯曲的，它可以被看作一个四维的超球面。这样一来，在宇宙中，我们如果沿着直线一直往前走，最终会从相反的方向回到起点。你看，我们的宇宙是不是很像 647 号小宇宙的放大版？

（关一帆：）“……我们所在的世界其实很简单，是一个正立方体，边长我估计在一千米左右，你可以把它想象成一个房间，有四面墙，加上天花板和地板。但这房间的奇怪之处在于，它的天花板就是地板，在四面墙中，相对两面墙其实是一面墙，所以它实质上只有两面墙。如果你从一面墙前向对面的墙走去，当你走到对面的墙时，你立刻就回到了你出发时的那面墙前。天花板和地板也一样。所以，这是一个全封闭的世界，走到尽头就回到起点。至于我们周围看到的这些映像，也很简单，只是到达世界尽头的光又返回到起点的缘故。咱们现在还是在刚才的那个世界中，是从尽头返回起点，只有这一个世界，其他都是映像。”

摘自《三体Ⅲ》

宇宙有寿命吗？

爱因斯坦尽管认识到宇宙是有限的，却还是认为宇宙是静态的。他宁愿修改自己的广义相对论方程，在其中加入一个常数，从而让宇宙模型变得永恒而稳定，这个常数就是“宇宙常数”。后来，爱因斯坦说这是他自己一生中犯的最大的错误。

当时，在认真看待相对论方程的人中，有一位苏联的物理学家和数学家，他就是亚历山大·弗里德曼。1922 年，他发现这个方程的绝大部分解都不是静止的，而是会随着时间变化而变化的，这意味着宇宙不是在膨胀，就是在收缩，爱因斯坦的绝对静止宇宙模型几乎不可能成立。

弗里德曼的发现在当时并没有受到重视，主要原因在于人们没有观测到银河系本身在膨胀。直到 1923 年，美国天文学家哈勃观测发现仙女星系是和银河系一样的星系，远在银河系之外，这才真正打开了人们的宇宙视野。哈勃随后发现，宇宙中那些遥远的星系都在相互远离，而且越远的星系远离的速度越快，这就是著名的“哈勃定律”。它说明弗里德曼关于宇宙在膨胀的理论预言是正确的。遗憾的是，就在哈勃发现仙女星系后不久，弗里德曼就因伤寒去世了。

按照“宇宙在膨胀”这一思路倒推，在过去一定有一个时间点，宇宙万物都位于同一个地方。换句话说，我们的宇宙有一个开端。20 世纪 40 年代末，仍然坚信宇宙永恒稳定的英国天文学家霍伊尔拒绝接受这一学说，嘲笑它为“大爆炸”。没料想到，这个带有讽刺意味的叫法后来竟然成了这个学说的学名。到了 20 世纪 60 年代，宇宙背景辐射等观测证据的发现逐步证明了宇宙大爆炸理论。这段故事在第三章中有介绍。

当我们站在夜空下，仰望宇宙星辰，看到的都是它们在过去发出的光。这是因为光速有限，宇宙中距离我们的银河系十分遥远的星系，它们发出的光要花费亿万年才能在今天到达地球，映入我们的眼帘。因此，我们观察到的离我们越远的星系，它们的年龄就越小。处于极其遥远的宇宙边界的，都是一些极其年轻的“婴儿”星系，它们诞生于宇宙的早期。再往外就是漆黑一片、空无一物。因此，我们望向太空的深处，也就等于望向宇宙的过去。在宇宙星空中，空间与时间就这样融为一体。

最新的观测数据显示，宇宙诞生于138亿年前的一次大爆炸，因此我们在夜空中能看到的最早的星光，也只能是那之后发出的。138亿岁，这就是宇宙的年龄。

泡泡平行宇宙

那么今天的宇宙是什么样子的呢？打个比方，它就像一个大泡泡，泡泡的中心是我们这些观察者，泡泡的半径大约是470亿光年。读者可能产生疑问，刚才不是说宇宙只有138亿岁吗？既然最久远的星光也只传播了138亿年，那宇宙半径怎么有470亿光年呢？因为宇宙处在膨胀之中。今天我们能看到的最远的星光的确是在138亿年前发出的，但是在星光飞向我们的这100多亿年中，宇宙还在不断膨胀，今天，那些星光已经飞到400亿光年之外了。这个半径大约是470亿光年的泡泡，就是宇宙的视界，也叫作“粒子视界”。视界就是视线的边界。太空中那些距离太远而我们无法看到的天体，位于我们的粒子视界之外。同样，对那些看不到地球的遥远天体上的外星人来说，地球也位于它们的粒子视界之外。

粒子视界不仅是某人能看到的和不能看到的事物之间的分界线。爱因斯坦的狭义相对论告诉我们，一切事物乃至任何信息的传播速度都不会超过光速，这就意味着，如果光都来不及在宇宙中的某些地方传播，那么这些地方就不曾以任何方式影响过彼此。由此可见，这些泡泡的演化是独立进行的。

让我们换一个视角想象，在一个更大的宇宙中，散布着不同的粒子视界泡泡，其中一个就是我们所处的宇宙泡泡。在无比广大的大宇宙中，这些泡泡彼此独立存在。这就是第一种平行宇宙，我们不妨叫它“泡泡平行宇宙”。

泡泡平行宇宙

一模一样的你

泡泡宇宙的大小是有限的，但是我们仍然不知道那个大宇宙是否也是有限的。假如大宇宙无限大，那么其中应该存在无穷多个独立的泡泡宇宙，它们都有各自的粒子视界，互不干涉。重要的是，每一个泡泡宇宙的空间都是有限的，例如我们宇宙的半径大约是470亿光年，这就意味着“泡泡”能容纳的物质和能量有一个上限，而不是无穷大。

按照爱因斯坦的相对论，物质和能量是可以相互转换的等价物，那么在大小有限的泡泡宇宙中，有限的物质和能量只能对应有限数目的粒子，这些粒子的排列组合方式也必定是有限的。因为，在宇宙中，能量的有限性要求每一个粒子的位置和速度的取值必须是有限的，而不是无限的。这是从量子力学的不确定性原理出发得到的必然结论。粒子的数量有限，分布和组合方式也有限，就意味着对每一个泡泡宇宙来说，所有粒子的各种分布方式加在一起有一个上限，并不是无穷多的。

既然在无限的大宇宙中有无穷多的泡泡宇宙，那么在那些泡泡宇宙中，一定有一些宇宙的物质、能量的分布和排列恰好和我们所处的宇宙完全一样。换句话说，在大宇宙的别处，一定有一个世界和你周边的世界一模一样，在那个世界里，也有一个一模一样的你，不但肉体完全相同，就连你们的感受都完全一样。科学家甚至还估算出了那个宇宙与我们的最短距离，大约是 10 的 10 次方的 122 次方米。尽管这个数很大，但是只要你承认宇宙无限大，你就不能否认它的存在。不过请你放心，由于粒子视界的限制，理论上说，你永远不可能和另一个宇宙中的你相遇。

除了泡泡平行宇宙，还可能有其他几种平行宇宙。其中一种与宇宙暴胀学说有关。

暴胀而来的宇宙

根据宇宙大爆炸理论，早期的婴儿宇宙的质量密度极大，温度极高，随着时空的膨胀，宇宙的质量密度减小，温度下降。今天的宇宙真空温度只剩下大约 3 开尔文，这就是前面介绍过的宇宙背景辐射。观测表明，我们无论向夜空中的哪个方向看，观测到的宇宙背景辐射都十分均匀，其温度上下浮动不超过千分之几开尔文。而这种均匀性却为宇宙大爆炸理论带来了难题。

为什么这么说呢？举个例子，从地球上观察，天空中有两个方向相反的遥远天区，一个是 A，一个是 B，A 离曾经发生宇宙大爆炸的位置更近，而你会发现 A 的温度和 B 的温度是一样的。我们知道，光速有限，A 和 B 过去发出的光，今天才分别到达地球，A 的光还需要很多年才能到达 B，而 B 的光也一样。光速是宇宙中最快的，这意味着宇宙中 A、B 两处的信息哪怕以光速传递，从宇宙诞生到现在，根本都还没来得及交流，那它们怎么就已经具有了相同的温度呢？难道说宇宙的过去曾经在很多地方有过同一时间发生的大爆炸吗？这在宇宙学上称为“视界问题”。换句话说，按照宇宙大爆炸理论，在宇宙诞生之初，两个一度非常靠近的物体怎么会以如此高的速度相互分离，以至于从一个物体发出的光，还没来得及传到另一个物体呢？根据广义相对论，在宇宙诞生的最初的那一刻，空间膨胀的速度太快了，以至于其中不同区域相互远离的速度超过了光速，因此这些区域无法相互影响。但这些相互没有影响的区域又怎么会具有相同的温度呢？这是宇宙大爆炸模型无法解释的。除此之外，这个理论也无法解释宇宙平坦性等问题，这都要求宇宙大爆炸理论本身得到改进。

1981 年，美国物理学家阿兰·古斯提出宇宙暴胀学说，试图改进宇宙大爆炸模型。他认为，按照当时的宇宙大爆炸模型，在最初的宇宙中，不同区域由于分离得太快而不足以建立热平衡。而新的暴胀理论则可以适当减慢它们最初分离的速度，以使它们有足够的时间达到相同的温度，解决这一问题。

当然，为了符合已知的宇宙膨胀速度，在建立了热平衡之后，宇宙必须经历一场短暂的、爆发性的快速膨胀，而且膨胀速度越来越快，远远超过光速。这就是所谓的“暴胀”，它是对宇宙缓慢的开端所做出的补偿。由于暴胀迅速把宇宙中不同的区域“拖”到了非常遥远的地方，所以我们今天观测到的宇宙温度的均匀性就不再是问题了，因为它们在分开之前就已经具有了共同的温度。暴胀学说调整了宇宙最初膨胀的速度，试图解决宇宙各向同性的问题。

读者可能有一个疑问，宇宙的膨胀速度怎么能超过光速呢？不是说宇宙中最快的就是光速吗？是的，但所谓不能超过光速的物体的速度，是指物体在空间中的运动速度。而**宇宙膨胀则指宇宙的空间本身在膨胀**，各个星系只是随波逐流，被空间“拖着走”罢了，并不是它们在空间中运动。广义相对论并没有规定空间膨胀速度的上限，因此，宇宙膨胀造成的星系相互远离的速度也不存在限制，它可以超过任何速度，包括光速。

让我们回到暴胀理论。到底是什么造成了暴胀呢？古斯认为，造成暴胀的是一种被称为“暴胀场”的东西。这种暴胀场提供的是一种排斥性的引力。我们平时所说的引力都是把物质吸引在一起的力量，但是物理学上同样允许存在一种把物质都排斥开的“引力”。它类似于暗能量的作用。

古斯认为，这种暴胀场在非常短的时间内体积倍增，但是能量密度不变。**暴胀场不断以指数倍快速膨胀，只用了 10^{-32} 秒这么短的时间，宇宙就膨胀得非常大，这就是所谓的暴胀**。古斯指出，这一短暂的暴胀阶段终将结束，此后，暴胀场发生相变，出现我们周围的普通的物质粒子，这些粒子继续随着时空按照普通的慢速膨胀开去，最终形成了恒星和星系，发展为今天我们所处的泡泡宇宙。

暴胀平行宇宙

古斯提出暴胀学说后，美籍俄裔宇宙学家亚历克斯·维连金从中受到了极大的启发。古斯认为在我们的宇宙中，短暂的暴胀在138亿年前就已经终止了，但维连金对于暴胀在何时何地结束，与古斯有着不同的看法。

维连金认为暴胀场也许并不稳定，并且暴胀不止在一处发生，也永不停息。我们现在可见的宇宙，的确是由早期宇宙的某个不起眼的小角落暴胀而来的。关键是在这个小角落之外的其他地方，情况也许完全不同。早期宇宙的每一个角落，各自都可能经历了暴胀。其中一些可能形成了其他的婴儿宇宙，并变得巨大而均匀，但最终和我们所处的这个宇宙的性质并不相同。另外一些可能因暴胀持续时间不够，最终什么也没形成。总之，我们所处的这个宇宙也许并不能体现整个大宇宙的性质。大宇宙也许是异常复杂，并且毫无规律的。

此外，某些暴胀也可能引发更多的暴胀，维连金把这称为“自我繁殖的暴胀”。即宇宙的一部分空间一旦开始暴胀，就会加速暴胀，并且导致其中一部分空间进一步暴胀。每次暴胀都会引发更多的暴胀，就像生物的繁殖一样，“子子孙孙无穷匮也”。因此宇宙暴胀不但可能是不连续的，而且也可能不止发生一次，也就是说暴胀将永不停歇地进行下去。这就是“永恒暴胀学说”。

这一学说暗示，在无限的时空海洋中，可能存在着由暴胀而生成的无穷多个泡泡宇宙，我们所处的宇宙只是其中的一个，除了它，还有无数的宇宙，现在的宇宙甚至也可能再暴胀出新的小宇宙，这就是平行宇宙的第二种形式——暴胀平行宇宙。

在前面介绍过的不同的泡泡平行宇宙之间，并没有明显的界限，所有的泡泡宇宙都在同一片天空下，不同区域的总体性质大致相同。而在暴胀平行宇宙中，每个子宇宙之间泾渭分明。作为已经从大宇宙中暴胀出来的一个泡泡，每个子宇宙的周围仍然是尚未完成暴胀的暴胀场，随着这些区域发生暴胀，不同的泡泡宇宙会被迅速拉开，而距离越远，远离的速度也越快，最后的结局是，相距甚远的“泡泡”分离的速度超过了光速。星际文明就算技术再先进，花费的时间再长，也没有办法超越这个速度，以至于无法在平行宇宙间相互传递信息。这就是暴胀平行宇宙与泡泡平行宇宙不同的地方。

目前，宇宙暴胀学说还处于探索阶段，它结合了宇宙学与量子力学，让某些不太可能发生的事情变得可能。其实，我们只要承认有可能创造出一个宇宙，那么就有可能打开一扇创造无限多个平行宇宙的大门。当然，平行宇宙这一话题，时至今日在学术界仍然充满争议。

量子平行宇宙

除此之外，还有根据量子力学的原理引申出来的量子平行宇宙。

第七章介绍量子力学时，我提到过著名的“薛定谔的猫”的思想实验。本来薛定谔是想借此来驳斥量子力学中的不确定性，然而，哥本哈根学派坚持认为，在观察者没有打开箱子之前，猫并不存在某种确定状态，当观察的时候，猫的状态才被确定下来，要么是死，要么是活。也就是说，是观察才使得波函数的叠加态坍缩，成为一个确定的实体，而在被观察或者测量之前，从本质上说猫的状态是不确定的。

那么到底什么是观察或者测量呢？放在猫盒子里面用来测量放射性的盖革计数器算不算是观察者呢？冯·诺伊曼曾试图将微观粒子的量子态与测量仪器装置联系起来，还是无法回答这个问题。因为无论由多少仪器组成的因果链，最终都有一台装置是不确定的。只要人们处理的是有限的物理系统，冯·诺伊曼的仪器链都可以延长，你总可以说凡是观察到的东西都是确定的，因为总有一个更大的系统，使你通过测量或者观察所看到的东西坍缩成为实体。将这个系统不断扩大，最终它就是我们的宇宙。既然没有任何事物可以处于宇宙之外，进而进行观察以使整个宇宙坍缩为一种具体的存在，那么宇宙似乎应该处于一种不确定的状态，是多种可能性的叠加。可是，为什么我们还是感觉到宇

宙是一个具体的存在呢？

1957 年，美国物理学家休·艾弗雷特三世提出了一种大胆的假说来解决这个问题，他认为，所有可能的量子世界都是存在的，且是平行存在的。这个理论被称为“多世界诠释”，也是一种平行宇宙的构想。

随着人们打开盒子去观察盒子里面的猫的状态，宇宙就分岔成两个互不相干的平行宇宙，在一个宇宙中猫活蹦乱跳，在另一个宇宙中它的主人正在难过。也就是说，观察并不会使波函数的叠加态坍缩，而会使宇宙分裂成两个独立的宇宙。在每个宇宙中的观察者都只能察觉到他们自己所在的那个宇宙，认为自己是独一无二的。艾弗雷特三世用数学证明了这种解释与哥本哈根诠释在可验证的各个方面都是相同的。

艾弗雷特三世强调，在多世界诠释中，所有的分支都是真实的，没有任何一个比其他的更真实，没有必要去假设除了一个分支，其他的分支都被“摧毁”了。这一点与哥本哈根诠释的量子坍缩为某一种状态的看法是不同的。而哥本哈根诠释无法说明为什么量子会坍缩为这种状态，而不是其他的状态。例如，在“薛定谔的猫”思想实验中，哥本哈根学派无法解释为什么在打开盒子时看到的是活猫，而不是死猫，抑或相反。

多世界诠释

最初大多数人不能接受多世界诠释的主要原因是它实在太“浪费”了。它要求每一次量子事件都使宇宙一分为二。想一想，随着所有原子和亚原子粒子四处跳跃，分岔一次又一次发生，宇宙在每一秒钟之内都被复制了无数次。因此多世界诠释的这个“多”是一个不可思议的大数。正像多世界诠释的支持者——美国物理学家布赖斯·德威特所说：“每一颗恒星，每一个星系，宇宙的每一个偏僻的角落发生的每一个量子跃迁都使我们这里的世界分岔，变成成千上万个副本。”

这就是量子平行宇宙的图景，它像一棵树，树上有很多分支，这些分支代表着不同的宇宙，这些宇宙在不同的时间点从树干上分岔出来。多世界诠释认为，一旦出现分裂，一个分支的宇宙完全无法影响另一个分支，实际上，所有的观察者都无法察觉到曾经发生过任何分裂，我们都理所当然地认为自己所在的宇宙分岔是正常的。量子平行宇宙彼此之间是完全隔离的，不管我们在自己的宇宙中走多远，也到不了那些平行宇宙中。我们与我们的亿万个副本也许只有一步之遥，但这近在咫尺的距离无法测量。

另外，平行宇宙间分岔分得越远，彼此间的差异就越大，尤其是那些在时间刚开始时就分岔的宇宙，它们与我们宇宙的差异一定无比巨大。实际上，一切可能发生的事情，都在这棵平行宇宙树的某一个枝杈上发生着。

总之，多世界诠释与经典的哥本哈根诠释的本质不同在于，后者认为是观察使得被观察者的波函数的叠加态坍缩，而前者则认为观察者和被观察者并没有分别，他们一起参与了分岔，也就是说叠加态也包括了观察者，而且叠加态也没有坍缩，薛定谔的波函数一直都存在，只是分岔进入了不同的平行宇宙而已。20世纪70年代以后，多世界诠释得到越来越多学者的认同，被人称为“迄今为止科学史上最大胆和最雄心勃勃的理论之一”。

最疯狂的思想实验

既然多世界诠释理论中的平行宇宙之间无法沟通，那么处于众多平行宇宙之一的我们，到底有没有办法证明艾弗雷特三世的想法是真的呢？宇宙学家迈

克斯·泰格马克综合前人的想法，改进了一种疯狂的思想实验——“量子自杀实验”。它类似于“薛定谔的猫”思想实验的真人复刻版。

假想有一架量子机关枪，它的子弹链与一个粒子的量子态有关，这个粒子在被观察前处于 A 和 B 各占 50% 的叠加态，枪手每次要发射一发子弹时，都要观察量子态，当它处于 A 态时，子弹链就装载一发实弹并发射；当它处于 B 态时，子弹链就装载一枚无弹头的空弹并击发。开始思想实验，让这架量子机关枪自动连发，每秒发射一发。无论艾弗雷特三世的理论是否成立，人们都承认，在一连串的机枪声中，平均下来，一定有一半发射了子弹，有一半没有发射子弹而只是空响了一下。

接下来是最疯狂的实验环节，你作为实验者把自己的脑袋挪到枪口前，请问接下来你会看到发生什么事情呢？这时候的结果就取决于艾弗雷特三世的平行宇宙理论是真还是假了。如果平行宇宙理论是假的，那么量子测量就只有两种确定的结果，那就是 1 秒钟后，你要么死了，要么活着，概率都是 50%。n 秒钟后，你还活着的可能性是 2 的 n 次方分之一。

而假如艾弗雷特三世的理论是真的，尽管1秒钟后会分岔出两个平行宇宙，其中一个你活着，另一个死了，但总会有一个分岔宇宙中的你，从头到尾听到的都是空响声。不管过去多久，总会有这个情况。只要在这个宇宙中的你还有知觉，那么在你的宇宙中，机枪就从来没有发射过子弹，你一直都是幸运儿。这时，你可能已经确信了量子平行宇宙的真实存在，不过你没法儿说服别人。在你的宇宙中，你在经历了长长的一连串看似不可能发生的巧合之后，仍然毫发无损，泰格马克把这称作“量子永生”。

实际上，你也可以从另外的平行宇宙来看待量子平行宇宙中的量子永生。例如，在第一种泡泡平行宇宙中，有无数的宇宙，在其中有无数相同的你，在第一枪响起时，一半宇宙中的你死了，另一半中的你活着，不管实验重复多少次，总有一些平行宇宙中的你坚强地活着。

当然，以上只是一个思想实验，不可能有人真的验证它。不过泰格马克指出，这个思想实验的成立是有条件的，例如机关枪开枪要足够快，至少快于你意识到量子测量结果的时间，也就是说死亡的过程必须是突然发生的，而不是逐渐丧失意识的过程。泰格马克认为“量子自杀”的关键在于量子触发突然转变。在现实中，人往往是逐渐经历死亡的过程，即自我意识逐渐衰减，变得越来越少，最终丧失，这样的话“量子永生”就不成立了。也正是出于这样的思考，泰格马克告诫读者，在天命之日到来的时候，不要对自己说：“终于活到头了。”因为，也许你还没有活到头，你可能亲自发现那个不能说的秘密——平行宇宙真的存在，量子永生真的可能。

说到这里，我不禁想到《三体》作者的另一部科幻小说《球状闪电》。感兴趣的读者可以去这本书里找找类似量子平行宇宙的描述。

平行宇宙计算机

量子平行宇宙的理论看上去真的是匪夷所思，不过它并非理论家的空想，而真的有实用的一面。量子计算机就是量子平行宇宙的体现。

诺贝尔物理学奖获得者理查德·费曼于 1981 年最早提出量子计算的思想基础，他指出量子力学描述的叠加性、相干性和量子纠缠等量子特性可能在未来的量子计算中起到根本性的作用。而英国物理学家大卫·多伊奇就是把这个想法付诸实际的人，1985 年他证明了任何物理过程都能很好地被量子计算机模拟，并提出了量子计算机的基本结构体系。作为众多赞同量子平行宇宙理论的科学家之一，多伊奇建造量子计算机的目的就是验证多世界诠释，揭示平行宇宙的本质。多伊奇于 2021 年荣获艾萨克·牛顿奖。

从理论上讲，量子计算机是利用量子力学的基本原理计算、存储和处理量子信息的机器。量子计算机可以用来解决传统电子计算机所能解决的问题，并且由于量子比特状态叠加的性质，量子计算机在处理某些问题时速度大大快于传统电子计算机。

在电子计算机中，信息存储的单位是比特，每个比特用二进制的一位数来表示，它只能处于 1 或 0 两个状态之一。而在量子计算机中，信息单元被称为“量子比特”，它除了处于 1 或 0，还可处于 1 和 0 的任意线性叠加态，也就是说，它既可以是 1 又可以是 0，1 和 0 各以一定的概率同时存在。其原理正是来自量子理论中的概率云。这是普通电子计算机无法做到的。

例如，在普通电子计算机中，8 比特字节的信息单元，可以存放从 0 到 255 之间的任何一个数字，不过，每次只能是这 256 个数值中的一个。但是 8 量子比特单元能同时表示这 256 个数。因此，量子计算机可以对这 256 个数同时进行计算，而在普通电子计算机上，每次运算只能针对这 256 个数中的一个。也就是说，一台量子计算机计算 1 次，相当于 1 台电子计算机运行 256 次，或者 256 台电子计算机计算 1 次。多伊奇把这称作“量子并行性”。

在多伊奇看来，这代表了有 256 个不同的平行宇宙，每个宇宙中都有一台计算机，大家同时进行计算。或者说量子计算机可以在 256 个平行宇宙中计算。问题在于，在多世界诠释看来，这些平行宇宙之间不能交流，因而量子并行计算的最终结果是无法得到的。与艾弗雷特三世不同的是，多伊奇认为这些宇宙能以某种方式共享信息，而这才是量子计算得以实现的根本。尽管一个宇宙中的人不能直接观察到其他平行宇宙中的计算结果，但当量子互相干涉的时候，相关宇宙的所有观察者就能观察到可以理解的计算结果了。多伊奇认为，关键在于证明这些平行宇宙可以实现某种方式的“量子相干”。

1994 年，美国计算机科学家彼得·肖尔发明了“肖尔算法”，这个算法能够利用量子计算机快速地进行大整数的因数分解，在密码破解方面显示出巨大优势。肖尔算法不但能让计算的答案出现在所有平行宇宙中，而且巧妙地利用量子相干性，让那些正确答案最终能够通过干涉相加，而所有错误结果则能够因干涉而抵消。多伊奇的想法在理论上得到证实。

不过，在自然状态下保持量子相干性是十分困难的，因此它成为量子计算机技术发展中需要解决的重要问题之一。由于量子计算机具有大规模并行快速计算的明显优势，各国科研机构投入了大量精力开发这项技术。1998 年，第一台 2 位量子比特的量子计算机首次试验成功；进入 21 世纪以来，量子计算机得到快速发展，并在天气预报、密码、通信、化学和制药等领域得到越来越多的应用。

其他平行宇宙

除了上面介绍的三种平行宇宙——泡泡平行宇宙、暴胀平行宇宙和量子平行宇宙，还有几种平行宇宙的设想，例如弦理论所预言的“高维空间平行宇宙”。第十九章介绍过弦理论。按照最新的弦理论，也就是M理论，我们的宇宙可能就是一个嵌在更高维度里的3-膜，这就意味着可能存在其他的与我们所处的宇宙平行的三维宇宙，只是我们无法进入它们。弦理论还认为，宇宙大爆炸的起因就是我们所处的膜宇宙与相邻的膜宇宙之间的一场碰撞。

另外，弦理论指出，我们宇宙的空间是十维的，只是三维之外的其他空间维度都蜷曲了起来，所以表现出来的才是三维的空间。有学者指出，最初，宇宙所有的空间维度都是蜷曲起来的，是暴胀使其中的三个维度伸展开来，并拉伸到极大的尺度，才有了宇宙今天的面貌。同样的道理，在暴胀平行宇宙中，其他的宇宙伸展开来的维度也许并不只有三个，也就是说从零维到十维的平行宇宙都有可能存在。

在关于平行宇宙的探讨中，除了物理定律所开启的各种可能性，最神奇和最“烧脑”的是另一种平行宇宙，那就是在物质和能量之外的，由计算机生成的无形的“数学平行宇宙”。这牵扯到一个根本的问题，由数学理论甚至是意识构建的世界，是真实存在的吗？毕竟我们大多数人都相信，作为物理学的根基，数学是能揭示宇宙本质的东西。伽利略曾经说过，宇宙这本书是用数学语言写就的。不过，在泰格马克看来，宇宙并不只是被数学描述，它本身就是数学，包括你我在内。他的思想给人们带来了很多启发。例如他说，假如宇宙是独立于人类的存在，那么它应该还能被那些完全不理解人类概念的智慧体（比如外星人、超级计算机）很好地表达。换句话说，对宇宙的描述形式，不应该是人类自己创造的各种语言，而应该是数学。这让人不禁想到在《三体》里，“万有引力”号上的人在和四维碎块文明交流的时候，一开始采用的语言就是数学语言。

宇宙为什么是这样的?

读者可能好奇，既然有如此众多的平行宇宙，而每个宇宙又是如此千差万别，那么为什么我们所处的宇宙是现在这个样子的？或者说，我们为什么没生活在另一个分岔的宇宙中呢？

先来看暴胀平行宇宙。这个理论认为，虽然暴胀宇宙的形成机制都一样，都是来自暴胀，但是每个暴胀场的取值不尽相同，因此在最终形成的子宇宙里，虽然物理规律相似，但是各种物理常数的取值可以不完全一样。例如在有的子宇宙中，电磁场就可能很强，就像一台核磁共振仪。在这样的宇宙中，我们这种由细胞构成的生物恐怕很难维持生命。

在《三体》里，关一帆说，在宇宙的早期，光速并不是我们今天看到的每秒 30 万千米，甚至在超级文明的眼中，物理规律也能被改造成武器。这说的是不是某种暴胀平行宇宙的情况呢？

在暴胀平行宇宙中，像我们所处的宇宙，如此适合生命生存，也许是很罕见的，同样也是很值得珍惜的。在被暴胀平行宇宙包围的大宇宙中，我们所处的宇宙可能就是一片绿洲，周围是大量寸草不生的“荒岛”。为什么说是绿洲呢？因为在这个宇宙中，出现了生命，出现了我们。为什么正好在这个宇宙中出现了生命呢？也许这只是一个偶然，发生了一个可能性很小的情况。要知道宇宙的物理规律和参数只要稍微改变一点点，就可能无法形成原子，更不用说生命万物了。这个宜居的宇宙能够出现，也许本身就是一个奇迹。

再来看量子平行宇宙的情况。按照量子力学的哥本哈根诠释，事物处于不确定的量子叠加态，是观察或者测量使它们的波函数的叠加态坍缩成实在物。那么对整个宇宙来说，也许是宇宙中的观察者通过观察使宇宙的波函数的叠加态坍缩，而使它成为现在的样子。换句话说，由于不确定性原理，宇宙本来就是叠加态，都是以波函数的形式存在的平行宇宙。在我们所处的宇宙中，是我们这些观察者使得宇宙的波函数坍缩，使它成了现在的样子。因此这个宇宙必然是宜居的，只有这样，才能有我们来观察并让它的波函数坍缩。这个解释听上去颇有循环论证的意味。

实际上也未必如此。1979 年，在纪念爱因斯坦 100 周年诞辰的专题讨论会上，美国物理学家约翰・惠勒在双缝实验的基础上，提出了一种“延迟选择实验”，并得到了惊人的结论。

双缝实验是与量子力学有关的经典实验之一。1802 年英国学者托马斯・杨首先通过光的双缝实验，发现光的干涉性质，证明光以波的形式存在，对牛顿的光的粒子说提出了挑战。对这一实验的解读引发了量子力学革命，后来这个实验成为验证光的“波粒二象性”的经典实验。

当然，这个实验可以用光，也可以用电子等亚原子粒子来演示。简单地说，光或电子束经过两条平行的狭缝后，会在后面的屏上呈现干涉条纹。人们很好奇，对单个粒子来说，它到底是从双缝中的哪一条缝通过的呢？于是，人们就在两个缝前面分别安置了设备，来检测粒子到底通过哪条缝，结果此时屏幕上的条纹消失了。而只要不去检测，条纹就又出现了。对于这个现象，哥本哈根诠释从概率波的角度进行解释，认为是检测行为使粒子的波函数坍缩，从而让屏幕上的条纹消失了。

惠勒改进了双缝实验。他把检测粒子的设备从双缝的位置挪到了屏幕之前，结果条纹依然会消失。这就相当于在粒子已经通过缝之后，当人们再来观察它时，它竟然可以逆着时间回去重新选择从其中的一个缝通过。惠勒把这称为“延迟选择实验”。他甚至把这个实验的原理在宇宙中进行了延伸，结论是宇宙星光尽管在亿万年前就从遥远的地方发出，但是由于今天我们才观察到它们，所以它们亿万年的历史是今天才被决定的。换句话说，宇宙的模样是由观察者确定下来的。怎么样，这个结论相当匪夷所思吧？然而这是一个很严肃的科学问题，目前越来越多的实验证实了这一点。

可见，从量子平行宇宙的角度看来，是我们这些观察者塑造了宇宙。实际上，这与艾弗雷特三世的多元世界平行宇宙并不矛盾。在多世界诠释理论中，每个宇宙都是一棵大树上的一个分岔，我们之所以站在这个分岔上，也许就是因为在宇宙历史上的无数分岔发生时，我们都是幸运儿。想想那个疯狂的“量子自杀”思想实验，就不难理解这一点了。

众所周知，哥白尼的日心说引发了近现代科学革命。他提出，人在宇宙中

并不居于特殊的位置，没有什么与众不同的地方。这一思想被称为“哥白尼原理”。然而，在探讨宇宙为什么是宜居的这个问题时，出现了与哥白尼原理不同的另一种哲学观念——“人择原理”。

人择原理由英国物理学家布兰登·卡特于 1973 年命名。他认为我们人类尽管不一定生活在宇宙中心，但不可避免地在某种程度上享有特权。也就是说，在理论上可能存在各种宇宙，每个宇宙都具有不同的物理特性，而这个宇宙之所以宜居，原因在于是我们的存在使得它必须这样。

回到《三体》，云天明所在的文明制作了一个小宇宙，他把它送给程心和关一帆，并把它编号为 647。读者一定很好奇，其他的那些小宇宙应该是什么样子的呢？也许上面介绍的平行宇宙理论能帮助你对它们展开想象。

第二十二章　小宇宙的秘密

——黑洞与时间膨胀

程心和关一帆进入云天明送给他们的小宇宙中。这个小宇宙的时间流逝速度与大宇宙完全不同，这里的 1 年相当于大宇宙中的上百亿年，人类在这里过 10 年，大宇宙就演化到了末日。这真是“天上方一日，世间已千年”。

那么，在宇宙中，人类真的可以大幅度跨越时间吗？

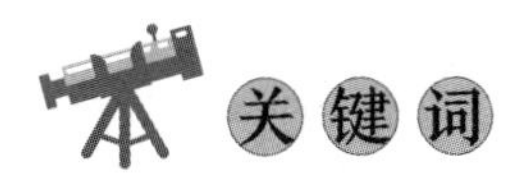

相对性原理，光速不变原理，狭义相对论，等效原理，广义相对论，微型黑洞，引力红移，黑洞，引力时间膨胀，暗星，史瓦西半径，钱德拉塞卡极限，白矮星，中子星，吸积盘，潮汐力，恒星级黑洞，中等质量黑洞，超大质量黑洞，伽马射线爆发，霍金辐射，奇点

跨越时间的途径

说起时间，人们总是自觉无力，因为无论我们怎样努力阻拦，时间都像一条奔腾的河流，总是按照自己的速度坚定地向前，把我们从出生带向死亡。时至今日，我们尚不知道有什么办法能让时光倒流，回到过去。那么有没有办法能让我们快速到达未来呢？办法当然有，还不止一个！

最简单的办法就是睡觉！你只要进入睡眠，等再次醒来，一晚上的时间竟然就不知不觉地过去了，这是你天生拥有的快速进入未来的技能。当然，你可能觉得这很搞笑。不过，小说中多处出现的人体冬眠技术其实就与此类似，这可能是一个在不远的未来能够实现的好办法。尽管这种办法能够跨越的时间长度可能比较有限，最多不过几十年到几百年而已。

第二种办法是以接近光速的速度飞行。在《三体》中，程心和艾 AA 乘坐“星环”号飞船，以接近光速的速度从太阳系飞往云天明送给她的星星，跨越了 287 光年的距离。对太阳系来说，时间已经过去 287 年，而她们只用了 52 个小时。这是基于狭义相对论的原理，在第二十章中介绍过。

狭义相对论是爱因斯坦在1905年提出的，它建立在“相对性原理”和“光速不变原理”这两条基本原理上。通俗地说，**相对性原理指物理定律在所有相对做匀速运动的参考系中都是等价的，而光速不变原理指真空中的光速对任何观察者来说都是相同的，不随光源与观察者所在的参考系的相对运动而改变。**这两条基本原理看起来并不难接受，然而从它们出发的推论在根本上改变了经典物理学的根基。

首先是“同时”的概念变成了相对的。我们知道，所谓两个事件同时发生，指它们发生的空间位置可以不同，但是发生的时刻是一样的。然而在狭义相对论中不再有“同时”了，因为发生的时刻取决于你在哪个参考系观察。当参考系变化时，不同时发生的事件可能变为同时，而同时发生的事件也可能变为不同时。不仅如此，甚至连事件发生的先后顺序都会变成相对的。

接下来的推论更加惊人。例如，甲乙双方各持一个钟表，出发前进行校

准，保证它们的走时快慢都相同。当他们开始相对运动时，在甲看来，乙的钟表变慢了，而在乙看来，甲的钟表也变慢了。这看上去似乎很矛盾，但在狭义相对论中，这两种情况并不矛盾，因为运动的钟表的确会变慢。在甲看来乙在运动，而在乙看来甲在运动，因此，他们都看到对方的钟表变慢了。之所以平常我们无法察觉到这个现象，是因为我们平时相对运动的速度太慢，狭义相对论效应在以接近光速运动时才会比较明显。

当然，在一方看来，运动的另一方不仅钟表会变慢，而且一切能描述时间流逝的过程，比如生命的新陈代谢和放射性元素的衰变，都会一起变慢。狭义相对论告诉我们：时间的流逝不是绝对的，运动将改变时间的进程。

狭义相对论的成功没有从根本上证明经典物理学的错误，只是说明了牛顿运动定律成立的条件，即它在速度远低于光速的运动中才成立。或者说，牛顿运动定律是相对论在某种情况下的特例。因此，狭义相对论是对经典力学的有力扩展。

人类尽管至今都没有发明出飞行速度接近光速的飞船，但仍有很多办法来验证狭义相对论的真实性。例如，大自然中有一种基本粒子，被称作 μ 子，它是不稳定的，从产生到衰变只有大约百万分之二秒。这样一来，μ 子即使以光速运动，也只能“走”600 米。但是，我们在观察宇宙射线的时候，发现在高空中产生的 μ 子能穿透大气层到达地面，而这个距离远远大于 600 米。究其原因，就在于狭义相对论效应大大延长了高速运动的 μ 子的寿命。更进一步，物体运动的速度越接近光速，从静止者看来，其寿命就越长，甚至趋向无限大。

在小说的第三部中，关一帆曾告诉程心，人类发射了五艘终极飞船。这些飞船没有目的地，只是把曲率引擎开到最大，以接近光速的速度在宇宙中穿梭，目的就是跨越时间，在人类的有生之年抵达宇宙的末日。据称，这些飞船飞行 10 年就可以跨越 500 亿年的时光。小说里的这个情节从科学原理上讲是完全可能的，只是我们目前还没办法造出光速飞船罢了。

实际上，以接近光速的速度飞行，对人类的意义并不只在于速度极快。

关一帆说：“对人类来说，光速航行是个里程碑，这可以看成第三次启蒙运动，第三次文艺复兴，因为光速航行使人的思想发生了根本的改变，也就改变了文明和文化。”

（程心：）“是啊，进入光速的那一刻，我也变了。想到自己可以在有生之年跨越时空，在空间上到达宇宙的边缘，在时间上到达宇宙的末日，以前那些只停留在哲学层面上的东西突然变得很现实很具体了。”

（关一帆：）“是的，比如宇宙的终结、宇宙的目的，这些以前很哲学很空灵的东西，现在每一个俗人都不得不考虑了。”

摘自《三体Ⅲ》

从关一帆发出的感慨，我们不难看出宇宙观的重要性。作为根本的出发点，宇宙观的改变可以影响一个人基本的三观：世界观、人生观和价值观。

引力与时间膨胀

第三种跨越时间的方法是利用质量比较大的黑洞。这个方法的原理基于广义相对论，与第二种方法有所不同。

在未来的宇宙大航海时代，这恐怕是人类最便捷且付出代价最小的方法了。而这也许正是小说中云天明的小宇宙时间流速不同的奥秘所在。为了说明这一点，让我们先从广义相对论说起。

如前所述，在狭义相对论中，爱因斯坦指出时间和空间都不是绝对的。然而这一理论有局限性，它只适用于做相对匀速运动的系统。自从牛顿提出万有引力定律以来，一直没人能解释引力的基本特征到底是什么，以及它到底是怎么产生的。为了找到这两个问题的答案，爱因斯坦十年磨一剑，进一步拓展了相对性原理，在 1916 年提出了广义相对论。

爱因斯坦天才地发现，在引力场中，一切物体都有相同的加速度。这也就是说，在局部惯性系中，引力与惯性力是等效的，人们无法区分引力和因加速而产生的力。如此一来，引力的本性就在于它能在某种参考系中（例如在一部加速运动的电梯中）被局部消除。爱因斯坦指出这是引力的基本性质，称其为“等效原理”。

在爱因斯坦看来，引力并不是真实存在的，它不过是时空弯曲的体现，造成时空弯曲的是物质，而时空也未必能被看作一种可以离开物理实在而独立存在的东西。他用弯曲的黎曼几何来描述时空的形状，建立了著名的引力场方程，这是广义相对论的核心。如果说狭义相对论描述的是平直的时空，那么广义相对论研究的就是弯曲的时空。

广义相对论是对牛顿万有引力定律的扩展，后者成立的条件是弱引力场，而处在强引力场中时，物体适用的则是前者。广义相对论的许多预言在牛顿力学中是完全没有的，例如大质量的天体能够造成明显的时空形变从而引起光线的偏折、加速运动的天体能辐射引力波。这些理论预言后来都陆续得到了观测验证。

让我们回到时间的流速问题上。首先，对光来说，能量越大，光的频率越高。例如，相比于可见光，紫外线的频率更高，因此它的辐射能量也更大，人们防晒主要就是防止阳光中的紫外线对人体造成的伤害。其次，当光从一个大质量天体形成的引力场往外行进时，它会失去能量，因此它的频率就会下降，波长就会变长。在解释多普勒效应时，我曾经说过，电磁波的波长变长意味着它的颜色会发生变化。由于在可见光中红光的波长最长，因此这种波长变长的现象被称为“红移”，这种由于引力造成的光波变长就被称为“引力红移”。那么，引力红移与时间有什么关系呢？

我们知道，最早人们靠钟摆的周期来定义时间单位的长短，在大约 100 年前，人们改为以石英晶体的振动频率为参照，定义秒的长度。1967 年以后，人们又改为以铯原子在不同的能量态之间发生跃迁时所辐射的电磁波的振动频率来定义秒的长度。从本质上看，时间单位的长度与光或电磁波的频率有关。光波波长变长，频率变低，以它为参照而定义的时间单位自然就会变长。因此大质量天体附近的引力红移，就意味着时间变慢。

一方面，狭义相对论告诉我们，时钟做高速运动可以让时钟变慢。另一方面，广义相对论则预言，待在大质量天体附近的时钟也会变慢，这就是“引力时间膨胀”。

对太阳来说，它的质量是地球的33万倍，太阳表面的时间流逝速度要比远离太阳的地方慢百万分之二，大约每年慢64秒。而假如能够来到太阳的中心，你会发现这里的时间流速比地球的慢十万分之一，大约每年慢5分钟。

在地球上，例如在我们的房间里，时间在地板附近比在天花板附近流逝得更慢。只不过由于地球的质量不算大，它对时空弯曲的影响很微弱，再加上房间高度有限，因此时间流逝速度的差别就很小，大约是一亿亿分之一，因此我们很难察觉到。但是对在地球轨道上飞行的人造卫星，例如全球定位卫星来说，这种差别就不能忽略了。由于全球定位卫星的定位精度主要依赖于时间系统的精度，因此科学家必须要考虑用广义相对论进行时间修正。

将黑洞用作时间机器

在宇宙中，大部分黑洞的质量都很大，所以黑洞附近的引力时间膨胀就更加明显，这使得黑洞附近成为对广义相对论进行终极检验之处。假如有一个质量为10倍太阳质量的黑洞，那么在距离黑洞的视界1厘米的上方，时间流逝就是远离黑洞的地方的600万分之一。假如你能正好位于黑洞的视界边缘，从外部来看，你的时间将趋向于完全停止。哪怕黑洞外的宇宙过去了亿万年，你也能青春永驻。在《三体Ⅲ》中，物理学家曹彬给程心讲了一个黑洞科学家高Way被吸入微型黑洞的故事。

> （曹彬：）“以后的事情就很诡异了。高Way被吸入后，人们用遥控显微镜观察黑洞，发现黑洞的事件视界，也就是那个半径仅二十一纳米的微小球面上，有一个人影，那就是正在通过视界的高Way。
>
> “根据广义相对论，对于一个遥远的观察者来说，事件视界附近的时间急剧变慢，落向视界的高Way掉落过程本身也变慢至无限长。
>
> “但以高Way为参照系，他已经穿过了视界。……
>
> “于是，保险公司拒绝支付死亡保险金。虽然从高Way自己的参照系看，他通过了视界，应该已经死去；但保险合同是以我们这个现

实世界为参照系制定的，在这个参照系中无法证明高 Way 已经死了。甚至理赔都不行，保险理赔必须等事故结束后才能进行，高 Way 仍在向黑洞坠落中，事故还没有结束，永远也不会结束。”

摘自《三体Ⅲ》

这个说法是有道理的。由于时间膨胀，从外部来看，高 Way 一直处在向黑洞视界跌落的过程中，人们永远不会看到他已经死亡的事实，因此保险公司拒绝支付他的死亡保险金。

应该说，在真实的宇宙中，如果人们能找到一个黑洞，那么只要在它附近安全待着而不跌进去，人们就能像乘坐时间机器一样，方便而快速地去未来了，这个办法的难度和成本比起制造光速飞船显然要低得多。云天明送给程心的小宇宙，也许就在黑洞附近。

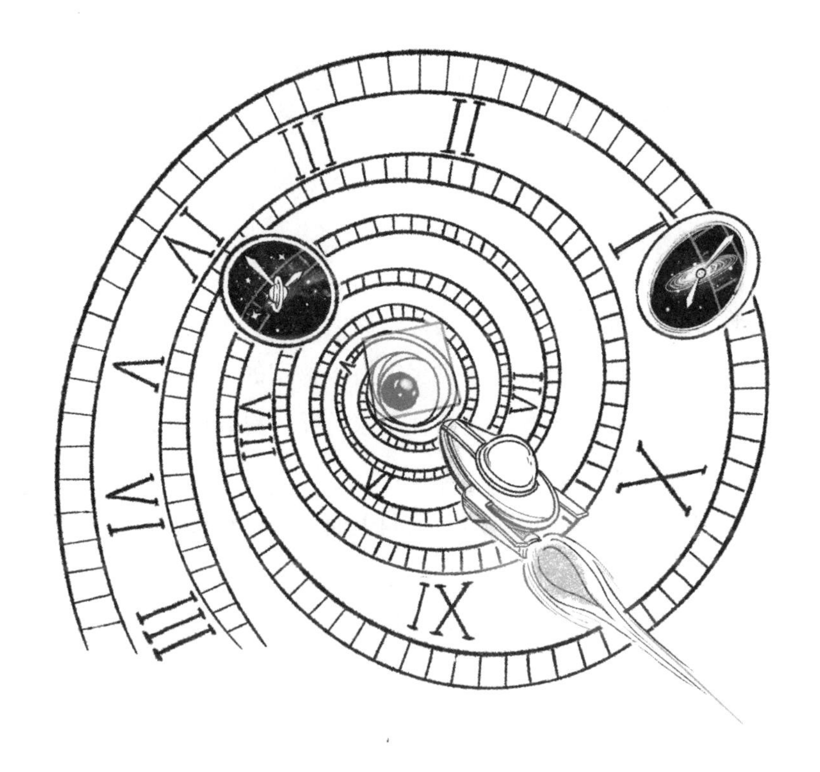

时间在黑洞附近变慢

物理学的“圣杯”

不管怎样，黑洞作为我们的宇宙中最神秘的一种天体，一直是大众津津乐道的话题之一，也是科幻作品中的常客。在《三体Ⅲ》中，在黑暗森林打击到来前，为了降低光速、制造黑域，人们也花了精力来研究黑洞。

> （曹斌：）“黑洞项目是在掩体纪元元年开始的，历时十一年。其实，项目的规划者们并没有对此抱什么希望，无论是理论计算还是天文观测都表明，黑洞也不可能改变光速，这些宇宙中的魔鬼也只能用自己的引力场改变光线的路径和频率，对真空光速没有丝毫影响。但要使黑域计划的研究进行下去，就要有超高密度引力场的实验环境，这只能借助黑洞。还有一个理由：黑域本质上是一个大型低光速黑洞，对一个微型标准光速黑洞进行近距离研究，也许能得到什么意外的启示。”
>
> 摘自《三体Ⅲ》

实际上，可以说是人类对黑洞的科学探索引领了现代物理学的发展，人类对黑洞规律的掌握，也许就意味着对宇宙终极秘密的彻底揭晓。这句话并不夸张，提出黑洞这一名词的美国著名物理学家约翰·惠勒就认为，黑洞中心是值得物理学追求的“圣杯”。

黑洞是什么？它是怎样形成的？黑洞里面到底有什么？这些是人们最想知道的问题。在黑洞这个名词出现之前，与它相近的概念是“暗星”。

早在相对论出现100多年之前的1783年，英国自然哲学家米歇尔就把光看作微粒，并依据牛顿万有引力定律，大胆地预言了宇宙中存在一些密度极大的天体，它们凭借强大的引力，可以束缚住自身发出的光，他把这些无法辐射光的星叫作“暗星”。10多年后，法国数学家、物理学家拉普拉斯也提出了类似的概念。不过，随着1801年托马斯·杨发现光的干涉性质，证实了光其实

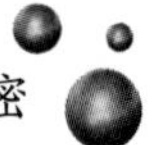

是一种波，以光的粒子说为基础的暗星的概念自然就站不住脚了。然而，后来广义相对论出现，关于暗星的话题再次被提起。在研究这方面的科学家中，具有代表性的包括史瓦西和钱德拉塞卡。

1916 年，爱因斯坦刚发表广义相对论，德国物理学家史瓦西就立即开始寻找这一新定律对天体能做出什么预言。几天之内，他就找到了答案。他利用爱因斯坦的引力场方程，计算了无自转的球形天体周围的时空曲率。史瓦西从天体的质量出发，计算得出每个天体都有一个特殊的引力半径，即“史瓦西半径”。当天体的实际半径小于它的史瓦西半径时，在史瓦西半径之内的任何物体，包括光在内都无法逃离出去。这个以史瓦西半径形成的球面，就是天体的“视界”。视界之内的情况，在外面是无法观察到的。

史瓦西半径的大小与天体的质量成正比，例如太阳的史瓦西半径约为 3 千米。这就是说，假如太阳的质量不变，但体积能被压缩，那么当它的半径缩小到 3 千米以下的时候，我们从外面就看不到太阳光了，太阳就成了一颗“暗星”。

史瓦西半径是史瓦西利用爱因斯坦引力场方程得到的最简单的解，是在广义相对论的基础上所做出的与米歇尔和拉普拉斯相同的预言——暗星。三者的原理大相径庭。

就像不相信宇宙处于变化之中一样，在对待暗星的问题上，爱因斯坦再次表现出他谨慎保守的一面。他虽然赞同史瓦西从广义相对论出发得到的计算结果，但否认暗星的存在。

那么，宇宙中真的有暗星吗？

真理的力量

在爱因斯坦的影响下，直到 20 世纪 60 年代，科学界一直都没有真正重视暗星，甚至还对它的存在保持反对的态度。然而，在这期间还是涌现出了一些有远见的科学家，其中之一就是天文学家钱德拉塞卡。

钱德拉塞卡对恒星的内部结构进行了深入研究，首先建立了白矮星模型。

白矮星是宇宙中一种高密度、大质量的天体，是某些恒星演化到晚期，经历爆发后得到的剩余天体。当时人们发现天狼星的伴星就是这样一种天体。通过分析，钱德拉塞卡提出，任何一颗白矮星的质量都不会超过太阳质量的 1.44 倍，这就是著名的“钱德拉塞卡极限”。按照他的理论，太阳到了“晚年”也将演化为一颗白矮星，大小和地球差不多，但质量和密度比地球大 100 万倍。

质量比钱德拉塞卡极限小的恒星，其归宿是白矮星，但是，在宇宙中，质量比这个值大的恒星有很多，例如天狼星。钱德拉塞卡认为它们的归宿一定不是白矮星。他指出，对这种大质量恒星来说，到了演化的晚期，强大的引力造成的向内坍缩的力量十分巨大，原子虽具有阻止电子被压入原子核的电子简并压力，但无法阻挡这种收缩，恒星将持续收缩下去，直到最终半径只剩下几千米，甚小于史瓦西半径。这显然就是暗星。

然而，在那个时候，学术界的主流派根本不相信宇宙中会有这种奇怪的天体。1935 年，只有 25 岁的钱德拉塞卡终于有机会在英国皇家天文学会的会议上宣读自己的发现，没料到遭到天体物理学界权威、英国天文学家爱丁顿的无情嘲笑。爱丁顿当众把他的讲稿撕成两半，宣称他的理论非常古怪，一定大错特错。会场的听众顿时发出笑声，人们几乎都站在爱丁顿一边。

钱德拉塞卡与爱丁顿争论许久，没有一个权威的科学家愿意站出来支持他，就连他的博士论文也都不得不改为其他题目。最后，1937 年，他完全放弃了这个研究课题。后来他到芝加哥任教，据说有一次他往返 300 多千米去为学生上课，可是由于发生暴风雪，当他赶到教室的时候，发现只有两名学生在等着他。这两人正是后来获得 1957 年诺贝尔物理学奖的李政道和杨振宁。

到了 20 世纪 60 年代，钱德拉塞卡极限才得到天体物理学界的公认。时间又过去 20 年，1983 年，当钱德拉塞卡从瑞典国王手中接过诺贝尔奖章时，他已是两鬓斑白的垂暮老者。每次读到科学史上的这段故事，我都会想到钱德拉塞卡的那句名言:“作为大自然基础的各种真理，比最聪明的科学家更加强大和有力。”

人们在探索黑洞的道路上付出了艰辛的努力。钱德拉塞卡只是在理论上预言了大质量恒星晚年演化的归宿，而这个预言尚需要观测证据的支持。

从暗星到黑洞

20 世纪 30 年代，量子力学刚刚出现，人们热衷于探索原子核的性质和组成。1932 年，通过高能轰击原子核，人们证实了卢瑟福的猜想，知道了原子核中有中子。

就在那一年，美国加利福尼亚理工学院的扎维奇在研究偶然发现的一些太空中的爆发的超新星。在他看来，中子正好就是他的恒星爆发理论需要的东西。普通恒星到了晚年，会发生超新星爆发，恒星坍缩，其中的物质可能受到极大压缩，从而把电子压到原子核内，形成一颗完全由中子构成的天体，扎维奇把它称作“中子星”。那时的学术界虽然对扎维奇的超新星理论很感兴趣，却一时还不能接受“中子星”这一概念。然而，他们认识到，对超过钱德拉塞卡极限的大质量恒星来说，中子星也许就是它们的归宿。对持保守态度的科学家来说，这样一来，也许正好可以排除暗星存在的可能性，让人暂时放下心来。

实际上，扎维奇并没有弄清楚造成恒星收缩的动力到底来自何处。1939 年，与他同在美国加利福尼亚理工学院的理论物理学家奥本海默，在苏联物理学家朗道的启发下指出，大质量恒星在用完了自己的核燃料后，在引力作用下，会发生向内的爆炸。正是这种巨大的内爆力压缩了恒星中的物质。

奥本海默敏感地意识到，能最终演化成中子星的恒星，其质量也有一个最大的上限。他猜测，质量大于这个上限的恒星，可能演化成暗星，将自己与整个宇宙隔绝开来！

真的会有暗星吗？假如不是第二次世界大战和后来的冷战耗尽了几乎全世界优秀的理论物理学家的精力，这个答案也许早就揭晓了。

回答这个问题之所以困难，原因之一在于史瓦西半径所决定的视界。暗星内部的光无法逃离这个视界，假如存在暗星，那么从外部来看，恒星演化的过程一定会终结在视界这个球面上，视界之内到底发生了什么，在外面的我们注定无法观测到。在广义相对论的要求下，从外部静止的观察者的视角，与处于坍缩运动中的恒星物质的视角来看，形成暗星的过程并不相同。视界之内是时空的极度扭曲，这是当时的理论难点所在。

沿着这条路继续探索的代表人物是美国普林斯顿大学的约翰·惠勒。一开始，惠勒站在爱因斯坦和爱丁顿的一边，并不相信暗星的存在。然而从20世纪50年代开始，惠勒带领自己的学生进行了一系列开创性的研究工作。他们把相对论和量子力学结合起来，发现当恒星坍缩后剩余的质量超过太阳的2倍时，就不会形成中子星了。

视界之内是从恒星外部观察不到的地方。从外部看，恒星的坍缩过程会越来越慢，最后在视界表面处冻结。而从恒星的角度来看，坍缩并没有停止，恒星会一直收缩下去，最终穿过史瓦西半径的视界，形成一个引力密度无限大的奇点，惠勒把这种新天体叫作“黑洞”。随着天文观测的新发现，学术界终于接受了这种宇宙中最奇异天体的存在。

说到黑洞的研究历史，总是离不开惠勒。1969年，他为黑洞起了这个形象的名字，让一种最复杂、最难以琢磨的天体家喻户晓。惠勒年轻时曾师从“量子力学教父”尼尔斯·玻尔研究核物理，并提出粒子散射矩阵和重原子核裂变的液滴模型，后来则主要研究量子理论和相对论。他有远见地指出，未来科学发展的方向是广义相对论与量子力学的结合。惠勒一生都在大学进行研究和教学，培养了一批物理学界的学术精英和带头人，甚至还有诺贝尔奖得主，例如书中提到的理查德·费曼、雅各布·贝肯斯坦、基普·索恩，以及提出平行宇宙的多世界诠释的休·艾弗雷特三世等。

寻找黑洞

黑洞不发光，人们看不见，只能用间接的办法来观测、验证它的存在。黑洞巨大的引力作用会把周围的星际物质吸引过来形成旋涡，即“吸积盘”。吸积盘会发出强烈的X射线，它的中心就是黑洞的视界。天文学家发现，宇宙中存在很多吸积盘。天鹅座X-1黑洞是人们发现的最早被认为是黑洞的天体。后来，人们陆续观测到能证明黑洞存在的更多间接证据。2019年，天文学家拍摄到第一张黑洞照片，2022 年则成功拍摄到了银河系中心的黑洞。当然，照片上呈现的都是黑洞视界之外的景象，视界内部是无法看到的。

从质量的大小来看，黑洞主要分为三种。第一种是恒星级黑洞，它们是死亡的大质量恒星通过超新星爆发形成的。它们的质量是太阳质量的 5 倍到几十倍。天鹅座 X-1 黑洞的质量就是太阳的 15 倍。2015 年人们观测发现的第一个引力波就是在两个恒星级黑洞合并时发出的。第二种是中等质量黑洞，质量是太阳质量的 100 倍到 10 万倍。第三种是超大质量黑洞，质量是太阳的数百万倍以上。美国和德国天文学家经过 30 年的持续观测，在人马座方向的银河系中心位置发现了一个超大质量黑洞，据估算其质量是太阳的 430 万倍。其实它的质量并不算大，在室女座星系 M87 中心的超大质量黑洞的质量是太阳质量的 50 亿倍。理论预计黑洞的最大质量可达太阳质量的 1000 亿倍，只是目前这类黑洞尚未被发现。

目前被观测到的黑洞的年龄基本都已超过几十亿年，我们很少有机会看到正在形成的黑洞。天文学家认为，宇宙中偶尔会出现的“伽马射线爆发”现象，也许就是黑洞正在形成的迹象。我们知道，伽马射线是一种高能射线，而大量伽马射线爆发所释放的能量仅次于宇宙大爆炸。因此，这类伽马射线爆发现象很可能就是黑洞正在形成时出现的。这种天象转瞬即逝，而伽马射线又极易被大气层散射和吸收，因此我们很难进行观测。近些年，一些太空望远镜相继发射升空以观测伽马射线爆发，推动了关于黑洞的研究。

撕碎一切的力量

无论物体是否被压缩到史瓦西半径之内形成了黑洞，只要远离这个物体，时空的曲率就都是相同的。也就是说，在远处，广义相对论的解与牛顿万有引力定律的规则相同。因此并不是说只要遇到黑洞，我们就注定会被吸入。例如，尽管在银河系的中心有一个超大质量黑洞，但银河系里的 2000 亿颗恒星仍然存在，并有秩序地运动着。

明白了这一点，我们就不难理解，小说中高 Way 在研究黑洞时被吸入完全是一个意外或者特例。

> （曹彬：）“其实稍有常识的人都明白，高 Way ‘被’吸入的可能性微乎其微。黑洞之所以成为连光都能吸入的超级陷阱，并非因为它有巨大的引力总量（当然，由恒星坍缩而成的大型黑洞引力总量也是很大的），而是，具有超高的引力密度。从远距离上看，它的引力总量其实与相同质量的普通物质相当。假如太阳坍缩成黑洞，地球和各大行星将仍然在原轨道上运行，不会被吸进去。只有在十分靠近黑洞的范围内，它的引力才显示出魔力。”
>
> 摘自《三体Ⅲ》

我们知道，物体受到的引力大小与它和引力源的距离有关。它和引力源的距离越近，受到的引力就越大。例如，我们生活在地球表面的人，每时每刻都受到地心引力的作用。当我们站立的时候，脚底受到的引力就一定比头部受到的大，因为脚底距离地心更近一些。

我们都说黑洞的引力很大，但准确来说应该是它的引力密度很大，这是黑洞的突出特点。也就是说，越接近黑洞，引力的变化率越大。在这种情况下，一个物体的头尾两端受到黑洞的引力的大小是不同的。这一引力差也被称为“潮汐力”，它越大，物体受到拉扯的力量就越大，当潮汐力超过一定程度时，物体就会被撕碎。

计算表明，一个质量为 10 倍太阳质量的黑洞，其视界半径大约是 30 千米，当一个人距离这个黑洞还有 3000 千米时，他受到的潮汐力就已经达到地球表面引力的 10 倍了，这就像一个人脚上吊着 10 个人一样，他会被巨大的引力差拉成一根面条。总之，任何人在飞向黑洞的过程中，身体都会被引力无情地拉伸，直到被撕裂，而此时他距离黑洞的视界边界还相当遥远。

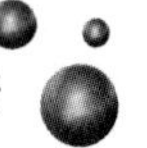

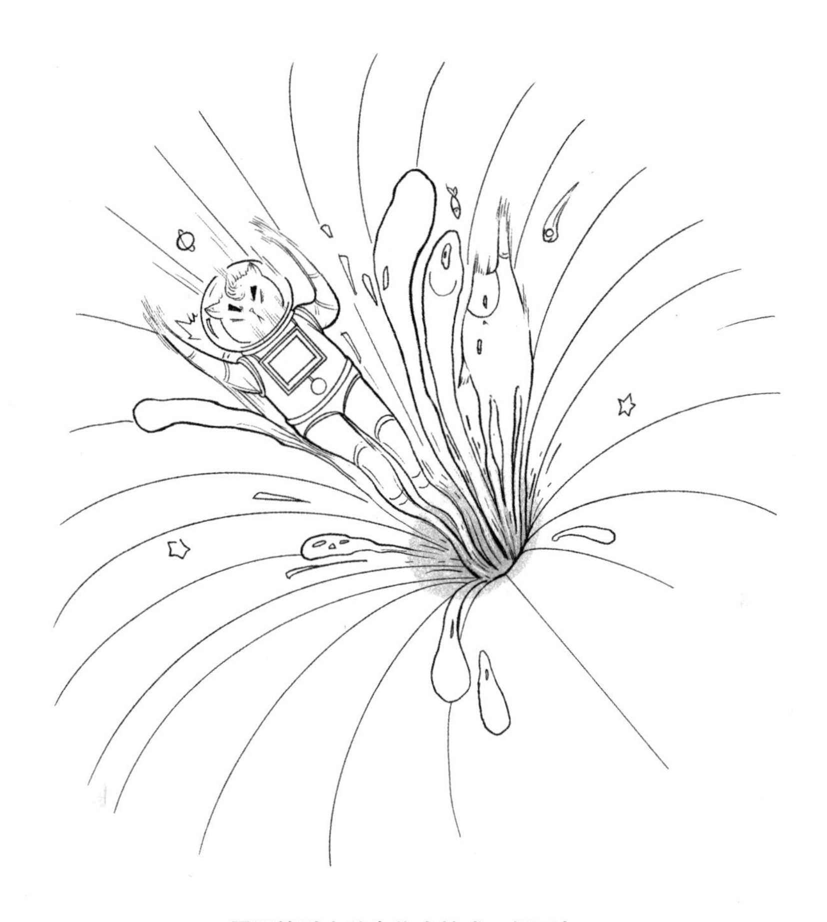

黑洞的引力差会将人拉成一根面条

因此，不难想象，高 Way 被吸入黑洞的过程中，一定也会面临巨大潮汐力的作用，其身体会被撕碎。然而，在小说里，这并没有发生！

> （曹彬：）“更离奇的是，那个人影各部分的比例是正常的，也许是由于黑洞很小，潮汐力并没有作用到他身上。他被压缩到如此微小，但那一处的空间曲率也极大，所以不止一名物理学家认为视界上的高 Way 身体结构并没有遭到破坏，换句话说，现在他可能还活着。”
>
> 摘自《三体Ⅲ》

从物理学上看，高 Way 有可能不被撕碎吗？是的，有可能。不过，在小说谈到的这种情况中不可能出现。

前文已述，大质量恒星在晚年发生超新星爆发的结果，是产生恒星级黑洞。然而，宇宙中还有大量的超大质量黑洞，它们大都位于星系的中心。这些超大黑洞的形成原因至今尚未明了，不过它们的存在是有理论依据的。

根据广义相对论，只要某个天体的质量大到一定程度，并且其尺寸不超过史瓦西半径所决定的球形空间，周围的时空就会极度弯曲，从而形成黑洞。可见，黑洞的形成并不一定需要恒星的爆炸。于是，广义相对论预言了一种超大质量、低密度的黑洞的存在。例如，假如一个天体的质量达到上亿个太阳的质量，而大小跟太阳系一样大，那么它就是一个黑洞。这种黑洞的内部的密度跟水差不多。对这样一个特大质量的低密度黑洞来说，人在穿过它的视界落入黑洞内部的过程中，感受到的潮汐力是很小的，甚至都没超过乘坐的飞机在起飞时身体所感受到的力。

除了超大质量黑洞，广义相对论还预言了“微型黑洞”的存在。原则上说，黑洞的质量可以是任意大小（不小于普朗克质量），只要其密度相当大，就会极大地扭曲时空，从而形成黑洞。假如把地球压缩到直径不超过 1.7 厘米，它就会变成一个黑洞。同样的道理，即使是质量小得像质子一样的物质，只要它的大小被压缩到半径不超过 10^{-52} 厘米的范围内，它也能成为一个微型黑洞。尽管现实中人们还没发现微型黑洞的存在，但是人们认为在进行高能粒子对撞实验的时候，有可能产生微型黑洞。不过霍金认为，这种微型黑洞的寿命很短。

说到黑洞引起的潮汐力，如前所述，黑洞质量越大，它的视界半径就越大，在视界附近，引力的变化率就越小，潮汐力就越小。实际上，黑洞越小，潮汐力反倒越明显。既然高 Way 掉进的是微型黑洞，那么巨大的潮汐力应该会把他撕成粒子，高 Way 是不可能活着进入那个微型黑洞的。可见，这个情节是有漏洞的。

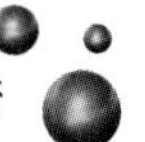

视界之内的秘密

我们知道，一方面，黑洞靠巨大的引力把周围的物质和辐射都吸进去，另一方面，黑洞连光都发不出去，更不用说其他物体了。那么，黑洞是不是一旦形成，就只会越来越大，而不会消失呢？

从 20 世纪 70 年代开始，英国著名物理学家霍金等人从量子力学的角度对黑洞展开了研究，发现物质和能量在被黑洞困住一段时间以后，会通过所谓的“霍金辐射”，以热量的方式重新释放到宇宙中，最终导致黑洞蒸发而消失。只不过一个质量为 2 倍太阳质量的黑洞，完全蒸发掉所需的时间大约是目前宇宙年龄的 10^{57} 倍，实在是太慢了。

在黑洞视界内部，时空极度弯曲，黑洞的中心甚至还有一个引力密度无限大的“奇点”，时空在这里出现了一个无底洞，难怪惠勒称其为黑洞。一般来说，奇点都处于黑洞的视界之内，从外部无法被观测到，但是理论上也允许存在所谓的“裸奇点”，也就是说，有的奇点外部可以没有视界包围。不过至今人们还没有观测到裸奇点，在下一章我会详细介绍。

正如惠勒所说，黑洞之内是物理学追求的“圣杯”。一方面，黑洞中心的奇点是一个无限小的点，属于量子力学范畴，描述宏观时空引力作用的广义相对论不能成立。另一方面，奇点处时空曲率无限大，量子力学又显得力不从心。因此，研究黑洞这个宇宙中最奇异的天体，需要融合量子力学和广义相对论的新理论。而这个新理论正是当代物理学的最前沿，也是“圣杯”的意义所在。

黑洞里面有什么？凡是进入黑洞的事物，都是有去无回，没有信息能从黑洞里面出来从而告诉我们答案。不论黑洞中心有些什么，都不可能出来影响宇宙。

然而人的好奇心不会满足于这种回答。宇宙将去向哪里是终极的科学问题之一。有理论认为，在亿万年后，当宇宙末日来临的时候，宇宙可能出现大坍缩，这个过程与恒星生成黑洞时的坍缩之间存在相似之处。黑洞中有奇点，宇宙学中也有奇点。引力坍缩的结局是奇点，宇宙大爆炸的起始也是一个奇点。也许我们认识了一个，就能认识另一个。

与黑洞共舞的小宇宙

让我们再回到《三体》，黑洞与云天明的小宇宙有什么关系？从有关黑洞的理论出发可以做一些推测。

第一种可能性，云天明的小宇宙可以是一艘航行在某个超大质量黑洞视界附近的飞船。既然广义相对论指出在黑洞视界附近时间流速会显著减慢，那么在这个位置上围绕黑洞做高速运动的飞船中度过几年时间，就相当于在外部的宇宙度过了更长的时间。

这种设想有一定的可行性。第一，黑洞在宇宙中是普遍存在的，各种质量大小的黑洞都比较容易找到，因此这是一个容易实现的方法。第二，黑洞的寿命很长，可与宇宙的寿命相比，用这种方法可以坚持到宇宙临近末日的时候。尽管在理论上，霍金辐射会让超大质量黑洞最终被蒸发掉，但是这个过程极其缓慢。我们知道，恒星的寿命是十分有限的，例如太阳的寿命大约是100亿年，这与宇宙可能的寿命相比，相差太远。一些宇宙学家认为，在宇宙终结时仅存的一种天体也许就是黑洞。

第三，黑洞能够为飞船带来取之不尽的能量。毋庸置疑，生命的存续需要能量的支持。地球上包括人类在内的生命，其能量的来源当然是太阳。不过，能量不必一定来自恒星。尤其是在遥远的未来，当宇宙中的恒星都燃烧殆尽，消失在黑暗中时，生命显然无法再借助它们维持自身的存在，而黑洞一直都可以是能量的提供者。在黑洞视界之外有一个区域，被称为“能层”。能层被自旋的黑洞拖曳着旋转，就像水被漩涡拖曳着旋转一样。能层在黑洞的两极处较薄，在赤道处膨胀。1969 年，英国数学物理学家罗杰·彭罗斯提出一种从黑洞的能层中提取能量的设想：沿着合适的轨道进入能层的物体，在离开时可能带着比进入时更多的能量，而这一过程只会让黑洞的自旋速度稍微减慢一些而已。因此，一个文明完全可以通过仔细计算，把一些东西扔进黑洞的能层中，然后在它们再次被抛出时收获额外的能量。虽然我们并没有真的这样做过，但这个理论还是为云天明的小宇宙中持续的能量供应带来了可能性。

除了围绕超大质量黑洞建立小宇宙，我们还可以更大胆一些。借助暴胀平行宇宙的理论，我们可以做出第二种小宇宙的猜想。

宇宙暴胀理论认为暴胀场可以生成新的宇宙，而根据永恒暴胀理论，宇宙的暴胀也许是一个永恒的过程，在我们所处的宇宙之外可能生成其他的平行宇宙。关键是，在我们所处的宇宙之内可能也有暴胀的种子，由于受到周围环境的压力，它只能向新产生的空间中膨胀。而这些新生的泡泡宇宙长大后，就会脱离这个母宇宙，形成一个不断膨胀的、孤立的空间区域。

我们可以形象地理解这个过程：既然广义相对论指出宇宙时空具有伸缩性，那么我们不妨把这个具有三维空间的宇宙泡泡先降到二维平面，把它想象成一个大气球的表面，这个气球的表面具有很高的伸缩性。在某些机制的影响下，在这个气球的某个地方会鼓起一个小包。随着时间的推移，这个小包越来越大，直至最后它与大气球表面连接的颈部收口并断开，生成一个新的小气球——一个小宇宙。在我们所处的宇宙中，这个小宇宙生成的过程就相当于在它的内部形成了一个有去无回的黑洞。

细心的读者可能已经发现，在小说的最后，智子告诉程心，根据三体人在物理学方面的研究，所有的宇宙都是在一个超膜上的空泡。从这个角度来看，云天明送给程心的小宇宙可能就是一个靠黑洞形成的平行宇宙。

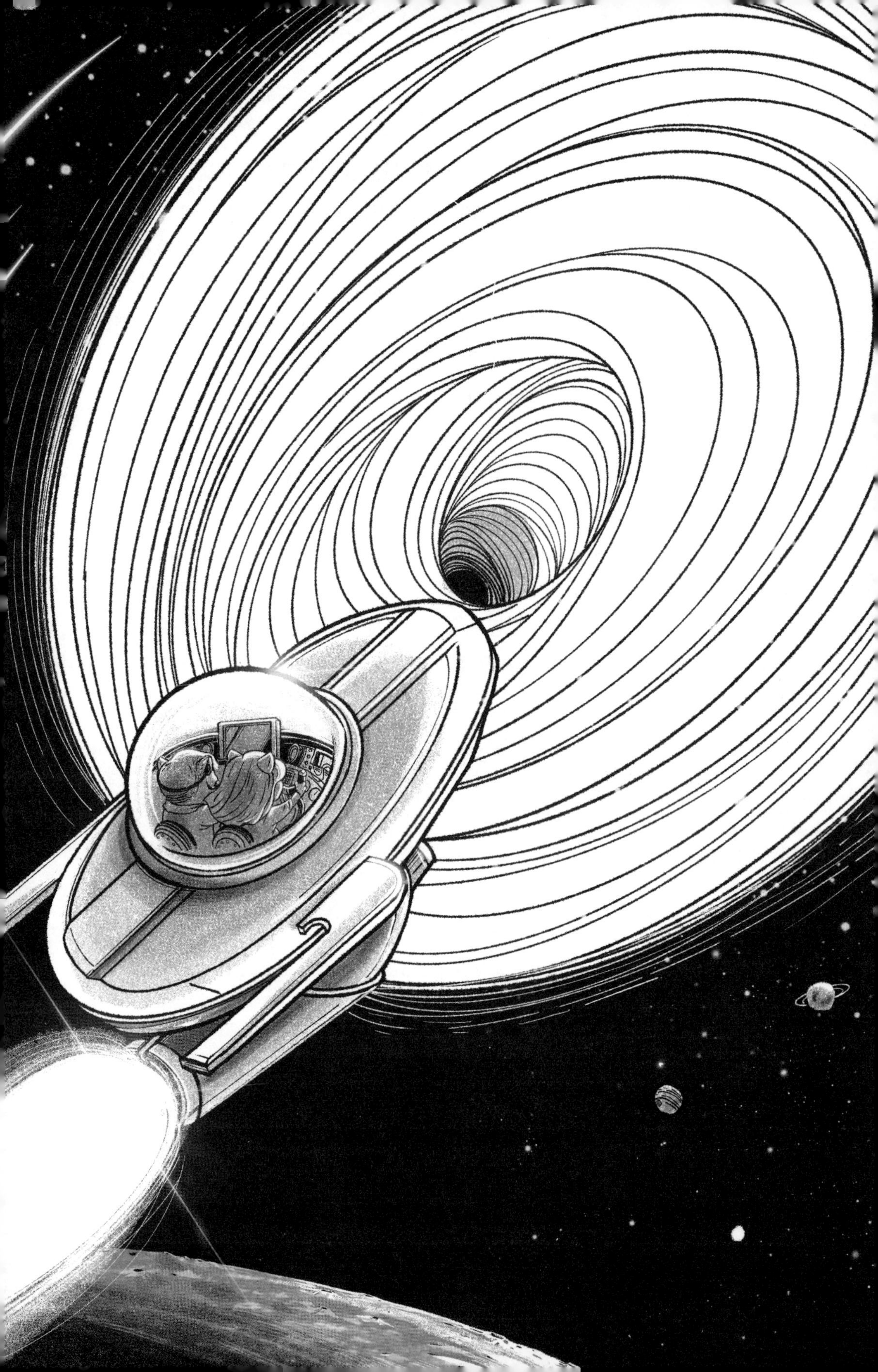

第二十三章　星际之门

——虫洞与时空穿越

在蓝星上，程心和关一帆发现云天明留下了一扇时光之门，他们通过它来到647号小宇宙。在这个小小的世界里，他们将快速抵达宇宙坍缩的末日，等待宇宙再次大爆炸后，从这里去往新的宇宙。这真是一场时间最长、距离最远的超时空穿越。

时空穿越是许多人的梦想，也一直都是科幻作品中的热门情节，但在现实中，它真的能实现吗？

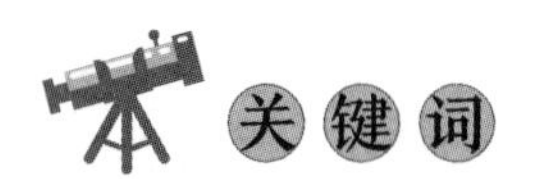

虫洞，史瓦西黑洞，克尔黑洞，赖斯纳-努德斯特伦度规黑洞，奇点定理，白洞，奇异物质，负能量，反引力，真空涨落，宇宙弦，量子泡沫，哥德尔旋转宇宙，反物质，反物质粒子的时间反演，历史求和

时空穿越之门

在《三体Ⅲ》中，当程心和关一帆摆脱低光速航行，降落在蓝星上时，他们并没有遇到云天明，而是与他所处的时代错过了1890万年。不过在这里，他们发现了一扇门，它是云天明留下的。

> 这时，一个奇异的东西打断了他们的感慨，这是一个由微亮的细线画出的长方形，有一人高，在空地上飘浮着，看上去像用鼠标在现实的画面中拉出的一个方框。它在飘浮中慢慢移动，但移动的范围很小，飘不远就折回。很可能这东西一直存在，只是它的框线很细，发出的光也不强，白天看不见。不管它是场态还是实体，这肯定是一个智慧造物。勾画出长方形的亮线似乎与天空中线状的星星有某种神秘的联系。
>
> 摘自《三体Ⅲ》

通过这扇时光之门，程心和关一帆进入一个世外桃源般的小宇宙。在这里度过几年时光之后，他们收到大宇宙的末日信息，呼唤他们回归。经过考虑，程心和关一帆决定一同返回大宇宙。于是，他们要再次跨过通往另一个宇宙时空的门。

> 门在647号宇宙中出现了，同程心和关一帆在蓝星上看到的一样，它也是一个由发光的直线画出的长方形，但比蓝星上那个要大许多，这可能是为了物质转移的方便。门最初出现时并没有与大宇宙连通，任何物质都能穿过它来到另一侧。当智子重新设定门的参数后，穿过门的物质消失了，它们将在大宇宙中出现。
>
> 摘自《三体Ⅲ》

小说的尾声中两次出现门，一次在蓝星上，一次在647号小宇宙中。通过这些神奇的门，既能穿越时间，也能跨越空间，纵横宇宙。两个主人公做出最后的抉择，毅然穿过了门，也因此影响了宇宙的命运和归宿。那么，在现实中真的有能穿越时空的门吗？

在开始讨论时空穿越这个话题之前，不妨先说说小说中门的样子。这再次涉及空间维度的问题。我们知道，假如在一个二维平面上开一个出入口，它应该是一个封闭的平面图形，最简单的形状就是一个方形或圆形的门，就像我们平时看到的平面图形一样。我们生活在三维的世界中，一般都会把门开在墙上，而墙可以近似看作二维平面，所以，我们也可以将门视为平面的。可见，门的形状应该与空间的维度有关。实际上，在理论上，如果不借助墙壁，而只是在三维空间中开一个门，这扇门应该是一个三维的封闭几何体，最简单的三维的门应该是一个球形，而不是一个方形。

由于人们对方形的门实在是太熟悉了，因此《三体》借用这个熟悉的形状来描述穿越时空的门，也算顺理成章。

上一章我们介绍了黑洞，其实黑洞还有许多神秘之处，例如有理论认为，它可能是通往宇宙的深处或是其他平行宇宙的入口。假如这一猜测成立，那么在小说里，云天明把小宇宙建在黑洞附近就是很好的选择，一方面人们在黑洞附近旅行可以大幅度跨越时间，另一方面人们随时可以通过这种途径去新宇宙。

不过，真的能穿过黑洞到达我们所处的宇宙的其他区域或其他宇宙吗？对于这个看似科幻实则严肃的问题，科学家一直在探索。

美国物理学家基普·索恩研究发现，一颗坍缩的恒星，在收缩到史瓦西半径的视界之内后，还有可能再次发生爆发。它当然不可能爆发出黑洞的视界，因为广义相对论不允许任何事物飞出黑洞的视界。不过，当恒星再次爆发时，其中的物质可能进入宇宙的其他区域，甚至进入别的平行宇宙。形象地说，处于黑洞视界之内的恒星，其中的物质由于坍缩而被高度压缩，从而使其周围的空间强烈弯曲，形成一个封闭的像气球一样的小宇宙。这个小宇宙有可能从我们的宇宙空间中掉落下去，带着内部的恒星进入“超空间”（即超过4个维度的空间），并穿越超空间到达另一个大宇宙，再同那个大宇宙“连”起来，即通过爆炸把恒星吐出到新的大宇宙中。

怎么样，这个描述是不是很像《三体》里云天明的小宇宙？其实这并不是科幻小说的内容，而是爱因斯坦方程的一个解，早在100多年前就有人提出了类似的假说。

凿通宇宙的虫洞

我们知道，广义相对论预言了黑洞的存在，黑洞内部有一个奇点，黑洞中所有的物质都集中在这个小小的点上，它的大小不超过 10^{-99} 厘米，比原子核还要小一万亿亿倍。在奇点和黑洞的视界边缘之间，除了正在落下的稀薄气体和气体发出的辐射，什么都没有。从奇点到视界边缘，几乎是空的。

作为广义相对论的创立者，爱因斯坦从来都不喜欢奇点，他认为它在数学和物理上都没有意义。爱因斯坦曾把广义相对论应用到对粒子的研究中，1935年，他与自己的学生罗森试图用广义相对论的黑洞解作为粒子模型，来研究量子世界的秘密。他们用黑洞解代表一个电子，发现黑洞中心有一个小小的“时空漏斗”，假如可以和另一个同类的“时空漏斗”连接起来，就可以形成一个光滑的结构，从而排除奇点那讨厌的不连续性，而且这种结构的运动方式与电子的极其相似。虽然这个设想最终并没有被验证，但是他们提出的把两个黑洞的中心连接起来的想法却意外出了名，它被叫作“爱因斯坦－罗森桥”，也就是一种“虫洞”。

一般认为，**虫洞指连接宇宙中时空上相距很远的两点之间的一条捷径**。它有两个洞口，通过超空间的隧道联结，隧道很短，但两个洞口之间的时空距离可以十分遥远。虫洞这个名称是约翰·惠勒起的，就像他给黑洞起的名称一样，令人印象深刻。惠勒把它比喻成苹果上被虫咬出的洞，通过这个虫洞从苹果的一边到另一边，比绕着苹果的表面走近多了。实际上，早在1916年，奥地利物理学家路德维希·弗拉姆就从广义相对论的史瓦西解中，发现了虫洞存在的可能性。在理论上，的确存在可以把不同的宇宙或者宇宙不同的时空连接起来的虫洞。人们假如能够进入这样的虫洞，就可能实现短时间内在宇宙中长距离的跨越。

虫洞

在《三体》中，智子在大宇宙中移动并搜索定位适合生存的地方的技术，完全可能利用了虫洞的原理。

> 智子通过647号宇宙的控制系统，操纵小宇宙处于大宇宙中的门，门在大宇宙中快速移动，寻找着适合生存的世界。门与小宇宙的通信能够传递的信息十分有限，不能传输图像，只能发回对环境的评估结果，这是在负十到十之间的一个数字，表示环境的生存级别，只有级别大于零的环境，人类才能在其中生存。
>
> 门在大宇宙中进行了上万次跳跃移动，这过程耗费了三个月，只有一次检测到一个三级环境，智子不得不承认，这就是最好的结果了。
>
> 摘自《三体Ⅲ》

通向虫洞的单向门

那么虫洞到底在哪里呢？有人认为黑洞就是虫洞的一种入口。

读者可能有疑问，不是说我们观察的那些进入黑洞的物体，由于时间膨胀，会永恒地处于跌落黑洞视界的过程中，而无法真正进入黑洞吗？是的，从外部观察者的视角看的确是这样，但从勇敢地跳入黑洞的人的视角看并非如此。假如跳入黑洞的人一直活着，他会一直坠向黑洞的中心，穿过视界的时候也并没有任何异样。这就是相对论给我们呈现的情景。

黑洞是由视界、奇点和介于二者之间的什么都不是的物质组成的。与宇宙中的其他天体相比，黑洞看似很神秘，但是从外部描述它的物理量异常简单，只有三个：**质量、电荷量和旋转角动量**，即可以由万有引力测量黑洞质量有多大、是否带电以及是否旋转。因此要想描述一个黑洞，只需要量一下它的“三围”就够了。黑洞这种异常简单的性质，被形象地称为“黑洞无毛”。但是物质一旦被黑洞吞噬，我们就无从判断这些物质到底变成了什么。其实，我们也无法判断黑洞是由恒星物质还是其他物质组成的。

本身没有自转、不带电的黑洞，叫作“史瓦西黑洞”。而实际上，**黑洞作为恒星演化晚期形成的特殊天体，它应该具有这颗恒星本身所具有的自转惯量，因此，旋转的黑洞才是比较常见的**。1963 年，新西兰数学家罗伊·克尔发现爱因斯坦引力场方程的一种解，可以真实地描述死亡的普通恒星（在旋转但是不带电的恒星，这类恒星在宇宙中比较普遍）所形成的旋转黑洞，这就被称为“克尔黑洞”。2019 年拍摄到的黑洞，就是一个克尔黑洞。史瓦西黑洞是克尔黑洞的一种特例，即不旋转的克尔黑洞。但相比史瓦西黑洞，克尔黑洞更接近于现实中的黑洞。

因为大多数的恒星都旋转，这样一来最后它们坍缩成的就不是一个点，而是一个转动的环形，巨大的向外的离心力与其向内的引力相抵消，从而使这种黑洞能够保持稳定。也就是说，克尔黑洞的奇点不是一个点，而是一个环！这又被称为“奇环”。这样一来，它就有内外两个视界，这两个视界在自转轴的两极处相连。更为神奇的是，克尔黑洞在旋转时会拖动周围的时空一起转动，于是在外视界的外面会形成一个新的界面，称为“静止界限”。在这个界限处，时空的旋转速度等于光速。只要在静止界限以内，物体无论如何都不可能保持静止，因为任何物体运动的速度都不会超过光速。静止界限就像一个甜甜圈一样围绕着黑洞旋转。在静止界限和外视界之间的夹层就是彭罗斯所称的“能层”。

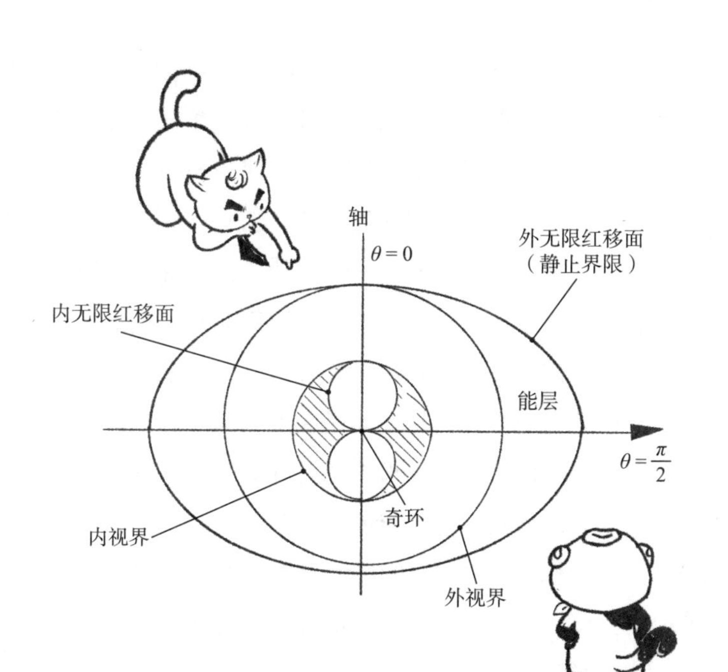

克尔黑洞的剖面图

在能层中，克尔黑洞旋转带来的拖曳会撕裂时空，从而产生穿越时空的虫洞。假如有人掉进这种黑洞的能层中，他不会被挤扁或者压碎，反而可能进入虫洞。不过一般来说，克尔黑洞形成的虫洞是单向的，不允许反向穿越。那么，人一旦进入这个虫洞，又该从哪里出来呢？有没有虫洞的出口呢？

超越物理学的奇点

从 20 世纪 60 年代起，英国数学物理学家罗杰·彭罗斯对黑洞就十分感兴趣。他证明了每一个黑洞的内部必然有一个奇点，这就是“奇点定理”，人们发现这个定理适用于宇宙中发现的所有黑洞。当然，奇点不一定是一个点，例如克尔黑洞的奇点就是一个环。

在奇点处，密度无限大，引力和时空曲率也无限大，而物理定律唯一不能起作用的情况就是“无限大”这种特例。因此，物理学无法解释奇点的性质。

不过，好在有黑洞视界的遮蔽，奇点上发生任何怪异的事情都不会影响到外界，因为视界里的任何质量、能量和信息都不可能传递出来。而且，我们从外面也不可能观察到奇点。“眼不见心不烦”，不了解奇点也许不要紧吧？

但是，假如有的奇点外面没有视界遮蔽，那它会有怎样的性质呢？我们在上一章中已经讲过，理论上允许存在“裸奇点”，也就是外面没有视界包围的奇点。在裸奇点处，物质可以坠入它，也可以飞离它。而后者的情况，正对应了人们猜想中的“白洞”。白洞与黑洞恰恰相反，如果物质飞离裸奇点，那这个裸奇点就不是在无情地吞噬一切，而是在不停地吐出物质。此外，正像物质一旦被黑洞吞噬后，我们就不会知道究竟是什么物质落入了黑洞一样，白洞吐出的物质我们同样无法预料。它吐出的物质是完全随机的，也就是说，它甚至可能突然吐出一个和地球一模一样的星球来，只不过可能性很小罢了。

虽然从理论上讲，裸奇点和白洞可能存在，但人们至今还没有实际观测到它们。于是，不少物理学家倾向于认为它们不存在。彭罗斯甚至提出了一种“宇宙监察假设”，意思是说宇宙不容许存在裸奇点，奇点一定会被严密地包裹在黑洞的视界中，不能裸露。

可惜的是，这个假设不但没有被证实，反倒被认为可能是错的。基普·索恩等人通过计算机模拟发现，一个扁长的大天体在坍缩时，可能形成一个纺锤体，纺锤体的两极会形成一个线段状的奇点，像一个钉子。这样一来，这种奇点就可能超出黑洞的视界，从而暴露在宇宙中。

除此之外，理论上还有一种会生成裸奇点的情况。有一类黑洞是带电但不旋转的黑洞，被称为“赖斯纳－努德斯特伦度规黑洞”。与史瓦西黑洞不同，它有两个视界，一个外视界，一个内视界。黑洞的带电量决定了内视界的大小，如果不断增加黑洞的电荷，内视界就会逐渐扩大并越过外视界，从而引起所有视界的消失，黑洞的奇点就会直接暴露出来，成为裸奇点。

如果赖斯纳－努德斯特伦度规黑洞的奇点不是裸奇点，从理论上看，人们有可能利用它实现时空旅行。计算发现，物体在落入这类黑洞后，穿过内视界之后，竟然不会一路落向奇点，黑洞的电场可能为这个物体打开通往其他时空的大门。不过，目前人们并未观测到带电的黑洞，因为它很可能早就通过吞没周围空间中带负电的粒子中和了自身的电性。

无论如何，如果有黑洞视界包裹奇点，那么无论奇点如何诡异，也不会影响外部的宇宙，但是一旦裸奇点存在，就有可能出现白洞，而它正是一个通向我们这个宇宙的只进不出的时空之门。

打开虫洞的奇异物质

既然物理学定律中没有什么能够阻止穿越虫洞的旅行，而虫洞又是一种超时空的近路连接，那么，在理论上，人们可以在低于光速的情况下穿过它，快速跨越到宇宙的远方。

不过，经过初步计算，科学家发现即使有连接宇宙两端的虫洞，它打开的时间也极其短暂，例如一个质量为太阳质量的史瓦西黑洞形成的虫洞，一旦打开仅能保持千分之一秒。引力会马上关闭这扇大门，即使是光都很难来得及从入口穿越到出口。

无论是史瓦西黑洞还是克尔黑洞，物理学家一直对其形成的虫洞是否能保持稳定，以及物体进入后是否会影响到原来的黑洞而毁掉虫洞通道表示担忧。总之，我们不知道这种连接宇宙的桥梁是不是安全的。

关于穿越时空的虫洞理论研究停滞了30多年，到了20世纪80年代，基普·索恩重新使它成为各方的热点话题。1985年，美国天文学家卡尔·萨根正在创作科幻小说《接触》（*Contact*），他想在小说里为女主人公开拓一条从地球穿越到织女星的双向通道，于是就向索恩请求科学上的帮助。

在萨根的请求下，索恩开始研究，很快发现作为爱因斯坦引力场方程解之一的虫洞会随时间奇怪地演变，在某个时刻产生，短暂地打开，又突然关闭和消失，整个过程的时间极短，不可能允许人从一个洞口穿过它，安全到达另一个洞口。此外，进入虫洞的辐射也会被虫洞内的引力加速到超高能，从而破坏虫洞本身。况且，在广阔的超空间里，很难凑巧有两个黑洞联结起来形成虫洞。

为了帮助萨根完成小说，索恩通过计算发现，如果某种“奇异物质”能贯穿虫洞，靠引力作用把洞壁撑开，就能保持虫洞开放得更久，同时这种奇异物质还会让进入虫洞的光线发散开，而不是汇聚起来。索恩认为，这种奇异物质的特点是必须具有负能量密度。我们都知道，引力是由物质的质量产生的，而质量又与能量等价，几乎所有形式的物质都具有正能量，而这种奇异物质具有的却是负能量。既然与正能量对应的普通物质都有引力，那么与负能量对应的奇异物质就应该表现出反引力。引力会将物质拉在一起，从而断掉虫洞的连接，而奇异物质能对虫洞施加斥力，让它一直保持打开的状态。

奇异物质能够使穿越虫洞成为可能，但在哪里能找到这种具有负能量的奇异物质呢？实际上，早在 1974 年，霍金在研究黑洞蒸发时已经指明，黑洞视界附近的真空涨落就具有这种奇异的性质。

宇宙真空看似空无一物，但实际上是一个热闹非凡的地方。这里会随机出现**粒子 – 反粒子对**，它们随后很快会相互湮灭而消失。这种正反粒子对是通过从真空借取能量而“无中生有”的，由于热力学第一定律表明能量守恒，它们必须很快湮灭而归还能量。在这段时间中，它们的出现似乎破坏了能量守恒，但实际上，这在量子力学中是被允许的，即它们符合“不确定性原理”，只是持续时间极短罢了。所以，从微观的空间尺度和极短的时间尺度来看，真空并不空，而是像一锅烧开的粥，不停地出现涨落起伏，这就是“真空涨落”。

在黑洞视界附近，普通的真空涨落会发生扭曲，出现地球上没有的形状。通过这种极度的扭曲，平均能量密度有时会变为负值，这正符合奇异物质的性质。

还有学者指出，构成宇宙弦的也可能是一种奇异物质。1981 年，维连金最早提出“宇宙弦”的概念。他认为在宇宙大爆炸中，生成了无数细而长且具有高能量的管子，这种管子就是宇宙弦。我们知道宇宙早期的暴胀并不是在整个宇宙区域中一并进行的，而是在不同的相变区域分别展开的，各区域之间就可能形成宇宙弦。随着宇宙的进一步膨胀，宇宙弦伸展到很长，甚至横跨整个宇宙。有学者认为构成宇宙弦的并不是物质，而是宇宙的初始能量场，这些场表现出来的正是向外的斥力，也就是奇异物质具有的性质。

不过，以上这些都只是理论上的可能性，人们至今并没有什么办法实际创造出奇异物质。

超级发达文明的办法

其实除了寻找黑洞，还有其他的方式找到虫洞，只是所需的技术水平可能远远高出人类目前的科技发展程度。

萨根的创作激发了索恩的研究热情。1988 年，索恩指出，量子力学认为引力存在随机的真空涨落，只是这种现象十分微弱，无法被探测到，不过，在 10^{-35} 厘米的微小尺度上，引力的真空涨落却变得十分巨大。在被称为“普朗克－惠勒长度”的长度范围内，空间就像沸腾的泡沫一样，此起彼伏。虫洞在这些“泡沫”之中很可能瞬间出现，下一个瞬间又消失得无影无踪，一切都是随机发生的。在我们周围，这种量子泡沫无处不在。

假如宇宙中有某个超级发达文明，他们就可能利用超级显微镜发现量子泡沫，在其中找到某个偶然出现的小虫洞，把它抓住，然后用某种办法将虫洞放大到宏观尺寸，进行时空穿越。

除了这种“以小见大”的办法，索恩还想出了一种“一步到位”的策略。他指出，假如不利用微观的量子泡沫，在宏观下，超级发达文明还可以直接在空间中“凿洞”：它们可以把某处的空间结构强烈扭曲，制造出一个黑洞从而获得奇点，然后让这个奇点在超空间中延伸到宇宙的另外一处，在那里打开出口，从而人工形成一个虫洞。当然，超级发达文明还必须用某种奇异物质使虫洞一直保持打开状态，才能进行时空穿越。

无论如何，上面的办法都是科学家的畅想，对目前的人类科技水平来说都近乎科幻。不知道《三体》里的三体舰队文明是不是用这些方法实现了宇宙间跨越呢?

回到过去的时间机器

尽管光速限制着我们跨越空间的最远距离，但我们仍能在空间中自由地上下、前后来回运动。然而时间似乎与空间不同，它总是裹挟着我们一路向前，不做半刻停留。面对时间，我们也能获得跳跃的自由吗？到底怎样才能穿越时间呢？乘坐时间机器可以回到过去吗？

我们知道，在爱因斯坦的理论体系中，空间和时间是一体的，在一定的条件下，空间可以转化为时间，时间也可以转化为空间。既然虫洞可以连接宇宙空间中相距很远的两个点，那么它同样也可以连接跨度很大的两个时间点。没错，虫洞可以充当时间机器！

1988 年，索恩在专业学术期刊《物理学评论通讯》（*Physical Review Letters*）上发表了论文《虫洞、时间机器和弱能量条件》（*Wormholes, Time Machines and the Weak Energy Condition*），在学术界和大众中掀起了一波关于时间穿越的热议。要知道，时间机器可是很多科幻作品的核心内容。索恩正是利用虫洞的原理论述了时间机器的可行性。

索恩意识到虫洞带领人们穿越的不只是空间，还有时间。假如已有一个虫洞，把它的一个门留在家中，另一个门装在宇宙飞船上，使飞船以接近光速的速度飞入太空。在这个过程中，由于虫洞经过的是超空间，虫洞本身的长度并没有变化。

一方面，从宇宙的角度来看，两个门处于相对高速运动状态，并处在不同的参考系中，因此相对论告诉我们，这两个门的时间流速一定不同。另一方面，从虫洞的角度看，两个门是相对静止的，同在一个参考系中，因此时间的流速应该是相同的。从不同的视角来看，两个门竟然会出现不同的情况，岂不怪哉？

然而，这的确是理论给出的答案。这一情况只能说明时间在虫洞内和虫洞外的连接方式不同，而这正是制造时间机器的方法之一。想象一下那艘飞行中的宇宙飞船和门，在宇宙看来，它们的时间一定变慢了。在它们自己看来刚飞行了 1 年，但对门外的世界来说可能已经过去了 1 万年。也就是说，在地球上的门的时间过去 1 万年，而在宇宙中飞行的那个门只过去了 1 年。

地球上的人通过虫洞，从飞船上的门出来，一下子就跨越了 1 万年，来到了 1 万年以后的宇宙。更神奇的是，对在飞船上的人来说，只要钻入洞口，经过短短的虫洞回到地球，就会回到飞船刚出发后的 1 年，而在地球人看来，他是从1万年以后回来的人。这不就是时间穿越了吗？

不过，请读者注意，索恩构思的这个神奇的时间机器，并不允许人回到飞船带着虫洞的门出发的那个时刻之前，哪怕提前一秒钟都不可能。因为只有这样才不会出现因果矛盾。

很多科幻作品中出现过各种各样的时间机器，其中的一些能够回到过去，但这真的只是科幻而已，因为它会引发因果混乱。关于这个问题，最具代表性的理论就是所谓的“祖父悖论”。它是由法国科幻小说作家赫内·巴赫札维勒于1943年在一本小说中提出的。它的内容大致是：假如一个人能够回到过去，那么他就有可能在自己的父亲出生前，杀死自己年轻的祖父。但是这样一来，祖父死了就没有父亲，没有父亲也就没有这个人自己，那么又是谁杀了祖父呢？

从物理学角度来看，穿越时间回到过去，改变历史，是令人困惑和不愿接受的。物理学定律的基础是因果逻辑的一致性，由此人们相信宇宙的演化也应该逻辑一致。

霍金是极度反对时间机器的物理学家之一，他曾试图证明量子真空涨落的机制无论如何都会破坏虫洞，从而阻止时间机器的运行，保证宇宙的秩序。霍金曾提出一个猜想，就是“物理学定律不允许时间机器的存在”。

然而，宇宙的真相就这么简单吗？

穿越时空的“旋转门”

时间机器是否可能存在这一问题至今仍处于争论之中，不时有智慧的闪光出现。

在第十章中，我们曾经介绍过哥德尔不完备定理以及它伟大的意义。哥德尔在时间旅行问题上同样也有独到的见解，这就是“旋转宇宙”理论。

哥德尔是爱因斯坦在美国普林斯顿高等研究院的同事，他从爱因斯坦引力场方程出发，提出了一种独特的宇宙模型：一个既不膨胀也不收缩的宇宙，但是这个宇宙是旋转的。在哥德尔看来，宇宙中的星系像固定在一个巨大旋转桌面上的菜肴，其相互之间的距离并不随时间改变。这种模型同样可以预言遥远星系的运动速度大于光速，与观测事实相符。

在哥德尔的旋转宇宙中，尽管一束光会走直线，但因为整个宇宙都在旋转，所以光的路径实际上也是大圆圈。天才的哥德尔经过计算发现，光从时空中的一点出发，在宇宙中沿着一个封闭路径（即闭合类时曲线）绕行，最终它将会带你回到出发时的时刻和地点。指引哥德尔发现旋转宇宙模型的是他的信念，他想证明时间的流逝并不是客观的，时间并没有绝对的标准。哥德尔实际上是利用相对论论述了时间旅行的可能性，可是他的同事爱因斯坦并不喜欢时间旅行这种事。

不过可惜的是，我们所处的宇宙并不是哥德尔理论中的宇宙。因为人们通过观测发现宇宙正在膨胀，并不符合哥德尔的预设。但哥德尔的努力有着非常重要的意义，他的思想在另外一条道路上得到发展。

1974 年，美国图兰大学的数学家弗兰克·提普勒提出，既然广义相对论允许时间旅行存在，那么人们就不应该轻易否定这一可能性。他通过计算发现，如果存在一个大质量的超高密度的圆柱体，只要它旋转的速度足够快，那么它对外部时空引起的拖曳作用也足以形成闭合类时曲线。它的轴线处会形成一个裸奇点，物体在这里能够以接近光速的速度回到过去，甚至与过去的自己相遇。不过提普勒指出，这样的时间机器最远也只能允许你回到打造这个时间机器的时刻，不能再提前了。至于用什么打造这个圆柱体，提普勒认为把若干中子星合在一起就行。显然，人类目前并没有什么办法能实现它。

除了旋转宇宙、旋转圆柱体，从理论上，还有一个途径能够打造出时间机器。前文曾经介绍过宇宙弦，它是一种宇宙早期可能出现的特殊物质。在宇宙中，宇宙弦要么是无限长的线，要么就是一个封闭的环形，而且在高速运动。据计算，宇宙弦的宽度小于原子核的直径，而质量密度则大约是每厘米 1 亿亿亿吨。既然质量密度这么大，那么宇宙弦就会使周围的时空弯曲，不过弯曲的形状极为特殊：一根长长的宇宙弦周围的时空是锥形的，而宇宙弦通过锥尖。也就是说，假如围绕宇宙弦画一个圆，那么这个圆的周长比半径的 2π 倍要小一些，这是非欧几里得几何的特点。而且，宇宙弦单位长度的质量越大，弯曲空间的锥形斜面坡度就越大，这样一来，圆周的周长与半径的 2π 倍这个值相差得也越多。假如围绕这根宇宙弦转一圈，会发现空间距离比想象得短一些，但是时间不受影响。

最有意思的是，让两根平行的宇宙弦在距离不远处相对以接近光速的速度运动起来，它们就会共同使周围的时空弯曲。此时围绕它俩转一圈，你会发现不但空间距离缩短了，时间间隔也缩短了。你甚至完全可能在出发去绕圈之前就回到原地。

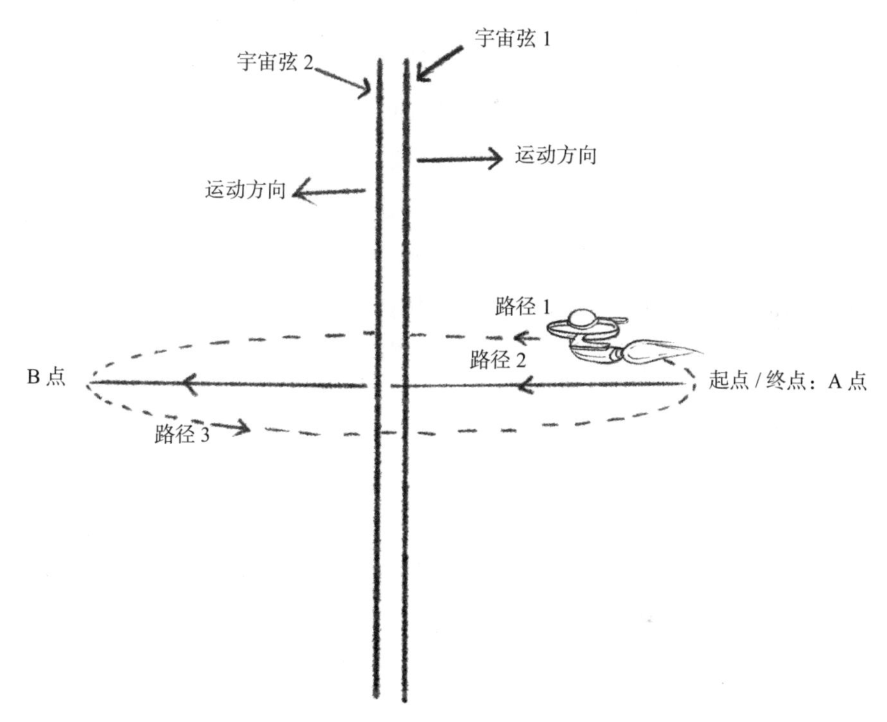

假如有两根平行的高速运动的宇宙弦，围绕它们运动能够回到过去[①]

总之，无论是宇宙、圆柱体还是宇宙弦，似乎只要旋转起来，就有希望产生跨越时间的大门。然而，今天这些还只是一些零星的理论，最多只能说在理论上说明了存在时间机器的可能性。至于是否真的可以在宇宙中打造出时间之门，依然是一个未解之谜。

---

① 对处在两根宇宙弦之间的路径 2 上的观察者来说，由于宇宙弦 1 的作用，沿着路径 1 从 A 点到 B 点的用时相比路径 2 来说可以大大缩短，甚至可以做到从 A 点出发的时刻，同时就到达了 B 点。同理，由于宇宙弦 2 的作用，沿着路径 3 从 B 点到 A 点的用时相比路径 2 来说也可以大大缩短，甚至可以做到从 B 点出发的同时就到达了 A 点。以上二者综合的效果就是，宇宙飞船从 A 点出发的同时就回来了。而这就相当于穿越时间回到了过去。——作者注

摆脱思想的束缚

对于时间机器的讨论，在索恩之前很少进入学术领域，学者们都视之为洪水猛兽，唯恐避之不及，似乎研究它就是不务正业，就是陷入追寻科幻的世界。然而，在人类文明发展的道路上，科学的严谨与思想的跳跃缺一不可。

索恩曾经深入思考过这个问题。对时间机器可能带来的因果逻辑的混乱，他分为两种情况来考虑。一个是在经典物理世界，另一个是在量子物理世界。

在经典物理世界，每个物体都有自己确定的演化和运动轨迹，一个“因”必然导致一个“果”，因果分明。假如出现能回到过去的时间机器，人们就会面临祖父悖论所表达的困境，因历史的可变而导致未来出现不确定性。对经典物理世界来说，这无疑是一场灾难。然而，对量子物理世界来说未必如此。

我们知道，量子力学预言的只是事件发生的概率，而不是确定性。也就是说，事物发展的未来并非确定的，一个“因”未必导致确定的“果”。物理学家加来道雄曾说：“量子力学就是这样一种思想：所有可能的事件，无论有多么奇怪或者不可思议，都有一定的概率发生。”这似乎说明，量子物理的世界给时间机器的存在留下了可能性。

同为惠勒的学生，诺贝尔奖得主、物理学家理查德·费曼是索恩的师兄，他拥有神奇的本领，可以把复杂的科学理论用简单易懂的语言表述出来，是一位名副其实的教育家。他于 1962 年出版的《费曼物理学讲义》(*The Feynman's Lectures on Physics*) 半个多世纪以来影响了许多对物理学好奇的年轻人。费曼在量子力学方面做出过重要贡献，他大胆地突破了薛定谔和海森堡的两种经典量子力学理论，创立了一种可以方便地处理量子场中各种粒子相互作用的图，称为“费曼图”。

我们在第七章曾经讲过，1930 年狄拉克在理论上预言了反电子的存在，1932 年这一预言得到了观测验证。我们知道，组成我们宇宙的绝大多数都是物质，反物质很稀少。当反物质与物质相遇时会发生湮灭，释放出 2 倍于物质质量的巨大能量。在《三体Ⅲ》中就有关于反物质的情节：维德为了进行光速飞船的研制，毅然与国际社会对立，他们制作了威力强大的反物质子弹，准备用于自卫。

如何理解反物质的存在意义？在狄拉克方程中，假如把其中的时间方向进行逆转，同时把电子的电荷从负电荷改为正电荷，这个方程依然成立。费曼最先意识到，这意味着一个沿时间顺着走的电子等同于一个沿时间倒着走的反电子，即**反物质粒子的时间反演**。无论是物质粒子还是反物质粒子，实际都存在，但二者的时间流逝的方向相反。于是他就在费曼图上用与时间方向相同的箭头来代表物质粒子，与时间方向相反的箭头来代表反物质粒子。

在导师惠勒的启发下，费曼曾对反物质粒子能够逆着时间运动的这种怪异现象做出过惊人的解释：原来，在我们的宇宙中只有一个电子！从宇宙大爆炸开始，这个电子沿着时间方向高速运动，组成我们所见到的宇宙物质，直到宇宙末日，然后又沿着时间逆行，作为反物质行进至宇宙诞生之处。它这样永无休止地循环运动下去，来到空间和时间的每一个角落，把万物显示在我们眼前。在宇宙中，反物质粒子就是逆着时间行进的，这并没有打破因果律。

在费曼的科学贡献中，还有一项是著名的历史求和理论，它也被称为"路径积分"。霍金曾这样评价费曼："费曼对人类的伟大贡献在于他提出的一个概念——一个系统并不像我们通常认为的那样，只有一段历史。相反，它具有每一段可能的历史，每段历史都有各自的概率。"

历史求和针对的是微观粒子，这个理论可用于在时空中运动的一切粒子。费曼指出，粒子运动的各种可能的路径和情况都要考虑，这包括了粒子超光速运动的历史，甚至它回到过去的历史，尽管这些情况的概率很低。更进一步，既然我们面对的是整个宇宙，而宇宙的每段历史都发生在一个存在着物质场的弯曲时空，那么如果有强烈弯曲的时空，回到过去就可以实现。如果考虑各种宇宙历史的总和叠加，那么无论概率大小，这样的时空都应该存在。

自从爱因斯坦打破了牛顿的绝对时空观，100 年来，我们看到了时空的弯曲和由弯曲带来的各种奇异的存在，如黑洞、引力波、奇点、虫洞。在历史的某些时期里，这些东西都曾被物理学家看作"怪物"，然而观测事实说明了一切。爱因斯坦、爱丁顿和惠勒都曾强烈怀疑黑洞的存在，前两位没能活着看到自己的观点是错误的，而惠勒后来转变为黑洞存在的坚定支持者和宣传者。

在 21 世纪，站在爱因斯坦相对论的第二个百年的大门前，我们忍不住好奇，在大门后面迎接我们的会是什么样的科学发现呢？

第二十四章　终极的抉择

——宇宙的重生与奇迹

云天明希望程心和关一帆在小宇宙中躲过大宇宙的坍缩，等新的大宇宙诞生之后，再去那里生活。然而，2 年后他们收到大宇宙发来的信息，说大宇宙的末日即将来临，希望各个小宇宙中的文明把从大宇宙中拿走的物质归还给大宇宙。否则大宇宙的物质总量将减少到临界值以下，宇宙将在永恒的膨胀中死去，无法重生。

什么是宇宙物质总量的临界值？为什么它会影响宇宙的命运？面对这样的情况，程心他们又会做出怎样的抉择？且看《三体》的尾声带给我们的启示。

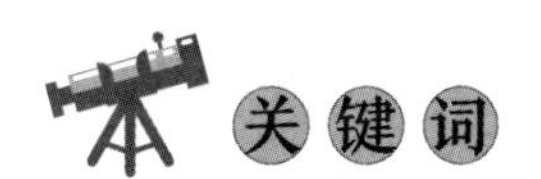

宇宙演化，宇宙大爆炸标准模型，热寂说，暗物质，宇宙加速膨胀，暗能量，大冷寂，大撕裂，大坍缩，囚徒困境，重复性博弈，哈定悲剧

宇宙命运的拔河赛

宇宙物质总量的临界值是怎么回事？为什么宇宙物质总量会决定宇宙的最终命运呢？要弄清这些，我们还是要从宇宙学中有关宇宙演化的理论说起。

宇宙大爆炸标准模型理论认为，我们的宇宙在138亿年前的大爆炸中形成，随着它的极速膨胀和冷却，逐渐生成众多的恒星和星系。今天宇宙中所有的物质和能量都源于宇宙诞生的时候，不增不减。那么，宇宙的未来，会是怎样的一幅图景呢？首先我们需要明白，我们对宇宙的了解程度有限，目前关于宇宙演化尚未有定论，因此很多理论都有猜测的成分。

按照热力学第二定律，宇宙的熵注定永远不断地增加。恒星最终会耗尽燃料，一直冷却下去，直至与周围空间的温度相同，宇宙中所有物质的无序度终会增加到极大值，从此没有能量交换，没有分子运动，宇宙将在这种绝对的热平衡状态中死去，这就是“热寂说”。然而，宇宙演化似乎并非如此简单，它内部充满了复杂的动力学过程。在这些过程中，引力的作用不可小觑。

假如宇宙中只有物质，那么随着大爆炸的结束，从宏观来看，所有物质受到的只剩下相互吸引的引力，宇宙的膨胀应该越来越慢，最终停止，并转为收缩，最后重新聚在一点，引发下一次大爆炸，开启新一轮宇宙演化。但是，宇宙的一生真的就是这么简单的循环和重复吗？

实际上，大爆炸以后，如果宇宙膨胀的速度足够快，所有的星系终将克服所有其他物质的总引力，一直膨胀下去——就像一艘飞船，一旦速度超过逃逸速度，地球的引力就再也无法束缚它了。另一方面，如果膨胀速度太慢，那么膨胀终会停下来，并转而开始收缩，进入循环之中。宇宙演化到底是其中的哪种情况呢？答案取决于两个数值的较量，一个是膨胀的速率，一个是宇宙的总引力。这就像一场决定宇宙命运的拔河赛。

天文学家通过观测星系退行造成的红移效应来测量宇宙膨胀的速率，尽管这个数值存在一定误差，但是大致范围比较确切。然而第二个数值——宇宙的总引力，测定起来却不那么容易。

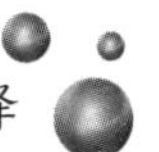

既然引力是物质造成的，那么只要测出宇宙的总质量就能算出总引力。但是如何测量宇宙的总质量呢？采用笨办法也是可以的。于是，科学家从太阳出发，通过它对行星的引力算出它的质量。然后再估算出银河系中类似太阳的恒星数量及其质量，下一步再估算出宇宙中有多少星系，把它们加起来，就能大致估算出宇宙的总质量——大约是太阳质量的 10^{21} 倍。有了这个数值，科学家很容易算出宇宙总的逃逸速度，大约为百分之一光速，小于宇宙的膨胀速率。因此科学家们可以得出结论：宇宙将持续膨胀下去。然而，实际情况大大超出人们的预料。

1933 年，瑞士天文学家弗里茨·兹威基在观测宇宙中的星系时，发现它们的运动规律无法只用我们看到的物质产生的引力来解释，他推测星系中应该还存在大量看不见的物质，科学家把它们称为“暗物质”。后来美国天文学家薇拉·鲁宾通过观察和研究星系的自转确认了暗物质的存在。

既然是暗物质，我们就看不到它，也无法用光来直接探测它，但天文学家有办法。暗物质也能产生万有引力，就像普通物质一样。根据广义相对论，光线在引力场中会发生弯曲，那么暗物质也会让远处的星光发生弯曲。这时星光看上去就会出现类似通过透镜的效果，这种现象被称为“引力透镜”。利用这种现象计算出引力的大小，再去掉那些我们能看见的物质产生的引力，就能得到宇宙中的暗物质分布了。

随着 2003 年 WMAP（Wilkinson Microwave Anisotropy Probe，即威尔金森微波各向异性探测器）上天观测，人们进一步确认宇宙中暗物质的质量是构成天体和星际气体的常规物质的 5 倍。也就是说，构成我们宇宙的，乃至我们身边周围一切的，绝大多数竟然是我们看不见的东西。至于暗物质到底是什么，科学界至今尚无定论。

既然暗物质比普通物质多这么多，那么宇宙的总质量也应该比科学家之前估计的大很多，那么在万有引力的作用下，宇宙最终应该是收缩的吧？然而，神奇的宇宙给出的答案总是出乎人们的意料。

加速膨胀的宇宙

我们知道，1916 年，爱因斯坦在提出广义相对论的时候，不相信宇宙是动态变化的。他发现必须在广义相对论方程里加上一个常数项，让这个常数起到排斥力的作用，来抵消万有引力造成的收缩，才能让整个宇宙模型变得稳定，既不膨胀，也不收缩。他把这个加上去的常数称作“宇宙常数”。这个常数在物理世界中到底意味着什么，人们一直不清楚。

自从 1929 年哈勃观测到银河系外星系的退行运动，揭示了宇宙膨胀的事实后，爱因斯坦感到非常沮丧，他认为宇宙常数是自己学术生涯中的一大错误。因为宇宙一旦具有了膨胀的初速度，根本不需要什么宇宙常数来起作用。

然而，戏剧性的事件还是发生了。1998 年，两个天文学家团队在观测遥远星系中的某种超新星时意外发现，宇宙的膨胀竟然在加速。宇宙的膨胀可以用大爆炸模型解释，但加速膨胀让人无法理解，人们根本不知道能让宇宙膨胀得越来越快的动力来自哪里。科学家们推测，既然凡是物质都能产生引力，那么应该存在一种和它相对的能量，产生让物质分开的斥力，并把这种力叫作“暗能量”。至于暗能量到底是什么，现在还没人知道，它也许与当年爱因斯坦提出的宇宙常数有关。因为相关的发现，这两个天文学家团队的领导者布莱恩·施密特和亚当·里斯荣获 2011 年诺贝尔物理学奖。

科学家用 WMAP 观测发现，暗能量占了宇宙中所有物质和能量总和的 70% 左右，暗物质占了 25%。而我们平时所见的普通物质和能量，占比不到 5%。如此看来，近现代科学几百年来一直在研究的东西，不过是宇宙中很不起眼的一小部分而已。这恐怕是 21 世纪以来最让科学界大跌眼镜的发现之一了。

宇宙的构成

目前，科学家没有任何证据表明暗物质和暗能量之间有什么关系，这些概念的引入拓展了物理学对物质的想象，带来的更多的是问题，而不是答案。

天文观测表明，宇宙在大爆炸后的 40 亿 ~50 亿年以内，膨胀速度比较缓慢，此后才开始加速膨胀。为什么会这样呢？一种解释是，假如暗能量的总量就是爱因斯坦的宇宙常数，那么它的特点之一就应该是数值保持不变，也就是说暗能量从宇宙大爆炸以来就是这么多。换句话说，它是空间本身的一种属性，虽然宇宙在膨胀，但每立方厘米空间中暗能量的多少保持不变。

在宇宙大爆炸的初期，物质密度很高，占主导地位的是万有引力，暗能量的作用显得微不足道，而万有引力所起的作用就是减缓宇宙的膨胀速度。但是，随着时间的推移，万有引力效应逐渐变弱，而暗能量的排斥力保持不变，因此，后来暗能量就成为主导力量，超过了万有引力，使宇宙加速膨胀。如此说来，我们不得不佩服爱因斯坦当年在发明宇宙常数时所体现出来的天才预见——尽管后来他自认为这是自己最大的错误。

除了上面的这种解释，还有一些其他的说法。例如最新的弦理论——M 理论认为，宇宙中并没有反引力的暗能量，宇宙加速膨胀只是因为随着时间的推移，宇宙中的引力泄露到了宇宙膜之外，所以宇宙对遥远星系的引力才逐渐减弱了而已。

《三体》中说，宇宙在不断地失去物质，原因在于宇宙中的许多高等文明都在竞相制造自己的小宇宙，从大宇宙中运走很多物质。

据智子介绍，小宇宙本身是没有质量的，它的质量都来自从大宇宙中带来的物质。在三体世界曾经制造过的几百个小宇宙中，647 号属于最小的一类，它总共从大宇宙中带走了约五十万吨物质，相当于公元世纪一艘大型油轮的运载量，从宇宙尺度上讲确实微不足道。

摘自《三体Ⅲ》

如此一来，宇宙的引力最终不足以抵抗膨胀，于是他们猜测宇宙将永远膨胀下去，没有重生的那一天了。

程心和关一帆把目光从回归运动声明上移开，相互对视着。从对方的眼睛里，他们看到了大宇宙黑暗的前景。在永远的膨胀中，所有的星系将相互远离，一直退到各自的视线之外，到那时，从宇宙间的任何一点望去，所有的方向都是一片黑暗。恒星将相继熄灭，实体物质将解体为稀薄的星云，寒冷和黑暗将统治一切，宇宙将变成一座空旷的坟墓，所有的文明和所有的记忆都将被永远埋葬在这座无边无际的坟墓中，一切都永远死去。

为了避免这个未来，只有把不同文明制造的大量小宇宙中的物质归还给大宇宙，但如果这样做，小宇宙中将无法生存，小宇宙中的人也只能回归大宇宙，这就是回归运动。

摘自《三体Ⅲ》

这就是程心他们面临的抉择：是否参与回归运动，把小宇宙的所有物质归还给大宇宙？

宇宙的归宿

当然，“归还物质使宇宙重生”只是小说情节而已。从科学上看，宇宙的未来将会怎样呢？说实话，我们对宇宙的最终命运知之甚少。假如一定要做出预测，可能有以下几种结局。

第一种，如果暗能量的大小不变，宇宙将持续加速膨胀下去，星系之间将变得越来越远，而最终远离的速度将超过光速，所有天体将逐渐消失在我们的宇宙视界之外。我们能看得见的宇宙范围内的东西将越来越少，最终变得空无一物。那时的天空中已经没有任何天体，只剩下孤独的我们自己。随着宇宙空间的温度越来越接近绝对零度，我们将在孤寂中冻死。这个结局被称为“大冷寂”。

第二种，如果暗能量越来越强，最终宇宙的膨胀将主宰一切，不但超过引力，还会超过电磁力，以及强相互作用力、弱相互作用力。到那时候，不但天体会互相远离，哪怕是构成物质的粒子都会分崩离析，我们的身体也会化作四散分离的粒子。宇宙将死于一场“大撕裂”。

第三种，假如暗能量随着时间的推移慢慢变弱，甚至变成负值，那么引力将成为全宇宙中的主导力量，宇宙将停止膨胀，转为收缩，一切物质终将崩溃坍缩回一个奇点，就像当初它诞生的时候一样。这种结局被称为“大坍缩”，这才是小说里云天明他们希望看到的结局。

在第三种情况下，一旦停止膨胀，整个宇宙会在同一瞬间转为收缩。由于光速有限，一开始我们还不会看到银河系周围有什么变化。但在转变发生后不久，我们会发现附近的星系出现蓝移，说明它们正在向我们奔来，而遥远的星系仍然显示为远去的红移。不过，接下来，蓝移的视界将以光速传遍整个宇宙。

宇宙的三种结局

现在我们并不知道宇宙的命运如何，因为我们对暗能量的了解太有限了，况且宇宙只有在到达“命运尽头”时，情况才会出现变化而引起我们的注意。就让我们坚持观测宇宙，并且在心中祈祷：“给宇宙一次重生的机会吧。”

不过，宇宙可能重生，宇宙中的文明就未必了。让我们来看看这场大坍缩的最后阶段：随着收缩的进行，宇宙的升温速度越来越快，当宇宙的大小相当于现有规模的百万分之一的时候，宇宙会变得无比炽热，温度达到几百万摄氏度，就像现在恒星内部的温度一样。当宇宙进一步缩小到现有规模的十亿分之一时，它的温度将达到 10 亿摄氏度，所有的原子核将被炸得粉碎，分解为质子和中子。再往后，质子和中子也会解体，整个宇宙变成一锅由夸克组成的“汤”，温度达到 1 万亿摄氏度。此时距离终极时刻最多还有几秒钟。至于此后宇宙的变化，由于我们目前所知的物理规律已经失效，没人知道究竟会发生什么。

上面关于宇宙的几个结局都强调了暗能量的作用，因为毕竟暗能量占了宇宙中物质和能量总量的 70% 左右。而《三体》只提到了宇宙中物质总量的多少和物质损失，看来不是十分严谨，不过这丝毫不影响情节的发展。

回归大宇宙

无论怎样，现代天文观测表明，宇宙目前不但正在膨胀，而且恰好处在临界状态。起收缩作用的引力与起膨胀作用的能量似乎恰好势均力敌，也就是说，宇宙的未来，好像既不是撕裂和坍缩，也不是无限膨胀。这个临界状态十分微妙，也十分脆弱，随时可能转向收缩或者膨胀。一方是物质和暗物质的引力，另一方是暗能量的排斥力，双方共同决定着宇宙的命运。在这场“拔河赛”中，目前较劲的双方正保持着微妙的平衡，胜负难料。

> 程心和关一帆平静下来后，仔细阅读信息的内容，两种语言书写的内容是一样的，很简短：
>
> 回归运动声明：我们宇宙的总质量减少至临界值以下。宇宙将由封闭转变为开放，宇宙将在永恒的膨胀中死去，所有的生命和记忆都将死去。请归还你们拿走的质量，只把记忆体送往新宇宙。
>
> 摘自《三体Ⅲ》

按照小说里的说法，宇宙中的一些高等文明把物质从大宇宙中拿走，去建设自己的小宇宙，这造成大宇宙的物质总量减少到了临界值以下，从而可能使宇宙永恒膨胀下去，最终死去，无法重生。从科学上看，这有一定的道理。于是，让所有文明归还小宇宙中的物质，也许正是拯救宇宙的那根关键的“救命稻草”。

那么，在这种情况下，假如你就是掌握宇宙命运的文明中的一员，你愿意做出怎样的选择呢？

显然，你可以预想几种可能性。第一种，假如大家都不归还小宇宙的物质，大宇宙可能就无法重生，那么躲在小宇宙中的所有文明，也只能在无尽的时光中死去，永远也没有重生的一天。第二种，假如归还，文明就要经历一场大冒险：一方面，大宇宙走向末日，生存条件变得日益恶劣；另一方面，在宇宙大坍缩发生的时候，文明是不是能随着宇宙一起浴火重生还是个未知数。要不要冒这个险呢？更重要的是，没人知道宇宙的临界质量到底是多少，也就是说，我们并不清楚到底要多少个小宇宙归还物质，宇宙才能转为收缩并最终重生。这可真是一场事关个人和文明乃至宇宙存亡的豪赌啊！

在小说的最后，程心和关一帆决定把 647 号小宇宙中所有的物质都归还给大宇宙，他们自己也进入飞船，勇敢地回归大宇宙。到此，全剧终。

读到这里，很多读者可能不理解，程心他们怎么这么傻呢？如果只有他们回归，而别人都没有回归，那人类岂不是白白奉献了吗？

宇宙的囚徒

尽管程心只是《三体》中的人物，故事的情节也完全是虚构的，但是程心采取的行动体现了作者的一种态度。作为旁观者，我们不妨从科学上看一看，在这种情况下，应该采取怎样的行动策略比较好。这与博弈论有关。

在第十三章里，我简要介绍过博弈论。博弈论又称对策论，是现代数学的一个分支，也是运筹学的一部分，是研究两人或多人之间竞争合作关系的一门学科。它重点研究不同情境下的策略选择，目的在于从中取得相应的结果或收益。博弈论在经济学、国际关系学、计算机科学，乃至生物学等很多学科中有广泛的应用。

之前介绍过，博弈可分为合作博弈和非合作博弈两类。合作博弈主要研究人们在达成对联盟各方均有利的合作时，如何分配合作获得的收益。而非合作博弈则指以自己的收益最大化为原则选择策略，它无法强迫其他参与者遵守某一协议。在非合作博弈中，最有名的一个例子叫作“囚徒困境”。

囚徒困境最早是美国数学家艾伯特·塔克等人在 1950 年提出来的，意在向斯坦福大学的心理学家解释什么是博弈论。后来经过发展，它成为博弈论中最著名的案例之一。它指两个被捕的囚徒之间的一种特殊博弈，有多种版本，下面是其中最有代表性的一个。

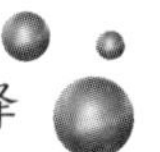

两个共谋犯罪的人被羁押，由于互相隔离，不能沟通情况。如果两个人都不坦白且不揭发对方，则由于证据不确定，每个人都入狱 1 年；如果一人坦白并揭发对方，而另一人保持沉默，则坦白者因为立功而立即获释，沉默者因不合作而要入狱 10 年；如果二人都坦白且互相揭发，则二人因证据确凿，都被判刑 8 年。请问他们该如何采取行动？

如果按照博弈论中纳什均衡的算法，对他们二人最有利的选择，显然是都保持沉默，这样一来，每个人只入狱 1 年就可以出来了。然而两个囚徒由于不能沟通，也无法信任对方，自然会猜忌对方可能率先招供，此时如果自己抵赖，只能是独自入狱 10 年。所以实际的结果是，他们都抢先坦白且互相揭发，而不是一同选择沉默。他们最终所做的选择，从表面上看是对自己最有利的，也就是希望揭发对方而使自己获释。然而从全局的情况看，他们得到的是最差的结局，即因证据确凿，二人皆入狱 8 年。

囚徒困境虽然只是一个简单的思想模型，但具有十分深刻的含义，在现实社会中的价格竞争、环境保护、人际关系等方面，会频繁出现类似情况。囚徒困境反映出博弈论中的一个重要结论，那就是个人的最佳选择并非集体的最佳选择，尤其是在非合作博弈中。集体中每个人的选择都是理性的，但是得到的结果对整个集体来说未必是有利的，这是一种集体悲剧。

西方经济学之父亚当·斯密认为，只要每个个体都追求利益最大化，便会使集体得到最大化的利益。然而囚徒困境推翻了这一理论。囚徒困境揭示了个体利益与集体利益的矛盾。若是追求个体利益最大化，集体利益往往不能最大化，甚至有时候还会得到最差的结果，就像囚徒困境中的那两个人。时代在发展，经济模式也在变化，在经济活动中，随着资本的日益集中，企业脱离了最初的原始状态，不再是单纯的独立个体，而是彼此之间形成了一种既有合作又有竞争的复杂关系，这个时候，亚当·斯密的结论便过时了，也就不成立了。这催生了后来的经济博弈学。

由此看来，在人际交往的博弈中，单纯的利己主义者并非总会成功，有时候也会失败。囚徒的选择之所以最终失败，关键在于他们不信任、不合作。因此，能否走出囚徒困境的关键就在于态度是合作还是背叛。

合作还是背叛?

在实际生活中，尽管人们都相信合作能带来更好的未来，但是为了私利，往往最终都选择背叛，这一行为策略导致合作难以进行。

> （智子：）“……我还是觉得留在这里是最好的选择。留在小宇宙中有两种可能的未来：如果回归运动成功了，大宇宙坍缩为奇点并发生新的创世大爆炸，你们就可以到新宇宙去；如果回归运动失败了，大宇宙死了，你们还可以在这里度过一生，这个小宇宙也不错的。”
>
> “如果所有小宇宙中的人都这么想，那大宇宙肯定死了。”程心说。
>
> 摘自《三体Ⅲ》

程心的一句话说出了这个宇宙囚徒困境的重点。

合作还是背叛，其实表现为在未来利益和眼前利益之间的选择。人们明明知道，背叛别人和急功近利都是不好的，而合作和长远考虑对自己、对集体才更有利，却总是陷入困境当中，谁都不愿意走出合作的第一步。这便是囚徒困境反映出的问题。难道这是上天为人类设置的一个魔咒，人类注定无法摆脱吗?

既然要取得整体的最大收益，那么把非合作博弈变为合作博弈也许更容易达到目的。博弈论指出，**在一次性博弈中，往往不会产生合作，合作的前提是“重复性博弈”**。

在一次性博弈中，参与者考虑的只有眼前利益，背叛对方对自己来说是最优策略。但在重复性博弈中不是这样，参与者往往会考虑到长远利益，合作就变得可能。可见，合作的基础是长远性的交往。博弈的参与者如果有共同的未来利益，才会选择持续合作。没有共同利益，也就没有合作。对于上面所说的两个囚徒，假如他们经历了反复多次这样的互相背叛，多次同坐 8 年牢，那么在以后，二人就可能倾向于合作，也许下一次无论警察再怎么威逼利诱，他们

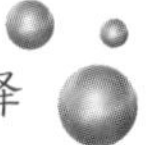

都能始终保持沉默。

因研究博弈论获得 2005 年诺贝尔经济学奖的罗伯特·奥曼，几十年来一直在寻找一条解决囚徒困境的办法。他发现，人与人之间若是能够长期交往，那么他们之间便趋向于减少冲突，走向合作。这种长期的交往过程就是一种重复的合作。最终促成人们合作的，正是一种面向未来的态度。

公共资源的悲剧

当然，在《三体》中，最终收到“回归声明”的是宇宙中许许多多而非一两个文明的后代，这就出现了群体博弈的情况。下面我们再来看看博弈论中另一个著名的例子，叫作“哈定悲剧”。

在人类社会中，有一种现象始终存在，就是群体行动的悲剧。顾名思义，它与个人无关，是群体在行动过程中所遭受的不可避免的集体性灾难。要注意，这种**群体行动的悲剧不是偶然性的，而是必然性的**。最为诡异的是，这种悲剧每个人都能意识到，但似乎无法摆脱。

1968 年，美国经济学家加勒特·哈定在《科学》（*Science*）杂志上发表了一篇著名的文章《公共的悲剧》（*Tragedy of the Commons*），描述了这样一个案例：在一片公共牧场上，生活着一群聪明的牧人，他们勤奋工作，都在增加着自己的牛和羊。畜群不断扩大，终于达到了这片牧场可以承受的极限，再增加一头牛或羊，都会给牧场带来损害。但每个聪明的牧人都明白，如果他增加一头牛或羊，由此带来的收益全部归自己所有，而由此造成的损失则由全体牧人分担。于是，大家不懈努力，继续扩大各自的畜群。最终，这片牧场因为过度放牧而退化为荒漠。这就是哈定悲剧的故事。

显然，哈定悲剧所说的是公共资源的悲剧。一般来说，资源只要是公有的，被滥用就在所难免。哈定悲剧在生态平衡问题上体现得最为明显。在上面的故事里，如果想让牧人、牧场和牛羊三方和谐发展下去，就必须找到一个平衡点。如果牧人只顾眼前利益，对牧场过度开发，久而久之势必得不偿失。哈定在文章中还讨论了与此类似的环境污染、人口爆炸、过度捕捞和不可再生资源的消耗等一系列问题。他说，在共享公共资源的社会中，每个人都是公共资源的所有人，都追求各自利益的最大化，这就是悲剧发生的原因。

与囚徒困境稍有不同，哈定悲剧产生在多个利益主体的博弈中，参与博弈的每一方都想使自己的利益最大化，结果就损害了大家的共同利益，进而也就损害了自己的个人利益。老子的《道德经》中有这样一句话："天下皆知美之为美，斯恶矣；皆知善之为善，斯不善矣。"人们对这句话的理解多种多样，千差万别。其中有一种是："天下的人都认为美好的东西美好时，它就变成丑恶的了；都认为善良的东西善良时，它就是不善良的了。"为什么会这样呢？这是因为当天下的人都认为某一样事物对自己是好的，都挖空心思地去追求它的时候，丑恶就产生了。

哈定指出，这样的困境无法仅靠科技手段，而不通过人的价值观或者道德观的提升来解决。哈定认为有两种办法可以避免悲剧的出现：一是从制度入手，建立中心化的权力机构；二就是通过道德约束。

大宇宙是公共资源，如果每个文明都只想从中索取，谋求个体利益的最大化，那么这个公共资源注定成为寸草不生的荒漠，使每一个文明都失去生存的依靠。这个悲剧的结局，一定不是所有高等文明在创造小宇宙时的初衷。大家都希望大宇宙重生，从而开启新的文明。所以，摆脱这个困境就要求每一个参与者为了共同的最大利益做出一些牺牲和让步，表达合作的诚意。否则，宇宙就只能是一片黑暗森林。

在小说的最后，程心他们做出回归大宇宙的决定，从某种程度上看，正是对博弈理论的践行。

无尽的等待

读者可能还有疑问，那万一只有程心这么做了，而别的小宇宙中的文明不愿意回归怎么办？宇宙还是死了啊。

是啊，这不就是囚徒困境里那两个囚徒的想法吗？不信任、不合作，最终因背叛而共同失败。主动走出合作的第一步，才是解决这一困境的关键。

前面分析过，按照博弈论的思想，面向未来利益的反复博弈是走出困境的成功之路。那么，反复博弈要如何体现呢？

我们不妨来做一个思想实验：假如我们是宇宙中的幸运文明，历经磨难终于来到宇宙末日，第一次面对物质回归的“拷问”，我们会怎样决定呢？没错，我们很可能像那两个囚徒一样，选择不合作。于是大宇宙很可能错过重生的机会，我们的文明也在小宇宙中走向灭亡。不过，这个教训有可能作为记忆，通过某种途径留给未来的文明。正像作者在小说中有意安排的记忆体漂流瓶那样。

在亿万年后，作为下一代宇宙文明的我们，又一次创造小宇宙，来到宇宙末日，再次面对这个回归问题，请问此时我们是否还会重复上次的选择呢？从理性的角度来看，很显然，这样做的话会陷入下一轮循环之中。而这对宇宙本身来说，根本就不是问题，因为宇宙有的是机会，还有那么多平行宇宙。宇宙最不缺的就是时间和等待。

那么，宇宙在等待什么呢？它在等待宇宙中的生命和文明完成进化和自我觉醒，有朝一日摆脱痛苦可怕的轮回噩梦。如果在这关键的时刻，我们还是犹豫了，没有勇敢地站出来，不要紧，大不了宇宙再毁灭一次。

于是，亿万年后在另一个宇宙，当历史的长河把我们再一次带到岔路口，再次面临对个人、对文明、对宇宙都很重要的一次选择。请问，这一次我们是否会觉醒呢？

从这个角度来看，程心他们所做的是最科学、最理性的选择。

此时我不禁再次想到康德的那段名言：“在这个世界上，有两样东西值得我们敬畏，一是头顶上的星空，二是人们心中高尚的道德律。星空因其永恒而深邃，让我们仰望和深思；道德因其庄严而圣洁，值得我们一生坚守。”

宇宙的奇迹

时间的流逝，也许只是我们的错觉。其实，每一天都是历史上的今天，今天所做的任何选择，也都将成为历史的一部分。从未来的视角，穿越时空回望眼前发生的一切，就可以多一份冷静，多一个思考的角度。《三体Ⅰ》最早叫作《地球往事》，而在《三体Ⅲ》中，反复出现的标题是《时间之外的往事》。也许我们看到的这一切，都是另一个平行宇宙中的人记录的一段段历史。

宇宙很大，大到超出我们的想象，虽然历史总是轮回，但命运可以改变。正如小说第二部的序章所说："生活需要平滑，但也需要一个方向，不能总是回到起点。"

在《三体》中，有一个容易被忽略的人物，她就是叶文洁的女儿、罗辑的同学，物理学家杨冬。小说中她的戏份不多，但是她对宇宙的思考，以及在其他人物心目中的地位，是无人能及的，就连著名的物理学家丁仪也自愧不如。小说第一部的男主人公汪淼受到杨冬很大的影响，人类的危机纪元也是从杨冬去世的那一年算起的。在第二部中，主人公罗辑人生中最重要的两个事件都发生在杨冬的墓前，一是罗辑第一次接触黑暗森林理论，二是罗辑以生命为赌注与三体建立威慑平衡。甚至小说第三部中也有杨冬的身影。在第三部的一开始，作者采用倒叙的方式，讲述杨冬临终前曾来过高能粒子加速器实验室，和这里的一个年轻人说起她的宇宙模型。在她的心中，生命是宇宙模型中必然的选项，宇宙孕育了生命，而生命也在改变着宇宙。

生命是平凡的，也是神奇的。组成生命的每一个物质粒子，都来自宇宙星辰，我们左手上的一个原子，和右手上的一个原子，在亿万年前，可能分别是宇宙中相隔千万光年的两颗星星上的一部分。在超新星爆发的星风吹送下，它们跨越时空，飘落到一起，共同组成我们的身体，赋予生命以活力，这是多么小的概率啊！正像英国物理学家布莱恩·考克斯在他的书中所说的，生命是宇宙中最大的奇迹。

宇宙很大，大到它可以让这个奇迹成真。到今天，你难道还那么肯定，我们就是宇宙中的第一代智慧生物吗？我们创造的文明，在这宇宙中真的是第一轮吗？生命来自宇宙，也必将回归宇宙，你是否愿意与宇宙同在呢？这是留给诞生在这个宇宙的每一个文明、每一个拥有自由意志的个体的终极追问。如果有一天，我们也要面临这个问题，在真诚与傲慢之间，要做出怎样的抉择？

生命是平凡的，也是值得敬畏的。"死神永生"作为该系列小说第三部的名字，说明的是一个铁律，引发的是我们对生命的反思。

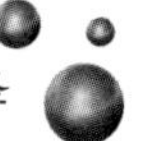

在茫茫的宇宙中，各种严苛的环境都限制着生命的存续。然而，在银河系一个安静的角落，在一颗淡蓝色的普通星球上，偏偏诞生了生命。在热力学第二定律左右的宇宙中，万事万物都走向混乱，趋向毁灭，而生命逆熵前行，顽强地繁衍，执着地进化，发展到高等文明，创造出灿烂文化，而这文明则努力理解世界的规律，寻找生命的意义，把生命基因和爱的火种传遍整个宇宙。

“心事浩茫连广宇”。宇宙很大，孕育了生命，生命又在思考宇宙存在的意义。科学就是好奇的生命在思考和发现中的所得。我们的宇宙从哪里来？它从138亿年前的大爆炸而来。它从什么爆炸而来？从量子世界的虚无中爆炸而来。无中生有，是宇宙诞生的奥秘。回归空无，也许是宇宙的归途。

然而，生命追求永生，尽管横在生命面前的是死神这堵无法跨越的高墙。正如老子所说，生命就是“出生入死”。《三体》里的杰森感悟道：“死亡是唯一一座永远亮着的灯塔，不管你向哪里航行，最终都得转向它指引的方向。”的确，死亡是生命的归宿，然而生命在航向死亡的同时一路欢歌，享受着短暂而绚烂的旅途。蚂蚁没有恐高症，它知道自己从高处跌落不会死掉，因此蚂蚁也注定无法领略高处的惊心动魄之美。我们将生命中的爱和美好视作珍宝，因为我们知道自己终究有一天会失去它。其实，是死亡赋予生命以意义。

阳光照进黑暗森林

小说中的宇宙黑暗森林状态，也许是在宇宙进化初期的文明可能经历的一个阶段。这时生命刚刚出现，表现出对资源的原始依赖。然而，宇宙很大，总有生命会开辟出自己的进化之路，从低级到高等，再出现智慧，发展成文明，随后飞向太空，回归星辰大海。这一路走来，每个种族和文明在发展历程中的各个阶段，总会面对各种各样的考验。是和谐平等，还是唯我独尊？是和平共处，还是强取豪夺？是守望相助，还是以邻为壑？对待同胞、对待异族，甚至对待外星文明，我们能否一视同仁？扪心自问，每次我们都做出了怎样的选择？

尽管外星人都是科幻作品的虚构形象，但是，在地球生物之外难道就真的没有他者了吗？在文明的早期，不同的族群互为他者。当文明逐步发达，不同的国家、不同的信仰互为他者。进入命运共同体后，人类又发明了人工智能，自己造出了一个他者。宇宙很大，他者永恒存在。每次站在镜子前，镜中的你其实也是他者。宇宙就是一面镜子，你怎样对待它，它就怎样回敬你。

随着技术的进步，文明所具有的毁灭能力也日益变得强大，致命的武器既能杀死敌人，也会让我们自取灭亡。能力升级，选择带来的后果也在升级。然而，人性与道德是否也随之升级？终有一天，文明会面临类似于物质回归这样的终极“拷问”。

在这不同阶段的一次次“拷问”到来时，文明采取的不同选择将使自己走向不同的道路，有的充满阳光，有的万劫不复。以理性思考，从真诚出发，选择爱与合作，善待自己，也善待他人，这既可以让文明走出困境，也会让文明得到进化和升级。每一天迎接我们的都是新宇宙，而走进新宇宙的，只能是新文明。

小说第二部的结尾描写了罗辑和三体监听员的对话，他们说，也许爱的萌芽在宇宙的其他地方也存在，我们应该鼓励它萌发和成长，为此甚至可以冒险。相信有一天，灿烂的阳光将照进黑暗森林。

最后，引用《三体》里程心在《时间之外的往事》中的一部分自述作为本书的结束。

> 现在我们知道，每个文明的历程都是这样：从一个狭小的摇篮世界中觉醒，蹒跚地走出去，飞起来，越飞越快，越飞越远，最后与宇宙的命运融为一体。
>
> 对于智慧文明来说，它们最后总变得和自己的思想一样大。
>
> 摘自《三体Ⅲ》